전략의 귀재들, 곤충

For Love of Insects

토머스 아이스너 지음
김소정 옮김

삼인

전략의 귀재들, 곤충

2006년 9월 15일 초판 1쇄 발행
2007년 10월 18일 초판 2쇄 발행

펴낸곳 (주)도서출판 **삼인**

지은이 토머스 아이스너
옮긴이 김소정
펴낸이 신길순
부사장 홍승권
책임편집 최인수
교정 김현숙
편집 강주한 김종진 양경화
마케팅 이춘호
관리 심석택
총무 서장현

등록 1996.9.16. 제 10-1338호
주소 121-837 서울시 마포구 서교동 339-4 가나빌딩 4층
전화 (02) 322-1845
팩스 (02) 322-1846
E-MAIL saminbooks@naver.com

표지디자인 (주)끄레어소시에이츠
제판 문형사
인쇄 대정인쇄
제책 성문제책

ISBN 89-91097-55-3 03490

값 48,000원

마리아에게

차례

추천사

『전략의 귀재들, 곤충』은 이제 막 태동하고 있는 생물학의 한 분야를 다루고 있습니다. 또한 이 책은 곤충의 삶을 최초로 연구한 프랑스의 위대한 곤충학자 파브르를 계승했다고 감히 말할 수 있는, 유능하고 열정적이며 박학다식하고 저명한 생물학자이자 동물학자가 반세기 넘는 시간을 곤충에 투자한 노력의 산물입니다.

저는 토머스 아이스너Thomas Eisner의 절친한 친구로서 오랜 시간 동안 그가 곤충에 쏟는 열정을 옆에서 보아왔습니다. 하버드대학 대학원에서 함께 수학하던 1952년에 우리는 '매주 고장 나는 차' 부문에서 국가 기록을 경신하고 있음이 분명한 낡은 자동차를 타고 저지대 마흔여덟 곳을 돌아다니며 곤충 채집 여행을 한 석이 있습니다. 그후 저는 대화를 통해, 그리고 과학 잡지에 발표하는 논문 수백 편을 통해, 여행을 하면서 아이스너가 보여준 지칠 줄 모르는 열정이 여전히 살아 있구나 하는 사실을 알았습니다.

아이스너가 성공할 수 있었던 이유는 무엇보다도 헌신적인 연구 자세와 힘든 일도 거뜬히 참아낼 수 있는 능력 때문이기는 하지만 그가 뛰어난 현장 생물학자이자 실험 과학자라는 사실도 빼놓을 수 없습니다. 아이스너는 현명하게도 다른 사람들이 이제껏 깊이 있게 다룬 적이 없는 다양한 곤충과 무척추동물을 연구 과제로 선택했습니다. 현재까지 세상에 알려져 이름을 얻은 절지동물은 곤충강과 거미강, 다지강 등을 모두 포함하여 거의 100만 종에 달합니다. 분류학자들은 아직까지 발견되지 않은 절지동물이 수백만 종, 아니 어쩌면 1000만 종에 이를지도 모른다고 추정합니다. 현재 과학자들이 연구하고 있는 절지동물은 1000종도 되지 않습니다. 아이스너는 이 작은 생명체들이 사는 세계를 엿보기 위해 최신 현미경과 카메라, 미세조작기micromanipulation, 화학 분석 장치 등을 사용했습니다.

최고의 석학들이 학생 신분으로 혹은 동료로서 끊임없이 그의 연구를 도왔다는 점도 아이스너가 성공한 또 다른 이유입니다. 그 중에서도 오랫동안 아이스너의 연구를 도운 최고의 석학은 저명한 천연물 화학자인 제럴드 메인왈드Jerrold Meinwald입니다. 코넬대학의 두 교수는 새로운 가능성을 열어준 화학 물질 미량 분석법chemical microanalysis이, 그 중에서도 특히 기체 크로마토그래피gas chromatography와 질량 분석기mass spectrometry가 발명된 후에 연구를 시작했다는 점에서 분명 행운아입니다. 화학 물질 미량 분석법을 이용하여 아주 작은 곤충과 무척추동물을 이루고 있는 소량의 유기 화학물질을 분석할 수 있었으니 말입니다.

자연을 연구하는 토머스 아이스너는 인자한 크리슈나 신(인도의 사랑의 신이며 세상을 유지하는 비슈누의 화신. 기독교의 예수님과 비슷한 이미지를 갖고 있다―옮긴이)과 같은 마음으로 자연을 대합니다. 저는 지금도 1968년의 봄날을 생생하게 기억하고 있습니다. 그때 아이스너는 플로리다 키에 있는 마라톤에서 장기 휴가를 즐기고 있는 저와 제 아내 르네를 찾아왔습니다. 우리가 묵고 있던 집 앞에 커나란 밴이 한 대 서더니 수많은 실험실용 장비와 야외 실험용 장비를 짊어진 아이스너와 그의 조수 두 명이 내렸습니다. 다음 날 우리는 근처에 있는 리그넘 바이티 키Lignum vitae Key를 탐사하기 위해서 집을 나섰습니다. 그곳은 미국에서 가장 훼손이 덜 된 열대 활엽수림이었습니다. 숲으로 들어간 아이스너는 선명한 색상을 띤 나무달팽이들이 잔뜩 매달려 있는 유창목*lignum vitae*을 향해 걸어갔습니다. 가까이에서 달팽이를 바라보던 아이스너가 그 중 한 마리의 껍질을 가볍게 두드리자 이 연체동물은 조용히 점액질 액체를 분비했습니다. 아이스너는 생각에 잠겼습니다. '이 액체는 천적으로부터 자신을 방어하기 위한 수단일까? 이 액체가 방어 수단이라면 껍질의 말단부에서 분비하는 게 더 효과적이지 않을까? 새나 포유류가 아니더라도 충분히 큰 동물이라면 거뜬히 나무에서 달팽이를 떼어내 껍질을 부수고 그 안에 있는 부드러운 육질을 먹을 수 있을 것이다. 개미라면 어떨까? 개미는 능숙하게 무척추동물을 사냥하는 유능한 사냥꾼이니 가능하지 않을까?'와 같은 생각 말입니다. 달팽이가 서식하고 있는 나무는 몸집이 크고 공격성이 강한 약탈자인 검붉은목수개미(캄포노투스 플로리다누스*Camponotus floridanus*, 영어명: red-and-black carpenter ant)의 서식지이기도 했습니다. 아이스너는 그 자리에서 개미를 몇 마리 잡아서 달팽이들이 있는 근처에 놓아보았습니다. 달팽이가 점액질 액체를 분비하자 개미들은 모두 달아나버렸습니다. 이 실험이 나무달팽이의 점액질 액체가 어떤 역할을 하는지에 관하여 밝힌 최초의 실험이었습니다. 아이스너의 조수들이 좀더 자세한 실험을 하기 위해서 점액질 액체를 채집했습니다.

　그날 밤, 아이스너는 과학 잡지에 발표할 짧은 논문을 한 편 구상했습니다. 그는 저에게 개미들의 행동을 함께 관찰했기 때문에 공동 저자가 되어야 한다고 주장했습니다. 그렇게 해서 「나무달팽이의 방어 물질에 대한 과학적 연구」라는 논문이 탄생했습니다.

우리는 달팽이와 개미 그리고 열대림이 공존하는 리그넘 바이티 키를 산림보호구역으로 지정해달라고 신청했고 우리 신청은 받아들여졌습니다. 저는 그곳에서 제2, 제3의 아이스너들이 거니는 상상을 해보고는 합니다.

제가 말씀드린 일화는 아이스너의 추진력을 소개하는 좋은 예이기는 하지만 그렇다고 아이스너가 더러운 장소를 찾아다니다가 즉흥적으로 떠오르는 생각을 연구 소재로 삼는다는 말은 아닙니다. 사실 아이스너는 지나칠 정도로 신중해서 지금까지 알려져 있지 않은 의외의 발견을 하기 위해서라면 각 종에 맞는 자연 생활사를 고려하여 야외와 실험실을 오가며 수많은 방법으로 예비 실험을 해보는 사람입니다. 아이스너는 예비 실험 결과가 긍정적으로 나와야만 좀더 세밀한 야외 실험과 실험실 실험을 진행합니다. 또한 그와 그의 동료들은 특정 종이 주로 활용하는 물질에 주목합니다.

수많은 생물 종에 대한 비밀을 밝혀냄으로써 생물학에 커다란 공헌을 한 토머스 아이스너의 업적을 우연히 그렇게 된 것처럼 치부해버리면 안 됩니다. 절지동물 분야의 점묘 화가인 아이스너는 다른 방법으로는 도저히 묘사할 수 없는 진화적 적응evolutionary adaptation의 결과나 분자 단위의 진화 모습, 행동 방식, 생활사 등을 마치 점묘 화가처럼 사실을 하나씩 확인하고 종합하여 구체적인 모습으로 만들어갑니다. 생물학은 고도의 섬세함을 요구하는 학문입니다. 귀납적인 방법으로 자세하게 묘사하지 않고서는 도저히 설명할 수 없는 현상이 생물학에는 많이 있습니다. 물론 귀납법을 바탕으로 추론하는 자연과학은 생물학 말고도 또 있습니다. 별자리 지도가 없었다면 천문학자라는 직업 자체가 존재할 수 없듯이 말입니다.

점묘 화가와 같은 방식으로 생물을 관찰한 아이스너나 제럴드 메인왈드를 비롯한 몇몇 선구자들이 탄생시킨 학문 분야가 바로 화학생태학chemical ecology입니다. 화학생태학이 중요한 이유는 지구상에 존재하는 식물과 무척추동물 그리고 미생물의 99퍼센트 이상이 화학물질을 이용하여 움직일 방향을 정하고 의사를 전달하고 먹이를 잡고 스스로를 방어한다는 데 있습니다. 여러분은 아이스너의 연구 결과를 통해서 짝짓기 때 분비하는 페로몬을 비롯한 여러 가지 신호 전달 화학물질에 대해서도 알게 될 것입니다. 아이스너가 주력하고 있는 연구 분야는 화학물질을 이용하는 곤충을 비롯한 여러 절지동물의 방어 전략입니다. 아이스너의 책은 우리 주변에 존재하는 생명체들의 삶과 행동 방식을 놀라울 정도로 다양하고 세밀하게 서술하고 있습니다.

이 존재들의 놀라움은 작은 몸집이 아니라 이루 말할 수 없는
복잡함에 있다. 곤충에 비한다면 하늘의 별도 지극히 간단한
구조체일 뿐이다.

마틴 리스(Martin Rees)의 「우리 우주와 다른 우주들(Exploring Our Universe and Others)」에서,
『사이언티픽 아메리칸(Scientific American, 한글판: 사이언스 올제)』 1999년 12월호

프롤로그
Prologue

이 책은 발견의 즐거움에 관한 책입니다. 이 책은 곤충에 관한 이야기이며 지구를 실질적으로 지배하고 있는 동물을 탐구하던 저의 회고록입니다. 인간은 본질적으로 생물을 사랑한다고 알려져 있습니다. 자연에 대한 저의 사랑은 곤충을 향한 열정입니다. 저는 정말로 곤충을 사랑합니다. 언제나 호기심 어린 눈으로 곤충을 바라보았으며 곤충의 성공에 분노한 적도 없었습니다. 제가 교수가 된 이유는 키틴질 외피에 몸을 숨기고 있는 진화의 승리자들의 비밀을 캐고 싶다는 바람 때문이었습니다. 곤충이 지구상에서 성공적으로 살아남을 수 있었던 이유는 특별한 생존 전략 때문입니다. 저는 곤충의 생존 전략을 해독하는 일에 대해서, 그리고 어떤 때는 행운처럼, 어떤 때는 여러 사람의 끈질긴 노력 덕분에 또한 어떤 때는 뜻밖의 재능이 그 힘을 발휘하여 찾아낸 발견들을 이 책에 담고자 노력했습니다.

전체 곤충류를 놓고 볼 때 이 작은 생명체들은 정말 대단한 일을 해냈습니다. 곤충은 애벌레로 태어나 날개가 달린 성충이 될 때까지 거의 대부분의 종(種)이 변태 과정을 거칩니다. 체내 수정을 하기 때문에 짝짓기를 할 때 굳이 물을 찾아다닐 필요가 없습니다. 또한 단단한 외골격으로 둘러싸여 있기 때문에 재빠르게 움직일 수 있고 탈수 현상을 막아 육지에서 번성할 수 있었습니다. 곤충은 인류가 실패한 분야에서도 성공을 거두었습니다. 곤충은 환경 친화적인 개발업자들입니다. 곤충은 식물의 주요 소비자들이지만 식물을 황폐화시키는 악덕 착취업자는 아닙니다. 곤충은 식물의 수분을 도움으로써 자신들은 물론 식물도 번성하게 해주어 안정된 미래를 공유하고 있습니다.

전체 곤충류가 아닌 각 종의 특성을 개별적으로 살펴보면 이 작은 생명체들의 아름다움을 좀더 분명하게 알 수 있습니다. 현재까지 발견하지 못한 무수히 많은 종은 제쳐두고 이미 인류가 발견한 곤충 90만 종만을 다루더라도 이야깃거리는 충분합니다. 곤충은 적응력이 뛰어난 존재입니다. 아무 곤충이나 한 마리 골라서 먹이나 방어 방법, 생식 방법 등을 관찰해보면 곤충이 얼마나 독특한 존재인지 알 수 있습니다.

이 책에는 곤충이 이룩한 위대한 업적을 찾아내는 발견의 과정이 실려 있습니다. 이 책은 저와 동료들이 연구를 진행하는 동안 찾아낸 사실을 담은 개인적인 보고서입니다. 저는 이 책에 수많은 사례 연구와 실험이 진행되는 동안 초기에 발견한 사실부터 최종적인 결론을 도출하고 증거 자료를 확보할 때까지의 전 과정을 담았습니다. 연구 과정을 독자 여러분에게 들려주는 이유는 곤충을 사랑하는 분들의 애정을 좀더 공고히 하고 곤충을 싫어하는 분들의 마음을 돌릴 수 있었으면 하는 바람이 있기 때문입니다.

또한 이 책에는 곤충이 아닌 거미나 전갈 같은 거미강이 주인공으로 등장하는 일화도 실려 있습니다. 현재 거미를 극단적으로 싫어하는 분들이 늘어나고 있는데 이 책에 실려 있는 이야기들이 거미에 대한 혐오감을 사라지게 해주기를 빌어봅니다.

오랫동안 사진에 심취해 있던 저는 사례 연구를 진행할 때마다 사진 자료를 만들기 위해서 아주 많은 노력을 기울였습니다. 그 중에서도 다음에 나열하는 사진들은 정말 인상적이었습니다.

- 자신을 방어하려고 섭씨 100도가 넘는 액체를 발사하는 딱정벌레.
- 녹색풀잠자리 유충이 털복숭이진디를 잡아먹은 후에 그 털을 뒤집어쓰고 있자, 진디를 지키는 개미가 녹색풀잠자리 유충을 진디로 잘못 알고 지키는 모습.
- 소나무 잎을 먹는 잎벌 유충이 공격을 받을 때마다 송진을 뱉어내는 모습.
- 식충 식물인 끈끈이주걱이 곤충을 잡기 위해서 분비하는 끈끈한 액체는 물론 끈끈이주걱까지 먹어치우는 나방 애벌레.
- 화려한 꽃잎을 등에 짊어지고 다니면서 먹이인 꽃처럼 위장하는 애벌레.
- 수정된 알 속으로 들어가 방어를 담당하게 될, 식물의 방어 물질을 암컷에게 선물로 주는 수나방. 수나방이 넣어주는 식물의 방어 물질은 짝짓기

를 위한 일종의 화학 신호 물질로 작용하여 그 양에 따라 암컷은 수컷과 짝
짓기를 할 것인가 말 것인가를 결정합니다.

- 공격을 받자 다리 끝에서 기름이 분비되는, 6만 개나 되는 강모를 이용
하여 찰싹 달라붙는 딱정벌레. 딱정벌레는 끌어당기는 힘을 자기 몸무게의
200배나 견딜 수 있습니다.
- 공격을 받자 문제가 발생한 지점으로 좀더 많은 병정흰개미들을 불러
모으려고 집결 신호인 끈끈한 액체를 분비하는 병정흰개미.
- 물고기 입 속에서 천천히 방어 물질을 분비하는 수생 딱정벌레. 물고기
도 처음에는 물을 들이마셨다 내뱉었다 함으로써 딱정벌레의 방어 물질을
없애려고 노력하지만 이내 포기하고 맙니다.

물론 이 외에도 곤충의 재미난 이야기는 얼마든지 있습니다.

저는 현장 연구를 좋아하는 생물학자라 야외로 나가는 일이 많았습니다. 부
모님께서는 제가 걸음마를 시작하면서부터 곤충에 흥미를 보였다고 합니다. 그
때부터 지금까지 곤충에 대한 흥미를 잃은 적은 한 번도 없었습니다. 도시에 살
면서 보도를 걸어갈 때도 언제나 바닥을 내려다보며 걸었습니다. 그래서 동전
을 주운 적도 많이 있습니다. 비교적 운이 좋은 저는 자연과 더불어 지낼 수 있
었던 기회도 아주 많았습니다. 뉴욕의 자연 도시 이타카에 있는 제 사유지 숲은
물론이고 우루과이, 호주, 파나마, 유럽, 플로리다, 애리조나 등 정말 여러 곳에
서 연구를 진행할 수 있었습니다. 이제부터 제 인생행로에 대해서 잠시 말씀드
리겠습니다.

저는 1929년에 베를린에서 태어났습니다. 1933년에 히틀러가 독일을 장악하
자 우리 가족은 독일을 떠나 에스파냐로 갔습니다. 에스파냐에서 저는 먹이인 식
물 잎만 제대로 넣어주면 상자 속에 애벌레를 키울 수 있다는 사실을 알게 되었
습니다. 밤만 되면 애벌레들이 와삭와삭 씹는 소리를 내며 잎을 먹는다는 사실도
그때 알았습니다.

1936년, 에스파냐에서 내전이 발생하자 우리 가족은 모두 프랑스로 떠났습니다. 프랑스에서는 파리에 잠시 머물렀습니다. 그곳에서 프랑스어를 배웠지만 곤충에 대해서 알게 된 사실은 거의 없었습니다. 하지만 잠시 쿠르트 아이스너 아저씨를 만나려고 네덜란드로 갔을 때 아저씨가 수집해놓은 파르나시우스Parnassius속(屬) 나비들을 구경했습니다. 아저씨의 수집품을 보고 매료된 저는 언젠가 곤충을 채집해야지 하는 결심을 했습니다.

1937년에 남미 대륙으로 건너간 식구들은 아르헨티나에서 잠시 살다가 우루과이로 건너가 그곳에서 1947년까지 살았습니다. 우루과이는 곤충을 사랑하는 사람들에게는 천국과 같은 곳입니다. 저는 해마다 여름이면 나비를 잡으러 다녔습니다. 그때 곤충 가운데 지독한 악취를 풍기는 곤충들이 있다는 사실을 발견하고 잡아먹히지 않으려고 그런 냄새를 풍기는 건 아닐까 하는 생각을 해보았습니다. 야채에서 풍기는 냄새에도 매혹된 저는 식물도 곤충처럼 방어 물질을 분비하는 게 아닌가 하는 생각을 했습니다.

고등학교를 졸업하고 1년도 채 안 되어 우리 가족은 미국으로 왔습니다. 보스턴 항구에 도착해보니 제가 채집한 나비들은 고된 항해를 견디지 못하고 산산이 부서져 있었습니다.

코넬대학을 비롯하여 여러 대학에서 입학 거부 통지서를 받은 저는 일단 속기와 타자를 배우기 위해서 비서 학교에 입학했습니다. 그때 받은 코넬대학 입학 거부 통지서는 액자에 담겨 현재 코넬대학에 있는 제 연구실에 걸려 있습니다. 비서 학교를 졸업한 저는 뉴욕의 플래츠버그에 있는 샘플레인대학에서 2년 동안 공부한 후 하버드에 입학했습니다. 하버드에서는 잠시 동안 화학을 전공했지만 프랭크 카펜터Frank Carpenter 교수님과 조교였던 케네스 크리스티안센Kenneth Christiansen의 환상적인 곤충학 수업을 들은 후 전공을 생물학으로 바꾸었습니다. 이때부터 저는 곤충에 대해서 아주 진지하게 공부하기 시작했습니다. 그리고 1948년 여름, 미국자연사박물관에서 자원봉사를 하게 된 저는 곤충학을 연구해보고 싶다는 생각을 했습니다. 당시 제 지도 교수님이었던 저명한 곤충학자 찰스

미처너Charles Michener 교수님은 제게 책 네 권을 추천해주셨습니다. 그때 추천 받은 책은 줄리언 헉슬리Julian Huxley의 『신분류학(New Systematics)』, V. B. 위걸즈워스V. B. Wigglesworth의 『곤충생리학(Insect Physiology)』, R. E. 스노드그로스R. E. Snodgrass의 『곤충형태학(Insect Morphology)』, E. B. 포드E. B. Ford의 『나비학(Butterflies)』이었는데, 이 네 권은 제게 커다란 영향을 미쳤습니다. 하지만 제가 곤충학에 매진할 수 있었던 가장 결정적인 계기는 카펜터 교수님의 수업이었고 무엇보다도 크리스티안센의 열정에 감동 받았기 때문입니다. 저는 1951년에 학부를 졸업했지만 그후에도 계속 대학원생으로 하버드에 남아 카펜터 교수님 밑에서 공부했으며 1955년에 드디어 박사 학위를 받았습니다. 졸업 논문의 주제는 개미의 창자 속에 있는 선위proventriculus라고 하는 작은 기관과 그 기관의 작용에 관해서였습니다. 개미의 선위는 무리 내 다른 개체들에게도 음식을 나눠줄 수 있도록 저장하는 역할을 합니다.

1951년에 저는 제 인생의 동반자이자 최고의 친구인 마리아 로벨Maria Loebell을 만났습니다. 그때 마리아는 사우스보스턴에서 사회사업을 하는 학생이었습니다. 12월에 처음 만난 우리는 다음 해 6월에 결혼식을 올렸습니다. 마리아와 여생을 함께 보내기로 결정한 일은 제가 내린 결정 가운데 가장 현명한 결정이었습니다. 우리 두 사람의 '사랑의 결실'인 이본느와 비비안, 크리스티나는 모두 코넬대학을 나왔으며, 마리아는 아이들의 엄마이자 전문적인 직업인으로 열심히 살아가고 있습니다. 우리 두 사람이 함께하는 시간 내내 마리아는 저의 성실한 동반자가 되어주었습니다. 곤충을 향한 제 사랑을 이해해주었고 전자 현미경에 관한 숙련된 지식을 바탕으로 실험을 기획하거나 자료 검색을 도와주었습니다. 또한 야외에서 자료를 찾는 일에도 탁월한 재능을 지니고 있었습니다. 그 덕분에 야외에 나가 자료를 찾을 때마다 빈손으로 돌아오는 일이 거의 없었습니다. 이 책을 쓰는 동안 마리아가 제게 준 도움은 일일이 나열할 수 없을 정도로 아주 많습니다.

1951년에는 카펜터 교수님의 연구실에 새로운 대학원생 한 명이 합류했습니다. 앨라배마에서 온 이 매력적인 학생은 개미에 관한 풍부한 지식을 보유한 사람이었습니다. 바로 그는 에드워드 O. 윌슨Edward O. Wilson으로, 몽상적인 진화론자이자 여러 분야에 능통한 천재로서 그 당시에도 이미 과학계의 거물이 되리라는 확신이 들게 하는 인물이었습니다. 우리 두 사람은 공통의 관심사를 가지고 함께 연구를 진행하는 동안 이내 절친한 친구가 되었습니다.

1952년 여름, 위대한 모험이 되리라는 확신과 함께 시그마 Xi 협회에서 받은 지원금 200달러에 고무된 우리는 실험 여행을 떠나기로 결심했습니다. 우리 두 사람의 목적은 미국의 절경과 곳곳에 서식하는 곤충을 관찰한다는 것이었고 결국 목적을 달성했습니다. 우리는 북쪽으로 보스턴에서 온타리오까지 가서 그곳에서 대평원을 가로지르고 몬태나와 아이다호를 지나 캘리포니아와 네바다, 애리조나, 뉴멕시코까지 갔으며, 그곳에서 다시 동쪽으로 방향을 바꿔 멕시코만에 면해 있는 5개주(플로리다, 앨라배마, 미시시피, 루이지애나, 텍사스)를 거쳐 집으로 돌아왔습니다. 집을 떠날 때만 해도 1만 2000마일(약 1만 9312킬로미터)을 가리키던 고물 시보레의 주행 기록계는 두 달 동안 상상할 수 있는 거의 모든 서식 환경을 다 둘러보고 집으로 돌아왔을 때 10만 마일(약 16만 934킬로미터)을 가리키고 있었습니다. 그때 전 제 차를 용맹스러운 아메리카 원주민 부족의 이름을 본떠 까루아 2호라고 불렀습니다. 그 여행을 통해서 자연의 웅장함과 살아가는 동안 누군가와 끊임없이 도움을 주고받아야 한다는 사실을 처음으로 깨달았습니다. 그런 점에서 생각해보면 다윈이 승선한 배의 이름을 따서 비글 2호라고 부르는 편이 더 어울렸을지도 모릅니다. 일단 차를 세우고 내리면 우리 두 사람은 각자 조용하게 서로를 방해하지 않고 혼자만의 탐험에 나섰지만 차를 타고 달리는 동안에는 끊임없이 대화를 나누었습니다. 방대한 지식을 소유한 에드워드와 대화하면서 저는 미처 깨닫지 못한 여러 가지 사실을 깨달았습니다. 그때 까루아 2호의 최고 속력은 시속 40마일(약 시속 64킬로미터)밖에 되지 않았지만 오히려 그 점이 다행이었습니다. 차를 타고 달리는 동안 저는 풍부한 지식의 진수를 맛볼 수 있었습니다. 지금도 어떤 생각이 떠오르고 그 생각의 타당성을 판단하기 어려울 때는 에드워드에게 전화를 걸어 그의 의견을 묻고는 합니다.

또한 여행을 하는 동안 우리 두 사람은 자연보호주의자가 되어갔습니다. 여러 곳을 다니며 인간의 탐욕이 불러온 자연 파괴 현상을 목격한 우리는 환경보호운동에 적극적으로 참여해야겠다는 생각을 했습니다. 그후 오랫동안 에드워드와 저는 플로리다 키에 있는 리그넘 바이티 키 섬을 자연보호 구역으로 지정하게 하는 등 여러 가지 환경보호운동을 전개하고 있습니다. 탁월한 문체를 자랑하는 에드워드는 전 세계적으로 종 다양성을 보존하기 위한 노력의 일환으로 다양한 글을 발표하는 대변인 역할을 하고 있습니다.

박사 학위를 취득하고 2년 동안 하버드에 남아 연구를 진행하는 동안 곤충화학insect chemistry과 화학통신chemical communication에 대한 관심이 커져갔습니다. 처음 관찰하기 시작한 폭격수딱정벌레를 자세히 살펴보는 동안 곤충들은 정말 다양한 화학물질을 생산하고 있다는 사실을 알았습니다. 1957년 여름, 교직을 알아보던 저는 자신을 소개할 때 곤충화학을 연구하는 학생이라고 했습니다. 지금이라면 화학생태학자chemical ecologist라고 했겠지만 그때는 그런 용어가 없었습니다.

1957년도 여름이 저물어갈 무렵에 저는 가족들을 데리고 코넬대학이 있는 뉴욕의 이타카로 옮겨왔습니다. 그때 저는 코넬대학 곤충학부 부교수로 부임하여 일반생물학을 담당했습니다. 그리고 45년이 지난 지금까지도 코넬대학에 머물고 있습니다. 물론 근무하는 학과도 가르치는 과목도 달라졌고 지금은 코넬화학생태학연구소인 CIRCE(the Cornell Institute for Research in Chemical Ecology)에서 2대 소장 직을 맡고 있지만 말입니다. 지금도 여전히 곤충에 관한 연구를 하는 저에게 미국국립보건원(National Institutes of Health)에서는 1959년부터 지금까지 연구비를 지원해주고 있습니다.

코넬대학의 생활은 처음부터 정말 행복했습니다. 1958년 코넬대학에서 저는 동료이자 뛰어난 화학자이며 가장 가까운 친구이자 가장 중요한 연구 동료인 제럴드 메인왈드를 만났습니다.

저에게 탐사는 여행을 의미합니다. 여러 탐사 지역 가운데 제가 가장 좋아하는 탐사지는 두 곳입니다. 그 중 한 곳은 플로리다의 플래시드 호수 근처에 있는 애크볼드생물학연구소로 1958년부터 거의 매년 찾아가는 곳이자 야외에 있는 또 다른 집과 같은 곳입니다. 또 다른 한 곳은 1959년에 발견한 장소로 애리조나의 포털 근처에 있는 치리카후와산인데, 지금까지 여덟 차례 방문했으며 요즘 그곳은 동식물학자들이 즐겨 찾는 곳이 되었습니다. 그 외에도 뉴욕의 알바니 근처에 있는 하이크자연보호지나 버지니아주 블랙스버그 근처에 있는 마운틴 레이크 생물 서식지, 플로리다 키, 텍사스의 빅 티켓, 콜로라도의 크레스테드 버트 등도 자주 찾아가는 곳입니다. 외국에서 진행한 연구라면 1968년 파나마의 바로 콜로라도 섬에 있는 스미소니언열대연구소와 1972년부터 1973년까지 호주의 수도 캔버라의 영연방과학산업연구소에서 했던 것을 들 수 있습니다. 어느 곳에서도 기회는 무궁무진했습니다.

야외 실험을 삼가야 하며 생물학 야외 연구소는 사라져야 한다는 생각은 분명히 잘못된 생각입니다. 대학에서 근무하는 동물학자인 제가 영감을 얻는 곳은 도서관도 강의실도 아니며 함께 일하는 동료들에게서도 아닙니다. 영감이 찾아오는 시간은 야외로 나가 자연을 관찰할 때입니다. 제가 언제나 바랐던 것처럼 이 책이 조금이라도 자연보호주의자들의 입장을 대변할 수 있다면 제가 원했던 목표는 충분히 달성하는 셈입니다.

1. 폭격수딱정벌레

Bombardier

동물학자들은 대부분 일기를 씁니다. 하지만 저는 일기를 쓰지 않습니다. 그래서 폭격수딱정벌레bombardier beetle를 제일 처음 만난 날짜를 확실하게 기억하지는 못합니다. 왼쪽 사진에 보이는 곤충이 폭격수딱정벌레로 브라키누스속(屬)Brachinus에 속합니다. 폭격수딱정벌레를 처음 만난 곳은 매사추세츠주, 렉싱턴에 있는 어느 초지였습니다. 지금도 그곳이 초지인지는 잘 모르겠지만, 어쨌든 잠시 제 이야기를 해드리겠습니다.

폭격수딱정벌레를 처음 만난 시기는 1955년 여름이었습니다. 그때 저는 한창 박사 논문을 쓰는 중이었으니 6월 초가 분명합니다. 당시 저는 독특한 화학적 재능을 가진 진귀한 곤충을 찾기 위해서 거친 바위들을 기어 다니고 있었습니다. 박사 논문의 주제는 개미의 해부학적 구조였지만, 당시 저는 무언가 새로운 곤충을 찾을 수 있지 않을까 하는 기대를 떨쳐버릴 수 없었습니다. 저는 살아오는 동안 언제나 곤충에 흥미를 느끼고 있었으며 곤충이라면 사족을 못 쓰지만 화학도 정말 좋아했습니다. 그래서 막연하게나마 두 분야를 접목시킬 방법은 없을까 하는 생각을 해왔습니다. 하지만 폭격수딱정벌레를 만나기 전까지는 두 분야를 접목한다는 생각을 구체적으로 해본 적이 없었습니다. 폭격수딱정벌레처럼 화학물질을 유용하게 쓰는 곤충은 거의 없습니다. 이 친구들을 만난 것은 그야말로 하늘이 제게 주신 최고의 행운이었습니다.

대학원에 다니는 동안 제 앞에서 곤충학과 화학의 경계가 무너지는 흥미로운 현상이 일어나기 시작했습니다. 그때는 페로몬pheromone이라는 용어도 없었던 시절이지만 학자들은 곤충들이 짝짓기 할 때 화학물질을 이용해서 신호를 보낸다는 사실을 서서히 알아내고 있었습니다. 암컷 나방은 짝짓기 준비가 끝나면 휘발성 물질을 내뿜어서 수컷들을 끌어들입니다. 물론 그 무렵 독일 화학자들은 암컷 나방이 분비하는 화학물질의 성분을 밝혀내기 위해서 엄청난 노력을 기울여 왔습니다. 또한 당시에는 곤충의 호르몬에 대한 흥미로운 연구 결과도 나왔습니다. 즉 극소량의 내부 화학 전달 물질이 성장을 조절하고 변태metamorphosis라고 알려져 있는 몸의 형태 변화를 결정한다는 사실 말입니다.

곤충의 호르몬 가운데 순수한 형태로 추출할 수 있는 엑디손ecdysone(탈피현상을 유도하는 곤충의 호르몬—옮긴이)이라는 물질이 있습니다. 저는 저명한 화학물질 분리 전문가인 독일 학자 페터 칼손Peter Karlson의 강연을 잊을 수가 없습니다. 저는 그 강연을 듣는 동안 곤충들이 사용하는 화학용어를 판독할 수 있으리라고 확신했습니다. 좀더 솔직하게 말하자면 그때 전 곤충 암호 해독가가 되고 싶다는 소망에 사로잡혔습니다.

저는 하버드대학 생물학 실험실에서 연구하면서 많은 영감을 받았습니다. 제가 연구하는 실험실과 가까운 곳에 곤충 내분비학계의 선구자 가운데 한 분인 캐럴 M. 윌리엄스Carrol M. Williams 교수의 실험실이 있었습니다. 절친한 친구가 된 캐럴은 저의 학부 시절 담당 조교로 비교생리학comparative physiology을 가르쳤습니다. 캐럴 덕분에 저는 생물 활동에 영향을 미치는 화학물질의 효능을 측정하는 방법인 생물학적정량(生物學的定量)Bioassays에 대해서 알게 됐습니다. 또한 하버드에서 가장 절친한 대학원 친구이자 제게 가장 커다란 영감을 불어넣어준 에드워드 O. 윌슨이 있었습니다. 제가 처음 출간한 논문은 그와 함께 쓴 것이었으며, 그와 저는 끊임없이 공동의 관심사를 나누었습니다.

화학 신호 전달 물질에 관심이 많았던 그는 개미 사회에서 페로몬이 하는 역할을 연구했습니다. 에드워드는 특정 종의 개미를 관찰하고, 개미가 새로 발견한 먹이가 있는 곳을 동료들에게 알리려고 분비하는 흔적 물질trail substance이 분비되는 분비샘gland에 대해서 연구했습니다. 또한 공격 받은 개미가 먼 곳에 있는 동료들에게 경계 태세를 취하게 하고, 적의 공격을 물리칠 수 있도록 지원을 요청하는 화학물질의 분비를 유도하는 기발한 실험도 여러 가지로 고안해냈습니다. 에드워드는 개미가 특정 지방산을 감지해 사체를 알아낸다는 사실도 발견했습니다. 그는 개미의 특정 지방산을 여러 가지 물체에 발라서 개미의 반응을 살펴보았습니다. 개미는 사체를 발견하면 으레 그렇듯이 지방산을 바른 물체를 끌고 개미 묘지the graveyards로 옮깁니다. 이 실험은 '생물학적정량'이 무엇인지를 알려주는 한 가지 예입니다.

　제가 곤충화학을 좋아하게 된 이유는 여러 가지입니다. 먼저 아버지가 화학자라는 사실을 들 수 있습니다. 아버지는 공기의 구성 성분인 질소와 수소를 반응시켜 최초로 암모니아 합성에 성공한 노벨상 수상자인 프리츠 하버Fritz Haber가 마지막으로 가르친 대학원생 가운데 한 분이었습니다. 물론 제가 화학자가 됐다면 아버지는 정말 기뻐하셨겠지만 제가 곤충 연구에 헌신하겠다고 결정했을 때도 기뻐해주셨습니다. 또한 아버지가 아마추어 향수 제조가였다는 사실도 저에게 커다란 영향을 미쳤습니다. 아버지는 미국에 정착하기 전 에스파냐나 우루과이에서도 지하실에 실험실을 만들고 친구들이나 친척들에게 줄 향수나 스킨, 로션, 자외선 차단제 등을 만들었습니다. 그래서 집에서는 언제나 향기로운 냄새가 났는데, 어린 소년이었던 저는 그 향기가 너무 좋았습니다. 그리고 나이가 들면서 점점 더 향기 자체에 흥미를 품게 되었고 그런 향기를 내는 화학물질에 대해서 관심을 가졌습니다.

　우루과이에 살 때 열세 살이었던 저는 다윈에 대해서 전혀 몰랐습니다. 사실 생물학 시간에도 진화란 단어는 들어본 적이 없었습니다. 하지만 저는 본능적으로 그와 비슷한 개념을 알고 있었습니다. 라벤더가 향기를 내뿜는 이유는 자기 자신을 위해서가 아닐까? 식물의 향기가 방어 수단이라는 생각을 언제부터 하기 시작했는지는 모르겠지만 분명히 책에서 읽은 적은 없었습니다.

　우루과이에 있는 별장에는 아이스박스가 있었는데, 자주 개미의 공격을 받았습니다. 그래서 우리는 그 지역 사람들이 하는 것처럼 아이스박스에 다리를 만들어 깡통 속에 집어넣고 등유나 테레빈유를 1센티미터 정도 부어놓았습니다. 등유나 테레빈유 모두 개미를 막아냈지만 테레빈유가 더 효과적이었습니다. 그렇다면 개미는 왜 테레빈유를 싫어할까요? 저는 테레빈유가 송진에서 추출한 물질이라는 사실을 알고 한 가지 생각이 떠올랐습니다. 송진은 소나무의 방어 물질이 틀림없다고 말입니다. 그런 확신을 가지고 개미가 지나다니는 길에 송진을 발라본 것은 제 나이 열넷인가 열다섯 살 때였습니다. 송진을 바르자 개미들은 송진을 피해 멀리 달아났습니다.

제가 냄새에 관심을 갖게 된 이유는 아버지 때문이라고 확신하지만 사실 태어날 때부터 후각은 뛰어난 편이었다고 합니다. 어렸을 때 저는 아침에 일어나서 옷걸이에서 나는 냄새만 맡고도 간밤에 할머니가 오셨다는 사실을 알아맞혔다고 합니다. 사춘기가 되면서 코를 통해서 많은 것을 알 수 있다는 사실을 깨달았습니다. 물론 여덟 살부터 계속해서 곤충 채집에 열을 올렸고 진귀한 나비를 채집하기 위해서 노력해왔지만 그 무렵부터는 종류에 상관없이 살아 있는 곤충에 관심을 갖기 시작했습니다. 처음에는 단순한 채집에 불과했지만 어느 순간 곤충들이 독특한 냄새를 풍기고 있다는 사실을 깨달았습니다. 어떤 종은 항상 은은한 냄새를 발산했으며, 어떤 종은 자신을 귀찮게 할 때만 냄새가 나는 액체를 분비했습니다. 일반적으로 귀찮게 할 때 분비하는 냄새가 훨씬 자극적이어서 재채기를 하거나 기침을 할 때도 많았습니다. 당시 저는 제가 유난히 냄새를 잘 맡는다는 사실을 깨달았습니다. 곤충의 냄새는 몇 가지 종류로 분류할 수 있습니다. 예를 들어 수많은 개미들이 똑같은 시큼한 냄새를 방출합니다. 그때는 그런 사실을 잘 몰랐지만 제가 발견한 내용은 이미 1670년도 초반에 영국의 동물학자인 존 래이John Wray가 쓴 「개미의 산성 주스에 관하여」라는 논문에 자세히 실려 있었습니다.

곤충 중에는 아주 유독한 냄새를 풍기는 곤충들도 있습니다. 다지강은 대부분이 그렇고 거미강 가운데서도 우리 가족이 휴가를 즐기는 별장이 있는 몬테비데오 근처의 해변 휴양지 아틀란티다에서 잡은 장님거미daddy-long legs가 그렇습니다. 그 냄새는 정말 견줄 냄새가 없을 정도로 지독합니다. 노래기는 몸 옆쪽에 나 있는 구멍으로 냄새가 나는 액체를 분비하며 장님거미는 배의 끝부분 껍질 끝에서 액체를 분비합니다. 이 곤충들이 분비하는 액체는 아주 독특합니다. 이 액체를 만지면 요오드를 만졌을 때처럼 손가락이 갈색으로 착색됩니다. 만지는 즉시 그렇게 되는 게 아니라 몇 분 후에 갈색으로 서서히 변합니다. 그때는 이런 사실에 별로 주목하지 않는데 폭격수딱정벌레를 발견하자 갑자기 그때 일이 떠올랐습니다. 폭격수딱정벌레들이 노래기와 장님거미에 대한 기억을 불러일으킨 것입니다.

█ **저는 바위를** 이리저리 살펴보다가 폭격수딱정벌레들을 발견한 순간을 생생하게 기억하고 있습니다. 사실 폭격수딱정벌레는 일반적으로 먼지벌레ground beetles라고 부르는 딱정벌레과(科)Carabidae 곤충입니다. 저는 과거에도 딱정벌레 채집을 많이 해봤기 때문에 딱정벌레에 대해서는 어느 정도 알고 있었습니다. 그때 만난 딱정벌레들은 다리를 곧추세우는 동작은 재빨랐지만 딱정벌레들이 대부분 그렇듯이 재빨리 날아가는 데는 소질이 없었습니다. 하지만 재빠른 여섯 다리로 후다닥 도망가버리기 때문에 폭격수딱정벌레를 잡으려면 아주 신속하게 움직여야 합니다. 그때 저는 폭격수딱정벌레도 같은 과에 속하는 다른 딱정벌레들처럼 공격을 받으면 냄새가 나는 화학물질을 분비할 거라고 추측하고 있었습니다.

그런데 바위 밑에서 발견한 폭격수딱정벌레들은 그때까지 제가 알고 있던 딱정벌레들하고는 어딘지 모르게 조금 달랐습니다. 붉은색을 띤 갈색 몸통에 각도에 따라 색깔이 달라지는 푸른색 앞날개wing cover(딱정벌레의 경우 겉날개라고도 함—옮긴이)는 정말 근사했습니다. 바위를 들어 올리자 폭격수딱정벌레들이 한데 모여 있었습니다. 저는 채집용 유리병을 들지 않은 손을 뻗어 잡으려 했지만 어찌나 빠르게 사방으로 흩어져 도망가는지 고작 한 마리밖에 잡지 못했습니다. 그런데 붙잡은 폭격수딱정벌레를 손가락으로 단단히 잡고 병 속으로 밀어 넣으려고 할 때 갑자기 펑하는 소리가 연속적으로 들려왔습니다. 그 소리가 어찌나 컸는지 깜짝 놀라서 하마터면 잡고 있던 폭격수딱정벌레를 놓칠 뻔했습니다. 어디서 나는 소리인지 살피려고 폭격수딱정벌레를 가까이 들여다보던 저는 그 벌레를 세게 움켜잡을 때마다 그런 소리가 난다는 사실을 알았습니다. 폭격수딱정벌레가 그런 소리를 낼 때는 항문 부위에서 연기가 피어올랐고, 손가락이 뜨거워질 정도로 열이 발생했습니다. 숨을 크게 들이마셔 맡아본 냄새는 우루과이에서 맡았던, 노래기와 장님거미가 방출하는 역한 냄새와 비슷했습니다.

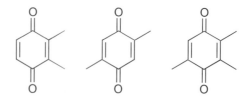

우루과이장님거미(헤테로파킬로이델루스 로부스투스*Heteropachyloidellus robustus*)*의 분비액 성분인 벤조퀴논.
*옛 학명: *Gonyleptes robustus*.
 영어명: Uruguayan daddy-long-legs.

유리병에 폭격수딱정벌레를 집어넣고 살펴본 손가락에는 짐작대로 갈색 반점이 나 있었습니다. 그 자리에서 저는 폭격수딱정벌레들을 연구해보기로 결심했습니다.

한 시간 내지 두 시간 정도 초지를 더 뒤진 끝에 결국 10여 마리 정도 되는 폭격수딱정벌레들을 잡을 수 있었습니다. 저는 폭격수딱정벌레들을 생물학 연구실로 가져와 작은 플라스틱 상자에 흙을 깔고 넣은 후에 물과 신선한 곤충 유충을 잘게 잘라서 넣어주었습니다. 그리고 곤충학에 대한 유용한 조언을 많이 해준 친구이자 코넬대학에서 함께 근무했던 윌리엄 L. 브라운 주니어William L. Brown Jr. 에게 폭격수딱정벌레들을 보여주었습니다. 윌리엄은 "아, 이 친구들은 폭격수딱정벌레야. 이 친구들을 집어 들면 펑 하는 소리를 내면서 매스꺼운 물질을 발포한다네"라고 했습니다. 폭격수딱정벌레에게는 정말 발포한다는 표현이 어울렸습니다. 제가 이 친구들을 다른 곳이 아닌 매사추세츠주의 렉싱턴(미국 독립전쟁과 남북전쟁의 격전지 —옮긴이)에서 처음 발견했다는 사실은 어찌 보면 아주 당연한 일입니다.

그 무렵 우루과이의 젊은 과학자가 저를 찾아왔습니다. 그 과학자는 제가 있던 생물학 연구실에서 얼마 떨어지지 않은 화학 연구실에 있었습니다. 마리아 이사벨 아르다오María Isabel Ardao는 우루과이에서 저의 아버지를 만난 적이 있는데 제가 하버드에서 공부한다는 소식을 듣고 인사차 들른 길이었습니다. 마리아는 저명한 유기화학자인 루이스 피저Louis Fieser 연구실의 특별 연구원이었습니다. 당시 마리아는 항생제를 개발하고자 우루과이에서 온 거미를 연구하는 중이라고 했습니다. 거미의 특징을 전해들은 저는 마리아가 연구하는 거미가 아틀란티다에서 본 장님거미라는 확신이 들었습니다. 저는 거미가 분비하는 액체를 분류하는 중이라는 마리아의 말에 정신이 번쩍 들었습니다. 액체를 분류하는 데 성공했느냐는 저의 물음에 마리아는 그렇다고 하면서 그 액체 속에는 두 가지 물질이 들어있는데, 모두 벤조퀴논benzoquinone이라고 했습니다. 마리아는 벤조퀴논이 '아주 매스꺼운 냄새가 나는 물질'이라고 했습니다. 두 사람은 연구 결과를 논문으로 발표했고, 이 혼합물에 장님거미의 속명을 본떠 고닐렙티딘gonyleptidine이라는 이름을 붙였습니다.

냄새의 정체는 바로 벤조퀴논이었던 것입니다. 비로소 저는 역한 냄새를 풍기는 물질이 무엇인지 알았습니다. 우루과이에서 발견한 노래기도 새로 발견한 폭격수딱정벌레도 모두 벤조퀴논을 만들어내고 있음이 분명했습니다.

그 무렵 저는 또 다른 사람을 만날 수 있었습니다. 그는 보스턴 외곽에 있는 육군병참장교연구기술센터(The Army Quartermaster Research and Engineering Center)에서 근무하는 루이스 M. 로스Louis M. Roth였습니다. 그는 바퀴 전문가였습니다. 로스와 함께 그 무렵에 하버드에서 박사 학위를 딴 바바라 스테이Barbara Stay가 태평양딱정벌레바퀴(디플롭테라 푼크타타Diploptera punctata, 영어명: Pacific beetle cockroach)의 분비샘에서 벤조퀴논을 추출해내는 데 성공했습니다. 두 사람은 바퀴의 분비물이 방어용이라고 생각했지만 분명한 확신은 없었습니다. 로스는 이미 벤조퀴논을 생산하는 작은 딱정벌레를 연구한 바 있었습니다. 두 사람은 저에게 바퀴가 분비하는 액체와 딱정벌레가 분비하는 액체의 냄새를 맡게 해주었습니다. 결과는 의심할 여지가 없었습니다. 두 물질은 비슷한 물질이었습니다. 저는 그렇게 많은 곤충과 다지류가 벤조퀴논을 만들어내고 있다는 사실이 분명하다면 벤조퀴논은 무언가 특별한 능력을 지니고 있음이 분명하다고 생각했습니다.

로스에게 디플롭테라 푼크타타를 연구해보고 싶다고 하자, 그는 제게 바퀴가 가득 든 케이지cage를 주었습니다. 하버드로 돌아와 제일 먼저 한 일은 시중에서 쉽게 구할 수 있는 고체 벤조퀴논을 사 모으는 일이었습니다. 시약병마다 온갖 경고 문구가 적혀 있었기 때문에 상당히 조심해서 다루어야 했습니다. 그 중에는

'독극물. 흡입하거나 피부에 닿을 경우 위험할 수 있음'이라고 적힌 문구도 있었습니다. 벤조퀴논에 적힌 경고 문구를 보니 '나한테는 이미 소용없는 말이군' 하는 생각이 들었습니다.

제 목적은 두 가지였습니다. 첫째는, 바퀴가 자극을 받았을 때 그에 대한 반응으로 벤조퀴논을 분비하는지를 알아보는 일이었고, 둘째는 그 물질이 실제로 공격자를 물리칠 수 있는지를 알아보는 것이었습니다.

■ **조그만 주머니처럼** 생긴 분비샘 한 쌍이 디플롭테라 푼크타타의 몸통 측면 한가운데에 있었습니다. 이 분비샘은 기관(氣管)respiratory tubes과 연결되어 있었는데 그 모습을 보자 공기를 밀어내는 힘으로 벤조퀴논을 분사하는지도 모르겠다는 생각이 들었습니다. 바퀴를 손에 쥐자 벤조퀴논 냄새가 났지만 분사되는 광경을 눈으로 확인할 수는 없었습니다. 아마도 분비하는 벤조퀴논의 양이 너무 적거나 너무 빨리 흩어져서 볼 수 없었는지도 모릅니다.

그래서 저는 생물학적정량을 활용해보았습니다. 일단 벤조퀴논이 물속에 사는 단세포 생물인 원생생물protozoa에게 미치는 영향력을 알아보았습니다. 벤조퀴논을 떨어뜨린 곳에 있던 원생생물은 벤조퀴논을 떨어뜨리자마자 죽어버렸습니다. 그 모습을 본 저는 바퀴가 있는 좁은 공간에, 원생생물이 들어 있는 작은 시험관인 마이크로아쿠아리움microaquarium을 집어넣고 바퀴를 자극한 후에 원생동물의 행동을 관찰하기로 했습니다. 그런 간접적인 방법을 통해서 벤조퀴논의 효능을 어느 정도 알 수 있으리라고 생각했습니다.

그러려면 먼저 필요한 장치를 마련하고 분석 방법을 고안해내야 했습니다. 실험에 성공하려면 무엇보다도 따뜻한 탐침probe으로 바퀴를 자극하는 동시에 현미경으로 배양액을 관찰하는 장치를 고안하는 일이 중요했습니다. 제가 실험에 이용한 원생생물은 비교적 세포의 크기가 큰 스피로스토뭄Spirostomum이었습니다. 저는 마이크로아쿠아리움 한 개당 스티로스토뭄을 한 개체만 집어넣었습니다. 이 원생생물은 제가 바퀴를 자극하기 전까지는 활발하게 헤엄치며 자신의 수

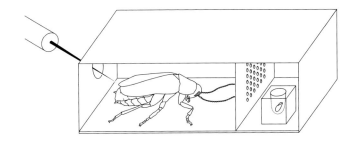

자극을 받은 디플롭테라 푼크타타가 분사하는 벤조퀴논의 효능을 알아보기 위한 생물학적정량 실험. 중앙에 뚫려 있는 구멍으로 확산되어 들어간 벤조퀴논 때문에 마이크로아쿠아리움에서 죽어가는 원생생물(오른쪽).

영장 구석구석을 돌아다녔지만, 바퀴를 자극하자 곧바로 수면에서 멀어지려고 안간힘을 썼습니다. 스티로스토뭄은 어떻게 해서든지 물속 깊은 곳으로 들어가려고 애썼지만 결국 벤조퀴논이 수면 밑까지 도달하자 죽어버리고 말았습니다. 실험 결과는 고무적이었습니다. 그래서 저는 벤조퀴논을 분비하는 분비샘을 제거한 바퀴로 같은 실험을 해보았습니다. 이번에는 아무리 바퀴를 자극해도 스티로스토뭄의 움직임이 변하지 않았습니다. 저는 실험 결과에 무척 기뻤지만 완벽하게 만족스럽지는 않았습니다. 좀더 직접적인 방법으로 바퀴의 벤조퀴논 분비 전략을 알아낼 필요가 있었습니다.

그때 저는 벤조퀴논에 반응하여 색을 바꾸는 지시 종이indicator paper라면 효과가 있을 것이라고 생각했습니다. 다시 말해서 지시 종이를 바퀴 밑에 놓은 채로 바퀴를 자극하면 벤조퀴논 분비 여부를 눈으로 직접 확인할 수 있을 것이라고 말입니다. 벤조퀴논은 아주 강력한 산화제였기 때문에 그런 종류의 산화제를 검출하는 지시 종이는 시중에서 쉽게 구할 수 있었습니다. 하지만 지시 종이를 유심히 살펴보다 보니 실험에 필요한 지시 종이를 직접 만들어도 되겠다는 생각이 들었습니다. 실험에 필요한 종이는 고체 요오드화칼륨과 녹말가루를 물에 섞어 휘저은 다음, 염산을 소량 넣고 그 속에 여과지를 담그면 만들 수 있었습니다. 그러나 종이가 액체를 머금으면 곧바로 꺼내서 말려야 합니다. 이렇게 만든 종이에 퀴논 결정을 갖다 대면 종이는 그 즉시 짙은 갈색으로 변합니다. 곧바로 바퀴의 몸에서 분리한 분비샘을 지시 종이에 갖다 댔을 때도 같은 현상이 일어났습니다.

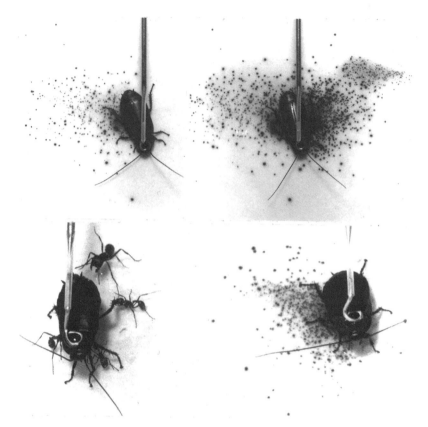

디플롭테라 푼크타타를 자극한 후에 지시 종이에 나타나는 변화로 알아보는 바퀴의 분사 형태. 위쪽 사진은 핀으로 바퀴를 자극한 후에 나타난 변화를 찍은 사진이다. 먼저 오른쪽 다리를 자극하고 나중에 왼쪽 다리를 자극했다. 그 결과 바퀴는 자극 받은 쪽으로 액체를 분사한다는 사실을 확인할 수 있었다. 아래 오른쪽 사진은 공격하는 개미에게 화학물질을 분사하여 쫓아내는 바퀴, 왼쪽은 분비샘을 제거한 바퀴 사진이다. 왼쪽 바퀴는 개미의 공격을 물리치지 못했다.

그 다음으로 할 일은 공격을 가할 때 바퀴가 종이 위에 그대로 머물러 있게 하는 일이었습니다. 그래서 저는 지금도 곤충을 연구할 때면 즐겨 사용하는 기술을 한 가지 개발했습니다. 저는 바퀴의 등에 알루미늄으로 만든 조그만 고리를 달고 그 고리를 막대기에 걸어서 종이 위에 단단히 고정시켰습니다. 고리는 바퀴의 등에 왁스로 고정시켰습니다. 고리와 막대는 작은 플라스틱 관을 이용해서 연결했습니다. 고리 때문에 바퀴가 불편할 리는 없었습니다. 그리고 쉽게 떨어지기 때문에 실험을 끝낸 후에 그냥 떼어내기만 하면 됐습니다.

실험은 마술 같았습니다. 처음에는 어떤 방법으로 바퀴를 자극해야 할지 몰랐지만 곧 좋은 생각이 떠올랐습니다. 전 개미 흉내를 내기로 했습니다. 개미는 광대한 지하 세계를 지배하는 폭군으로 바퀴에게는 심각한 위협이 될 수 있는 존재였습니다. 저는 첫 번째 바퀴를 이제 막 만든 지시 종이에 올려놓고 개미가 무는 것처럼 핀셋으로 다리를 살짝 집어보았습니다. 핀셋이 바퀴 다리에 닿는 순간 정말 마술처럼 지시 종이에 점들이 쫙 펼쳐졌습니다. 오른쪽 다리를 건드리면 오른쪽에 점무늬가 생겼고 왼쪽 다리를 건드리면 왼쪽에 점무늬가 생겼습니다. 바퀴는 방어를 위해 화학물질을 분비함은 물론, 자극이 있는 쪽으로 분사 방향을 조절하는 능력도 있었습니다.

저는 더듬이를 비롯해서 여러 부위를 돌아가며 자극해보았습니다. 바퀴는 언제나 자극을 받은 방향으로만 화학물질을 분사했습니다. 또한 저는 바퀴가 호흡기로 들어간 공기를 이용해서 분비샘 속에 들어 있는 물질을 분사한다는 사실도 알아냈습니다. 바퀴를 마비시킨 후에 기관과 분비샘을 연결하는 작은 관을 절단하자 화학물질을 분사하지 못했기 때문입니다.

이제 남은 문제는 바퀴가 실제로 공격을 받았을 때도 같은 방법으로 위기에서 벗어나는지를 확인하는 일이었습니다. 그 무렵 실험실에서 뿔개미속(屬)Pogono-myrmex 개미를 사육하던 에드워드는 기꺼이 제게 개미를 나누어주었습니다. 저는 먹이를 모으고 있는 개미들의 영역에 바퀴 몇 마리를 집어넣었습니다. 침입자를 발견한 개미들은 그 즉시 공격을 시작했지만 바퀴를 몰아내기는커녕 바퀴 옆으로 다가가지도 못했습니다. 그래서 이번에는 바퀴 밑에 지시 종이를 깔고 다시 실험해보았습니다. 그 실험을 통해서 개미가 바퀴 곁에서 황급히 물러나는 순간과 거의 동시에 바퀴 밑에 있는 종이에 점무늬가 생긴다는 사실을 확인할 수 있었습니다.

인위적으로 분비샘을 제거한 바퀴는 물론, 이제 막 탈피를 한 개체도 방어할 힘이 없었습니다. 바퀴가 껍질을 벗을 때는 주머니처럼 생긴 분비샘의 내벽도 함께 떨어져나가기 때문에 그 안에 들어 있던 내용물도 사라져버립니다. 바퀴가 분비샘에 방어 물질을 다시 채우려면 족히 하루는 걸리기 때문에 그동안은 아주 취약한 상태로 지내야 합니다. 암컷의 경우에는 탈피를 해야만 생식을 할 수 있기 때문에 성충이 되어 처음 맞는 짝짓기 순간이 첫 위기의 순간이라고 할 수 있습니다. 탈피를 통해 생식 능력을 갖게 됐지만 방어 능력을 잃어버린 암컷은 방어 물질을 분비하는 수컷의 도움을 받으려고, 스스로 방어 물질을 분비할 수 있을 때까지 짝짓기 상태를 유지합니다.

곤충이 얼마나 절묘한 사격 솜씨를 지니고 있는지를 알려준 존재는 폭격수딱정벌레입니다. 저는 케이지에서 딱정벌레를 몇 마리 꺼내 막대기로 지시 종이에 고정시킨 다음 개미가 공격하는 것처럼 자극했습니다. 등껍질에 고리를 붙일 때 딱정벌레가 저를 향해 발사하는 것을 막기 위해서 미리 특별한 조치를 취해야 했습니다. 저는 딱정벌레들을 솔로 살살 끌어내서 얼음물이 담긴 조그만 받침 접시에 빠뜨렸습니다. 차가운 얼음물 때문에 딱정벌레들이 부동 상태가 되면 재빨리 등껍질에 고리를 붙였습니다. 몇 분 후에 얼었던 몸이 녹으면 딱정벌레들은 기운을 되찾고 활발하게 움직였습니다.

미국에서 서식하는 폭격수딱정벌레는 브라키누스속에 속하는데, 브라키누스란 '짧은 날개'라는 뜻입니다. 폭격수는 날개 뒤로 배의 끝부분이 삐죽 나와 있기 때문에 배의 끝부분을 자유자재로 움직일 수 있습니다. 저는 폭격수딱정벌레가 배의 끝부분을 움직여서 마치 사격할 때처럼 목표물을 향해 조준한다는 사실을 알아냈습니다. 딱정벌레를 몇 마리 해부하자 커다란 방어용 분비샘 두 개가 배의 끝부분에 바싹 붙어 있는 모습을 확인할 수 있었습니다.

폭격수딱정벌레들이 배 끝에 달린 작은 총구를 사용하는 모습은 정말 경이롭습니다. 단순한 신경계로 이루어져 있는데도 이 딱정벌레들의 말초신경은 구석구석 빈틈없이 뻗어 있는 것처럼 보입니다. 몸의 어느 곳을 잡아도 폭격수딱정벌레는 정확하게 제 손을 겨냥해서 가스를 발사하고 손가락이 뜨겁게 달아오르게 했습니다. 안개처럼 넓게 퍼지는 희미한 흔적을 남기는 디플롭테라 푼크타타와 달리 폭격수딱정벌레가 화학물질을 발사할 때면 제트기가 지나간 것처럼 선명한 자국이 남았습니다. 또 한 가지 주목해야 할 점이 있었습니다. 폭격수딱정벌레들은 선제공격을 하지 않았습니다. 오직 자기를 건드릴 때만 발포했습니다.

이미 예상했겠지만 개미는 딱정벌레를 해칠 수 없었습니다. 아무리 약한 부분을 물려고 덤벼들어도 딱정벌레의 방어 물질을 맞고 즉시 물러날 수밖에 없었습니다. 딱정벌레는 상처하나 없이 깨끗하게 개미를 물리칠 수 있었습니다. 개미가 다리나 더듬이에 묻은 화학물질을 닦아내려고 안간힘을 쓰는 동안 딱정벌레는 멀리 달아나버립니다. 딱정벌레는 분비물을 다 써버리기 전까지 20회 이상 화학물질을 발사할 수 있습니다. 그러나 발사할 물질이 없을 때 개미를 만나면 딱정벌레는 무릎을 꿇을 수밖에 없습니다.

실험 결과를 발표하고 싶었던 저는 마리아가 보스턴 산부인과 병원에서 둘째 딸 비비안을 낳으려고 애쓰는 동안 보호자 대기실에 앉아서 논문의 초안을 작성했던 기억이 납니다. 그때만 해도 아이의 아빠는 분만실로 들어갈 수 없었습니다. 저는 아주 초조한 출산의 순간에 그나마 딱정벌레라도 생각할 수 있었기 때문에 비교적 차분하게 대기실에 앉아 있을 수 있었습니다. 어쩌면 비비안이 태어나는 그 순간에 아버지인 제가 곤충에 대한 생각에 푹 빠져 있었기 때문에 지금 비비안이 곤충을 사랑하게 됐는지도 모르겠습니다. 딸아이가 곤충을 사랑한다는 사실은 정말 저를 행복하게 합니다. 큰딸 이본느도 그렇지만 비비안도 정말 곤충을 사랑합니다.

비비안이 태어나고 몇 주가 지난, 1957년 9월에 우리 가족은 짐을 꾸려 뉴욕에 있는 이타카로 이사했습니다. 코넬대학에서 대학 교수직을 제안했고 그 제안을 받아들여 하버드 생활을 마감했기 때문입니다. 차의 앞좌석에 앉아 긴 여행을 하는 동안 저의 보살핌을 받은 이들은 제가 직접 잡은 폭격수딱정벌레들이었습니다. 이 친구들은 이미 저의 가족이었고 이타카로 옮겨 간 뒤에도 마찬가지였습니다. 일반생물학을 가르치는 일은 시간을 많이 잡아먹는 고달픈 일이었지만 주어진 환경이야 어찌되었건 간에 연구를 계속해야겠다고 마음먹었습니다. 저는 폭격수딱정벌레들이 비교적 수월하게 이타카의 환경에 적응했기 때문에 실험실에서 키워도 연구를 계속할 수 있을 만큼 개체 수가 증가하리라는 사실을 알고

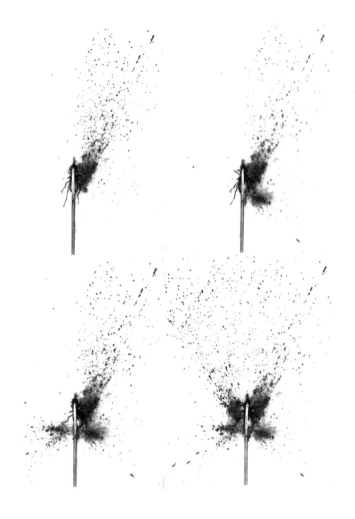

핀셋으로 자극하자 분비물을 네 차례 연속해서 발사하는 폭격수딱정벌레. 위쪽은 오른쪽 앞다리와 뒷다리를 건드렸을 때의 모습, 아래쪽은 왼쪽 뒷다리와 앞다리를 건드렸을 때의 발사 모습이다.

있었습니다. 생각보다 훨씬 오랜 뒤에야 개인 연구실을 갖게 됐지만 딱정벌레 실험은 이타카에 도착하고 몇 주 지나지 않아 시작할 수 있었습니다. 비비안이 태어날 때 쓰기 시작한 논문은 그때 이미 출간이 결정난 상태였고 이번에는 디플롭테라 푼크타타의 방어 전략에 관한 두 번째 논문을 쓸 예정이었습니다. 그 무렵 독일에서 신나는 소식이 날아들었습니다. 폭격수딱정벌레가 발사하는 화학물질의 구성 성분을 밝혀냈다는 소식이었습니다. 이런 성과를 올린 사람들은 에를랑겐의 헤르만 쉴트크넥트Hermann Schildknecht와 그의 연구팀으로, 딱정벌레 분비물의 구성 성분은 바로 벤조퀴논이었습니다.

■ **코넬대학에서** 초기에 한 실험 가운데 청개구리의 일종인 회색청개구리(힐라 베르시콜로르*Hyla versicolor*, 영어명: gray tree flog)에게 폭격수딱정벌레를 먹이로 주는 포식 관계 실험이 있었습니다. 딱정벌레를 처음 본 개구리들은 무조건 딱정벌레에게 달려들었지만 여러 번 본 적이 있는 개구리는 딱정벌레를 피했습니다. 딱정벌레를 실제로 집어삼킨 경우는 몇 번 되지 않았습니다. 개구리들은 딱정벌레를 덥석 물자마자 황급히 뱉어내고는 미친 듯이 혀를 닦아내려고 수선을 떨었습니다. 사진이라도 찍어두고 싶은 광경이었지만, 애석하게도 카메라가 없었습니다.

저는 십대부터 사진에 관심이 있었지만 대학원에 들어와서야 살아 있는 곤충을 연구하려면 카메라가 필수라는 사실을 깨달았습니다. 분명히 예술가였던 제 어머니의 영향이었겠지만 그렇지 않더라도 저는 눈에 보이는 모든 것을 사랑했습니다.

당시에 저는 그 무렵 한참 유행하던 소형 일안single lens 리플렉스 카메라, 그것도 가장 인기를 끌었던 엑잭타 카메라Exacta camera가 있는 대학원 친구를 부러워했습니다. 그래서 장학금만 받으면 제일 먼저 그런 카메라를 사겠다고 마음먹었습니다. 하지만 카메라를 구입하려면 좀더 기다려야 했기 때문에 대안을 마련해야 했습니다.

대학원에 들어간 첫해에 잊지 못할 기억이 있습니다. 그때 저는 녹색풀잠자리 유충이 진디를 먹는 모습을 찍기 위해서 생물학 연구실 지하에 있는 사진 촬영실에서 구한 구형 4×5 벨로즈형 카메라를 고쳐보려고 했습니다. 카메라에는 플래시를 터트리는 장치가 없었기 때문에 환경 조명ambient light (직립식 간접 조명)을 설치한 상태에서 카메라를 오랫동안 노출시켰지만 사진이 제대로 찍히지 않았습니다.

촬영실에서 고전을 면치 못하는 저를 지켜보던 한 사람이 아주 굵직한 목소리로 이렇게 말했습니다. "손전등을 이용해보시죠. 어두운 방에서 렌즈를 닫고 셔터를 연 다음에 손으로 직접 플래시를 터뜨리는 겁니다." 말할 것도 없이 그 방법은 효과가 있었습니다. 그날 밤은 물론이고 그 뒤 며칠 동안 우리 두 사람은 진지

폭격수딱정벌레를 공격하는 개구리
(힐라 베르시콜로르*Hyla versicolor*).

한 이야기를 나누었습니다. 유명한 사진작가였던 그 사람의 이름은 로만 비쉬니악*Roman Vishniac*(유명한 스틸 사진작가로 스티븐 스틸버그도 영화 〈쉰들러 리스트〉를 찍을 때 이 사람의 사진을 참고했다고 함—옮긴이)이었습니다. 그는 『라이프(Life)』지에 곤충의 변태를 연구하는 캐럴 M. 윌리엄스에 관한 기사를 실으려고 그곳에 와 있었습니다. 로만은 사진 찍는 모습을 보여주면서 빛 조절 방법과 이미지 구성 방법에 대해 알려주었습니다. 비쉬니악이 아주 유명한 사람이라는 사실은 훨씬 후에야 알았지만 그를 만났던 일은 결코 잊을 수가 없습니다.

코넬대학에 간 첫해에는 연구비를 보조받을 수 없었습니다. 하지만 함께 대학원에 다니며 가까운 친구 사이가 된 벤저민 데인Benjamin Dane과 찰스 월컷Charles Walcott이 기꺼이 카메라를 빌려주었습니다. 하버드에서 처음 찰스를 만났을 때 그는 학부생이었습니다. 우리 두 사람이 원생생물의 일생을 다룬 텔레비전 방송에 함께 출연했을 때 잊지 못할 사건이 벌어졌습니다. 그 방송은 보스턴에서 이제 막 개국한 WGBH가 MIT에서 내보내는 방송이었습니다. 생방송이었기 때문에 모든 일이 실수 없이 예정대로 진행되어야 했습니다. 방송에서 다룬 원생생물은 흰개미의 소화기관에 살면서, 흰개미가 섭취한 나무를 먹는 종이었습니다. 슬라이드에 원생생물을 올려놓고 슬라이드를 현미경의 재물대에 놓으려는 순간 현미경과 텔레비전 카메라를 임시로 연결해놓은 곳에서 빛이 새고 있다는 사실을 발견했습니다. 그래서 결합 부위를 감쌀 튜브가 필요했습니다. 그것도 바로 말입니다. 그 프로그램의 사회자였던 메리 렐라 그라임스Mary Lela Grimes가 원생생물을 소개하려고 가까이 다가오고 있었습니다. 이제 방법은 한 가지밖에 없었습니다. 우리는 근처에 있던 남자 화장실로 뛰어 들어가 두루마리 화장지를 모두 푼 다음에 화장지 심을 들고 뛰어나와 연결 부위를 감쌌습니다. 그렇게 해서 이 원생생물들은 텔레비전에 무사히 출연할 수 있었습니다. 텔레비전에서 이 친구들을 소개한 것은 그때가 처음이라고 알고 있습니다. 하지만 정말로 잊을 수 없는 일은 우리가 화장실로 쳐들어가 정신없이 화장지를 풀고 있을 때 깜짝 놀란 얼굴로 쳐다보던 사람들의 얼굴입니다.

찰스의 하셀블라드 카메라Hasselblad camera와 그의 끊임없는 도움으로 정말 멋진 사진을 찍을 수 있었습니다. 그 중에서도 특히 회색청개구리가 폭격수딱정벌레를 공격하는 연속 사진 세 장을 찍은 뒤로 카메라는 꼭 필요한 필수품이 되었습니다. 이들 연속 사진은 곤충을 소개한 『타임라이프 북스』에 실렸으며, 마치 제가 곤충 전문 사진가로 성공한 것 같은 기분을 느끼게 해주었습니다. 저는 순간을 포착하여 사진에 담는 일을 정말 사랑합니다.

1961년에 쉴트크넥트와 그의 연구원들이 폭격수딱정벌레에 대한 아주 중요한 두 번째 논문을 출간했습니다. 그보다 1년 전인 1960년 빈에서 열린 제10회 국제곤충학회의 때 제가 주관한 곤충화학에 대한 심포지엄에서 처음으로 헤르만 쉴트크넥트를 만났습니다. 당시 저는 쉴트크넥트를 비롯하여 곤충의 방어와 의사소통에 관여하는 수많은 화학물질을 연구하는 과학자들과 서신을 교환하면 모두에게 좋겠다는 생각이 들었습니다. 소수였던 우리는 그런 식으로 각자의 연구 결과를 한데 모을 수 있었습니다. 그 중에는 개미가 분비하는 화학물질에 대한 선구적인 연구를 진행하던 마리오 파반Mario Pavan, 방어 메커니즘을 담당하는 다양한 분비샘에 대해서 연구하던 머리 블룸Murray Blum, 코브라처럼 독이 있는 타액을 뱉는 아주 흥미로운 아프리카 곤충에 대해서 연구하던 존 에드워즈John Edwards, 화학적 의태chemical mimicry라는 개념을 처음으로 소개하고 연구원 가운데 가장 많은 아이디어를 가지고 회의에 참석했던 미리엄 로스차일드Miriam Rothschild도 있었습니다. 쉴트크넥트와 오랫동안 이야기를 나눈 저는 우리 두 사람이 폭격수딱정벌레에게 푹 빠져 있다는 사실을 분명하게 알 수 있었습니다. 그 무렵 쉴트크넥트는 폭발하는 것처럼 보이는 폭격수딱정벌레의 발사 메커니즘을 연구한 선구적인 논문을 준비하고 있었습니다.

폭격수딱정벌레가 방어 물질을 발사할 때 어떤 화학 변화가 일어나는지 알아보려면 먼저 분비샘의 구조를 자세히 살펴보아야 합니다. 폭격수딱정벌레를 해부해보면 분비샘을 쉽게 관찰할 수 있습니다. 딱정벌레의 분비샘은 배의 뒤쪽 양옆에 똑같은 모양으로 한 개씩 놓여 있습니다. 분비샘에서 가장 주목해야 할 점은 양쪽 모두, 탄력적인 근육으로 둘러싸여 화학물질을 저장하는 커다란 저장 주머니인 융합실confluent chamber에 연결되어 있다는 점입니다. 외부로 뚫려 있는 분비공(구멍)glandular pore과 저장 주머니 사이에는 작고 단단한 반응실reaction chamber이 있습니다. 분비샘에서 나온 물질은 저장 주머니인 융합실을 거쳐 반응실로 가게 됩니다. 일반적으로 저장 주머니는 액체로 가득 차 있습니다. 분비샘과 저장 주머니는 돌돌 감긴 관으로 연결되어 있는데 이 관의 전체 길이는 딱정벌레 몸길이보다 깁니다.

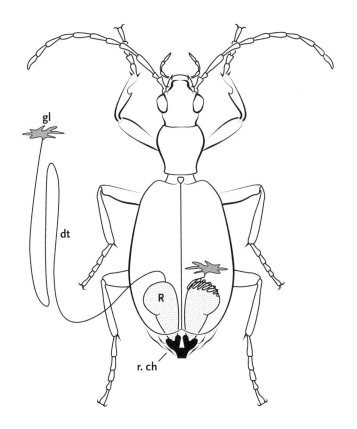

폭격수딱정벌레의 분비샘 해부도.
R: 저장 주머니, r.ch: 반응실,
gl: 분비샘 조직, dt: 관

쉴트크넥트와 그의 연구원들이 밝혀낸 사실은 폭격수딱정벌레의 분비샘에는
벤조퀴논이 아닌 하이드로퀴논hydroquinone이라고 하는 전구체 물질이 저장되어
있다는 사실입니다. 하이드로퀴논이 저장되어 있는 곳에는 또 다른 산화제인 과
산화수소도 함께 들어 있었습니다. 일반적으로 하이드로퀴논과 과산화수소는 서
로 반응하지 않습니다. 하지만 효소가 관여하면 격렬하게 반응하여 폭발합니다.
반응실에 들어 있는 물질이 바로 하이드로퀴논과 과산화수소가 반응하게 하는
효소입니다. 분비샘에서 분비된 물질은 일단 저장 주머니에 들어가면 강한 수축
에 의해 효소가 분비되는 반응실로 들어가게 됩니다.

몇 년 후에 쉴트크넥트의 연구진은 폭격수딱정벌레가 카탈라아제catalases와 페
록시다아제peroxidases라는 두 가지 효소를 분비한다는 사실을 밝혀냈습니다. 이
두 효소는 굉장한 일을 해냅니다. 저장 주머니에 들어 있던 액체가 수축에 의해

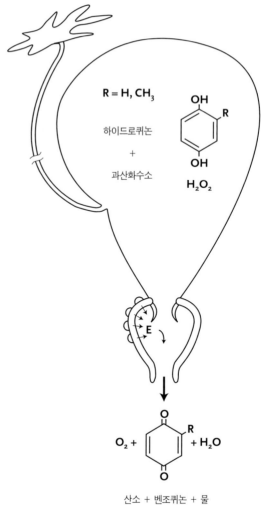

폭격수딱정벌레 분비샘의 화학 메커니즘
모식도.

E: 반응실로 분비되는 효소
R: 하이드로퀴논이나 퀴논 분자에 결합하는
　수소(H)나 메틸 라디칼(CH_3)

R = H, CH_3

하이드로퀴논

+

과산화수소

H_2O_2

O_2 +   + H_2O

산소 + 벤조퀴논 + 물

반응실로 흘러 들어가는 순간, 카탈라아제는 과산화수소를 산소와 물로 분해하
며, 페록시다아제는 하이드로퀴논을 벤조퀴논으로 바꿉니다. 하이드로퀴논이 벤
조퀴논으로 바뀔 때 과산화수소의 분해 산물인 산소를 사용합니다. 또한 이때 생
긴 산소는 반응한 물질을 반응실 밖으로 밀어내는 힘으로도 작용하는 것 같습니
다. 딱정벌레가 분비물을 방출할 때 폭발하는 것 같은 소리가 나는 이유도 그 때
문임이 분명합니다.

　　그런데 대체 무엇 때문에 분비샘에서 저장 주머니까지 연결된 관이 그렇게 길

어야 하는 걸까요? 어쩌면 저장 주머니가 강하게 수축하여 그 속에 있던 화학물질을 밖으로 배출하는 동안 분비샘에서 분비한 액체가 역류하는 현상을 막기 위해서인지도 모릅니다.

쉴트크네트의 연구 결과는 아주 고무적이었습니다. 그의 연구는 분명히 알고는 있었지만 그다지 주목하지 않았던 폭격수딱정벌레의 분비물에 대한 또 다른 특징에 대해서도 어느 정도 설명해주었습니다. 폭격수딱정벌레의 분비물이 뜨겁다는 사실 말입니다.

■ **렉싱턴에서** 처음 폭격수딱정벌레를 만졌을 때 분명히 느낄 수 있었던 열기는 그후로도 폭격수딱정벌레를 만질 때마다 느낄 수 있었습니다. 저는 포식자들이 어떤 느낌을 받을지 알아보려고 딱정벌레를 입에 넣어보기도 했습니다. 물론 딱정벌레가 폭탄을 터뜨릴 때마다 너무 뜨거워서 황급하게 뱉어버리기는 했지만 말입니다. 입 안 가득 불쾌한 맛이 오랫동안 가시지 않았습니다. 좀더 뒤에 안 일이지만 다윈도 그런 실험을 한 적이 있다고 합니다. 다음은 다윈Charles Robert Darwin의 『삶과 편지들(Life and Letters)』에 나온 글입니다. 동물학자들이 어떤 사람들인지를 잘 말해주는 글입니다.

케임브리지(대학)에서 업무는 딱정벌레를 채집할 때만큼 기쁘지도 않고 열의를 불러일으키지도 않는다. 딱정벌레를 해부해본다거나 출판되어 나온 책과 외양을 비교해보는 일조차 하지 않는 내게 채집이란 순수한 열정의 표출이다. 〔……〕 채집에 열정을 가질 수밖에 없는 이유를 말해달라고? 언젠가 썩은 나무껍질을 벗기다가 처음 보는 딱정벌레 두 마리를 발견했다.

나는 한 손에 한 마리씩 거머쥐었다. 그때 또 다른 한 마리가 보였다. 이 신종을 놓치고 싶지 않았던 나는 냉큼 손에 쥐고 있던 한 마리를 입에 넣고 다른 손으로 세 번째 딱정벌레를 잡으려고 했다. 그런데 아뿔싸, 입속에 집어넣은 딱정벌레가 혀를 태워버릴 것처럼 아주 매섭고도 따가운 액체를 뿜어내는 게 아닌가.

깜짝 놀라 뱉어내는 바람에 결국 그놈을 놓치고 말았다. 세 번째 딱정벌레도 마찬가지였다.

　다윈이 입속에 집어넣은 벌레가 폭격수딱정벌레인지는 모르겠지만 저는 그렇게 믿고 싶었습니다. 다윈은 분명히 폭격수딱정벌레에 대해서 알고 있었습니다. 1982년, 다윈의 고향인 켄트에 있는 다윈 하우스를 방문했을 때 그곳에 전시되어 있던 딱정벌레들을 살펴볼 기회가 있었습니다. 그곳에는 분명히 핀으로 고정시킨 폭격수딱정벌레가 있었습니다.

　어쨌든 몇 차례의 우스꽝스러운 실험 덕분에 폭격수딱정벌레가 발사하는 액체가 정말 뜨겁다는 사실을 알아냈습니다. 그 사실을 분명하게 확인시켜준 사람은 대니얼 애네샌슬리Daniel Aneshansley였습니다.

박사 학위를 받기 위해서 1966년 어느 화창한 가을에 연구실을 찾아온 대니얼은 그때 대학원 1년생이었습니다. 대니얼의 전공은 전자공학이었기 때문에 우리가 함께 연구할 분야가 있으리라고는 기대하기 어려웠습니다. 하지만 몇 마디 주고받지 않았는데 죽이 맞은 우리는 머리를 맞대고 함께 진행할 수 있는 연구 분야를 찾아보았습니다.

그때 제가 대니얼에게 폭격수딱정벌레에 대해 이야기했습니다. 아주 기발한 방법으로 액체를 발사하는데 그 액체가 아주 뜨거운 것 같다고 말입니다. 그렇다면 폭격수딱정벌레가 발사하는 액체의 열적 성질thermal properties을 알아보면 어떨까 하는 생각이 들었습니다. 연구 주제가 결정되자 며칠 후 대니얼이 우리 연구팀에 합류했습니다.

연구를 시작하기 전에 우리는 화학과에 있는 조앤 위덤Joanne Widom과 벤저민 위덤Benjamin Widom의 도움을 받기로 했습니다. 두 사람 모두 물리화학자였기 때문에 우리는 그들에게 딱정벌레가 분비하는 물질의 온도에 대해서 물어보고 싶었습니다. 물론 이미 반응 물질이 하이드로퀴논과 과산화수소라는 사실과 그 농도에 대해서는 알고 있었습니다. 두 물질 모두 폭격수딱정벌레의 저장 주머니에 고농도로 저장되어 있었습니다. 우리가 알고 싶었던 것은 이 물질들이 반응할 때, 다시 말해서 벤조퀴논이 만들어질 때, 발사하는 액체가 뜨거워질 정도로 높은 열이 발생할 수 있는가 하는 점이었습니다.

우리가 물어보는 말에 두 사람은 분명히 그렇다고 대답했습니다. 발사하는 액체 1그램당 약 5분의 1칼로리, 정확하게 말하면 0.19칼로리의 열이 발생한다고 하면서 딱정벌레가 발사하는 양이라면 그 정도 열만 있어도 충분히 끓는점까지 도달할 수 있다고 했습니다. 그런데 끓는점이라니 도대체 무슨 말일까요? 두 사람은 끓는점이란 물의 끓는점인 섭씨 100도를 뜻한다고 하면서 폭격수딱정벌레가 발사하는 액체 속에 물이 용매로 들어 있다는 사실을 상기시켜주었습니다.

두 사람의 말에 아주 기뻤지만 끓어오를 만큼 뜨겁다니, 과연 그 말이 사실일까 하는 의문이 생겼습니다. 그러자 귀신처럼 기발한 장치를 척척 만들어내는 대

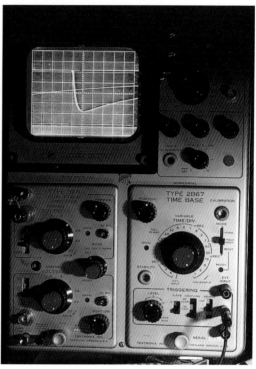

폭격수딱정벌레가 분비하는 액체의 온도 측정. 딱정벌레를 단단하게 고정시킨 후에 아주 작은 구슬처럼 생긴 서미스터를 배 바로 뒤쪽에 장치했다. 폭격수딱정벌레가 화학물질을 발사하면 그 결과가 역전류 검출관(oscilloscope) 화면에 나타난다. 화면에서 갑자기 급강하한 녹색선은 딱정벌레가 방출한 액체의 열을 나타낸다.

니얼이 폭격수딱정벌레가 발사하는 액체의 온도를 잴 수 있는 전자 장치를 고안해냈습니다. 실제로 대니얼이 설치한 장치는 온도계 역할을 할 작은 구슬처럼 생긴 서미스터thermistor(온도의 변화에 따라 현저하게 저항치[値]가 변하는 반도체 회로 소자[素子]—옮긴이)였습니다. 서미스터는 일반적으로 전기 회로에 연결하는 저항기입니다. 서미스터를 통과하는 전류는 열에 따라 바뀝니다. 따라서 열량에 따라 얼마만큼의 전류가 서미스터에 흐르는지 알아낸다면 반대로 서미스터를 온도계처럼 열을 측정하는 장치로 사용할 수 있습니다. 대니얼은 폭격수딱정벌레가 발사하는 액체의 온도를 직접 측정할 방법을 고안했습니다. 딱정벌레가 화학물질을 발사하는 순간의 전류를 측정할 수 있다면 정확한 액체의 온도를 알 수 있을 테니까 말입니다. 대니얼의 장치를 이용해서 몇 번이나 측정한 딱정벌레 분비

마이크로칼로리미터 입구에 배의 끝부분을 고정시킨 폭격수딱정벌레. 마이크로칼로리미터 안에 설치되어 있는 열전지가 딱정벌레가 발사하는 액체의 열을 측정한다.

물의 온도는 거의 섭씨 100도에 가까웠습니다.

그날 밤 우리는 잠을 이룰 수가 없었습니다. 그런 순간 때문에 인생이 살맛나는지도 모르겠습니다. 물론 그런 순간은 그리 자주 찾아오지는 않지만 말입니다. 마리아와 아이들도 기쁨을 함께 나누었습니다. 그때는 셋째딸 크리스티나도 태어난 후였습니다. 크리스티나는 종종 아이다운 발음으로 '딱종벌레 잘 이쩌?' 하고 묻고는 했습니다.

그 다음으로 대니얼이 한 일은 폭격수딱정벌레가 발사하는 열량을 측정해보는 일이었습니다. 대니얼은 딱정벌레의 뒷부분을 꽂을 수 있는, 원통형으로 생긴 마이크로칼로리미터microcalorimeter를 만들었습니다. 마이크로칼로리미터 원통 속에는 딱정벌레를 밀어 넣을 때 꼬리 부분을 찔러 액체를 발사하게 만드는 탐침을 설치했습니다. 발사한 액체의 열을 측정하기 위해서 다시 한 번 전기를 이용했습니다. 이렇게 해서 측정한 열량은 분비물 1밀리그램당 0.22칼로리였습니다. 실험 전에 예측했던 0.19칼로리와 놀랍도록 비슷한 값이었습니다. 우리는 또다시 몇날 며칠 잠을 이루지 못했습니다.

우리는 이 실험 결과를 『사이언스(Science)』지에 발표하기로 했습니다. 우리 논문은 공중으로 발사되는 딱정벌레 분비물 사진으로 표지를 장식하며, 1969년도 『사이언스』지에 실렸습니다. 『사이언스』 편집자들은 우리 논문을 7월 넷째

SCIENCE

4 July 1969
Vol. 165, No. 3888

AMERICAN ASSOCIATION FOR THE ADVANCEMENT OF SCIENCE

폭격수딱정벌레의 분비물이 뜨겁다는 사실을 다룬 논문이 실린 1969년 7월 넷째 주 『사이언스』지 표지. 표지 사진은 잡지에 싣기 위해 근접 촬영한 폭격수딱정벌레의 분비물.

주, 주요 기사로 다루었습니다.

■ **대니얼과** 저는 다음 목표를 '폭격수딱정벌레가 화학물질을 발사하는 순간을 사진에 담자'로 정했습니다. 물론 폭격수딱정벌레는 눈 깜빡할 사이에 화학물질을 발사하기 때문에 그 순간을 포착하려면 특별한 장치가 있어야 한다는 사실을 잘 알고 있었습니다. 폭격수딱정벌레가 화학물질을 발사하는 시간은 수천 분의 1초에 불과했습니다. 폭격수딱정벌레가 화학물질을 발사할 때 들리는 소리나 서미스터가 움직이는 순간을 관찰해보면 그 순간이 얼마나 짧은지 알 수 있습니다.

우리 두 사람은 발사 장면을 찍기 위해서 노력했지만 번번이 실패로 끝났습니다. 폭격수딱정벌레가 분비물을 발사하는 그 순간에 셔터를 누르는 일이 불가능했기 때문입니다. 그래서 이번에는 분비물이 발사되면서 셔터를 누르는 장치를 만들어보기로 했습니다. 다시 말해서 폭격수딱정벌레 스스로 사진을 찍는 장치 말입니다.

그런데 비교적 간단한 방법으로 사진을 찍을 수 있다는 사실을 알아냈습니다. 물론 폭격수딱정벌레가 자발적으로 우리를 위해서 사진을 찍게 해줄 리는 없었습니다. 그래서 일단 왁스를 사용하여 딱정벌레를 고정하는 연구팀의 기본 전략을 또 한 번 사용했습니다. 발사 순간을 포착하려면 아주 짧으면서도 강렬한 조명 파장이, 다시 말해서 전자 플래시 장치가 필요하다는 사실은 이미 알고 있었습니다.

문제는 딱정벌레가 화학물질을 발사할 때 나는 소리를 감지하여 전자 플래시 장치가 터지게 하는 일이었습니다. 우리는 간단하게 이 문제를 해결했습니다. 카메라 파인더에 딱정벌레를 맞추고 조명을 최대한 어둡게 한 다음 셔터를 엽니다. 그런 다음 핀셋으로 딱정벌레의 다리를 건드려 화학물질을 발사하게 만듭니다. 딱정벌레가 분비물을 발사할 때 나는 소리를 딱정벌레 바로 위에 설치해둔 확성기가 모아서 곧바로 전자 회로를 타고 플래시 장치까지 전달해주면 그 결과 플래시가 터집니다. 그리고 빛이 번쩍이는 순간에 재빨리 셔터를 닫고 다음 사진을 찍기 위해 준비하면 됩니다.

물론 제대로 된 사진을 찍으려면 몇 가지 기술을 습득해야 합니다. 예를 들어 조명을 어둡게 하고 셔터를 연 다음에 재빨리 행동하지 않으면 사진에 여분의 빛이 들어가 유령 같은 잔상이 남기 때문에 아주 빨리 움직이는 방법을 터득해야 했습니다. 점차 경험이 쌓이자 딱정벌레의 다리를 건드린 다음 셔터를 누르는 시간이 1, 2초도 걸리지 않는 경지에 이르렀습니다.

첫 촬영 때는 필름을 여러 통 찍었습니다. 사진이 인화되어 나올 때까지 기다리는 순간은 정말 지옥에 있는 것처럼 끔찍했습니다. 하지만 기다림의 열매는 달콤했습니다. 폭격수딱정벌레는 정말 끝내주는 사진을 여러 장 남겼습니다. 그 중에서도 가장 멋진 사진은 제일 먼저 찍은 필름 가운데 제일 먼저 찍은 사진이었습니다. 사진 속의 폭격수딱정벌레는 핀셋이 건드리는 다리 쪽을 향해 화학물질을 발사하기 위해서 배를 앞쪽으로 둥글게 말고 있었습니다.

우리는 정말 사진을 많이 찍었습니다. 사진의 주인공은 대부분 케냐에서 글렌 D. 프레스트위치Glen D. Prestwich가 보내준, 날지 못하는 커다란 아프리카 폭격수딱정벌레였습니다. 글렌은 전에 박사 후 연구원으로 근무했으며, 지금은 유타대학에서 교편을 잡고 있는 저명한 곤충생화학자입니다. 실험실에서 키우는 딱정벌레의 수명은 정말 깁니다. 우리가 연구하던 아프리카폭격수딱정벌레의 학명은 스테납티누스 인시그니스(Stenaptinus insignis, 영어명: African bombardier beetle, 일반적으로 폭격수딱정벌레라고도 함—옮긴이)인데 1년도 넘게 살면서 우리를 완전히 매혹시켜버렸습니다. 우리는 딱정벌레 한 마리 한 마리마다 모두 이름을 붙여주었고 실험 대상이 아닌 동료로서 사랑하고 아꼈습니다. 분비물을 발사하도록 핀셋으로 찌르는 행위는 딱정벌레에게 상처를 주지 않습니다. 타고난 천연 갑옷 덕분에 그 정도는 딱정벌레에게 전혀 해가 되지 않습니다.

폭격수딱정벌레가 분비물을 발사하는 모습은 왠지 고집스럽다는 느낌이 들 정도로 기가 막힙니다. 다리를 핀셋으로 건드리면 단순히 건드린 다리 쪽을 향해 분비물을 발사하는 게 아니라 건드린 부위를 정확하게 겨냥하여 분비물을 발사합니다. 다리를 위로 들어 올리면 위쪽으로 발사하고 아래로 내리면 아래쪽을 향해 발사합니다. 또한 폭격수딱정벌레는 핀셋이 다리 끝을 건드리는지 다리 중간 부분을 건드리는지도 정확하게 계산하고 폭격을 가합니다. 따라서 실제 자연에서 폭격수딱정벌레를 공격하는 포식자가 어떤 다리를 물든, 다리의 어느 부분을 물든지 간에 폭격수딱정벌레의 사정거리에서 벗어날 수 없습니다.

폭격수딱정벌레는 심지어 등을 향해서도 분비물을 발사할 수 있습니다. 폭격수딱정벌레의 배 끝에는 딱딱한 반사체reflectors가 한 쌍 있어 딱정벌레가 분비물을 발사하는 순간 분비물을 받아쳐서 등 쪽으로 날아가게 합니다. 따라서 등을 공격하는 개미도 폭격수딱정벌레의 폭격을 피할 수 없습니다.

개미가 공격하는 순간을 찍은 사진도 여러 장 있습니다. 개미가 공격하는 사진

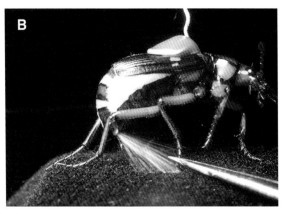

아프리카폭격수딱정벌레인 스테납티누스 인시그니스.

오른쪽 첫 번째 다리 자극(A). 오른쪽 두 번째 다리 자극
(B). 오른쪽 세 번째 다리 자극(C). 딱정벌레를 뒤에서 촬영
한 모습(D, E). 오른쪽 세 번째 다리 부절(절지동물의 다리
끝 마디—옮긴이)을 자극(D). 다리를 밑으로 잡아당김(E).

아프리카폭격수딱정벌레의 발사 모습.

왼쪽 두 번째 다리 끝을 자극(A). 오른쪽 두 번째 다리의 세 번째 관절 끝 자극(B). 오른쪽 세 번째 다리 세 번째 관절 끝 자극(C). 왼쪽 세 번째 다리 세 번째 관절을 몸의 옆쪽으로 잡아당겨 자극(D). 왼쪽 세 번째 다리를 배의 끝부분으로 잡아당겨 자극(E).

A부터 C는 배의 전면에서 찍은 사진, D는 후면 쪽에서 배의 끝부분을 찍은 사진이다. E는 배의 뒤쪽 분비공과 나란한 방향에서 찍은 사진이다.

을 찍을 때는 소리가 아니라 전자 감지기인 열전대^{thermocouple}가 분비물의 열을 감지하여 플래시가 터지게 했습니다. 폭격수딱정벌레는 감지기 바로 옆에 묶여 있기 때문에 개미가 폭격수딱정벌레를 공격하는 순간 감지기도 열을 감지할 수 있었습니다. 열 감지기는 효과가 있었습니다. 우리는 그저 사진이 선명하게 나오기만을 빌면 됐습니다.

그때 우리는 잔뜩 으스대면서 이만하면 폭격수딱정벌레에 대해서 알 만큼 알았다고 생각했습니다. 하지만 진짜 굉장한 사실은 아직 밝혀지지 않았습니다.

1960년대 후반에 또 다른 대학원생이 우리 연구에 합류했습니

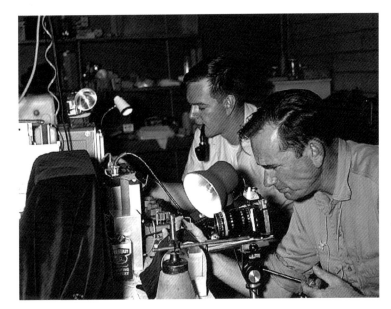

폭격수딱정벌레가 분비물을 발사하는 모습을 찍고 있는 대니얼 애네샌슬리와 지은이(1978년). 파이프를 문 쪽이 애네샌슬리.

다. 제프리 딘Jeffrey Dean은 조용하고 재능이 풍부하며 아주 독자적인 학자로 혼자서 연구하는 일을 무엇보다도 사랑하는 사람이었습니다. 제프리는 결국 독일 대학에 교수로 부임한 뒤, 근 조절에 관한 신경생물학 분야로 관심을 돌렸습니다. 현재 미국으로 돌아온 제프리는 오하이오에 있는 클리블랜드주립대학에서 대학생들을 가르치고 있습니다.

제프리의 박사 논문 주제는 두꺼비와 폭격수딱정벌레 사이에 벌어지는 포식자와 먹이 관계였습니다. 몇 차례 정교한 실험 끝에 제프리는 열이 폭격수딱정벌레의 폭탄을 훨씬 더 강력하게 만들어준다는 사실을 알아냈습니다. 제프리는 가짜 딱정벌레를 만들고 그 속에 두꺼비의 혀를 자극할 벤조퀴논을 넣었습니다. 이때 벤조퀴논의 온도가 높을수록 두꺼비의 혀에서 뇌까지 자극을 전달하는 속도가 빨라 두꺼비의 반응 시간이 짧아진다는 사실을 알게 되었습니다. 제프리는 또한 두꺼비 가운데 커다란 종인 파나바왕두꺼비(부포 마리누스*Bufo marinus*)는 폭격수딱정벌레가 화학물질을 발사할 여유를 주지 않고 한입에 꿀꺽 삼켜버린다는 사실도 알아냈습니다. 폭격수딱정벌레가 폭탄을 발사할 때는 이미 부포 마리누스 뱃속에 들어간 후이기 때문에 아무 소용이 없었습니다. 폭격수딱정벌레가 화

묶여 있는 폭격수딱정벌레를
공격하는 개미. 딱정벌레 바
로 뒤에 있는 회로기판에는
화학물질의 발사를 감지하고
플래시를 터뜨릴 열전대를 설
치했다.

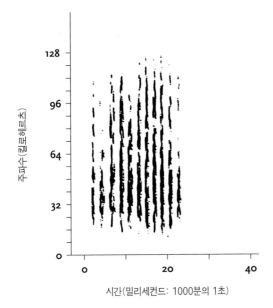

폭격수딱정벌레가 화학물질을 발사할 때 내는 음파의 스펙트럼. 평행한 띠의 형태로 발생하는 음파. 딱정벌레의 폭격 시간은 대략 1000분의 2초, 즉 2밀리세컨드 정도다.

학 물질을 발사했다는 사실은 부포 마리누스 배에서 들리는 소리로 알 수 있었습니다. 부포 마리누스는 폭격수딱정벌레를 능숙하게 먹어치웠습니다.

제프리와 대니얼은 독자적으로 연구를 진행했습니다. 두 사람은 폭격수딱정벌레가 분비물을 발사할 때 내는 소리를 녹음하고, 그 소리가 일정한 파장을 형성한다는 사실을 알아냈습니다. 테이프에 녹음한 소리를 천천히 재생해서 들어보자 딱정벌레의 폭격 소리는 뚜렷하게 '따다다' 거리는 소리를 내고 있었습니다. 딱정벌레가 내는 폭격 음파의 진동 주기율pulse repetition rate은 매우 높았는데, 이는 연속된 파장의 반복 시간이 아주 빠르다는 사실을 의미합니다. 음파를 2차원적인 공간에서 분석한 스펙트럼을 살펴보면 이 같은 사실을 분명하게 알 수 있습니다. 음파의 주기율은 대략 1초에 500에서 1000번 정도였습니다. 이 같은 결과 때문에 많은 생각이 들었지만, 그 중에서도 딱정벌레가 분비물을 발사할 때 내는 음파가 비연속적일 것이라는 생각이 가장 강하게 들었습니다. 속사포도 이렇게 '따다다다' 거리는 소리를 냅니다. 또한 아주 빠른 속도로 물을 발사하는 '물분사식 치아 세척기'도 이와 비슷한 음파를 냅니다.

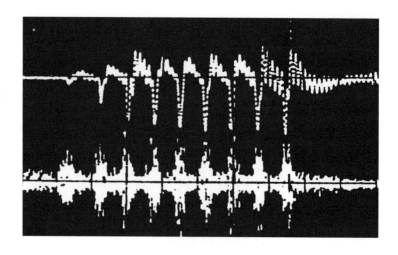

폭격수딱정벌레가 화학물질을 발사할 때 내는 음파(아래)와 압전성 결정이 발생하는 전기 파장(위). 두 파장의 생김새가 비슷하다는 사실을 통해 소리가 나는 순간 분비물이 압전성 결정을 건드렸음을 알 수 있다.

우리가 옳다는 것을 입증하기 위해서 압전성 결정piezoelectric crystal 위에 딱정벌레를 단단하게 고정하고 화학물질을 발사하게 하는 간단한 실험을 해보았습니다. 압전성 결정에는 아주 특별한 성질이 있어 아주 조금만 모양을 변형해도 높은 전기가 발생합니다. 이런 고체는 주기적으로 모양을 변형하면 주기적으로 높은 전기를 발합니다. 따라서 딱정벌레가 비연속적으로 화학물질을 발사하고 있다면 화학물질이 닿는 압전성 결정에도 비연속적으로 전기가 발생되리라고 예측할 수 있습니다.

우리 생각은 옳았습니다. 딱정벌레가 화학물질을 발사하는 순간에 소리를 기록하고 그때 압전성 결정에서 발생한 전기와 비교하자 음파가 비연속적으로 발생한다는 사실을 확인할 수 있었습니다. 이것은 다시 말해서 딱정벌레는 여러 차례 폭발적으로 분비물을 발사하고 그때마다 음파가 발생한다는 뜻이었습니다. 우리가 연구하는 곤충은 정말 아주 빠른 속도로 속사포를 난사하는 멋진 폭격수였습니다. 환상적인 소리까지 자랑하는 속사포를 말입니다. 이런 속사포는 분명히 어디에서도 볼 수 없을 터였습니다.

■ **우리는 딱정벌레의** 발사 장면을 사진에 담고 싶었지만 그러려면 다른 사람의 카메라를 빌려와야 했습니다. 당시 우리가 가지고 있던 영화 카메라는 1초에

최대 400프레임밖에 찍을 수 없었기 때문에 초당 500에서 1000의 비율로 진동하는 딱정벌레의 발사 장면은 찍을 수 없었습니다. 하지만 어딘가에 분명히 발사 장면을 찍을 수 있는 초고속 카메라가 있을 것이라고 생각했던 저는 MIT에 그런 카메라를 가진 사람이 있다는 귀가 번쩍 뜨이는 정보를 입수했습니다. 그런데 놀랍게도 그 사람은 제가 일찍부터 만나보고 싶었던 사람이었습니다.

당시 제가 해럴드 에드거턴Harold Edgerton 박사에게 편지를 썼는지 전화를 걸었는지는 기억나지 않지만 해럴드 박사는 익히 소문으로 들어 짐작했던 것처럼 아주 친절한 분이었습니다. 해럴드 박사는 아무 때나 찾아오라고 하면서 "11시 전에만 오면 됩니다. 함께 점심이나 먹지요. 오실 때 딱정벌레를 갖고 오세요. 점심에 사진을 찍을 수 있는지 한번 알아봅시다"라고 했습니다. 약간 생각에 잠긴 듯이 "그런 작은 벌레가 있다니, 믿을 수 없군요"라고 덧붙이기는 했지만 말입니다.

1976년 9월 26일 11시가 되기 직전에 저는 해럴드 박사의 연구실을 찾아갔습니다. 그때 해럴드 박사는 "11시부터 신입생 세미나가 있습니다. 어서 들어오세요. 세미나가 있지만 그래도 괜찮겠지요? 신입생들에게 당신이 연구하는 딱정벌레에 대해서 말해두었습니다. 이번 기회에 직접 학생들에게 말씀해주시면 어떻겠습니까?"라고 했습니다. 세미나는 정말 재미있었고 점심 식사도 정말 재미있었습니다. 수년 동안 한 번도 만나본 적이 없으면서도 혼자 흠모해왔던 전자 플래시 장치와 스트로보스코프stroboscope(고속으로 일정하게 회전하는 물체의 상태 변화를 정지한 것처럼 관측 촬영하는 장치─옮긴이), 고속 사진 촬영 발명가이며 누구나 그 천재성을 인정하는 사람과 함께 있다는 사실은 정말 큰 기쁨이었습니다.

촬영을 시작하기 전에 해럴드 박사는 연구실을 구경시켜주었습니다. 박사의 연구실은 카메라, 플래시, 스트로보스코프 장치, 전동기, 발전기는 물론, 이 세상에 존재하는 갖가지 자질구레한 장치는 모두 모아놓은 듯이 온갖 종류의 기계 장비로 가득 차 있었습니다. 하지만 그 모든 장비는 질서정연하게 제자리에 놓여 있었고 한쪽에는 우리가 촬영할 장소가 준비되어 있었습니다. 촬영할 카메라는

16밀리미터 패스택스Fastax로 1초에 2680프레임을 찍을 수 있는 카메라였습니다. 그때 제가 가져간 필름은 제가 아는 가장 빠른 필름인 트리엑스TriX로 200피트(약 60미터)짜리 롤이었습니다. 제가 가져간 필름으로는 4초 정도밖에 찍을 수 없었습니다. 그 사실에 숨이 막힐 것 같았습니다. 무사히 촬영을 끝마치려면 4초 안에 정확하게 딱정벌레의 다리를 찔러야 합니다. 딱정벌레야 제가 다리를 건드리면 0.1초 내지 0.3초 안에 정확하게 분비물을 발사할 테니 문제 될 일이 없었습니다. 문제는 제가 정확한 시간 안에 딱정벌레를 건드릴 수 있는가였습니다.

해럴드 박사는 제가 카메라 소리를 잘 듣고 있다가 고속 촬영이 시작되는 순간 딱정벌레를 건드려야 한다고 했습니다. 무슨 말인가 하면 카메라가 제대로 돌아가는 시간을 정확하게 맞춰야 한다는 뜻이었습니다. 그 시간은 0.5초 정도라고 했습니다. 저는 제가 할 일을 다시 되새겨보았습니다. 일단 핀셋을 딱정벌레한테 최대한 가까이 갖다 댄 뒤 카메라가 돌아가는 소리에 귀를 곤두세우다가 제대로 작동하는 소리가 들리면 그 즉시 딱정벌레를 핀셋으로 찔러야 했습니다. 게다가 박사는 제게 "눈을 쳐다보세요"라고 했습니다. 패스택스의 플래시는 정말 밝은 빛을 냅니다. 내 눈을 쳐다보면서 동시에 딱정벌레도 주시해야 하다니, 대체 어떻게 그럴 수 있다는 말일까요?

해럴드 박사의 카메라는 프리즘이 없는, 그러니까 다시 말해서 셔터가 없는 카메라였습니다. 셔터가 없는 카메라의 필름은 게이트를 열어놓고 찍기 때문에 플래시가 뿜어내는 파장에 완전히 노출됩니다. 해럴드 박사의 플래시는 아주 특별해서 반복률repetition rates을 아주 높게 맞출 수 있습니다. 카메라의 필름이 돌아가는 시간은 정말 빨라서 촬영을 시작하는 순간 1초에 수천 장의 장면을 찍어대면서 순식간에 필름을 끝까지 감아버립니다. 그렇기 때문에 사진기는 한 장면 한 장면 촬영이 끝날 때마다 깨끗하게 청소해야 합니다.

해럴드 박사의 조교였던 빌 맥로버츠Bill MacRoberts와 찰리 밀러Charley Miller의 도움을 받아 그날 오후에는 딱정벌레 세 마리를 세 차례에 걸쳐 촬영할 수 있었습니다. MIT는 역시 MIT라 교내에서 곧바로 사진을 현상할 수 있었기 때문에 촬영

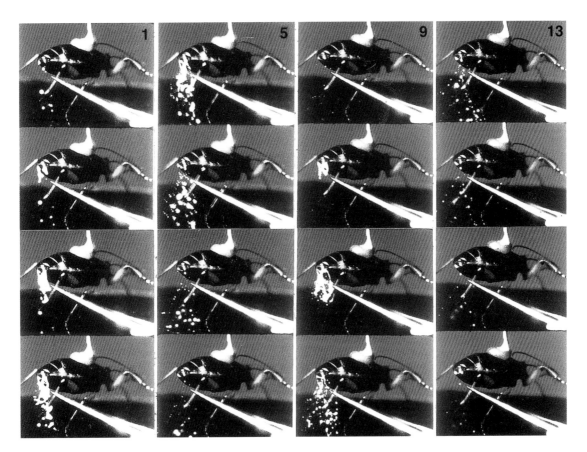

1초에 4000프레임으로 찍은 연속 사진 일부. 사진 속 딱정벌레는 두 번의 완전한 진동 주기를 보여주고 있다. 왼쪽 위에서 시작하여 밑으로 연속된 사진.

이 끝나자마자 젖은 필름을 빛에 비춰보며 원하는 장면이 찍혔는지 살펴보았습니다. 사진은 제대로 찍혀 있었고 사진이 뜻하는 바는 분명했습니다. 폭격수딱정벌레의 분비물은 규칙적인 박자에 맞춰 발사되고 있었습니다. 사진에 찍힌 모습은 정말 굉장했습니다. 딱정벌레가 분비물을 발사하는 모습은 선명한 파동 형태를 띠고 있었습니다. 음향과 전기 실험을 통해 예상했던 바로 그대로였습니다.

해럴드 박사와는 그후로도 계속해서 연락을 주고받았으며, 1981년 11월에는 다시 한 번 딱정벌레를 촬영하기로 했습니다. 이번에는 1초에 4000프레임으로 촬영하는 것은 기본이고 흑백이 아닌 컬러로 발사 장면을 찍기로 했습니다. 컬러 사진은 훨씬 더 멋있었습니다.

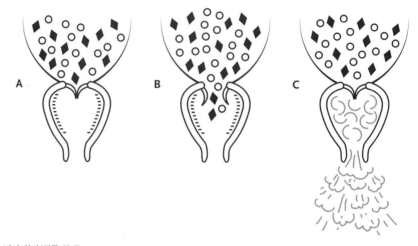

하이드로퀴논
과산화수소
효소

발사 원리(진동 원리)

(A) 평상시- 저장 주머니에서 반응실 쪽으로 향해 있는 판은 스프링처럼 탄력이 있기 때문에 닫혀 있다.
(B) 주입 단계- 저장 주머니의 수축으로 그 속에 들어 있던 반응 물질 일부가 반응실 쪽으로 넘어온다.
(C) 발사 단계- 반응 물질과 효소가 한데 섞이면서 폭발적인 화학 반응이 일어나 압력이 증가하면 판이 닫히고 결국 폭발적으로 생성되는 물질들은 외부로 터져나간다. 생성 물질들이 밖으로 빠져나가면 반응실이 텅 비게 되고 다시 B 과정이 시작된다. 이 과정은 저장 기관의 근 수축이 멈출 때까지 계속된다. 딱정벌레가 화학물질을 발사할 때 이런 과정을 거치기 때문에 주기가 생긴다.

다음으로 해야 할 일은 진동이 발생하는 원인을 규명하는 일이었습니다. 일단 우리는 딱정벌레가 분비물을 발사할 때 진동 주기가 생기는 이유를 아주 작은 폭발 현상이 연속적으로 일어나기 때문이라고 가정했습니다. 이런 주기적인 폭발이 일어나려면 일단 근 수축으로 늘어났다 줄어드는 저장 주머니의 내부 압력이 일정하게 유지되어야 하며, 반응실과 통하는 판이 주기적으로 열렸다 닫혀야 합니다. 우리는 저장 주머니와 반응실 사이에 놓여 있는 판은 근육이 없는 수동적인 조직이라고 가정했습니다. 딱정벌레가 분비물을 발사하려면 먼저 저장 주머니가 수축해야 합니다. 일단 저장 주머니가 수축되면 그 결과 생기는 수축력이 판을 닫고 있는 폐색력(閉塞力)을 능가하여 저장 주머니에 있던 반응 물질이 반응실로 넘어가고 폭발적인 화학 반응이 일어나기 시작합니다. 화학 반응 결과 산소가 만들어지고 온도와 압력이 증가하면 이번에는 반대로 반응실 내부의 미는 힘에 의해 판이 닫힙니다. 반응이 진행될수록 반응실 내부의 압력은 증가하고 결국 늘어난 압력 때문에 반응 결과 만들어진 생성 물질은 몸 밖으로 터져나갑니다. 생성 물질이 몸 밖으로 빠져나가면 반응실의 압력은 낮아져 저장 주머니의 물질이 다시 반응실 쪽으로 밀려 들어오고 다시 한 번 화학 반응이 일어납니다. 저장 주머니의 수축이 멈출 때까지 이 과정은 계속해서 반복됩니다.

분비물을 발사할 때 진동처럼 주기를 두고 발사하게 되면 여러 가지 이점이 생깁니다. 그 중에 한 가지는 분비물을 여러 차례 나누어서 발사할 수 있다는 점입니다. 딱정벌레는 한 번에 정확하게 반응실의 부피만큼 분비물을 발사하는데, 이는 딱정벌레가 한 번 진동으로 발사하는 분비물의 양이 언제나 똑같다는 사실을 의미합니다. 또한 전체 분비물의 양을 조절하려면 저장 주머니의 수축 현상만 조절하면 된다는 의미이기도 합니다. 따라서 딱정벌레는 공격을 받는 시간과 강도에 따라 언제 어느 때라도 저장 주머니의 수축 현상을 조절하여, 발사하는 분비물의 양을 조절할 수 있습니다. 다시 말해서 딱정벌레는 언제라도 발사할 수 있는 액체 총알을 장전해놓고 자동소총처럼 쓰다가 마음만 먹으면 즉시 발포를 멈출 수 있다는 뜻입니다.

진동의 형태로 분비물을 발사하게 되면 발사 속도도 아주 빨라집니다. 저장 주머니에서 반응 물질을 지속적으로 내보낼 때 필요한 압력은 그리 높지 않을 것입니다. 그러나 반응실에서 밖으로 터져나가는 폭발력은 아주 높습니다. 이 힘의 근원은 근육이 아니라 화학 반응입니다.

또한 진동의 형태로 분비물을 발사하면 화학 반응이 일어나는 동안 반응실의 온도가 계속해서 올라가는 현상을 막을 수 있습니다. 주기적으로 저장 주머니의 차가운 반응 물질이 반응실 속으로 흘러 들어오기 때문에 반응실의 온도가 필요 이상으로 올라가는 일은 일어나지 않습니다. 다시 말해서 폭격수딱정벌레는 총알을 재장전함으로써 스스로를 차갑게 식히고 있는 셈입니다. 총알을 재장전하지 않고 반응실의 온도가 계속해서 올라가도록 내버려둔다면 결국 뜨거운 열 때문에 효소가 변성되고 말 것입니다.

■ **이 이야기는** 아주 슬프게 끝납니다. 1989년 12월, 실험 결과를 자세히 기록한 저는 해럴드 박사에게 전화 걸어 우리가 쓴 논문의 공동 저자가 되어달라고 부탁했습니다. 처음에 박사는 자신은 아무것도 한 일이 없다며 공동 저자가 될 수 없다고 거절했습니다. 하지만 박사의 카메라와 스트로보스코프 플래시가 없었다면, 또한 박사의 기술 자문이 없었다면 절대로 연구를 끝낼 수 없었다고 설득하는 제 고집에 일단 천천히 생각해보고 알려주겠다고 했습니다. 그리고 12월 19일에 박사로부터 편지를 한 통 받았습니다. 그 편지는 지금도 소중하게 간직하고 있습니다. 박사의 편지는 간결하고도 분명했습니다. "내 힘이 필요하다면 기꺼이 돕겠습니다." 그렇게 우리는 함께 논문을 작성했으며, 저는 새해가 며칠 지난 1월 4일에 마지막 교정을 마무리할 수 있었습니다. 다음 날, 완성된 논문을 점검하도록 박사에게 보내겠다는 전화를 하려고 했지만 이미 너무 늦은 후였습니다. 박사는 바로 그 주 목요일에 MIT대학 교수 숙소에서 점심을 먹다가 심장마비로 별세하고 말았습니다. 그때 박사의 나이는 86세였습니다. 박사는 『사이언스』지에 공동 저자로 자신의 이름이 실린 논문을 보지 못했지만 우리 세 사람은, 그러니까 저와 대니얼 애네샌슬리와 제프리 딘은 그 논문이 당연히 박사에게 헌정되어야 한다고 생각했습니다.

■ **몇 년 후** 런던에 있는 헌책방에서 정말 사지 않고는 못 배길 만큼 멋있는 책을 한 권 발견했습니다. 그 책은 1819년에 출판된 책으로, 어린 학생들을 위해서 루시와 어머니가 나눈 대화 형식으로 엮은 『곤충에 관한 대화(Dialogues on Entomology)』라는 책이었습니다. 그 책에는 이런 구절이 실려 있습니다.

어머니: 지금부터 폭격수딱정벌레라고 하는 폭탄 벌레crepitan에 대해서 말해줄게.

루시: 이름이 왜 그렇게 웃겨요? 특별한 이유가 있나요?

어머니: 폭탄은 화약을 가득 넣은 쇠공이야. 폭탄은 아주 큰 소리를 내면서 날아간 다음에 목표물을 산산이 부순단다. 폭탄은 주로 성벽으로 둘러싸인 도시를 공격할 때 쓰는 무기지. 대포나 박격포로 폭탄을 쏘는 사람을 폭격수라고 한단다. 폭격수딱정벌레도 자기를 방어하려고 할 때면 굉장한 소리를 낸단다. 날개를 이용해서 그런 소리를 내는지는 잘 모르겠지만, 누군가 쫓아오거나 만지려고 하면 갑자기 커다란 소리를 내서 깜짝 놀라게 한단다. 작은 박격포나 대포처럼 말이야.

루시: 와, 정말 폭격수라는 이름이 딱이네요.

폭격수딱정벌레의 이름이 처음부터 폭격수였던 것은 아니었습니다. 제가 알고 있는 기록 가운데 제일 오래된 폭격수딱정벌레에 관한 기록은 1750년에 출간된 『스웨덴왕립과학협회지(Proceedings of the Royal Swedish of Sciences)』에 있습니다. 저는 그 협회지를 독일어 번역판으로 읽었는데 그 중에는 다니엘 롤란데르Daniel Rolander라는 학생이 바위 밑에서 발견한 슈스플리게Schussfliege, 즉 사격하는 파리에 대해서 쓴 글이 실려 있었습니다. 롤란데르는 이 곤충을 처음 잡았을 때 소리와 함께 연기가 뿜어져나왔으며 게킷셀트gekitzelt, 즉 간지르자 20여 차례 계속해서 폭격을 가했다고 했습니다. 발견한 곤충을 해부해본 롤란데르는 분비샘을 찾아냈습니다. 이를 본 롤란데르는 "자연은 그 다양함으로 인해 경이로워진다(So ist die Natur in ihrem Werke wunderbar und manichfaltig)"라고 결론을 내리고 자신이 발견한 사실을 린네Carolus Linnaeus에게 알렸습니다.

■ **퓰리처상을** 받은 유머 작가 데이브 배리Dave Barry는 폭격수딱정벌레를 아꼈습니다. 미국곤충학협회는 의회에 제왕나비monarch butterfly를 미국의 국충(國蟲)으로 지정해달라고 요청했습니다. 그런데 배리는 폭격수딱정벌레를 비롯하여 나른 곤충들을 지지하는 사람들도 있다는 사실을 알게 됐습니다.

마침내 인정받은 폭격수딱정벌레.

USA
33

Bombardier
Beetle

배리는 '그 같은 결정을 내려서는 안 될 것'이라고 하면서 폭격수딱정벌레는 "몸속에 화학물질이 한데 뒤섞여 폭발적인 반응을 일으키는 반응실이 있어, 아주 커다란 소리를 내면서 지독한 냄새가 나는 기체를 배 끝 쪽에서 발사합니다"라고 했습니다.

타임 라이프The Time-Life에서 나온 곤충에 관한 책에는 "자신감에 찬 폭격수딱정벌레가 개구리의 공격을 거뜬히 물리치는 사진이 여러 장 실려 있습니다. 그 중에 첫 번째 사진은 개구리가 딱정벌레를 집어삼키려는 장면이며, 두 번째는 폭격수딱정벌레가 폭격을 가하는 사진이고, 세 번째는 깜짝 놀란 개구리가 구역질을 하면서 왜 이런 사실을 개구리 학교에서 가르쳐주지 않았는지 의아해하는 장면입니다"라는 구절이 있습니다. 또한 배리는 이런 말도 했습니다. "미국인의 한 사람으로서 폭격수딱정벌레가 우리나라를 대표한다면 무척 자랑스러울 것입니다. 또한 동전에 폭격수딱정벌레가 화학물질을 터뜨리는 장면을 새겨 넣는다면 무척 근사할 것입니다."

저는 배리의 발언을 지지하는 편지를 썼습니다. 그때 배리는 대통령을 위해서 일하고 있었습니다. 그러자 배리는 제가 정부를 위해서 '생물학 자문위원'으로 일해주었으면 한다는 정중한 답변을 보내왔습니다.

언제쯤 폭격수딱정벌레를 동전에서 볼 수 있을까 내심 걱정했는데, 예상보다 훨씬 빨리 폭격수딱정벌레는 세상에 나왔습니다. 우표라는 형태로 말입니다. 1999년 10월 1일 미국 정부는 폭격수딱정벌레를 우표 도안으로 결정하고 저에게 우표 뒤에 쓸 문구를 작성해달라고 요청했습니다. 그런데 정부에서 제게 보내 온 초안들 중에는 폭격수딱정벌레 그림이 한 장도 없었습니다. 저는 정부의 실수를 지적했습니다. 미국 정부는 실수를 시정했고 현재 폭격수딱정벌레가 그려진 우표를 발행하고 있습니다.

2. 채찍전갈과 여러 마법사들

Vinegaroons and
Other Wizards

코넬대학에 부임한 첫해가 끝나갈 무렵이 되자 야외 연구가 너무나 그리웠지만 딱히 어떤 연구를 해야겠다는 주제도 정하지 못하고 있었습니다. 막연하게나마 곤충들의 방어용 화학물질에 대해서 연구해야겠다는 생각은 해왔지만 제가 화학과 관련된 부분을 제대로 처리할 수 있을지는 의문이었습니다. 그래서 화학자의 도움을 받아야겠다고 생각했지만 사실 곤충의 방어 물질에 관심을 나타낼 화학자가 있을지도 알 수 없는 일이었습니다. 어쨌든 제일 처음 해야 할 일은 어떤 주제로 연구를 할지 결정하는 일이었기 때문에 일단 야외로 나가 연구 주제를 찾아보기로 했습니다. 그때 저는 연구 주제를 굳이 곤충으로 제한할 필요는 없겠다고 생각했습니다. 곤충강이 속한, 몸이 체절로 이루어지고 외골격이며 마디 다리를 가진 수많은 절지동물 가운데 연구 가치가 높은 동물은 아주 많이 있습니다. 그 중에서도 제가 관심을 가진 동물은 다지류, 지네류, 거미류였습니다. 결국 1958년 여름에 저는 플로리다로 갔고 화학자를 찾겠다는 계획은 가을까지 미룰 수밖에 없었습니다.

이듬해 화학자뿐만 아니라 음악가도 찾던 저는 제럴드 메인왈드를 만났습니다. 키보드 연주자였던 저는 언제나 함께 연주할 사람이 필요했기 때문에 악기를 다룰 수 있는 사람을 만나는 일을 좋아했습니다. 이런 저에 대해서 잘 아는 지인이 플루트를 연주하는 제럴드를 소개해주었습니다. 저는 그 연주자가 훌륭한 플루트 연주자이자 아주 꼼꼼한 천연물화학자라는 사실을 알게 되었습니다.

제럴드를 처음 만났을 때 어떤 일이 있었는지는 기억나지 않지만 우리 두 사람은 만나자마자 의기투합해버렸습니다. 제럴드는 분자를 보석처럼 여기는 사람이었습니다. 그리고 카를 필리프 에마누엘 바흐의 소나타도 그의 아버지인 요한 제바스티안 바흐의 소나타만큼이나 잘 아는 사람이었으며, 겸손하고 언제나 미소를 띠며 과학을 향한 순수한 열정으로 가득 찬 사람이었습니다. 나중에 안 사실이지만 제럴드는 아주 관대하며 자유주의자인 자신의 신념을 숨기지 않으며 생물에 대한 순수한 호기심을 지닌 사람이었습니다. 그때까지 제가 알던 화학자들은 생물에 관심이 있다 하더라도 대부분 생물 자체가 아닌 생물의 기능에 대해서만 관심을 보였습니다. 생물의 반응 메커니즘에 대해서는 관심을 보이지만 어떻게 해서 그런 생물이 되었는지에 대해서는 관심이 없었습니다. 그러니까 진화에 대해서는 그다지 관심이 없었다는 뜻입니다. 진화는 저의 주요 관심사 가운데 하나였습니다. 제럴드가 진화에 관심이 많다는 사실을 알게 된 순간 저는 우리 사이가 평범하게 끝나지는 않겠구나 하고 생각했습니다. 점심 식사를 마친 우리는 그 자리에서 함께 연구를 진행하기로 약속했습니다. 다음 해 여름에 저는 애리조나로 야외 연구를 떠날 계획이었습니다. "그곳에서 연구 주제를 찾아오지요"라고 제가 말했습니다.

몇 주 후에 우리는 처음으로 함께 연주를 해보았습니다. 우리 두 사람 모두 악보만 보면 그 자리에서 연주할 수 있었기 때문에 제럴드가 가져온 여러 악보 가운데 즉석에서 선택해서 연주했습니다. 첫 곡을 연주해본 것만으로도 우리 두 사람이 똑같은 음악 감성을 지니고 있다는 사실을 알 수 있었습니다. 연주 속도도 똑같았고 음을 맺고 끊는 방식은 물론 좋아하는 곡까지 똑같았습니다. 저에게 찾아온 행운이 믿기지 않았습니다. 함께 연구를 진행하려고 하는 출발점에 서 있을 뿐이었는데도 벌써 공통점을 발견했으니 말입니다.

그날 우리가 연주한 곡은 바흐와 헨델, 텔레만으로 기억합니다. 우리 두 사람은 바로크 음악에 대한 사랑을 함께 나누었습니다. 게다가 음악을 배운 배경도 비슷했습니다. 저는 우루과이에 있을 때, 히틀러 정권을 피해 독일에서 남미로 망명해 있던 유명한 지휘자 프리츠 부시Fritz Busch에게서 피아노를 잠깐 배웠고, 제럴드는 프리츠 부시의 동생인 바이올린 연주자 아돌프 부시가 버몬트에 세운, 유명한 말보로음악학교의 마르셀 모이즈에게서 플루트를 배웠습니다.

우리는 그후 몇 년 동안 함께 연주했습니다. 합동 강연회나 과학회의 때 만날 기회가 있으면 언제나 함께 공연했습니다. 심지어 1970년대 후반에는 트리오를 결성해서 매주 일요일에 늦은 아침 식사를 할 시간이면 이타카 근교 식당가로 나가 바로크 음악을 연주하고는 했습니다. 또한 저는 1970년대 후반에 코넬대학에 아마추어 오케스트라를 편성하여 지휘자로 활약하기도 했습니다. 오케스트라의 이름은 브람스BRAHMS, 즉 '2주에 한 번씩 음악회를 여는 명예 음악가 과학자들의 모임(Biweekly Rehearsal Association of Honorary Musical Scientists)'이었고 모토는 '우리는 우리가 내는 소리처럼 나쁘지 않다' 였습니다. 저의 오케스트라 역사 가운데 가장 화려했던 순간은 제럴드가 다른 플루트 연주자와 함께 비발디의 〈플루트 두 대를 위한 연주곡〉을 공연했던 어느 날 밤이었습니다.

우리는 지금까지도 좋은 관계를 유지하고 있습니다. 우리 두 사람은 200편이 넘는 공동 논문을 함께 작성했습니다. 그 중에 183편은 절지동물의 방어 메커니즘에 관한 내용이었습니다. 물론 우리 논문에는 수없이 많은 박사 과정 수료생과 학부생들, 박사 학위를 취득한 연구생들이 도움을 주었지만 말입니다.

1959년 여름, 목적지는 애리조나주 포털에 있는 미국자연사박물관 사우스웨스턴 연구 기지였습니다. 에드워드 O. 윌슨과 함께 야외 연구를 하러 여행에 나섰던 7년 전에도 애리조나 사막에 머문 적이 있습니다. 그때 전 발견한 장소들을 꼭 다시 찾아가겠다는 다짐을 했습니다. 제가 사막에 매혹된 이유는 그렇게 탁 트인 공간에서도 수많은 삶의 방식이 숨어 있다는 점 때문이었습니다. 막힘없이 탁 트인 공간에 식물이라고는 드문드문 떨어져 있을 뿐이었지만 그 속에 담겨 있는 생명체들의 삶은 정말 장관입니다. 사막은 또한 적은 자원 때문에 아주 치열한 경쟁이 벌어지는 곳으로 자기 방어가 철저해야 하는 곳입니다. 저는 사막에 사는 절지동물들은 자기 방어 수단이 아주 뛰어나며 그 중 대부분은 화학물질에 의존한다는 사실을 이미 알고 있었습니다. 사막은 제가 찾아가야 하는 바로 그곳이었습니다.

사막에서 밤을 지내본 것은 그때가 처음이었습니다. 슬그머니 낯선 어둠이 찾아들어 다시 새벽이 찾아들 때까지, 인지할 수도 없는 낯선 시간의 흐름이 연출된 사막의 그 느낌은 말로 표현하기 어려운 벅찬 감정을 불러일으켰습니다. 느낄 수 있는 것이라고는 한 번도 맡아보지 못한 향기와 한 번도 들어보지 못한 소리들뿐이었습니다. 그 속에 있다 보면 서서히 자신도 모르게 귀뚜라미의 노랫소리에, 관목이 뿜어내는 테르페노이드^{terpenoid} 냄새에, 노래기가 모래 위를 지나가는 소리에 동화됩니다. 그 속에 있으면 무언가를 발견하게 되리라는 기대로 가득차게 됩니다. 전방 조명등을 쓴 채 이리저리 둘러보면서 천천히 거니는 저의 마음속에는 두려움보다는 새로운 발견에 대한 기대로 가득 찹니다. 사막은 생명으로 가득 차 있습니다. 척추동물과 무척추동물이 땅에, 식물에, 하늘에 가득합니다. 사막은 먹고 먹히는 관계로 가득하며 그곳에서 생명체는 죽어가기도 하고 사랑을 나누기도 하고 알을 낳고, 또 다른 생명이 끊임없이 태어납니다.

처음에는 사막에 압도되고 말지만 시간이 흐르면 결국에는 사막과 교감을 나누게 되고 호기심이 자라납니다. 사막에는 검은색 딱정벌레가 왜 그렇게 많으며 그들은 왜 대부분 해질녘에 활동하는 걸까요? 검은색은 보호색인 걸까요, 아니면 자기를 과시하기 위한 수단일까요? 사막의 검은색 딱정벌레를 손에 쥐면 대부분 아주 강한 악취가 풍깁니다. 그렇게 눈에 띄는 색을 하고 있다면 당연히 먹이가 되기 쉬울 텐데, 완전히 어두워진 후에 나오지 않고 해질녘에 모래 위로 모습을 나타내는 이유는 무엇일까요? 저는 검은색 딱정벌레도 충분히 훌륭한 연구 주제가 될 수 있겠다고 생각했습니다.

그러던 어느 날 아침, 가장 아름다운 괴물이라고밖에는 묘사할 수 없는 그 친구와 마주쳤습니다. 짙은 갈색에 전갈처럼 생겼지만 날카로운 꼬리가 없고 대신 꼬리 끝부분에 가느다란 실 같은 돌기가 나 있었습니다. 분명 거미강에 속하는 동물이었지만 한 번도 보지 못한 동물이었습니다. 저는 그 돌기가 방어용이 아닐까 하는 생각을 했습니다. 이 친구는 아주 우아하면서도 느리게 움직였고 제가 건드려도 달아날 생각을 하지 않았습니다. 그저 가던 길을 멈추고 앞을 곧추세운 다음 팔처럼 생긴 앞쪽 기관을 넓게 벌려 위협하는 자세를 취했습니다. 이 친구의 크기는 제 손바닥만 했지만 그렇다고 무분별하게 손으로 잡지는 않았습니다. 저는 언제나 가방 속에 챙겨 다니던 플라스틱 용기에 이 친구를 조심스럽게 집어넣고 연구 기지로 돌아왔습니다. 이 친구가 바로 제가 처음 만난 채찍전갈이었습

완전히 자란 채찍전갈. 맨 끝에 돌출되어 있는 채찍은 촉모(feeler)이다.

아래쪽 확대 사진은 채찍 끝에 불룩 튀어나온 마디로 총을 놓는 총좌처럼 회전한다. 화살표가 가리키는 것은 분비물이 발사되는 곳이다.

니다. 기지의 소장이었던 몬트 카지어Mont Cazier는 이 친구를 보자마자 분류 도감을 보여주었습니다. 이 친구의 학명은 마스티고프록투스 기간테우스Mastigo-proctus giganteus이며, 채찍전갈로서는 미국에 서식하는 유일한 종이라고 했습니다. 몬트는 이 친구를 경쾌하게 톡톡 치면서 "여기 보세요. 뭔가 나오죠?" 하고 말했습니다. 그는 제게 그 냄새를 맡아보라고 했습니다. "어떤 냄새가 나지요?"

냄새를 맡아본 저는 기침이 나오려는 것을 참으면서 말했습니다. "식초 냄새가 나네요. 그것도 아주 시큼한 식초 냄새요." 몬트는, "그렇죠? 그래서 흔히 이 친구를 식초전갈이라고도 한답니다"라고 말해주었습니다.

채찍전갈이 내뿜는 냄새는 분명히 식초의 주요 성분인 아세트산 냄새였지만 분비물의 구성 성분은 그뿐만이 아니었습니다. 일단 처음에 맡을 수 있는 강렬한 아세트산 냄새가 사라진 후에도 몇 시간 동안 희미한 악취가 계속 남아 있었습니다. 이는 분명히 또 다른 성분이 있기 때문입니다.

그 뒤 채찍전갈을 몇 마리 더 잡아 같은 케이지에 넣어보았습니다. 그랬더니 채찍전갈들이 서로 잡아먹기 시작했습니다. 시큼한 냄새가 나는 분비물이 동족에게는 별다른 영향을 미치지 않음이 분명했습니다. 그래서 이번에는 각기 다른 케이지에 한 마리씩 집어넣고 포식자를 접근시켜보았습니다. 작은 채찍전갈에게는 수확개미harvester ants의 일종인 짱구개미(포고노미르멕스 오키덴탈리스 *Pogonomyrmex occidentalis*)를, 큰 채찍전갈에게는 메뚜기쥐(오니코미스 토리두스*Onychomys torridus*, 영어명: grasshopper mice)를 붙여보았습니다. 전갈을 들고 직접 개미굴 입구로 가서 실험해보았습니다. 일단 폭격수딱정벌레에게 그랬던 것처럼 전갈을 막대기에 묶어 고정시킨 다음 개미들이 있는 곳에 놓았습니다. 전갈을 본 개미들은 그 즉시 공격을 개시했지만 전갈이 액체를 발사하자 황급히 도망가버렸습니다. 도망가는 개미들은 모두 하나같이 정신없이 다리를 휘저으며 흙에 몸을 문질러댔습니다. 그 모습은 마치 몸에 붙은 이물질을 씻어내려는 듯이 보였습니다. 채찍전갈의 몸에 증기가 남아 있거나 잔여 물질이 남아 있는 동안에 2차 분비물 발사가 이루어졌기 때문에 개미들은 더 이상 공격할 엄두를 내지 못했습니다. 개미굴 입구에는 개미들이 떼로 몰려 있기 때문에 채찍전갈의 분비물은 아주 극적인 효과를 자아냈습니다. 채찍전갈이 분비물을 한번 발사할 때마다 개미들은 전갈의 주위를 빙 둘러싼 채 가까이 가지도 못하고 올라타지도 못하면서 머뭇거리고 있었습니다. 일단 시간이 지나자 개미떼가 전갈 주위로 가까이 다가가보지만 이내 또다시 가해진 분비물 발사 때문에 멀찌감치 물러나야 했습니다.

저와 함께 두 학생이 그 지역에 덫을 놓아 잡은 메뚜기쥐도 비슷한 반응을 보였습니다. 우리가 공동으로 발표한 논문에는 쥐를 가지고 한 실험 내용이 자세히 실려 있습니다.

채찍전갈을 보자 쥐는 한입에 집어삼키려고 했지만 채찍전갈이 분비물을 발사하자 곧바로 뒤로 물러나고 말았다. 쥐는 펄쩍 뛰면서 뒤로 물러나더니 미친 듯이 날뛰다가 멈춰 서서 정신없이 주둥이를 발로 긁거나 〔……〕 모래 속으로 들어가려는 것처럼 마구 땅을 파댔다. 약 30초가 지나자 진정된 쥐가 다시 한 번 공격을 시도했지만 또다시 물러날 수밖에 없었고, 네 번인가 다섯 번째 공격 후에는 결국 포기하고 구석에 앉아 〔……〕 잔뜩 털이 헝클어진 채 눈을 지그시 감고 깊고도 가쁜 숨을 몰아쉬었다.

물론 쥐는 어느 정도 시간이 흐른 후에 완전히 기력을 회복했습니다. 하지만 그때까지 저는 이 쥐가 아주 공격적이며 곤충들의 방어 물질에 내성이 강하다고 알고 있었기 때문에 채찍전갈의 능력에 아주 놀랐습니다.

그 뒤로도 전갈붙이sunscorpions(영어 이름인 '태양전갈'은 태양빛을 받으면 달아나 버리기 때문에 붙은 이름—옮긴이)와 도마뱀, 새, 아르마딜로armadillo(남미산 야행성 포유동물) 같은 여러 동물로 실험해보았지만 채찍전갈은 모든 공격을 거뜬히 이겨냈습니다. 정처 없이 떠돌아다니는 이 작은 채찍전갈이 지구상에 나타난 시기는 300만 년도 더 전의 일입니다. 그렇게 오랜 시간 동안 살아남을 수 있었던 이유는 아마도 분비물 때문이 아니었나 싶습니다. 한 가지 재미있는 사실은 채찍전갈을 지칭하는, 지역마다 다른 속칭은 아세트산이라는 뜻을 지닌다는 점입니다. 마르티니크(서인도 제도 남동부에 있는 섬으로 프랑스령—옮긴이)에서는 채찍전갈을 비네그리에vinaigriers, 멕시코에서는 비나그릴로스vinagrillos, 브라질에서는 에스코르피오에스 비나글레escorpioes vinagre라고 부릅니다.

그 뒤 이타카로 떠나기 전까지는 좀더 많은 채찍전갈을 잡고 채찍전갈의 생태에 대해서 더 많은 사실을 알고자 노력하며 보낸 시간이었습니다. 채찍전갈은 야행성 동물이 분명했으며 영역권이 확실한 종이었습니다. 채찍전갈은 매일 똑같은 장소로 돌아가 머무는 것 같았습니다. 연구 기지에서는 커다란 건물의 주춧돌 틈새에서 채찍전갈을 찾을 수 있었습니다. 채찍전갈의 은둔처 옆에는 쥐며느리 잔재가 수북이 쌓여 있었습니다. 아마도 이 작은 갑각류는 채찍전갈이 지상에 출현한 후로 항상 그 옆에 있으면서, 곤충이 지구상에 출현하기 훨씬 전부터 채찍전갈의 먹이사슬 일부를 차지하고 있었음이 분명합니다.

애리조나에서 3주는 화살처럼 지나갔지만 그곳의 경험은 정말 즐거운 기억으로 남았습니다. 수십 개가 넘는 의문점을 찾아냈고 그러는 동안 사막을 향한 사랑의 마음을 품게 되었습니다. 그때 연구 기지에 함께 갔던 학부생인 조지 하프 George Happ와 지금은 세상을 떠난 프랜시스 앤 매키트릭Frances Ann McKittrick도 사막의 매력에 푹 빠져버렸습니다. 차에는 살아 있는 동물들이 가득한데 에어컨이 없었기 때문에 우리는 한낮의 더위를 피해 주로 밤에 차를 몰아 이타카로 돌아왔습니다. 이타카로 돌아오는 일정은 4일 정도 걸렸지만 우리를 선뜻 받아주려는 숙박업소는 한 곳도 없었습니다. 우리는 숙박업소 지배인에게 수많은 우리에 있는 희귀종들이 애완동물처럼 별다른 해가 없다는 사실을 설명하느라 애를 먹어야 했습니다.

이타카로 돌아오자마자 저는 제럴드에게 전화를 걸어 이렇게 말했습니다. "선사시대 괴물과 함께 일해볼 생각 없어? 정확히 300만 년 된 포병인데 말이야."

그 말을 듣고 제럴드는 크게 기뻐했습니다. "하지만 화학적인 면은 별로 재미없을지도 모르겠어. 내 생각엔 그저 아세트산 같거든." 제가 이렇게 말하자 제럴드는 빨리 보여주기나 하라고 대답했습니다. 그래서 화학과 기계실에서 만날 약속을 정했습니다.

저는 제럴드를 만나러 가기 전에 채찍전갈이 사격의 명수임을 입증해 보이는 실험을 몇 가지 해보았습니다. 일단 이런 가설을 세워보았습니다. '화학물질을

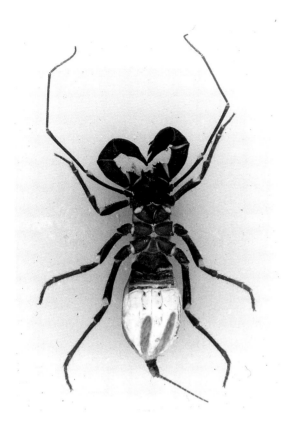

배 쪽에서 본, 해부한 채찍전갈. 분비물을 발사하는 분비샘 두 개가 보인다.

발사하는 절지동물은 발사 방향을 끊임없이 조준하여 원하는 방향으로 분비물을 쏠 것이다.' 이 가설을 입증하고자 지시 종이를 밑에 깔고 그 위에 채찍전갈을 고 정시켰습니다. 지시액은 염기성을 지시하는 페놀프탈레인 용액을 사용했고 용액 을 붉게 변화시키는 수산화칼륨을 조금 첨가했습니다. 여과지를 용액에 담갔다 가 유리에 펼쳐놓고 문질러 밀착시킨 다음, 그 위에 채찍전갈을 올려놓고 꼼짝 못하게 한 다음에 공격을 시작했습니다. 공격이라고 해봐야 채찍전갈이 화학물 질을 발사하도록 부드럽게 콕콕 찌른 것뿐이지만 말입니다.

채찍전갈은 정확하게 자극을 받은 곳으로 화학물질을 발사했고, 모든 방향으 로 화학물질을 발사할 수 있음을 증명해 보였습니다. 채찍전갈의 분비물은 붉은 종이에 아름다운 흰색 자취를 남겼습니다. 채찍전갈을 해부해보자, 맨 끝에 배가 있는 곤충류와 달리 거미류로서 앞쪽에 머리가슴이 하나로 붙은 두흉부prosoma

채찍전갈을 핀셋으로 자극하자 네 번 연속으로 분비물을 발사했다. 페놀프탈레인 용액을 머금은 종이는 분비물이
떨어지자 희게 변했다.

가 있고 뒤쪽에 후체구opisthosoma 즉 배가 있는 채찍전갈의 후부에 커다란 분비샘이 한 쌍 있었습니다. 두 분비샘의 끝은 나란히 놓여, 채찍의 기저부에 봉긋하게 솟은 조그만 마디로 연결되어 있었습니다. 사격 목표가 결정되면 채찍전갈은 일단 후미를 그쪽으로 맞추고 이 조그만 마디를 회전시킨 다음에 목표물을 향해 발사합니다. 채찍전갈 한 마리를 자극하자 이 조그만 친구는 열아홉 번이나 분비물을 발사했습니다.

정말 재미있었기 때문에 우리 두 사람이 처음으로 채찍전갈의 분비물을 분석해보려 했던 순간을 잊어버릴 수가 없습니다. 그때 저는 제럴드에게 "그렇게 강렬한 냄새가 나는 걸로 보아 채찍전갈의 분비물은 무척 고농도임이 분명하다"고 말했습니다. 그러자 제럴드는 "그 말이 틀림없다면 용매를 쓰지 말고 그대로 적외선 스펙트럼을 분석해보면 될 거야"라고 했습니다.

제럴드는 "채찍전갈 분비물 한 방울을 브롬화칼륨potassium bromide으로 만든 얇은 원반에 떨어뜨리고 그 위를 다른 브롬화칼륨 원반으로 덮은 다음 강하게 압착시켜 작은 샌드위치처럼 만들어서 분광 측광기spectrophotometer에 넣고 적외선을 쐬어보면 된다"고 했습니다. "원반에 분비물을 떨어뜨릴 수 있겠지?"라고 제럴드가 물었습니다. 저는 제럴드에게 "물론이지. 내가 아니라 전갈이 직접 떨어뜨리게도 할 수 있어"라고 대답했습니다. 그리고 제럴드에게 "채찍전갈 다리 가운데 하나를 골라 정확히 그 위에 원반 한 개를 갖다 대라"고 했습니다. 그런 다음 핀셋으로 다리를 건드리자 그 즉시 채찍전갈이 원반을 향해 분비물을 발사했습니다. 분비물이 묻은 원반에 다른 원반을 대고 강하게 누른 다음 분광 측광기에 넣자 몇 분 후에 스펙트럼 결과가 나왔습니다. 예상대로 스펙트럼은 채찍전갈의 분비물이 아세트산이라고 말해주었습니다. 분비물을 채취하고 스펙트럼 결과를 얻기까지 정말 몇 분밖에 걸리지 않았습니다. '정말 빠르군.' 그때 전 그런 생각을 했습니다. 우리 두 사람의 합동 연구는 언제나 재미있었습니다.

아세트산을 확인한 우리는 그 속에 들어 있는 아세트산의 농도를 정확하게 알아보고자 좀더 정밀한 분석 과정을 거쳤고, 아세트산의 농도가 전체 분비물의 84

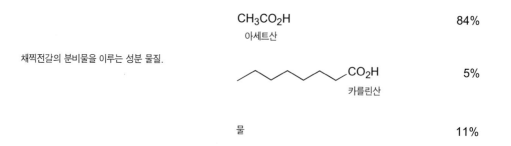

채찍전갈의 분비물을 이루는 성분 물질.

CH_3CO_2H
아세트산
84%

CO_2H
카를린산
5%

물
11%

퍼센트나 차지한다는 사실을 알아냈습니다. 그 결과를 보고 저는 '정말 식초잖아'라고 생각했습니다.

제럴드와 그의 연구진은 분비물이 증발하고 난 다음에 남은 잔류 물질을 분석해 그 속에 들어 있는 두 번째 구성 물질을 밝혀냈습니다. 그 물질은 카를린산 caprylic acid으로 전체 분비물의 5퍼센트를 차지했습니다. 나머지 11퍼센트는 물이었습니다.

분비물의 구성 성분이 정확하게 밝혀지자 몇 가지 조사해봐야 할 문제가 생겼습니다. 아무리 적게 들어 있더라도 카를린산이 포함되어 있다면 두 가지 작용을 하고 있음이 분명했습니다. 카를린산은 습윤제wetting agent 역할을 하기 때문에 적의 표면에 떨어진 채찍전갈의 분비물을 넓게 퍼뜨릴 테고, 투과제penetration-promoting agent 역할도 하기 때문에 분비물을 깊숙이 침투시킬 것입니다. 따라서 카를린산이 분비물의 기능을 향상시키는 데 아주 중요한 역할을 하고 있음이 분명했습니다.

사실 분비물의 대부분을 차지하는 아세트산에는 치명적인 결함이 있습니다. 아세트산은 지질에는 녹아 들어가지 않는 수용성 물질입니다. 곤충의 껍데기는 왁스 같은 지질로 덮여 있기 때문에 아세트산을 뿌리면 표면에 달라붙지 않고 방울을 이루며 굴러 떨어지고 맙니다. 그러나 아세트산에 카를린산을 소량 섞으면 표면에 달라붙음은 물론 넓게 퍼지면서 쉽게 스며듭니다. 카를린산이 이 같은 작용을 하는 이유는 지용성 물질끼리 서로 친화력을 갖는다는 사실과 비슷한 원리입니다. 탄소 원소가 두 개뿐인 아세트산과 달리 카를린산에는 일렬로 늘어선 탄소 원소가 여덟 개나 있습니다. 비교적 긴 탄소 사슬 때문에 카를린산은 친유성

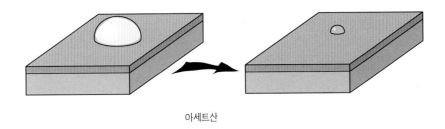

아세트산

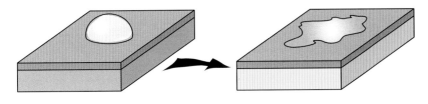

아세트산 + 카를린산

곤충의 키틴질 외골격에 아세트산을 떨어뜨리면 퍼지지 않고 그대로 증발해버린다. 아세트산에 카를린산을 소량 섞어서 떨어뜨리면 방울은 넓게 퍼진다. 카를린산은 액체가 키틴질 표면을 뚫고 침투하도록 도와주는데 그 결과 키틴질 밑에 있던 젤라틴 층의 색이 변했다(지시약인 브롬티몰블루로 물들인 젤라틴 층에 액체가 퍼져나가자 노란색으로 변했다).

lipophilic 물질이 되었고, 탄소 사슬이 짧은 아세트산은 친수성hydrophilic 물질이 되었습니다.

분명 채찍전갈의 주요 천적은 곤충류나 다른 절지동물일 것입니다. 따라서 채찍전갈은 왁스로 둘러싸인 절지동물의 외골격을 뚫고 들어갈 화학물질을 분비할 필요가 있었습니다. 바로 카를린산이 그것을 가능하게 해주는 셈입니다.

카를린산이 액체를 퍼뜨리는 작용을 하는지 알아보려고 간단한 실험을 했습니다. 아세트산과 카를린산을 다양한 비율로 섞어 만든 용액을 곤충의 표피에 해당하는 외골격에 떨어뜨려보았습니다. 제가 사용한 곤충의 외골격은 바퀴의 외골격으로, 실험실에서 기르고 있었을 뿐 아니라 배 부분의 외골격이 아주 부드러워 실험 대상으로 적격이었기 때문입니다. 아세트산을 단독으로 외골격에 떨어뜨리자 아세트산은 떨어신 모습 그대로 머물러 있나가 증발되고 말았시만, 가를린산을 섞어서 떨어뜨린 액체는 넓게 퍼졌습니다.

카를린산이 투과제인지를 알아보는 실험도 했습니다. 바퀴의 외골격 밑에 있는 젤라틴 층을 지시 염료로 염색하고 색 변화를 관찰하면, 외골격에 떨어뜨린 아세트산이 외골격 속으로 스며들어갔는지 알 수 있겠다는 생각이 들었습니다. 그래서 산이 있으면 파란색에서 노란색으로 변하는 브롬티몰블루bromthymol blue로 젤라틴 층을 염색했습니다. 염색한 외골격에 아세트산만을 떨어뜨렸을 때는 별다른 효과가 없었습니다. 아세트산은 아주 천천히 스며들었습니다. 하지만 카를린산을 섞자 아주 빠르게 스며들었습니다.

사실 그 전에도 카를린산이 살아 있는 동물의 표피 속으로 산성 혼합물이 침투하는 시간을 줄여주는 역할을 하는지 알아보고자 바퀴를 실험 대상으로 이용했던 적이 있습니다. 그때 저는 하버드에서 대학원에 다닐 때였고 실험 목적도 전혀 달랐습니다. 당시 저는 여름에 진행된 일반생물학 강의, 그 중에서도 신경생물학이라는 미명 아래 모든 학생들이 반사행동reflex behavior을 관찰할 수 있도록 개구리의 뇌를 제거하는 끔찍한 수업을 진행해야만 하는 조교였습니다. 정확히 무슨 수업인가 하면 불쌍한 개구리의 뇌를 핀으로 모두 긁어낸 다음에 등에 아세트산을 뿌려서 개구리가 등 긁는 모습을 관찰하는 실험 시간이었습니다. 뇌가 없어도 정상적으로 반응할 수 있다는 사실을 보려고 그런 실험을 하는 것 같았습니다. 하지만 저는 그런 실험을 진행해야 한다는 사실이 너무나 싫었습니다. 학생들도 대부분 마찬가지였고 제가 아는 교수들도 대부분 그 실험을 혐오했습니다. 그래서 저는 개구리 대신 바퀴를 가지고 실험해보기로 했습니다.

바퀴가 먹은 음식물 가운데 지방이 흡수되는 방식을 알아보는 실험을 한 적이 있는데, 그 실험을 하려면 재빨리 바퀴의 머리를 제거하고 위장에 들어 있는 음식을 꺼내야 했습니다. 그 실험을 통해서 머리가 없는 바퀴도 며칠 동안 살아 있을 수 있으며 화학 자극을 포함한 다양한 자극에 반응한다는 사실을 알았습니다. 사실 머리가 없는 바퀴가 뇌를 제거한 개구리보다 훨씬 더 분명한 실험 결과를 보여줍니다. 바퀴의 경우 중앙 신경계에서 뻗어나간 말초 신경이 몸을 덮은 표면 구석구석까지 뻗어 있습니다. 당시 저는 포름산을 붓에 묻혀서 바퀴를 자극해봤는데 부속 기관이나 몸통에 상관없이 바퀴는 산이 닿은 곳을 정확하게 인지하고 그곳을 닦아내려고 다리로 문질러댔습니다. 복부 마디에 산을 묻히면 복부 마디를 긁었고, 다리에 산을 묻히면 다리를 앞으로 끌어당겨 마치 핥기라도 할 것처럼 구기(口器: 무척추동물, 특히 절지동물의 입 부분)가 있던 자리로 가져갔습니다. 다리가 닿지 않는 등 쪽에 산을 묻히면 어딘가에 문질러 털어버리려는 듯이 등을 높게 구부려 아치 모양을 만들고 아등바등했습니다.

저는 개구리가 뇌를 제거당하는 일 없이 자유를 만끽하며 살 수 있도록 교사들이 주로 보는 잡지인 『투르톡스 뉴스(Turtox News)』에 이 실험 결과를 실었습니다. 하지만 개구리에게 그런 행운은 찾아오지 않았습니다. 지금도 바퀴를 꺼리는 사람들 때문에 반사행동에 대해서 가르칠 때는 개구리의 뇌를 제거하고 있습니다.

반사행동을 설명하는 데 더없이 좋은, 머리가 없는 바퀴 실험은 또 다른 사실도 아울러 시사해줍니다. 동물들이 신체 표면으로 화학물질을 감지할 수 있다는 사실을 말입니다. 보통 화학물질은 후각이나 미각을 통해 감지하지만 바퀴의 경우 외피에 묻은 산을 감지하고 그곳을 긁었으며 뇌를 제거한 개구리도 등에 묻은 산을 감지하여 자극 받은 곳을 긁습니다. 동물들은 일반적으로 화학적 감각 chemical sense이라고 하는, 동물의 몸에 많거나 적게 퍼져 있는 특별한 감각 기관을 이용하여 자극제 같은 유독 물질이 몸에 묻었다는 사실을 인지할 수 있습니다. 분비물을 발사하는 채찍전갈을 가까이에서 보다가 갑자기 눈에 자극을 느낀 경우도 화학적 감각이 자극을 감지했기 때문입니다. 폭격수딱정벌레가 발사한 벤조퀴논 증기를 맡고 자극을 느낀 경우도 마찬가지입니다.

저는 절지동물이 쏘는 자극적인 화학물질을 맞은 적들이 뒤로 물러나는 이유는 후각이나 미각을 통해 화학물질을 감지했기 때문이 아니라 외피에 가해진 자극을 화학적 감각이 감지했기 때문은 아닐까 하고 생각했습니다. 채찍전갈이 쏜 분비물을 맞은 개미가 몸을 질질 끌고 도망가면서도 다리를 정신없이 휘둘러대는 이유는 온 몸이 가렵기 때문일지도 모릅니다. 그런 반응을 유발하는 화학물질을 채찍전갈이 의도적으로 분비하는지도 모를 일이었습니다. 어쩌면 절지동물

카를린산과 아세트산을 섞은 용액에 반응하는 정도를 알아보고자 머리를 제거한 이질바퀴(왼쪽 위 사진, 페리플라네타 아메리카나*Periplaneta americana*, 미국바퀴라고도 함—옮긴이). 배의 오른쪽 측면에 산을 떨어뜨리자 오른쪽 세 번째 다리를 뻗어 문지르는 바퀴(왼쪽 위). 오른쪽 뒷다리 끝에 산을 떨어뜨리자 구기로 핥을 때 그러는 것처럼 다리를 앞쪽으로 구부리는 바퀴(오른쪽 위). 꼬리 쪽 등껍질에 산을 바르자 자극 받은 부위를 돌출된 표면에 갖다 대려는 것처럼 등을 바싹 구부리며 애를 쓰는 바퀴(아래). 연필 같은 물건을 바퀴 가까이 가져가면 앞쪽으로 걸어와 등을 연필에 대고 문지른다.

세계의 생존자들은 적의 화학적 감각을 자극하는 일격을 가하는 데 능한 선수들이 아닐까 하는 생각이 들었습니다.

　머리가 없는 바퀴는 아세트산과 카를린산의 자극의 세기를 측정해보는 데도 딱 들어맞는 대상이었습니다. 바퀴 머리를 없애는 이유는 그래야만 자극을 받았을 때 도망치지 않기 때문입니다. 저는 바퀴 몇 마리의 머리를 없애고 배에 준비한 액체를 떨어뜨려보았습니다. 자극의 세기는 액체를 떨어뜨린 후 긁기 시작할 때까지의 시간으로 결정했습니다. 시간이 짧으면 짧을수록 자극의 세기가 크다는 의미입니다. 이미 예상했겠지만 자극의 세기는 아세트산만 떨어뜨린 경우보다 카를린산과 섞어서 떨어뜨린 경우에 더 컸습니다. 액체를 퍼뜨리고 외피 속으로 침투하게 하는 카를린산이 반응 시간을 앞당기고 있었습니다. 실험을 통해 카를린산은 자극제 역할도 한다는 사실을 알아냈습니다. 카를린산만 떨어뜨렸을 때도 바퀴는 아주 괴로워하며 자극 부위를 긁어댔습니다.

　분비물이 포식자들에게 어떤 역할을 하는지에 대해서는 어느 정도 해답을 찾

홍개미(포르미카 루파 *Formica rufa*)의 흙 언덕을 손으로 두드려보았다. 그러자 수백 마리가 넘는 개미들이 일제히 포름산을 쏘기 시작했다. 증기처럼 보이는 것이 공중으로 퍼져나가는 포름산의 모습이다.

앉지만 몇 가지 기본적인 의문점은 여전히 남아 있었습니다. 먼저 채찍전갈이 그렇게 독성이 강한 고농도 아세트산을 몸속에 지니고 있으면서도 아무렇지 않은 이유가 궁금했습니다. 아세트산은 흔히 살충제의 원료로 사용되며 살아 있는 생명체에게 치명적인 작용을 합니다. 고농도 아세트산에 노출되고도 손상되지 않는 세포가 있다는 사실은 정말 놀라운 일입니다. 고농도 아세트산은 독극물이라고 할 수 있습니다. 그런데도 채찍전갈은 84퍼센트나 되는 고농도 아세트산을 생산할 뿐만 아니라 저장하기까지 합니다. 게다가 아세트산을 발사할 때 실수로 자신의 몸에 묻어도 아무렇지 않은 듯이 보입니다.

특별히 형성된 방어 물질을 분비하는 절지동물은 채찍전갈만이 아닙니다. 일반적으로 절지동물은 액체를 퍼뜨리고 깊숙이 침투하도록 도와주는 계면활성제 surfactant를 방어 수단으로 활용합니다. 또한 채찍전갈이 고농도 산을 분비하는 유일한 동물도 아닙니다. 불개미아과(亞科)Formicinae에 속하는 개미들은 50퍼센트나 되는 고농도 포름산을 분비합니다. 또한 딱정벌레과 곤충인 가짜폭격수딱정벌레(갈레리타 레콘테이*Galerita lecontei*, 영어명: false bombardier beetle)가 내뿜는 포름산의 농도는 80퍼센트나 됩니다. 어느 경우나 마찬가지로 어떻게 해

첫 번째 다리와 세 번째 다리를 핀셋으로 자극하자 분비물을 발사하는, 딱정벌레과(科) 딱정벌레인 갈레리타 레콘테이. 분비물의 89퍼센트는 포름산이다. 실험에 쓰인 지시 종이는 채찍전갈 실험에서 사용했던 종이와 같다.

서 그렇게 독성이 강한 물질을 아무런 피해도 입지 않고 몸속에 간직하고 있는가 하는 문제가 남습니다. 80퍼센트나 되는 포름산을 생산하고 저장하는 일도 농도가 84퍼센트인 아세트산을 생산하고 저장하는 일만큼이나 어려운 일이기 때문입니다.

■ **우루과이에서** 소년 시절을 보낼 때 처음으로 노래기에 관심을 갖게 되었습니다. 노래기에 대한 관심이 또다시 제 속에서 생동하게 된 시기는 이타카 근교에서 탐사를 진행할 때였습니다. 그곳은 이타카 북부에 위치한 정말 아름다운 주립공원이었습니다. 그곳, 터개넉주립공원은 멋진 폭포가 있는 곳으로 종종 가족과 함께 소풍을 가기도 하고 때로는 소풍 나간 자리에서 낙엽을 파헤치며 곤충이나 그밖의 다른 절지동물을 찾아보기도 하는 곳이었습니다. 폭포 근처에 있는 험한 바위들은 특히 노래기가 많은 곳으로, 그 중에는 시안화수소산hydrogen cyanide을 분비한다고 알려져 제 관심을 끌었던 종도 여럿 있었습니다. 그런 동물에 관한 기록 중에는 그저 한낱 이야깃거리도 있었지만 1882년 네덜란드에서 온 C. 휠덴스테이던 에헬링C. Guldensteeden Egeling이라는 과학자가 쓴 보고서를 포함한 몇몇 보고서는 신뢰할 만했습니다. 저는 노래기가 시안화수소산을 분비하는 이유는 자신을 방어하기 위해서라고 생각했습니다. 또한 분비물의 양을 달리하여 방출하는 능력이 있다고 생각했지만 어떻게 그럴 수 있는지에 대해서는 이렇다 할 생각이 떠오르지 않았습니다. 채찍전갈을 실험한 뒤라서 '절지동물이라면 어떠한 화학물질이라도 분비할 수 있겠다'는 생각을 해왔지만 그래도 시안화수소산을 분비하는 절지동물이 있다는 이야기는 아주 신기하게 들렸습니다. 사실 저는 84퍼센트 아세트산을 분비한다는 사실보다도 시안화수소산을 분비한다는 사실이 더 신기했습니다.

따라서 함께 소풍을 간 가족과 저는 시안화수소산을 분비할 것 같은 노래기들을 채집하여 산 채로 연구소로 가져왔습니다. 잡아온 노래기들은 비교적 기르기 쉬웠습니다. 먹이도 썩은 낙엽을 주면 됐습니다. 노래기 연구에는 또 다른 가족이 참여했습니다. 1958년, 저희 부모님은 은퇴 후 이타카에서 생활하기로 결정하고 그곳에 와 계셨는데, 화학 분야의 일을 계속하고 싶었던 아버지는 노래기 채집에 적극 동참하겠다고 하셨습니다. 당시 아버지의 나이는 예순여덟이었지만 기꺼이 노래기 연구를 도와주셨습니다. 아버지는 연구소 일도 도와주셨습니다. 천성이 활발하신 아버지는 연구소 직원들과 아주 빨리 친밀한 사이가 되었으며 그 뒤 거의 20년 동안이나 연구를 도와주셨습니다.

HCN이라고 하는 시안화수소산은 범죄 역사상 유례가 없는 악명을 떨치는 화합물입니다. 보통 청산 혹은 청산가리라고 하는 시안화수소산은 쓴 아몬드bitter almond(아몬드는 단 아몬드sweet almond와 쓴 아몬드 두 종류가 있다—옮긴이) 냄새가 나며 소량으로도 목숨을 앗아갈 수 있는 화학물질입니다. 시안화수소산은 일반적으로 널리 알려져 있는 독극물로 세포가 살아가는 데 꼭 필요한 분자 호흡 과정을 방해합니다.

시안화수소산을 생산하는 식물은 많이 있습니다. 시안화수소산은 상온에서 기체 상태이기 때문에 보관하기가 어렵습니다. 그러나 식물에서 시안화수소산은 알데히드와 결합한 상태인 시아노하이드린cyanohydrin으로 존재하며, 시아노하이드린은 한 개 이상 되는 당 분자와 결합해 있습니다. 시안화수소산과 알데히드와 당 분자가 결합된 화합물을 시안화 배당체cyanogenic glycoside라고 합니다. 시안화 배당체란 당 분자가 포함된 시안화수소산을 생성하는 물질이라는 뜻입니다. 시안화 배당체에서 시안화수소산을 분리해내려면 당 분자와 결합된 부위를 끊는 글리코시다아제glycosidase와 알데히드를 끊는 니트릴라아제nitrilase라는 두 가지 효소가 필요합니다. 일반적으로 식물은 시안화 배당체와 효소를 각기 다른 세포에 혹은 같은 세포라 하더라도 각기 다른 위치에 저장하기 때문에 정상적인 상태에서는 시안화수소산이 만들어지지 않습니다. 그러나 초식동물이 물어뜯는다거나 하는 일로 식물이 상처를 입으면 시안화 배당체와 효소가 만나 시안화수소산을 만들기 시작합니다. 그렇게 만들어진 시안화수소산은 초식동물이 더 이상 식물을 먹지 못하게 만듭니다. 식물 속에 들어 있는 시안화 배당체는 보통 쓴 아몬드 냄새가 나는 아미그달린amygdalin입니다. 아미그달린 속에 들어 있는 당은 글루코오스, 즉 포도당이며 알데히드는 벤즈알데히드benzaldehyde입니다.

노래기는 노래기강(綱)Diplopoda에 속하는 동물입니다. 노래기강에 속하는 동물 가운데 띠노래기목(目)Polydesmida이 시안화수소산을 분비한다고 알려져 있습니다. 이타카에는 띠노래기목에 속하는 노래기가 여러 종 있는데 그 중에서도 아아미그달린이 분해되면 당과 벤즈알데히드, 시안화수소산으로 분리된다.

펠로리아 코루가타*Apheloria corrugata*라는 종(種)이 가장 우리의 시선을 끌었습니다. 아펠로리아 코루가타는 노란색과 분홍색 얼룩무늬가 있는 아주 아름다운 종일 뿐 아니라 쉽게 잡을 수 있는 종이기도 했습니다. 다 자란 성충의 길이도 연구하기에 가장 좋은 5센티미터였습니다.

대부분 노래기들의 방어용 분비샘은 몸의 측면에 나란히 나 있습니다. 띠노래기목에 속하는 노래기들과 벤조퀴논과 페놀을 분비하는, 다른 목에 속하는 노래기들도 마찬가지입니다. 다른 목에 속하는 노래기들의 경우 분비샘마다 주머니가 하나씩 있으며 이 주머니는 몸 측면의 분비공으로 통하는 분비관exit duct과 연결되어 있습니다. 분비공과 맞닿아 있는 분비관은 보통 안쪽으로 굽은 모양을 하고 있어, 주머니 속에 들어 있는 물질이 밖으로 새어나가지 못하게 하는 밸브 역할을 합니다. 그 밸브를 여는 역할은 체벽과 관을 연결하는 근육이 합니다. 이 근육이 수축되면 분비물이 발사되고 분비관이 텅 비게 됩니다. 주머니는 근육으로 이루어지지 않았기 때문에 근육이 수축할 때 주머니도 함께 수축되어 분비 작용에 영향을 주는 일은 일어나지 않습니다.

주머니의 수축이 일어나는 이유는 몸의 체절이 일시적으로 수축할 때 내부에 흐르는 체액이 간접적으로 주머니에 압력을 가하기 때문인 것 같았습니다. 벤조퀴논을 연구할 때 관찰해본 노래기들은 보통 이런 방식으로 분비물을 밖으로 내보냈습니다. 따라서 아펠로리아 코루가타가 약간 다른 방식으로 분비물을 몸 밖으로 분비한다는 사실을 알았을 때는 정말 놀랐습니다. 아펠로리아 코루가타의 분비기관도 주머니와 분비관, 근육으로 조절하는 밸브가 있다는 점은 다른 노래기들과 같았지만, 밸브와 분비공 사이에 두 번째 주머니가 있다는 점이 달랐습니다. 아펠로리아 코루가타의 분비샘은 원래 있던 분비공 속으로 체벽이 함입된 후

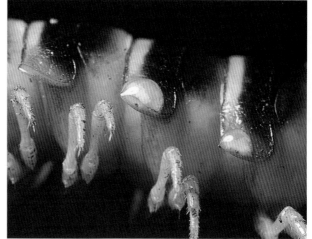

(위) 아펠로리아 코루가타의 일반적인 서식처에서 찍은 사진.

(아래) 같은 아펠로리아 코루가타의 오른쪽 측면을 확대해서 찍은 사진. 분비공 두 개에 시안화 배당체 분비물이 맺혀 있다.

에 새로운 주머니와 새로운 분비공을 만든 것처럼 생겼습니다. 그 모습을 본 저는 아펠로리아 코루가타의 분비샘이 폭격수딱정벌레의 분비샘과 비슷하다고 여겼습니다. 또한 모양이 비슷하다면 기능도 비슷하지 않을까 하는 생각이 들었습니다. 만약 노래기의 두 번째 주머니가 반응실이 확실하다면 두 번째 주머니에는 화학 반응을 촉진하는 효소가 한 가지 이상 있어야 합니다. 또한 첫 번째 주머니가 폭격수딱정벌레의 경우처럼 저장하는 장소라면 화학 반응 물질이 한 가지 이

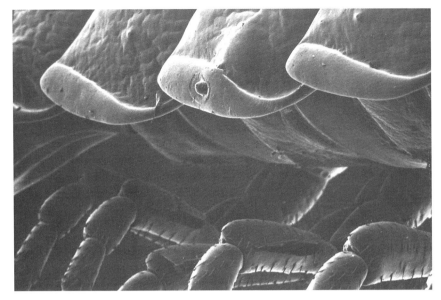

(위) 아펠로리아 코루가타의 오른쪽 측면을 확대한 사진. 분비공이 보인다.

(아래) 방금 잘라낸 분비샘. 주머니 두 개로 이루어져 있다. 안쪽에 있는 저장 주머니(A)가 반응실(B)과 나란히 있으며 저장 주머니를 여는 밸브에 밸브를 여는 근육(m)이 붙어 있다. 반응실은 바로 분비공과 연결되어 바깥(화살표가 가리키는 곳)으로 통한다.

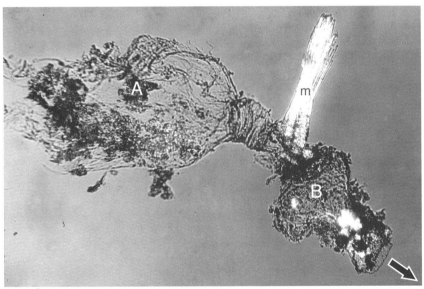

상 들어 있어야 합니다. 그래서 저는 노래기의 저장 주머니에는 아미그달린 같은 시안화 배당체가 들어 있고, 두 번째 주머니에는 글루코시다아제와 니트릴라아제가 들어 있다고 가정해보았습니다. 제 가정이 맞는다면 아펠로리아 코루가타는 시안화수소산과 벤즈알데히드, 포도당을 지니고 있는 셈이었습니다.

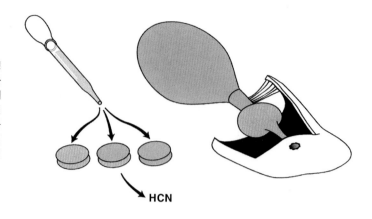

아펠로리아 코루가타의 시안화수소산 생성 메커니즘을 밝혀내기 위한 실험. 지시약을 떨어뜨려 확인해본 결과 저장 주머니 속에 들어 있는 물질이 반응실에 들어 있는 물질과 섞였을 때에만 시안화수소산이 발생한다는 사실을 알 수 있었다. 저장 주머니끼리 섞거나 반응실끼리 섞으면 시안화수소산이 발생하지 않았다.

HCN

제럴드의 연구진과 공동으로 연구하는 덕에 저와 제 학생들은 분비물의 구성 성분을 자세히 관찰할 수 있었습니다. 우리는 아펠로리아 코루가타를 맨 처음 만졌을 때 아주 쓴 아몬드 냄새를 맡을 수 있었는데 모두 그 강렬한 냄새에 놀랐습니다. 아펠로리아 코루가타들은 케이지에서 평온하게 거닐 때는 아무런 냄새도 나지 않았지만 조금이라도 귀찮게 하면 그 즉시 아주 역한 냄새를 풍겼습니다. 냄새가 날 때는 어김없이 분비공 옆에 액체 방울이 나타났기 때문에 역한 냄새가 분비물의 냄새임은 분명했습니다. 그런데 이상하게도 띠노래기목에 속하는 노래기들이 대부분 그렇지만 아펠로리아 코루가타도 5, 7, 9, 10, 12, 13, 15, 19번째 분비공에서만 분비물이 나왔습니다. 또한 자극을 받는다고 해서 이 분비공마다 한꺼번에 분비물을 배출하는 것도 아니었습니다. 노래기의 분비물은 국지적으로 분비되어, 보통 핀셋으로 자극한 부분에서 가장 가까운 분비공에서만 분비물이 나왔습니다. 게다가 한꺼번에 많은 양이 나오는 경우도 없었습니다. 분비공 한 곳당 한 방울씩만 나왔습니다. 그것도 세차게 분출하는 게 아니라 그저 조용히 스며들듯이 나와서 분비공에 맺혀 있다가는 슬그머니 없어져버렸습니다.

우리는 아펠로리아 코루가타가 분비하는 물질이 시안화수소산임을 확인하고자 간단한 실험을 해보았습니다. 순환 펌프circulating pump를 이용해서 흥분한 노래기가 들어 있는 용기에서 나오는 증기를 모아 질산은silver nitrate 용액에 넣어보았습니다. 그러자 시안화은silver cyanide 침전물이 생겼습니다. 시안화수소산이 실산은과 만나면 질산은이 염산을 만났을 때처럼 침전물 생성 반응이 일어납니

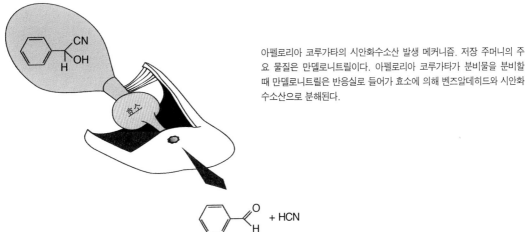

아펠로리아 코루가타의 시안화수소산 발생 메커니즘. 저장 주머니의 주요 물질은 만델로니트릴이다. 아펠로리아 코루가타가 분비물을 분비할 때 만델로니트릴은 반응실로 들어가 효소에 의해 벤즈알데히드와 시안화수소산으로 분해된다.

다. 시안화수소산을 확인하는 방법은 질산은을 이용하여 침전물을 생성하는 방법 외에도 여러 가지가 있습니다.

몇 가지 화학 실험을 통해 분비물 속에 들어 있는 벤즈알데히드의 존재를 입증해낼 수 있었지만 당을 확인하지는 못했습니다. 여러 가지 검출 방법을 이용해서 당의 정체를 밝혀보려고 했지만 아무 소용이 없었습니다. 결국 우리는 처음 세웠던 가설을 수정할 수밖에 없었습니다. 아무리 해도 당이 검출되지 않는다는 이야기는 노래기의 저장 주머니에 들어 있는 물질이 시안화 배당체가 아니라 시아노하이드린이라는 뜻이고, 그 중에서도 시안화수소산과 벤즈알데히드가 결합한 시아노하이드린이라는 뜻이었습니다. 시안화수소산과 벤즈알데히드가 결합하여 만드는 시아노하이드린은 만델로니트릴mandelonitrile이라고 하는 일종의 지방입니다.

이제 막 노래기에서 채취한 분비물을 분석해본 결과 그 속에 만델로니트릴이 들어 있다는 사실을 확인했습니다. 또한 이미 예상했듯이 분비물은 계속 화학 변화하여 시안화수소산을 뿜어내고 있었습니다. 그 결과 만델로니트릴의 양은 점차 줄어들었고 벤즈알데히드의 양은 늘어났습니다.

그 다음으로 우리는 분비샘을, 그 중에서도 특히 격리된 저장 주머니와 반응실을 가지고 실험해보았습니다. 두 주머니는 완전히 분리되어 있었기 때문에 각 주머니에 들어 있는 구성 성분을 그대로 간직한 채 온전한 형태로 떼어낼 수 있었습니다. 저장 주머니는 막으로 되어 있어 찢어지기 쉬웠기 때문에 특별히 주의해서 떼어내야 했습니다. 반응실은 폭격수딱정벌레의 반응실처럼 단단하여 쉽게 찢어질 염려가 없었습니다. 이 두 주머니를 가지고 한 실험은 시안화수소산을 만나면 무색에서 푸른색으로 변하는 지시약을 가지고 한 일종의 미량 화학 실험 microchemical testing이었습니다. 이때 사용한 지시약의 이름은 벤지딘 아세테이트 benzidine acetate로 일종의 초산동 물질copper acetate reagent이었습니다. 또한 만델로니트릴의 분해를 촉진해 시안화수소산이 좀더 빨리 발생하도록 시중에서 살 수 있는 효소제emulsin도 함께 첨가했습니다.

저장 주머니와 반응실에 들어 있는 내용물을 각각 여과지로 빨아들인 다음 효소제가 첨가된 지시약을 떨어뜨리자 저장 주머니에서 빨아들인 여과지만 푸른색으로 변했습니다. 이는 시안화수소산을 생성하는 물질이 저장 주머니에만 들어 있음을 뜻했습니다.

다음 실험은 저장 주머니와 반응실에 들어 있는 내용물을 빨아들인 여과지를 조그마한 크기로 잘라내서 해보았습니다. 잘라낸 여과지를 두 장씩 한데 포갠 다음 이번에는 지시약만 떨어뜨려보았습니다. 저장 주머니의 내용물이 묻은 여과지를 두 장 포개거나 반응실의 내용물이 묻어 있는 여과지를 두 장 포갠 경우에는 아무런 변화가 없었습니다. 그러나 저장 주머니의 내용물과 반응실의 내용물이 묻은 여과지를 각각 한 장씩 포갰을 때는 강렬한 반응이 나타났습니다. 이는 저장 주머니의 내용물과 반응실의 내용물이 한데 섞여야만 시안화수소산이 발생한다는 사실을 뜻했습니다. 저장 주머니에는 시안화수소산을 발생하는 물질이 들어 있고 반응실에는 시안화수소산의 발생을 촉진하는 물질이 들어 있음이 분명했습니다. 우리는 반응실에 들어 있는 물질을 효소라고 가정하고 효소라면 분명히 열에 약하리라고 생각했습니다. 반응실을 130도의 고온에서 20분간 가열하고 다시 실험해보자 시안화수소산이 발생하지 않았습니다.

아펠로리아 코루가타의 방어용 분비샘은 놀라울 만큼 정밀한 무기였습니다. 만델로니트릴이 저장물질이라는 의미는 시안화수소산을 안정된 상태로 다량 저

장할 수 있다는 뜻입니다. 촉매제가 들어 있는 반응실 속으로 만델로니트릴을 밀어 넣는 순간 시안화수소산이 발생하기 시작합니다. 물론 최근에 진행된 여러 연구를 통해서 좀더 다양한 분비물이 포함되어 있다는 사실이 밝혀졌지만 떠노래기목에 속하는 노래기들은 대부분 아펠로리아 코루가타와 비슷한 방식으로 방어 물질을 분비할 것입니다. 사실 우리가 연구한 아펠로리아 코루가타의 저장 주머니에도 만델로니트릴 외에 또 다른 시안화수소산 전구체가 있었습니다. 바로 벤조일 시아나이드benzoyl cyanide로, 이 물질은 반응실 속으로 들어가면 안식향산benzoic acid과 시안화수소산으로 분해됩니다.

 포식자를 이용한 실험을 통해 아펠로리아 코루가타의 효력을 확인할 수 있었습니다. 아펠로리아 코루가타의 분비물은 개미를 물리칠 수 있었고 두꺼비가 뱉어내게 만들었습니다. 그러나 두꺼비가 언제나 아펠로리아 코루가타를 뱉어내지는 않았습니다. 두꺼비가 아펠로리아 코루가타를 한입에 꿀꺽 삼켜버리면 아펠로리아 코루가타도 어쩔 도리가 없었습니다. 그러니까 아펠로리아 코루가타가 분비물을 분비하기 전에 삼켜버리면 말입니다. 두꺼비가 아펠로리아 코루가타를 가로로 길게 물었을 때는 삼키기 위해서 다시 아펠로리아 코루가타를 똑바로 돌

(왼쪽) 시안화수소산을 만드는 알랑나방속(Zygaena) 유럽나방.
(오른쪽) 파롭시스속(Paropsis) 호주딱정벌레 유충. 공격을 받으면 이런 유충들은 스스로를 지키려고 보통 분비물을 배설한다. 앞쪽을 향하고 있는 분비낭(glandular pouches) 한 쌍을 항문 쪽으로 뒤집어 시안화수소산을 내뿜는다.

(왼쪽) 알을 지키고 있는 지네, 오르프나이우스 브라실리아누스(Orphnaeus brasilianus) 암컷. 지네를 건드리자 끈끈한 젤라틴 같은 액체를 방출했다. 액체는 시안화 배당체로 방어용이다.
(오른쪽) 노래기과 동물의 분비물을 맞고 물러난 개미들. 분비물을 뒤집어쓰는 바람에 두 마리가 찰싹 달라붙어버렸다.

려야 하는데 그럴 때는 어김없이 뱉어냈습니다. 두꺼비는 아펠로리아 코루가타를 제대로 물려고 하다가 황급히 뱉어내고는 했습니다. 그러고는 아주 불쾌한 듯이 혀를 발로 문지르며 몸서리를 치는 일이 종종 있었습니다. 그러나 두꺼비가 아펠로리아 코루가타를 한번에 삼켜버리면 아무렇지도 않은 듯이 보였습니다.

개미에게 벤즈알데히드 자체도 훌륭한 방어 물질이 된다는 사실은 주목해야 할 점입니다. 벤즈알데히드는 개미가 본능적으로 싫어하는 살충제이며 쉽게 휘발되지 않기 때문에 오랫동안 그대로 남아 효력을 발휘합니다.

노래기 한 마리가 생산하는 시안화수소산의 양도 고려해야 합니다. 무게가 1그램 정도 되는, 다 자란 성충의 경우 최대로 만들 수 있는 시안화수소산의 양은 0.6 밀리그램입니다. 이는 300그램 나가는 비둘기를 죽일 수 있는 치사량과 비교했을 때는 18배, 25그램 나가는 쥐의 치사량보다는 6배, 25그램짜리 개구리의 치사량에 대해서는 0.4배, 인간의 치사량에 대해서는 0.01배 정도 되는 양입니다.

물론 시안화수소산을 분비하는 절지동물은 노래기 말고도 또 있습니다. 지네류와 딱정벌레 유충, 나방 등도 시안화수소산을 분비합니다.

■ **조교들과** 제가 발견한 검은색 딱정벌레(앞에서 사막에서 발견한 친구들)는 쉽게 눈에 띄며 애리조나 연구 기지에서 쉽게 잡을 수 있었기 때문에 몇 마리를 잡아 이타카로 가져왔습니다. 먹이가 까다롭지 않았고 한 케이지에 여러 마리를 넣어도 아무런 문제가 없었습니다. 경우에 따라서는 상추나 바나나 껍질, 당근 조각을 줄 때도 있었지만 대부분 시리얼과 물만으로 충분했습니다. 폭격수딱정벌레처럼 검은색 딱정벌레도 성충이 된 후에도 놀라울 정도로 오랫동안 살 수 있습니다. 거의 2년을 살아가는 개체도 있을 정도입니다. 우리는 검은색 딱정벌레가 화학물질로 자신을 방어하기 때문에 그처럼 오래 살 수 있는 건 아닌가 하는 생각을 했습니다.

우리가 잡아온 검은색 딱정벌레는 모두 거저리과(科)^{Tenebrionidae}에 속하는 종들로 한 종이 아니라 여러 종이었습니다. 검은색 딱정벌레들은 대부분 집어올릴 때마다 화학물질을 발사했는데 그 구성 성분은 퀴논이 틀림없는 것 같았습니다. 하지만 폭격수딱정벌레처럼 뜨거운 화학물질이 아니라 차가운 물질을 발사했습니다. 6장을 보면 아시겠지만 애리조나 연구 기지에 머무는 동안에도 검은색 딱정벌레의 행동 양식과 포식자에 대한 취약성 등에 관한 몇 가지 연구는 이미 끝마친 후였습니다. 우리가 검은색 딱정벌레를 이타카로 가져간 이유는 분비물의 구성 성분을 밝히기 위해서였습니다. 화학 작용은 어느 정도 밝혀졌지만 정말로 궁금했던 점은 '절지동물들은 어떻게 해서 자신은 전혀 해를 입지 않은 채 유독한 독극물을 만들 수 있을까?' 하는 점이었습니다.

우리는 검은색 딱정벌레 여러 종 가운데 특히 몸집이 가장 큰 사막거저리(엘레오데스 론기콜리스*Eleodes longicollis*, 영어명: desert darkling beetle)를 집중적으로 연구해보기로 했습니다. 엘레오데스 론기콜리스의 복부 끝에는 커다란 분비샘이 두 개 나란히 있었고 그 속에는 분비물이 아주 많았습니다. 제럴드의 연구진은 아주 신속하게 엘레오데스 론기콜리스가 분비하는 물질은 벤조퀴논이라고 결론지었습니다. 또한 분비물 속에는 불포화 탄화수소unsaturated hydrocarbon와 카를린산이 들어 있다는 사실도 알아냈습니다. 엘레오데스 론기콜리스의 분비물 냄새는 벤조퀴논의 냄새를 덮을 정도로 강력한 냄새를 풍기는, 아홉 개에서 열한 개 정도 되는 탄소 원자 사슬로 이루어진 불포화 탄화수소 때문에 나는 냄새입니다. 우리는 엘레오데스 론기콜리스의 분비물에 카를린산이 포함되어 있다는 사실에 들뜨고 말았습니다. 채찍전갈이 그랬던 것처럼 엘레오데스 론기콜리스의 경우에도 카를린산은 계면활성제 역할을 할 터였습니다. 이는 서로 기원이 다른 두 동물이 같은 문제를 해결하고자 같은 방향으로 진화한 결과였습니다.

엘레오데스 론기콜리스가 워낙 컸기 때문에 분비샘을 떼어내어 연구하는 일은 아주 수월했습니다. 가장 주목해야 할 점은 분비샘마다 주머니가 한 개밖에 없다는 점이었습니다. 이는 엘레오데스 론기콜리스가 분비물을 최종 산물의 형태로 저장하고 있다는 사실을 뜻했습니다. 저장 주머니를 절개해봐도 폭격수딱정벌레나 아펠로리아 코루가타처럼 저장 공간과 반응 공간으로 나뉘는 구분은 찾을 수 없었습니다. 주머니의 벽은 아주 얇았고 그 속에는 갈색 분비물이 꽉 차 있었습니다. 주머니는 두 종류의 분비샘 조직glandular tissue과 직접 연결되어 있었습니다. 이 조직은 한 조직이 다른 조직을 덮고 있는 형태로 두 층을 이루며 각 주머니를 감싸고 있었습니다.

이 조직을 이루는 세포들을 현미경 상에서 고배율로 관찰해보면 그 즉시 이 세포들이 얼마나 특별한지 알 수 있습니다. 일반적인 세포들과 달리 물질로 꽉 차

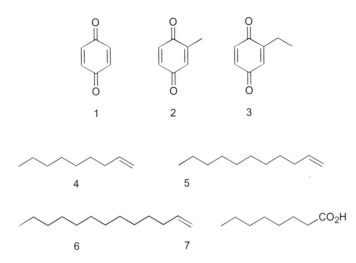

엘레오데스 론기콜리스의 방어용 분비물 구성 성분.

1. 1,4-벤조퀴논
2. 2,메틸-1,4-벤조퀴논
3. 2,에틸-1,4-벤조퀴논
4. 1-노넨(nonene)
5. 1-운데센(undecene)
6. 1-트리데센(tridecene)
7. 카를린산

(왼쪽) 엘레오데스 론기콜리스를 뒤집어서, 커다란 퀴논 분비샘이 있는 배를 절개한 사진.

(오른쪽) 분비샘과 연결된 엘레오데스 론기콜리스의 배 끝부분. 하룻밤 동안 수산화칼륨에 담가두어 연한 부분은 모두 녹아 없어지고 큐티클 층만 남았다.

있는 이 세포들 내부는 공포vacuolar라고 하는 커다란 내부 공간이 부피의 거의 대부분을 차지하고 있었습니다. 그런데 한 가지 재미있는 점은 공포 안에, 공포에서 저장 주머니의 세포벽까지 뻗어나간 독특한 관이 있다는 사실입니다. 이 관 때문에 마치 세포 속에 세포가 분비하는 물질들을 저장하는 주머니와 분비물을

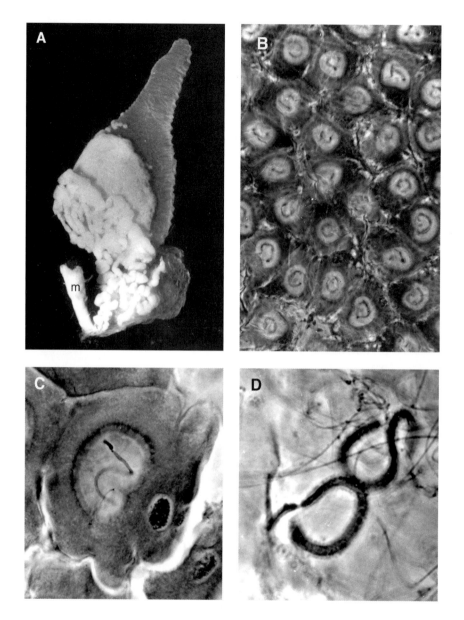

(A) 이제 막 잘라낸 엘레오데스 론기콜리스의 분비샘. 분비샘 표면의 대부분을 하얀 분비샘 조직이 덮고 있다. 분비샘을 여닫는 일은 근육(m)이 맡고 있다.

(B) 분비샘 조직의 일부를 확대한 모습. 세포 한가운데 투명한 공간이 보인다.

(C) 분비샘 조직을 이루는 세포 한 개를 확대한 모습. 투명한 공간 안에 큐티클로 이루어진 분비관(cuticular drainage apparatus)이 보인다.

(D) 수산화칼륨 수용액에 분비 세포를 담가 큐티클로 이루어진 분비관 한 쌍을 분리해냈다. 수산화칼륨 처리를 하자 분비샘의 저장 주머니와 분비관을 연결하는 미세관(filamentous duct)도 함께 분리됐다.

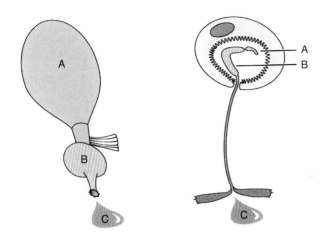

절지동물의 방어용 분비샘에서 일어나는 분비물 생성 원리. 폭격수딱정벌레나 아펠로리아 코루가타 같은 동물은 왼쪽 그림처럼 각 주머니에 각기 다른 전구체(A와 B)가 들어 있다. 따라서 외부로 화학물질을 분비하는 분비 작용이 일어나기 전까지는 서로 섞이는 일이 없기 때문에 최종 산물(C)이 만들어지지 않는다. 오른쪽 세포 모형에서는 두 전구체(A와 B)가 한 종류의 세포에서 분비되어 한데 섞여 있지만, 전구체들이 세포와 분비샘의 저장 주머니를 연결하는 분비관 속으로 들어가기 전까지는 서로 반응하지 않음을 보여준다.

저장 주머니까지 운반하는 도관이 있는 것처럼 보입니다.

전자 현미경을 이용하여 좀더 자세하게 살펴보면 분비 세포는 훨씬 더 복잡한 구조로 되어 있음을 알 수 있습니다. 세포 속에서 관찰할 수 있는 공포는 사실 세포 내부에 들어 있는 저장 창고가 아니라 세포 속으로 함몰된 외부 공간입니다. 따라서 세포가 공포에 분비물을 저장한다는 의미는 분비물을 세포 속에 두지 않는다는 의미, 다시 말해서 세포 밖으로 분비물을 배출한다는 의미입니다.

공포 밖으로 돌출되어 있는 분비관은 단순히 공포의 일부가 길게 늘어난 형태가 아닙니다. 이 관은 공포 안에 놓여 있으며, 파이프나 내부에 놓인 칸막이처럼 어느 정도는 정교한 구조로서 목적에 따라 길이를 조절할 수 있는 것처럼 보입니다. 공포와 분비관이야말로 엘레오데스 론기콜리스 세포의 가장 독특한 특징입니다.

곤충의 부드러운 조직을 녹여 단단한 골격만 남기는 방법은 곤충학에서 자주 쓰는 기술입니다. 단단한 골격만 남기려면 10퍼센트로 희석한 수산화칼륨 용액에 죽은 곤충을 몇 시간 정도 담가두어야 합니다. 이 기술은 특히 큐티클로 이루어진 조직을 관찰할 때 유용하게 쓰입니다. 엘레오데스 론기콜리스를 수산화칼륨 용액에 담가본 결과 분비샘 주머니는 큐티클로 이루어져 있다는 사실을 알게 되었습니다. 사실 절지동물의 방어용 분비샘 내벽은 보통 큐티클 층으로 이루어져 있기 때문에 이미 예상했던 결과였습니다. 수산화칼륨 용액에 엘레오데스 론

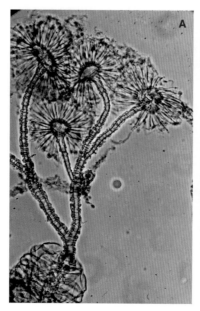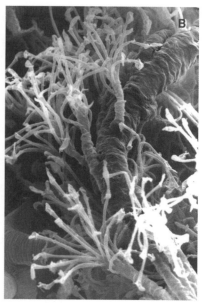

딱정벌레과(科) 딱정벌레의 분비샘에 있는 분비 조직을 수산화칼륨에 담가 얻은 분비관. B와 C와 D는 퀴논을 생산하는 여러 폭격수딱정벌레의 분비관이며, A는 포름산을 생산하는 가짜폭격수딱정벌레의 분비관이다. B는 주사 전자 현미경으로 찍은 사진이고 나머지는 일반적으로 사용하는 전자 현미경으로 찍었다.

기콜리스의 분비샘을 담가두자 큐티클로 된 주머니 두 개만 남았습니다. 그러나 가장 흥미를 끈 부분은 다름 아닌 수산화칼륨 용액 속에서도 끄떡없이 버텨낸 분비관이었습니다. 분비관도 큐티클로 되어 있었습니다. 분비관이 큐티클로 이루어져 있다는 사실은 분비물을 배출하는 순간에 분비물로부터 자신의 조직을 보호할 수 있다는 사실을 의미했습니다. 분비샘과 분비관이 모두 분비물이 빠져나갈 수 없는 큐티클 층 내벽을 갖고 있다면 유독한 분비물 때문에 피해를 입을 조직은 분비 세포 한 곳뿐이었습니다.

하지만 분비 세포들이 멀쩡하다는 사실로 미루어볼 때 어쩌면 분비 세포는 유독한 최종 산물이 아니라 분비관으로 분비될 때까지 유독한 물질로 바뀌지 않는 전구체를 생산하고 있을지도 모른다는 생각이 들었습니다. 다시 말해서 세포의 다른 부분에서 전구체를 생산한 다음 각기 다른 경로를 통해 분비관으로 내보내는 건 아닐까 하는 생각이었습니다. 어쩌면 공포에 연결된, 고도로 분화된 여러 분비관들이 각기 다른 화학물질을 빨아들이고 있는지도 모릅니다.

만약 엘레오데스 론기콜리스의 분비물 생성에 관한 세포 모형이 옳다면 현미경 상에서 관찰할 수 있는 분비샘의 작용도 폭격수딱정벌레나 아펠로리아 코루

가타와는 다를 터였습니다. 실제로 폭격수딱정벌레나 아펠로리아 코루가타는 각각 다른 세포에서 다른 반응 물질을 분비하고 분리되어 있는 분비샘에서 각자 따로 보관하고 있다가 분비물을 발사하는 순간 한데 섞었습니다. 그러나 엘레오데스 론기콜리스는 같은 세포의 다른 부분에서 전구체를 소량 생성한 뒤에 분비관으로 분비하기 전까지 따로 보관하는 방법을 택했습니다.

현재 동물의 방어용 분비샘과 연결된 분비관은 대부분 큐티클로 이루어져 있다는 사실이 밝혀졌습니다. 오래전에 유럽에서 출판된 곤충 분비샘의 세부 구조를 밝힌 책들은 이런 사실을 뒷받침해주고 있습니다. 제가 본 분비관 사진 가운데 정말 아름다운 것이 많이 있었는데, 그 중에는 수산화칼륨 용액에 처리한 분비관도 있었습니다. 저는 절지동물이 의도적으로 방어용 화학물질의 마지막 합성 과정을 격리된 분비관 속에서 진행하는 게 아닌가 하는 생각을 해보았습니다. 유독한 물질을 생성하는 마지막 과정 때 스스로를 보호하려고 말입니다. 곤충들이 분비샘의 내벽을 큐티클로 감싼 이유도 마지막 생성 물질로부터 자신을 보호하기 위한 수단일지도 모릅니다.

3. 신비한 나라에서 온 신비한 곤충들

Wonders from
Wonderland

코넬대학에 부임한 첫해에 가르친 일반생물학 수업은 별다른 문제 없이 진행됐습니다. 저는 처음부터 끝까지 진화에 관한 주제로 강의했고, 학생들에게 새롭게 밝혀지고 있는 선구적인 분자생물학에 대한 정보를 알려주려고 노력했습니다. 당시는 DNA라는 용어가 널리 알려지지 않았던 때지만 유전 물질을 화학적인 개념으로 설명할 수 있다는 사실을 알고 흥분한 학생들이 마음껏 발산하는 지적 호기심은, 그 호기심을 느낀다는 것만으로도 즐거웠습니다. 수업이 성공적으로 진행될 수 있었던 이유 가운데 제 수업을 도와준 대학원생들의 도움을 빼놓을 수가 없습니다. 대학원생들의 도움은 정말 컸습니다. 그 중에는 포유동물학자mammologist이자 뛰어난 예술가이며 훗날 동물원에서 근무한 조 데이비스Jo Davis와, 천성이 교사이며 동물학자이고 전 세계에서 가장 권위 있는 지의류lichens 전문가이자 2001년에 아주 작지만 존중받아야 할 유기체들에 대한 아름다운 책을 출판한 작가이기도 한 어윈 브로도Irwin Brodo, 동물학자이자 상상력이 풍부한 교사이며 세계적인 고래 전문가로 명성을 날린 로저 페인Roger Payne이 있었습니다.

대학에서 근무할 때 얻을 수 있는 커다란 장점은 곤충이 활발하게 활동하는 여름 동안 야외에 나가 마음껏 연구할 수 있다는 점입니다. 기말고사 시험지 채점이 끝나자마자 제 마음은 플로리다를 향해 떠나고 없었습니다. 다른 주 사이에 좁고 길게 끼어 있는 플로리다주에 대해서는 익히 알고 있었고 언젠가 꼭 한 번은 가보리라 마음먹고 있었지만 코넬대학에 부임한 첫해까지만 해도 한 번도 가본 적이 없었습니다. 남쪽이 북쪽보다 더 따뜻하고, 따뜻한 곳이면 벌레들이 살기에도 더 좋으리라는 생각에 플로리다로 꼭 가보고 싶었습니다.

로저에게 플로리다로 함께 가지 않겠느냐고 물어보자 로저는 아주 신이 나서 그렇게 하겠다고 대답했습니다. 당시 로저는 조류에 흥미를 느끼고 있었습니다. 로저의 박사 학위 논문은 '어떻게 해서 올빼미는 어두운 곳에서도 소리만 듣고 먹이를 찾아낼 수 있는가' 라는, 곤충과는 별로 상관이 없는 주제를 다루었지만 기꺼이 저와 함께 가기로 했습니다. 우리는 함께 탐험을 떠나되 각자 좋아하는 분야를 연구하기로 합의했습니다. 우리는 코넬대학에서 차를 빌려 타고 출발했습니다. 그런데 곤충학을 전공하던 대학원생 조지프 노보질스키Joseph Nowosielski가 우리의 탐험 소식을 듣고, 출발 직전에 함께 가고 싶다는 의사를 전해왔습니다. 그래서 세 명이 함께 탐험에 나섰습니다. 우리는 온갖 크기의 약병과 커다란 곤충 케이지 여러 개를 포함하여 밤에 작업하기 위한 콜먼 랜턴 여러 개와 빌린 카메라, 콜먼 스토브, 2인용 소형 천막, 침낭 등 필요한 장비를 모두 챙겼지만 여행 경비는 얼마 없었습니다. 자동차의 펜더가 긁힐 정도로 많은 짐을 실었기 때문에 우리가 탄 차는 계속해서 덜컹거렸습니다.

우리는 밤이 되면 활기를 되찾는 장님거미와, 달팽이를 먹는 딱정벌레과 딱정벌레들이 살고 있는 스모키 산맥을 지나갔습니다. 그곳에서 저는 장님거미가 방해를 받을 때 분비하는 냄새나는 분비물을 눈여겨보았고, 그로부터 몇 년이 지난 후에 제럴드 메인왈드와 장님거미의 분비물을 연구했습니다. 우리가 산속을 관찰하느라 여념이 없는 동안 곰 한 마리도 우리를 관찰하느라 여념이 없었습니다. 우리 모두는 곰을 무서워한다는 사실을 서로에게 들키지 않으려고 노력했지만 소용없었습니다.

여행하는 동안 우리는 정치적인 문제에 대해서도 끊임없이 이야기를 나누었습니다. 저와 로저는 생물학자란 자연보호를 소리 높여 외쳐야 하는 사람이라는 믿음을 갖고 있었습니다. 저는 대학에 다닐 때 『스탠딩 룸 온리(Standing Room Only)』라는 책을 쓴 칼 색스Karl Sax의 강의를 듣고 그런 믿음을 얻었습니다. 인구는 계속해서 늘어나고 자연은 계속해서 사라져가고 있습니다. 우리 두 사람은 직접 행동에 나서야 한다는 사실에 의견의 일치를 보았습니다. 그래서 가을에 진행해야 하는 일반생물학 수업 때 인류의 곤경에 관한 강의와 자연보호에 관한 주제를 다루는 것으로 자연보호운동을 시작하기로 했고 두 사람 모두 그렇게 했습니다. 당시 로저는 고래를 비롯해 위기에 처한 동물을 위해서 일하고 싶다고 했습니다. 로저는 고래를 위해서 반드시 무언가를 해낼 사람처럼 보였습니다.

로저는 자신의 꿈을 위해 열심히 일했습니다. 그리고 몇 년이 지난 1968년 저명한 고래 전문가가 된 로저는 정말 잊을 수 없는 경험을 안겨주었습니다. 그때 저는 강연을 하러 록펠러대학을 방문했는데, 그곳에서 학생들을 가르치던 로저도 함께 강연을 진행했습니다. 그때 로저는 이렇게 말했습니다. "일단 와인 한잔하고 제 방으로 가지요." 우리가 로저의 방에 도착하자 그는 나를 편안한 의자에 앉히고 이어폰을 끼게 하더니 이렇게 말했습니다. "아무 말도 하지 말고 그냥 들어보세요." 저는 온몸의 기운을 빼고 이어폰을 통해 들려오는 혹등고래humpback whale의 노래에 빠져들었습니다. 혹등고래는 저 멀리 대양에 사는 동물이기 때문에 혹등고래의 소리를 들은 사람은 거의 없었습니다. 로저는 자신이 의미 있는 일을 하고 있다는 사실을 잘 알고 있었습니다. 가수 주디 콜린스와 작곡가 앨런 호바네스를 비롯한 수백 명이 로저의 뜻에 동참했습니다.

플로리다주에 비가 많이 온다는 사실을 미처 생각하지 못한 것만 빼면 여행은 아주 즐거웠습니다. 우리는 매일 흠뻑 젖었고 마른 옷이 남아나지 않았습니다. 텐트에 들어가 있어도 소용이 없었습니다. 플로리다주 사라소타에서 64킬로미터 정도 떨어져 있는 곳에 있는 미야카주립공원에 있을 때는 억수 같은 폭우가 쏟아져서 뼛속까지 흠뻑 젖었습니다. 비가 하루 종일 왔기 때문에 곤충들은 은신처에 숨어 밖으로 나오지 않았고 그 때문에 우리는 실망한 채 텐트로 돌아와야 했습니다. 피곤에 지친 세 사람은 쉬고 싶어 텐트로 돌아왔지만 미국너구리를 계산에 넣지 않았던 것은 커다란 실수였습니다. 미국너구리들은 우리가 은신처라고 생각했던 텐트를 부수고 들어와 수박을 먹어치우고 온갖 물건들을 내동댕이쳐놓았습니다. 결국 그날 밤, 우리 세 사람은 제대로 잠을 이루지 못하다가 날이 새자마자 짐을 꾸리고 길을 떠났습니다. 모두 상당히 지쳐 있었기 때문에 이제 곧 천국을 만나게 된다는 사실을 짐작조차 하지 못했습니다.

미야카주립공원을 나선 우리는 70번 도로를 타고 동쪽으로 가다가 플로리다주 중앙에 있는 교차로에서 남쪽으로 길을 바꿔 8번 도로를 타고 달렸습니다. 그때 우리는 에버글레이즈를 향해 가는 중이었습니다. 8번 도로에 들어선 지 얼마

안 되어 어떤 표지판이 우리의 시선을 끌었습니다. 표지판에는 '애크볼드생물학연구소'라고 적혀 있었습니다. 우리는 곧장 연구소 정문을 향해 차를 몰고 들어갔습니다. 양쪽에 소나무가 자라는 호젓한 길을 따라 400미터 정도 들어가자 본관인 듯한 건물이 보였습니다. 초인종을 누르자 머리 희끗한 중년 남자가 나오더니 우리에게 어디서 왔으며 플로리다에는 왜 왔는지 물었습니다. 그때 저는 조금은 무서운 인상을 지닌 남자가 그렇게 부드러울 수 있다는 사실에 아주 놀랐습니다. 무척 낯이 익은 얼굴이었지만 어디서 봤는지는 기억나지 않았습니다. 저는 "그냥 한번 들러봤습니다. 우연히 여길 발견했거든요" 하고 대답했습니다.

그러자 그 남자는 "여기서 묵고 가시려면 그렇게 하세요. 그래도 괜찮습니다"라고 했습니다. 정말 근사한 제안이었지만 우리 행색이 말이 아니었기 때문에 조금 걱정됐습니다. 그래서 제가 "갖고 있는 옷 가운데 지금 입고 있는 옷이 그나마 제일 상태가 나은 건데 괜찮을까요?"라고 물어봤지만, 그 남자는 제 말에는 대답하지 않고 "숙소를 보여드리지요. 저녁은 여섯 시에 먹는답니다. 저는 리처드 애크볼드라고 합니다"라고 했습니다.

리처드 애크볼드Richard Archbold 씨는 우리를 위층으로 데리고 가서 침실과 욕실을 보여주더니 묵고 싶을 때까지 묵어도 좋다고 했습니다. 우리가 묵을 방에는 세탁기와 드라이어까지 있었습니다. 우리 세 사람은 눈앞에 펼쳐진 광경이 믿기지 않아 서로 얼굴만 쳐다보고 있었습니다. 안락한 침대와 에어컨이라니, 정말 꿈만 같았습니다.

우리는 몸을 씻고 옷을 갈아입은 다음 아래층으로 내려갔습니다. 때는 늦은 오후였고 공기는 무척 습했습니다. 우리는 어둠 속을 헤치고 나와 광명을 찾은 것처럼 어쩌면 멋진 곤충의 세계도 만날 수 있지 않을까 하는 희망이 생겼습니다. 연구소는 독특한 생태 환경을 갖춘 곳이었습니다. 곳곳이 곤충들의 드넓은 서식지였습니다. 모래 지역이 있는가 하면 무성한 떡갈나무가 자라는 곳도 있고, 한 번도 보지 못한 생태 환경이 갖춰진 곳도 여럿 있었습니다. 우리 세 사람은 앞으로 며칠 동안 근사한 탐험을 할 수 있겠다고 생각했습니다. 연구소의 면적은

리처드 애크볼드.

6000제곱킬로미터(1500에이커)에 달했습니다.

저녁 다섯 시 정도 됐을 때 리처드 애크볼드 씨가 현관 바로 앞에 있는 주차장으로 나가더니 토끼와 새들이 먹을 씨앗 같은 먹이를 뿌리기 시작했습니다. 우리는 그 모습을 보고 애크볼드 씨가 베푸는 그날의 만찬이라고 불렀습니다. 먹이를 먹으러 몰려든 동물 가운데 가장 많은 수를 차지한 동물은 그 지방 고유종인 덤불어치scrub jays들이었습니다. 덤불어치들은 완전히 길이 들어서 애크볼드 씨의 손에 올라가 먹이를 쪼아 먹기도 하고 어깨에 올라가서 먹이를 더 달라고 조르기도 했습니다. 그 모습을 보자 곤충을 새의 먹이로 주면 어떤 곤충은 먹을 수 있고 어떤 곤충은 해로운지 알 수 있기 때문에 정말 좋은 방법이라는 생각이 들었습니다.

애크볼드 씨는 우리를 만찬에 초대했습니다. 주차장이 아니라 본관에 있는 자신의 개인 식당으로 우리를 초대했다는 뜻입니다. 그 말은 또한 애크볼드 씨가 우리에게 알코올을 대접했다는 뜻이기도 합니다. 그때 저는 마티니를 두 잔 마셨다고 기억하고 있습니다. 술을 마신 우리 세 사람은 모조리 뻗어버렸습니다. 여행을 하는 동안 술을 입에 댄 적이 없었기 때문에 마티니는 마치 다이너마이트처럼 우리 세 사람을 덮쳐버렸습니다. 그날 밤 우리가 어떻게 의자에서 쓰러지지 않고 똑바로 앉아 있을 수 있었는지를 생각하면 지금도 신기하기만 합니다. 만찬은 정말 훌륭했고, 기운을 차리고자 재빨리 먹어치우던 근래의 우리 식사와는 완벽한 대조를 이루었습니다. 대화는 애크볼드 씨가 이끌어갔습니다.

애크볼드 씨는 뉴기니와 마다가스카르에 갔던 일을 이야기해주었습니다. 그는 전쟁이 나기 전인 30대에 비행기 조종사로 그곳을 탐험했다고 했습니다. 수륙 양용 비행기인 PBY를 타고서 말입니다. 애크볼드 씨의 매혹적인 이야기를 듣는 동안 갑자기 떠오르는 사람이 있었습니다. 바로 알베르트 슈바이처 박사였습니다. 리처드 애크볼드 씨는 슈바이처 박사처럼 위풍당당한 외모를 지녔습니다.

애크볼드생물학연구소에서 겪었던 경험이 저에게 아주 소중한 이유는 그 때문에 마다가스카르의 동물과 식물의 생활사에 관한 새로운 사실을 알게 되었고, 뉴기니 토착 부족들의 이야기를 처음으로 접할 수 있었기 때문입니다. 또한 애크볼드 씨의 탐사 결과가 수많은 과학 문서로 출판되었다는 사실도 알았고, 야생 동물을 연구하기 위한 천국을 만들고 싶다는 일생일대의 꿈을 가지고 있던 애크볼드 씨가 어떻게 애크볼드생물학연구소를 세우게 됐는지도 알게 되었습니다. 그 때부터 애크볼드생물학연구소는 제가 가장 즐겨 찾는 야외 실험 장소가 되었습니다. 저는 애크볼드생물학연구소에서 가장 많은 것을 발견했으며 그곳이야말로 동물학자들의 휴식처라고 생각하고 있습니다. 제일 처음 연구소를 방문한 해에 플로리다의 덤불숲과 사랑에 빠진 저는 지금까지도 그 사랑을 키워나가고 있으며 이곳이 어떤 위협을 받고 있는지 생생하게 알고 있습니다.

식사가 끝나고 캄캄한 밤이 되어서도 마티니 때문에 정신을 똑바로 차릴 수가 없었지만 어쨌든 주위를 돌아보려고 콜먼 랜턴을 켜고 밖으로 나왔습니다. 정말 평온한 밤이었습니다. 그날 밤 제일 먼저 마주친 동물은 각각 나르케우스 고르다누스*Narceus gordanus*와 플로리다관목노래기(플로리도볼루스 펜네리*Floridobolus penneri*, 영어명: Florida scrub millipede)라고 하는 노래기 두 종이었습니다. 두

(위) 애크볼드생물학연구소 본관.
(아래) 동틀 녘의 플로리다 관목
숲.

종 모두 노래기 가운데 큰 편으로, 아주 많은 수가 기어나와 모래 위를 돌아다니고 있었습니다. 두 종 모두 우리가 만질 때마다 몸의 측면에서 분비물을 내보냈는데 분비물에서 아주 친숙한 냄새가 났기 때문에 어쩌면 벤조퀴논일지도 모른다는 생각이 들었습니다. 뒤에 제럴드의 연구진은 노래기들의 분비물이 벤조퀴논이라는 사실을 확인해주었습니다. 그 전까지 그렇게 큰 노래기는 본 적이 없었습니다. 크기는 집게손가락만 하고 모래 위에 지나가는 자국을 남겼기 때문에 낮에 그 자국을 따라가면 숨어 있는 장소를 찾을 수 있을 정도였습니다. 그날 밤 저는 노래기를 잡으려면 노래기가 많이 나오는 밤에 잡아야 한다는 사실을 알았습니다. 플로리도볼루스 펜네리만 하더라도 그때까지 생물학자들은 낮에 채집을 나가 노래기가 숨어 있을 것 같은 통나무 밑을 뒤지는 게 전부였습니다. 플로리도볼루스 펜네리는 애크볼드에도 표본이 한 개밖에 없을 정도로 미국에서는 쉽게 볼 수 없는 종이지만, 그날 밤 우리는 족히 100마리도 넘는 플로리도볼루스 펜네리를 볼 수 있었습니다.

나르케우스 고르다누스는 무척 흥미로운 종입니다. 짙은 색을 띤 대부분의 노래기들과 달리 나르케우스 고르다누스의 색깔은 모래색에 가깝습니다. 배경과 똑같은 색을 띤 동물이 어둠 속에서 어떤 이점을 얻을 수 있는지 몰랐기 때문에 처음에는 무척 어리둥절했습니다. 그런데 달이 뜨고 모래가 달빛을 받아 반짝이자 밝은 색이 왜 좋은지 알 수 있었습니다.

둥근 그물 같은 거미줄을 만들고 있는 거미들도 흥미를 끌었는데 그 중에서도 특히 두 마리가 제 눈을 사로잡았습니다. 그물의 강도와 크기가 정말 놀라웠기 때문입니다. 그 중에 한 마리는 그 지역에 서식하는 고유종인 아르기오페 플로리다(*Argiope florida*, 아르기오페속[屬]Argiope은 흔히 호랑거미로 명명되기 때문에 플로리다호랑거미 정도로 번역할 수 있는 종—옮긴이)였고, 또 한 마리는 신대륙의 열대 지방에서 쉽게 볼 수 있는 미국무당거미(네필라 클라비페스*Nephila clavipes*)라는 종이었습니다. 거미를 좀더 자세히 관찰하려고 가까이 가자 우리가 들고 있던 전등 빛에 매혹된 벌레들이 빛을 향해 날아들다가 거미줄에 걸렸습니다. 거미는 먹잇감을 신속하게 제압하더니 먹을 준비를 했습니다. 곤충이 낮에 날아다니는 것보다 밤에 날아다니는 편이 더 안전하다니, 정말 잘못된 생각이 아닐 수 없습니다. 거미줄은 사방팔방에 모두 쳐져 있었습니다. 물론 높게 날아다닌다면 거미줄에 걸릴 염려는 없겠지만 그렇게 되면 박쥐의 표적이 될지도 모릅니다. 밤에 거미와 박쥐의 공격을 받는 것보다 낮에 새들의 공격을 받는 일이 어떻게 더 위험하다고 할 수 있는지 이해할 수가 없었습니다. 저는 거미가 좋아하는 먹이와 싫어하는 먹이가 있을지도 모른다는 생각이 들었습니다. 어쩌면 곤충 가운데 거미가 싫어하는 방어 물질을 분비하는 종이 있을지도 모른다고 말입니다.

연구소 본관 뒤쪽에는 곤충을 끌어들이는 유아등^{light trap}이 있었습니다. 나무로 만든 골격 위에 종이를 깔고 그 밑에 자외선 등 같은 전등을 설치하면 곤충들이 저항하지 못하고 몰려드는 장치가 만들어집니다. 해질 무렵 주변 탐사에 나서기 전에 유아등을 켜놓고 나갔는데 그 결과는 실로 놀라웠습니다. 수백 마리가 넘는 곤충들이 종이에 내려앉아 있었는데 그저 한눈에 봐도 종류가 무척 다양하다는 사실을 알 수 있었습니다. 저는 벌어진 입을 다물 수 없었습니다. 그때까지 몇 번밖에 보지 못한 곤충도 아주 많았고 한 번도 보지 못했던 종도 많이 있었습니다. 저는 한 마리 한 마리씩 들어 올려 냄새를 맡아본 다음 가장 지독한 냄새가 나는 곤충들만 약병에 담았습니다. 어쩌면 다음 날 포식자를 가지고 실험해볼 일이 생길지도 몰랐기 때문입니다.

그날 밤 깨끗한 침대에 누워서도 쉽게 잠이 오지 않았습니다. 사흘 후면 연구소를 떠나 이타카로 돌아가야 했습니다. 연구소는 정말 근사한 곳이었습니다. 연구소의 낮도 연구소의 밤처럼 흥미로운 일로 가득할지 너무나 궁금했습니다.

해가 이제 막 지평선 위에 떠오를 무렵 이른 아침을 먹고 야외로 나섰습니다. 여기저기 이슬을 머금은 거미줄이 눈에 들어왔습니다. 거미줄에는 거미를 물리친 곤충들이 매달려 있었습니다. 아르기오페 플로리다를 가지고 몇 가지 실험을 해본 저는 좀더 연구할 가치가 있겠다는 결론을 내렸습니다. 전날 밤 곤충 몇 마리를 미리 거미줄에 올려두었는데, 아르기오페 플로리다가 먹이를 제압하는 방법은 곤충의 종류에 따라 다르며 절대로 먹지 않는 곤충이 있다는 사실을 알게 되었습니다. 또한 화학물질을 분비하는 곤충 가운데 아르기오페 플로리다가 먹이로 삼는 곤충이 있다는 사실도 알아냈습니다. 놀랍게도 아르기오페 플로리다는 지독한 냄새가 나는 노린재과(科)^{Pentatomidae} 곤충도 마다하지 않았습니다.

우리는 흔히 개미귀신ant lion이라고 부르는 명주잠자리 유충도 관찰할 수 있었습니다. 이 기막힌 작은 동물은 모래밭에 깔때기 같은 구멍을 파고 그 한가운데 숨어 있다가 구멍 속으로 떨어지는 운 나쁜 곤충을 잡아먹습니다. 명주잠자리 유충은 보호 장치를 갖춘 곤충도 모두 잡아먹을 수 있는 능력이 있었습니다. 명주잠자리 유충이 파놓은 구멍 속으로 지독한 냄새를 풍기는 벌레를 몇 마리 떨어뜨려봤는데 모두 잡아먹히고 말았습니다. 명주잠자리 유충은 주로 개미를 잡아먹는다는 사실을 알고 있었기 때문에 포름산을 뿜는 개미를 떨어뜨려봤는데 역시 잡아먹었습니다. 명주잠자리 유충이 산에도 꼬덕하지 않는 이유는 과연 무엇일지 궁금했습니다.

다음 날 아침에는 짱구개미 집을 발견했습니다. 포식자로 적합한 종이었기 때문에 이 개미를 코넬대학으로 가져가고 싶었던 저는 차를 몰고 가까스로 모래밭으로 들어갔습니다. 그 모습을 본 연구소 직원 한 명이 다가와 "모래밭으로 차를 몰고 들어가시면 안 됩니다"라고 말했습니다. 그 직원은 친절하게도 모래밭에 박힌 차를 밖으로 끌어내주었습니다.

연구소에서 시간은 아주 빨리 지나갔습니다. 하지만 놀라울 정도로 생산적이었고 연구하고 싶은 주제도 많이 발견한 시간이었습니다. 도대체 그 중에 어떤 연구부터 시작해야 할지 결정할 수가 없었습니다. 하지만 이타카로 돌아오는 차 안에서 저는 조급해하지 말자는 결론을 내렸습니다. 일단은 모든 정보를 기억 속에 정리하자는 생각이었습니다. 처음 새로운 서식지를 접했을 때는 흥분으로 가득 차서 제대로 된 결정을 내리지 못하는 경우가 있지만 기억이라는 존재는 나름대로 영구적이어서 시간이 지날수록 누적되어갑니다. 오래된 기억들은 그 기억이 머릿속으로 들어간 장소를 다시 찾게 되면 밖으로 튀어나와 안내자 역할을 해줍니다. 새로운 사실이 오래된 기억과 만나면 이내 구체적인 이야기들이 자리매김해갑니다. 따라서 제가 할 일은 한 가지뿐이었습니다. 다시 애크볼드를 찾아가는 일 말입니다. 그곳에는 누군가가 발견해주기를 바라는 여러 가지 비밀들이 숨어 있을 테고 저는 제가 그 비밀들을 발견하는 사람이 될 수 있기를 간절히 바랐습니다.

애크볼드연구소를 처음 찾아간 1958년부터 저는 1년에 한 번씩 무슨 일이 있어도 애크볼드를 방문했습니다. 1년에 한 번 이상 방문한 적도 있었습니다. 학사 논문을 쓰는 학부생뿐만 아니라 제가 지도한 대학원생 가운데 열한 명이 그곳에서, 혹은 그곳에서 가져온 동물들을 가지고 중요한 연구를 수행했습니다. 또한 '탐험과 발견과 탐구'라는 주제로 그곳에서 야외 수업도 진행했습니다. 지난 25년 동안 마리아는 저와 함께 애크볼드연구소를 방문해왔으며 우리 두 사람 모두 살아가는 동안 가장 행복한 기분을 맛볼 수 있는 곳은 애크볼드생물학연구소라고 생각하고 있습니다. 지금도 그곳에서 우리가 발견한 모든 내용을 생생히 기억하고 있지만 그 중에서도 특히 잊을 수 없는 것은 새로운 발견을 했을 때 온 몸을 사로잡는 굉장한 희열입니다.

3장의 나머지 이야기들은 애크볼드에서 만났던 여러 곤충들에 대한 이야기입니다. 관목 숲에 살고 있는 벌레들에 관한 가벼운 이야기들로, 시간이나 다른 어떠한 순서에도 구애받지 않고 나열하고자 합니다. 이제부터 나올 이야기들은 순서대로 읽어도 좋고 순서와 상관없이 읽으셔도 됩니다.

■ **사람들은** 대벌레를 '악마의 기수devil's rider'라는 조금은 묘한 이름으로 부르기도 합니다. 그런데 그리 틀린 이름도 아닌 것 같습니다. 대벌레는 흔히 한 쌍으로 발견되는데 주로 커다란 암컷 위에 작은 수컷이 올라타 있습니다. 대벌레는 짝짓기를 통해 알을 낳는 종이지만 그렇다고 수컷이 암컷 위에 올라타 있을 때마다 짝짓기를 하고 있는 것은 아닙니다. 다시 말해서 말과 기수가 오랫동안 함께 붙어 있다고 해서 반드시 자손을 번식시키기 위해서라고 생각하면 안 된다는 뜻입니다. 제가 제일 처음 암수가 포개진 자세로 있는 줄무늬대벌레(아니소모르파 부프레스토이데스*Anisomorpha buprestoides*, 영어명: twostriped walkingstick)를 본 곳은 미야카주립공원으로, 그곳에서는 단지 한 쌍을 보았을 뿐이지만 애크볼드연구소에는 그런 대벌레가 아주 많았습니다.

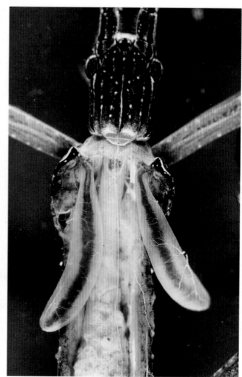

대벌레인 아니소모르파 부프레스토이데스.

(왼쪽) 암컷 위에 걸터앉아 있는 수컷.

(오른쪽) 죽은 암컷의 몸을 해부해보니 분비샘 두 개가 드러났다.

연구소에서 어느 날 밤에 전등을 들고 밖으로 나왔는데, 제 눈에 아니소모르파 부프레스토이데스 한 쌍이 보였습니다. 아니소모르파 부프레스토이데스는 석남과 상록 관목의 하나인 페터부시(리오니아 루키다*Lyonia lucida*)에 있었는데 암컷은 먹이를 먹는 중이었습니다. 암컷을 건드리자 그 즉시 화학물질을 분비했습니다. 희미한 증기가 눈에 보이더니 지독한 냄새가 났습니다. 아니 지독하다기보다는 찌를 듯이 아주 아팠습니다. 아니소모르파 부프레스토이데스 옆에 아주 가까이 서 있었기 때문에 암컷의 공격을 고스란히 다 받을 수밖에 없었습니다. 눈은 따끔거렸고 냄새를 들이마시자 폐까지 아파왔습니다. 아니소모르파 부프레스토이데스의 분비물은 정말 악마의 연기 같았고 저는 연거푸 재채기를 해야 했습니다. 다시 한 번 암컷을 만지자 암컷은 또다시 화학물질을 발사했습니다. 암컷

아니소모르파 부프레스토
이데스 암컷의 목 부위.
화살표가 가리키는 것이
오른쪽 분비공.

의 하얀 액체 같은 화학물질은 머리 바로 뒤에서 뿜어져나오는 것 같았습니다. 손가락으로 그곳을 만지자 액체가 묻어나왔습니다. 수컷을 건드리자 마찬가지로 액체가 나왔지만 암컷과 비교하면 새 발의 피에 불과했습니다.

그로부터 멀지 않아 제가 들어선 곳이 아니소모르파 부프레스토이데스의 서식처라는 사실을 알게 되었습니다. 이내 두 번째 아니소모르파 부프레스토이데스를 만나고 곧 이어 세 번째 아니소모르파 부프레스토이데스를 만나고, 얼마 되지도 않았는데 계속해서 서로서로 짝지어 있는 아니소모르파 부프레스토이데스를 발견했습니다. 아니소모르파 부프레스토이데스는 제가 한 번도 들어보지 못한 소리를 내고 있었는데 마치 빗방울이 떨어질 때 나는 소리 같았습니다. 알고 보니 아니소모르파 부프레스토이데스의 배설물이 식물 위로 떨어지면서 나는 소리였습니다.

아니소모르파 부프레스토이데스가 화학물질을 분비하지 못하도록 아주 조심스럽게 케이지 속으로 밀어 넣고 숙소로 돌아왔습니다. 다음 날 늦은 오후, 리처드 애크볼드 씨가 새들에게 먹이를 주고 있는 모습을 본 저는 덤불어치에게 아니소모르파 부프레스토이데스를 먹이로 주어도 되겠느냐고 물어보았습니다. 애크볼드 씨는 그렇게 하라고 했습니다. 제가 기대한 광경은 새가 아니소모르파 부프레스토이데스를 먹으려고 하다가 뱉어내는 장면이었지만, 덤불어치는 아니소모르파 부프레스토이데스를 먹기는커녕 멀리서 바라보기만 했습니다. 덤불어치는 이미 아니소모르파 부프레스토이데스 가까이 가면 문제가 생긴다는 사실을 아는 듯했습니다. 그러자 아니소모르파 부프레스토이데스를 본 적이 없는 새들은 어떨지 궁금했습니다. 그래서 얼마 후에 실험해보았습니다.

코넬대학에는 파랑어치(키아노키타 크리스타타*Cyanocitta cristata*) 새장이 세 개 있고 그곳에서 기르는 새들은 모두 온순하게 길들어 있었습니다. 새들은 모두 저에게 익숙해져 있었고 시중에서 파는 새 모이뿐 아니라 간간이 주는 곤충도 낯설어하지 않았습니다. 사실 파랑어치는 곤충을 아주 좋아해서 제가 곤충을 들고 있는 모습을 보면 아주 기뻐하며 날뛰었습니다. 가끔은 맛이 없는 곤충을 주는 경우도 있었는데 그럴 때면 저한테서 곤충을 가져갈 생각을 전혀 하지 않았습니다.

아니소모르파 부프레스토이데스는 조류의 공격을 받으면 쉽게 죽을 것만 같았습니다. 몸이 아주 연약하기 때문에 한 번만 부리로 쪼이면 그대로 부러져 피를 흘리며 죽을 것 같았습니다. 물론 새들은 아니소모르파 부프레스토이데스를 먹지 않고 내버려둘 테지만 말입니다.

그런데 실험 결과는 제 예상과는 조금 달랐습니다. 파랑어치는 아니소모르파 부프레스토이데스를 먹지 않고 물러났지만 아니소모르파 부프레스토이데스를 쪼지도 않았습니다. 새들은 아니소모르파 부프레스토이데스를 보고 흥미를 느껴 곧장 횃대에서 내려왔지만 가까이 다가가는 순간 아니소모르파 부프레스토이데스가 발사하는 강력한 분비물을 맞고 말았습니다. 지금까지 파랑어치에게 분비물을 뿌리는 곤충을 여러 종 봤지만 아니소모르파 부프레스토이데스처럼 그렇게 선제공격에 나서는 종은 한 번도 본 적이 없었습니다. 야외에서 아니소모르파 부프레스

사진 촬영용 케이지에서 아니소모르파 부프레스토이데스가 분비하는 화학물질을 맞은 파랑어치를 영화 촬영용 카메라로 연속 촬영했다. 아니소모르파 부프레스토이데스에게 다가간 파랑어치는 몸을 심하게 파닥였다.

토이데스를 잡을 때 이런 모습을 한 번도 보지 못했다는 사실이 무척 신기했습니다. 혼잡한 케이지에 넣어둘 경우 케이지가 흔들리거나 케이지 문이 열릴 때 화학물질을 발사하는 모습은 간혹 보았지만 건드리지도 않았는데 동물에게 화학물질을 발사하는 모습은 그때 처음 보았습니다.

새장에 집어넣은 아니소모르파 부프레스토이데스들은 선제공격 덕분에 상처 하나 입지 않고 모두 무사히 살아남았습니다. 파랑어치와 아니소모르파 부프레스토이데스의 조우를 지켜보던 저는 아니소모르파 부프레스토이데스의 발사 반경이 30~40센티미터이고 새가 반경 20센티미터 안에 들어왔을 때 분비물을 발사한다는 사실을 알았습니다.

아니소모르파 부프레스토이데스의 공격을 받은 새들은 눈에 띄는 변화를 보였습니다. 보통 펄쩍 뛰며 뒤로 물러나서는 비틀거리면서도 머리를 정신없이 흔들

(위) 사진 촬영용 케이지에서 이제 막 아니소모르파 부프레스토이데스가 쏘는 분비물을 맞은 파랑어치. 순막이 안구를 덮고 있다. 새들은 보통 순막으로 눈의 표면을 씻는다.

(아래) 아니소모르파 부프레스토이데스의 분비물을 맞은 파랑어치가 중심을 잃고 쓰러지고 있다.

며 깃털로 문질러댔습니다. 그 중에는 자동차의 와이퍼 기능을 하는, 재미있게 생긴 여분의 눈꺼풀인 순막nictitating membrane을 정신없이 깜박여서 안구를 씻어내려고 애쓰는 새들도 있었습니다. 파랑어치는 아니소모르파 부프레스토이데스가 먹잇감이 아니라는 사실을 순식간에 파악했습니다. 결국 파랑어치들은 아니소모르파 부프레스토이데스를 새장에 넣으면 횃대에서 내려올 생각도 하지 않았습니다. 어쩌면 플로리다에 있는 덤불어치도 파랑어치 같은 경험을 했기 때문에 아니소모르파 부프레스토이데스를 피하는지도 몰랐습니다. 물론 오랫동안 한곳에서 서식하다 보니 선천적으로 아니소모르파 부프레스토이데스를 싫어하는 본능을 타고났는지도 모르지만 말입니다.

저는 아니소모르파 부프레스토이데스가 새에게만 그런 식으로 선제공격을 하는지 궁금해졌습니다. 아니소모르파 부프레스토이데스가 그저 눈에 보이는 사물을 구분하지 않고 진동을 느끼면 무조건 선제공격을 하는 것은 아님이 분명했습니다. 아니소모르파 부프레스토이데스가 선제공격을 하도록 여러 가지 물건으로 자극도 해보고 근처에서 탁탁 쳐보기도 했지만 아니소모르파 부프레스토이데스는 선제공격을 하지 않았습니다. 아니소모르파 부프레스토이데스는 본능적으로 분비물을 낭비하지 않고 실제 적을 향해서만 발사하도록 프로그램되어 있는 것 같았습니다. 아니소모르파 부프레스토이데스는 야행성 곤충인데 어째서 새를 실질적인 위험 요소로 보고 선제공격을 하는지 궁금했습니다. 아니소모르파 부프레스토이데스가 많이 나오는 서식지에서 관찰해본 결과, 아니소모르파 부프레스토이데스는 동이 틀 때까지도 끊임없이 먹이를 먹기 때문에 천적인 새가 활발하게 활동하는 시간까지도 먹고 있던 식물에 달라붙어 있다는 사실을 알 수 있었습니다. 아니소모르파 부프레스토이데스는 떠오르는 태양빛이 나무 밑동을 비칠 무렵에야 은신처를 찾아 들어갔습니다.

아니소모르파 부프레스토이데스가 연구실에서 배설물처럼 생긴, 작고 껍데기가 단단한 알을 한 개 낳았습니다. 그래서 아니소모르파 부프레스토이데스는 태어날 때부터 분비물이 가득 차 있는 분비샘을 지닌다는 사실을 알 수 있었습니다. 이제 막 태어난 개체도 개미를 물리쳤습니다. 다양한 포식자로 실험해본 결과 어린 아니소모르파 부프레스토이데스도 여러 곤충들을 효과적으로 물리칠 수 있다는 사실을 알았습니다. 아니소모르파 부프레스토이데스를 해부해보자 커다란 주머니가 두 개 보였는데 모두 강한 압축근compressor muscle으로 둘러싸여 있었으며 머리 바로 뒤 가슴 옆면에 분비공이 나 있었습니다. 암수 모두 태어날 때부터 기능적으로 작용하는 분비샘이 있었습니다. 또한 아니소모르파 부프레스토이데스는 목표물을 정확하게 조준할 수도 있었습니다. 아니소모르파 부프레스토이데스

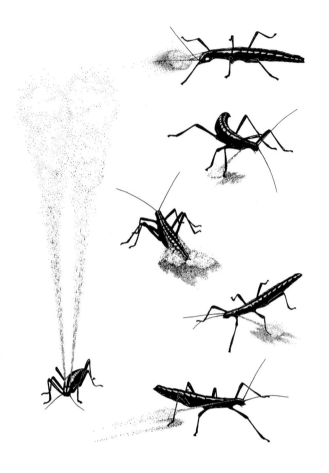

목표물을 조준하여 분비물을 발사하는 아니소모르파 부프레스토이데스. 아니소모르파 부프레스토이데스는 한 번에 한쪽 혹은 양쪽 분비공에서 분비물을 발사했으며, 모든 방향으로 발사했다.

는 앞, 뒤, 위, 할 것 없이 분비물을 발사했으며 한 번에 한쪽 분비공에서만 발사할 때도 있었고 양쪽 모두에서 발사할 때도 있었습니다. 아니소모르파 부프레스토이데스의 분비물을 맞는 일은 때로 아주 불쾌하기도 했습니다. 아니소모르파 부프레스토이데스를 좀더 자세히 보려고 가까이 다가가다 얼굴에 분비물을 맞은 적도 여러 번 있었습니다. 그럴 때는 불쌍한 파랑어치에게 그런 일을 당하게 했으니 제가 당해도 싸다는 생각이 들었습니다.

저는 아니소모르파 부프레스토이데스 분비물의 구성 성분이 알고 싶었지만 플로리다로 돌아와 채취한 분비물의 양은 너무 적어서 분석할 수가 없었습니다. 그래서 저는 학생들을 데리고 게인즈빌 근교로 채집 여행을 떠나 수백 마리나 되는 아니소모르파 부프레스토이데스의 분비물을 받아 왔습니다. 분비물을 얻기 위해서 한 일이라고는 분비공에 유리병을 대고 아니소모르파 부프레스토이데스를 자극하는 일뿐이었습니다.

제럴드와 그의 연구진이 분석한 분비물의 화학 성분은 실로 놀라웠습니다. 제일 처음 저를 놀라게 한 것은 아니소모르파 부프레스토이데스의 분비물을 구성하는 성분이 단 한 가지뿐이라는 사실이었습니다. 그 사실만으로도 충분히 놀라웠지만 정말 놀랍고 기쁜 사실은 이 성분 물질이 지금까지 발견되지 않았던 새로운 화학물질이라는 점이었습니다. 아니소모르파 부프레스토이데스의 분비물을 이루는 화학물질은 식물을 비롯한 여러 유기체에서 흔히 볼 수 있는 자연산물이며 독특한 냄새가 나는, 이소프레노이드isoprenoids라고도 하는 테르펜terpenes 계열의 화합물이었습니다. 테르펜 가운데 아니소모르파 부프레스토이데스에 들어 있는 화합물은 탄소 원자가 열 개이고 그 중에 5번 탄소가 고리 형태로 되어 있는 일종의 시클로펜타노이드 모노테르펜cyclopentanoid monoterpene이었습니다. 우리는 이 화합물에 이름을 붙여야 했습니다. 제럴드는 이 화합물의 이름을 애니소모르팔anisomorphal이라고 지었습니다. 제가 지도하던 조지 하프와 함께 작업한 제럴드는 아니소모르파 부프레스토이데스가 먹이를 통해서 애니소모르팔을 섭취하지 않고 몸속에서 간단한 저분자들을 합성하여 만들어낸다는 사실을 알아냈습니다. 곤충들이 테르펜 화합물을 만들 수 있는가 하는 의문점에 대한 열쇠가 될 수 있기 때문에 이 같은 사실은 매우 중요했습니다.

애니소모르팔은 개박하와 화학적으로 아주 유사했습니다. 정식 명칭이 네페탈라톤nepetalactone인 개박하는 꿀풀과(科)Labiatae 식물 개박하(네페타 카타리아 Nepeta cataria)가 주로 생산하는 화학물질로, 영어로 캐트닙catnip이라고 하는데, 그 이유는 고양이를 흥분시키는 물질이기 때문입니다. 개박하의 특징은 식물과는 전혀 상관이 없는 특징 같았습니다. 그 때문에 저는 네페탈라톤의 자연적인 기능이 궁금했습니다. 애니소모르팔처럼 네페탈라톤도 어쩌면 방어 역할을 하고 있는 건 아닐까 하는 생각이 들었습니다. 저는 제럴드에게서 순수한 네페탈라톤을 얻어 왔고 제럴드는 네페탈라톤의 화학 구조를 밝히기로 했습니다. 네페탈라톤으로

시클로펜타노이드 모노테르펜

1. 애니소모르팔
2. 네페탈라톤(＝개박하)
3. 크리소멜리디알
4. 플라지오락톤
5. 이리도디알
6. 이리도미르메신

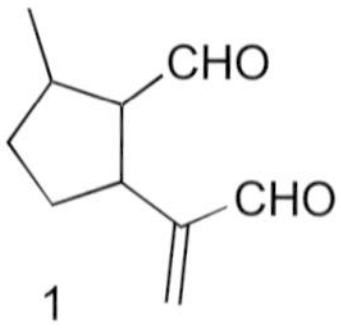

몇 가지 실험을 해본 결과 곤충을 물리치는 작용을 한다는 사실을 알 수 있었습니다. 모세관에 네페탈라톤을 넣고 곤충에게 가까이 가져가자 대부분 재빨리 날아가거나 기어가버렸고, 개미를 유혹하려고 미끼로 놓아둔 곤충 주위에 네페탈라톤을 묻혀놓자 개미는 공격하지 않고 뒤로 물러나버렸습니다. 이 같은 사실은 식물이나 곤충 모두 스스로를 방어한다는, 똑같은 목적을 위해서 같은 전략을 발휘하도록 진화해왔다는 사실을 의미합니다. 현재 곤충과 식물이 무엇 때문에 같은 화학물질을 방어 수단으로 사용하는지에 대해서는 잘 알려져 있습니다. 곤충과 식물이 맞서 싸워야 하는 적들이 비슷하기 때문에 대체적으로 비슷한 생합성 능력을 가지고 비슷한 화학 무기를 만들도록 진화한 것은 당연한 일입니다.

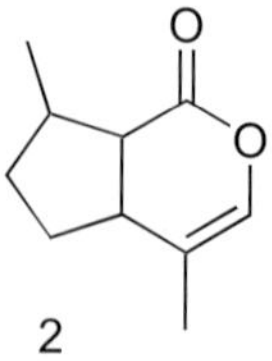

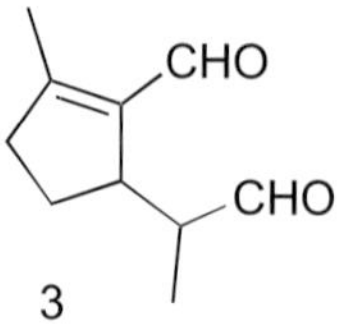

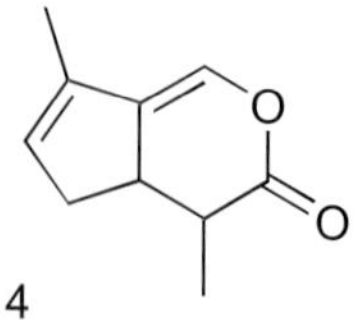

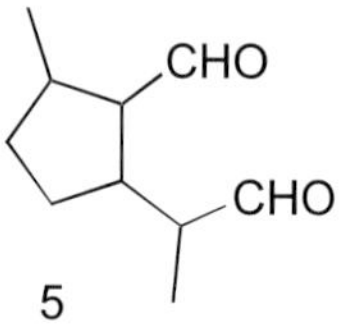

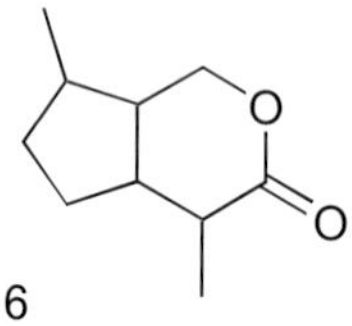

한 가지 흥미로운 점은 식물 가운데 애니소모르팔을 만들어내는 종이 한 종 더있다는 사실입니다. 그 종도 역시 꿀풀과 식물로, 영어로는 캣타임cat thyme (고양이백리향)이라고 하는 테우크리움 마룸Teucrium marum입니다. 반대로 대벌레 가운데 네페탈라톤을 방어 물질로 분비하는 종도 있습니다.

핀셋으로 다리를 건드리자 반응하는 잎벌레과(Chrysomelidae) 딱정벌레인 버들꼬마잎벌레(플라기오데라 베르시콜로라)의 유충.

(위) 다리를 건드리는 순간 자극받은 곳 근처에서 분비물이 나온다.

(아래) 유충은 한꺼번에 모든 분비공에서 분비물을 내보낼 수 있다. 또한 공격이 끝나면 분비물은 분비샘 안으로 다시 들어간다. 시클로펜타노이드 모노테르펜인 크리소멜리디알과 플라지오락톤이 포함된 유충의 분비물은 개미를 물리치는 데 효과적이다.

시클로펜타노이드 모노테르펜을 분비하는 곤충은 또 있습니다. 잎벌레과에 속한 버들꼬마잎벌레(플라기오데라 베르시콜로라Plagiodera versicolora) 유충도 공격받으면 체절마다 분비샘에서 화학물질을 분비합니다. 주로 개미를 쫓을 때 분비하는 이 액체는 시클로펜타노이드 모노테르펜인 크리소멜리디알chrysomelidial과 플라지오락톤plagiolactone으로 이루어져 있습니다. 개미 중에는 또 다른 시클로펜타노이드 모노테르펜인 이리도디알iridodial과 이리도미르메신iridomyrmecin

을 분비하는 종이 있습니다. 벤조퀴논처럼 시클로펜타노이드 모노테르펜도 수많은 생명체가 방어 무기로 활용하는 화학물질입니다.

아니소모르파 부프레스토이데스에 대해서는 아직도 밝혀지지 않은 의문점이 한 가지 있습니다. 아니소모르파 부프레스토이데스의 알에는 카로티노이드계 화합물carotenoid 가운데 근래에 새롭게 밝혀진 화학물질이 들어 있는데 그 때문에 내용물이 붉게 보입니다. 하지만 껍질은 붉은색을 띠지 않기 때문에 포식자들의 주위를 끌 만한 어떠한 경고 역할도 하지 않습니다. 따라서 우리는 알 속에 들어 있는 카로티노이드가 이제 막 알을 까고 나온 유충이 먹는 식물에 들어 있는 독소를 중화하는 산화방지제antioxidant가 아닐까 하는 가설을 세워보았지만 아직은 추측일 뿐입니다. 어쨌든 카로티노이드가 산화방지제이며, 아니소모르파 부프레스토이데스 유충의 먹이 가운데 독소가 많이 든 물레나물속(屬)Hypericum 식물들도 있다는 사실은 잘 알려져 있습니다.

■ **그런데** 아니소모르파 부프레스토이데스 말고는 선제공격을 하는 종을 본 적이 없다는 말은 사실 아주 솔직한 말은 아닙니다. 1959년 여름 애리조나 남동부에 갔을 때 그곳에서 콩과 식물인 메스키트에 모여 있는 커다란 자이언트 메스키트버그(타수스 아쿠탄굴루스*Thasus acutangulus*, 영어명: giant mesquite bug)를 보았습니다. 허리노린재과(科)Coreidae에 속하는 타수스 아쿠탄굴루스는 가까운 친척인 노린재과 노린재처럼 분비물을 발사했습니다. 당시에는 타수스 아쿠탄굴루스 분비물의 화학적 성질에 대해서 그다지 알려진 사실이 없었기 때문에 분비물을 채취해서 실험실로 가져가야지 하는 생각이 들었습니다. 하지만 타수스 아쿠탄굴루스는 대부분 높은 가지에 앉기 때문에 분비물만을 채취할 수 없어서, 할 수 없이 몇 마리 잡아가기로 결정했습니다. 제 계획은 '곤충망으로 나뭇가지를 덮쳐 타수스 아쿠탄굴루스를 잡는다'였습니다. 타수스 아쿠탄굴루스는 아주 민첩해 보였습니다. 조심스럽게 곤충망을 가까이 가져가자 타수스 아쿠탄굴루스는 다가오는 곤충망을 향해 옆구리를 돌렸습니다. 저는 타수스 아쿠탄굴루스 측면에

분비공이 있다는 사실을 알고 있었기 때문에 망에 대고 분비물을 쏘려고 한다는 것을 알 수 있었습니다. 그래서 저는 타수스 아쿠탄굴루스를 잡자마자 목표 지점을 다른 곳으로 돌리기 위해서 망을 마구 흔들어댔습니다. 하지만 제가 아무리 목표 지점을 바꾸려고 노력해도 타수스 아쿠탄굴루스는 정확하게 목표를 향해 분비물을 발사했습니다. 타수스 아쿠탄굴루스가 쏘아대는 분비물 때문에 저는 역한 냄새를 맡지 않기 위해서 코를 막아야 했습니다. 타수스 아쿠탄굴루스는 제가 자신들을 건드리는 것조차 용납하지 않았습니다. 완전히 잡은 다음 손으로 쥐려 하자 다시 한 번 분비물을 발사했습니다. 이는 선제공격이 끝난 후에도 충분히 다음 공격을 할 수 있을 만큼 분비물이 많이 남아 있다는 뜻이었습니다.

사실 화학물질을 이용한 선제공격은 포식자들에게 경고를 할 수 있는 아주 효과적인 방법인데도 선제공격을 하는 곤충이 드문 데는 분명히 이유가 있을 것입니다. 곤충들은 대부분 시각이나 음향 효과로 먼저 경고를 보냅니다. 유독한 화학물질을 분비하는 곤충들은 대부분 화려한 색상을 띠는데, 이는 포식자들에게 '나를 먹으면 입이 고생 좀 할 거다' 라는 경고의 의미입니다. 또한 자신을 귀찮게 하면 계속해서 아주 위협적인 소리를 내어 포식자의 공격 의욕을 꺾는 곤충들도 있습니다. 특히 어두울 때 이런 음향 경고는 효력을 발휘합니다. 시각을 이용한 경고 효과는 아주 뛰어나다는 사실이 이미 여러 연구를 통해 밝혀졌으며, 음향을 이용한 경고도 시각만큼 효과가 뛰어나다는 사실이 미첼 매스터스Mitchell Masters의 최근 연구를 통해 밝혀졌습니다. 미첼은 제 연구실을 거쳐간 학생들 가운데 매우 뛰어나며 영리한 학생입니다. 곤충이 경고음을 낼 때 생기는 체절의 진동을 기록하고 분석하며, 경고음을 내게 할 수 있는 가짜 곤충을 만들거나 포식자를 이용하던 미첼의 실험 방법은 정말 독창적이었습니다. 미첼은 생체음향학body vibrations을 연구하며 둥근 거미그물을 치는 거미가 거미줄의 진동을 이용해 먹이가 걸려든 자리를 찾아내는 원리를 세계 최초로 명석하게 설명해냈습니다. 현재 미첼은 오하이오주립대학에서 학부생들을 가르치며 박쥐를 연구하고 있습니다.

저는 우루과이에서 소년 시절을 보낼 때부터 곤충의 경고 방법에 관심을 가졌습니다. 그곳에는 누구나 알고 있는 곤충이 한 종 있는데 바로 우루과이나방(아우토메리스 코레수스*Automeris coresus*, 영어명: Uruguay butterfly, 에스파냐명: 비코 펠루도 베르데Bicho peludo verde, 녹색 털복숭이 버러지라는 뜻—옮긴이)입니다. 아우토메리스 코레수스는 우루과이에서 발행하는 우표에도 등장합니다. 이 나방의 애벌레는 비코 펠루도Bicho peludo, 즉 털복숭이 벌레 혹은 털복숭이 괴물이라고 부르는 친구로 아이들이 절대로 만지면 안 되는 독가시가 온 몸을 뒤덮고 있는 애벌레입니다. 이 애벌레를 만지는 순간 극심한 고통을 느끼며 심할 때는 전신에 통증을 느끼는 심각한 사태에 이르기도 합니다. 이 털복숭이 벌레를 들어서 관찰해본 저는 배 부분에는 가시가 없기 때문에 가시만 건드리지 않으면 손바닥을 기어가게 해도 괜찮다는 사실을 알게 되었습니다. 가시를 건드리지 않고 털복숭이 벌레를 손바닥에 올려놓는 기술을 완벽하게 익힌 저는 양 손에 벌레를 한 마리씩 올려놓고 친구들을 쫓아다니며 놀려주었습니다. 이 기술은 동네에서 가장 못된 개구쟁이를 물리치는 데도 유용하게 쓰였습니다. 제 모습도 험악하게 꾸몄다면 분명 훌륭한 경고 수단이 됐을 겁니다. 저는 가시로 실험을 해보았습니다. 가위로 가시를 자르니 그 속에 꽉 차 있는 액체가 보였습니다. 그 액체를 피부에 떨어뜨려도 보고, 바보 같은 짓이었지만 혀 위에 떨어뜨려보기도 했습니다. 놀랍게도 하나도 아프지 않았습니다. 물론 저는 그런 실험을 해보았다는 사실을 아무에게도 말하지 않았습니다.

하지만 유충의 경고 수단보다는 성충의 경고 수단이 훨씬 더 제 호기심을 자극했습니다. 아우토메리스 코레수스 성충은 뒷날개에 아주 멋진 가짜 눈이 있는, 화려한 나방입니다. 친척인 미국 아우토메리스 코레수스도 날개에 비슷한 무늬가 있습니다. 나방이 쉬고 있을 때는 이 가짜 눈이 보이지 않습니다. 하지만 나방을 자극하는 순간 앞날개가 펼쳐지면서 가짜 눈이 밖으로 나옵니다. 처음에 이 나방을 건드렸을 때 가짜 눈이 나타나는 모습을 보고 몹시 흥분했던 기억이 납니다. 가짜 눈을 본 저는 이 눈이라면 충분히 포식자를 기만할 수 있겠다 생각했고

아우토메리스 코레수스의 가까운 사촌 종인 이오나방(*Automeris io*, 영어명: io moth).
(왼쪽) 평상시에 쉬고 있는 모습. (오른쪽) 쿡쿡 찌르자 앞날개를 펼쳐 뒷날개를 드러낸 모습.

지금은 제가 옳았다는 사실을 압니다. 새장에 살고 있는 새들에게 여러 가지 경고 수단을 가진 동물을 먹이로 주는 실험을 해본 A. D. 블레스트^A. D. Blest는, 새들이 가장 크게 놀란 경우는 가짜 눈을 보여줄 때였다고 했습니다. 새들이 그런 눈초리를 보게 되는 경우는 포식자가 다가올 때와 같이 긴박한 상황일 경우가 많기 때문에 아마도 본능적으로 그런 눈을 피하는 것 같았습니다. 가짜 눈에 대해서는 다른 식으로 설명하는 사람들도 있습니다. 곤충의 취약한 부분이 부리에 쪼이는 상황을 가짜 눈이 막아준다고 합니다. 예를 들어 아우토메리스 코레수스의 가짜 눈을 보고 놀란 새들이 정신을 차리면서 뒷날개를 쪼게 되는데 뒷날개는 비교적 치명상을 입지 않는 부분입니다. 만약 몸통을 쪼이게 되면 결과는 크게 달라질 것입니다.

곤충들 가운데 비록 가짜 눈은 아니지만 화려한 뒷날개를 지닌 종이 많이 있습니다. 메뚜기 가운데 애크볼드연구소에서 관찰한 동부큰메뚜기(로말레아 구타타 *Romalea guttata*, 영어명: eastern lubber grasshoppers)는 평상시 앞날개 뒤에 숨겨두는 붉은 뒷날개가 있습니다. 이 메뚜기는 새가 쪼려고 하거나, 때로는 가까이 다가가려고만 해도 갑자기 뒷날개를 펼쳐 보였습니다. 제가 접근할 때는 한 번도 그런 적이 없었는데 말입니다. 이 메뚜기는 날지도 못하고 아주 연약해 보이지만 공격을 받으면 가슴에 거품이 나오는 분비샘 한 쌍이 있어 스스로를 방어합니다. 따라서 메뚜기가 뒷날개를 펼치는 이유는 거짓으로 상대를 경고하기 위

동부큰메뚜기인 로말레아 구타타.

(왼쪽) 짝짓기를 하는 모습.
(오른쪽) 파랑어치가 다가가자 몸을 곤두세우며 붉은 뒷날개를 펼쳐 보이는 암컷. 단지 경고하는 행동처럼 보이나 이 메뚜기는 화학 무기로 자신을 보호한다.

해서가 아닙니다. 뒷날개를 펼쳐 보이는 동작은 과시용으로 보이지만, 새가 콕콕 쫄 때와 똑같은 상황을 연출하려고 메뚜기의 몸통을 손가락으로 톡톡 쳐봤다면 큰 낭패를 볼 뻔했습니다. 아니소모르파 부프레스토이데스도 마찬가지지만 로말레아 구타타도 그다지 많이 본 종이 아니었습니다. 제가 곤충을 건드릴 때는 그래도 된다고 판단했을 때뿐입니다.

곤충 가운데 눈처럼 생긴 무늬가 있는 종이 아주 많다는 사실을 알게 된 저는 가짜 눈 무늬의 효과가 있음이 분명하다고 생각했습니다. 가짜 눈은 대부분 나비에게서 볼 수 있지만 딱정벌레를 비롯한 다른 곤충 가운데 가짜 눈을 지닌 종이 있습니다. 가짜 눈이 있는 종이더라도 모두 화학 무기를 장전하고 있는 것은 아닙니다. 예를 들어 성충 아우토메리스 코레수스의 경우 독을 지니고 있는 유충과 달리 전혀 해가 없습니다. 가짜 눈이 천적을 당황하게 만드는 주요한 수단이 분명하다면 독이 없는 곤충들이 가짜 눈을 방어 수단으로 갖는 일은 당연해 보입니다. 하지만 맛까지 없으면 가장 효과적으로 자신을 방어할 수 있을 것입니다. 가짜 눈으로 위장하고 화학 무기까지 장전한 곤충 가운데 제가 가장 좋아하는 곤충은 스파이스부시호랑나비(파필리오 트로일루스*Papilio troilus*, 영어명: spicebush swallowtail butterfly)의 유충입니다.

파필리오 트로일루스의 유충은 방어 기관인 냄새뿔osmeterium 때문에 오래전부터 잘 알려져 있는 애벌레입니다. 유충의 방어 기관에는 손가락처럼 생긴 돌기가 두 개 나 있는데 평상시에는 이 돌기를 숨겨놓습니다. 공격을 받으면 이 돌기는 앞으로 젖혀져 마치 뿔처럼 보입니다. 냄새뿔은 일종의 분비 기관으로, 앞으로 젖혀진 돌기에는 분비물이 묻어 있습니다. 제럴드의 연구진이 최초로 이 유충의 분비물을 분석해보았습니다. 호랑나비속(屬)Papilio 나비 가운데 유럽에서 서식하는 개체들의 분비물을 분석해본 결과, 분비물 속에는 2−메틸부티릭산2-methylbutyric acid과 이소부티릭산isobutyric acid이 들어 있다는 사실을 확인할 수 있었습니다. 둘 다 아주 불쾌한 냄새가 나는 화합물입니다. 혼자서 진행한 실험을 통해 호랑나비속 나비들마다 분비물에서 모두 다른 냄새가 난다는 사실을 알게 된 저는 제럴드에게 여러 곳에 서식하는 호랑나비속 나비들의 분비물을 조사해보자고 제안했습니다.

우리가 계획한 실험을 실시할 장소로는 애크볼드연구소가 적격이었습니다. 애크볼드연구소에 서식하는 호랑나비속 나비는 모두 여섯 종이었는데, 우리는 여섯 종의 분비물을 모두 분석해보았습니다. 여섯 종 가운데 한 종의 분비물에 부티릭산butyric acid의 유도체가 아닌 세스퀴테르펜sesquiterpenes 계열의 화합물이 들어 있었을 뿐 기대만큼 근사한 결과는 나오지 않았습니다. 분비물 속에 들어 있는 화학물질은 모두 효과적인 방어 물질들이기 때문에 애벌레 가운데 화려한 색을 띤 애벌레도 있다는 것은 당연한 일이었습니다. 그 중에서도 가장 시선을 끈 애벌레는 파필리오 트로일루스의 애벌레였습니다.

파필리오 트로일루스 유충의 가짜 눈은 오래전부터 나비 애호가들에게 잘 알려져 있지만 시선이 어디를 가리키는지, 다시 말해서 나비의 눈이 쳐다보는 방향성directionality이 어디인지는 정확하게 밝혀진 바가 없었습니다. 아니 어쩌면 방향성 자체가 없는지도 모릅니다. 왜냐하면 파필리오 트로일루스 유충의 가짜 눈은 한꺼번에 모든 방향을 보는 것처럼 보이기 때문입니다. 이 가짜 눈의 시선은 정말 신기합니다. 앞쪽에서 파필리오 트로일루스 유충을 바라보면 가짜 눈과 똑

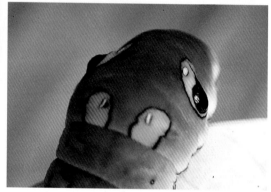

파필리오 트로일루스의 유충.

(왼쪽 위) 핀셋으로 건드리자 앞부분을 세우고 분비 기관을 앞으로 젖히는 유충. 냄새뿔은 역겨운 냄새가 나는 분비물로 뒤덮인 방어 기관이다.

나머지는 가짜 눈이 있는 유충의 앞부분을 찍은 사진들. 어느 쪽에서 바라보아도 항상 시선이 마주친다. 이는 공격을 사전에 막기 위한 수단으로 보인다.

바로 마주보게 됩니다. 그런데 옆쪽 혹은 뒤쪽에서, 심지어는 위쪽에서 봐도 앞쪽에서 본 것처럼 똑같이 가짜 눈과 마주치게 됩니다. 포식자가 어느 쪽에 있더라도 가짜 눈은 포식자를 똑바로 쳐다봅니다. 아마 이런 방향성은 애벌레가 똑바로 버티고 서서 물러서지 않겠다는 듯이 꼿꼿한 시선을 보내는 효과를 내어 포식자가 공격하지 못하고 주춤하게 만드는 것 같습니다. 파필리오 트로일루스 유충의 가짜 눈은 아우토메리스 코레수스의 가짜 눈과 조금 다릅니다. 아우토메리스 코레수스의 경우 평상시에는 가짜 눈을 숨기고 있다가 공격을 받을 때만 밖으로

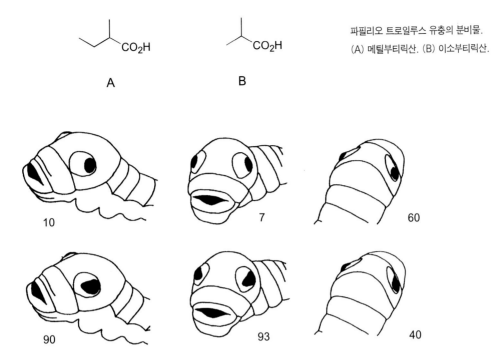

파필리오 트로일루스 유충의 분비물.
(A) 메틸부티릭산. (B) 이소부티릭산.

실험에 참가한 사람들에게 위와 아래 그림을 한 쌍으로 묶어, 세 번에 걸쳐 두 그림 가운데 정확하게 한곳을 보고 있다고 생각되는 그림을 선택하게 했다. 숫자는 실험자들이 선택하지 않은 확률을 나타낸다. 위 세 장은 동공에서 삼각형 부분을 없앤 그림이며, 아래 세 장은 삼각형 부분을 그대로 남겨둔 그림이다.

드러냅니다. 하지만 파필리오 트로일루스 유충의 가짜 눈은 어떠한 공격이라도 막아내겠다는 듯이 항상 노출되어 있습니다.

　파필리오 트로일루스 유충의 가짜 눈이 그런 방향성을 갖게 된 이유는 아주 간단합니다. 눈 한가운데 있는 짙은 색 동공pupillary 때문입니다. 진짜 동물의 동공은 동그란 모양이지만 파필리오 트로일루스 유충의 가짜 눈에 있는 동공은 좀더 뾰족한 모양입니다. 파필리오 트로일루스 유충의 동공은 크게 두 부분으로 이루어집니다. 동그란 원과 앞쪽으로 뾰족한 검은색 삼각형으로 말입니다. 만약 유충의 가짜 눈에서 뾰족한 삼각형 부분을 빼버리면 그냥 평범한 동공 무늬만 남게 되어 모든 방향으로 시선을 보내는 일은 불가능해집니다. 동공이 둥근 모양일 경우에는 앞쪽을 보는지 뒤쪽을 보는지 모를 모호한 시선을 만들지 못하고 앞이나 옆쪽을 보는

(왼쪽) 지은이가 직접 소장하고 있는 호안 미로의 그림.
(오른쪽) 호안 미로의 그림에서 둥근 눈동자를 없앤 그림. 눈동자를 빼냄으로써 그림의 전체 인상이 크게 바뀌었다.

것처럼 느껴지게 됩니다. 유충의 부푼 앞부분은 머리처럼 생겼기 때문에 실제로 눈이 튀어나와 있는 것처럼 보이게 하여 포식자를 속이는 데 일조합니다.

최근에 실시한 실험을 통해서 파필리오 트로일루스 유충의 동공이 삼각형을 달고 있는 이유 가운데 반항적으로 보이려는 목적도 있음을 알아냈습니다. 저는 삼각형 부분이 있는 동공과 없는 동공을 지닌 유충을 그린 다음에 저희 과에 다니는 학생 서른 명을 개별적으로 불러서 어느 한 방향을 똑바로 바라보는 것 같은 그림을 골라보라고 했습니다. 앞쪽이냐 옆쪽이냐의 문제는 있었지만 학생들은 대부분 실제 눈과 똑같은 모습을 하고 있는 애벌레 그림을 선택했습니다.

파필리오 트로일루스 유충의 가짜 눈이 다가오는 포식자의 주의를 끌 수 있다는 사실은 의문의 여지가 거의 없습니다. 실제로 사람의 경우에는 유충의 가짜 눈

르네 오베르조누아의 〈이탈리아 여인(The Italian Lady)〉. 가운데가 진품으로 두 눈의 시선이 다르기 때문에 오른쪽에서 보거나 왼쪽에서 보아도 여인의 눈과 똑바로 마주보게 된다. 왼쪽은 오른쪽 동공의 위치를 옮긴 그림이고, 오른쪽은 왼쪽 동공의 위치를 옮겨본 그림이다. 그 결과 두 그림 모두 특정한 한곳을 응시하게 되었다.

에 시선을 빼앗겨 먹이 식물 위에서 유충을 놓치기도 합니다. 중앙에 톡 튀어나온 동공이 있는 유충의 동그란 눈이 사람의 시선을 사로잡는다는 연구 결과가 많이 나와 있습니다. 인물화를 볼 때 사람들의 시선은 입이나 코가 아니라 두 눈을 주시하게 되는 경우가 대부분입니다. 화가들은 눈이 사람들의 시선을 집중시키는 특성 혹은 동그란 원반 자체가 시선을 집중시키는 특성을 잘 알고 있습니다. 프란츠 마르크나 호안 미로 같은 화가가 원을 이용하여 시선을 한곳에 모으거나 분산하는 효과를 낸 경우만 생각해봐도 그 사실을 잘 알 수 있습니다.

예술 기법 가운데 두 눈이 각기 다른 방향을 보도록 표현하는 기법도 있습니다. 초상화 가운데 지나가는 사람의 시선을 따라 그림 속 인물의 시선이 움직이는 것처럼 보이는 그림이 있습니다. 그런 그림들도 기본적으로는 파필리오 트로일루스 유충과 똑같은 효과를 내지만 표현 방법은 다릅니다. 사람들의 시선을 따라가는 것처럼 보이는 초상화는 양쪽 눈의 시선을 조금씩 다른 방향을 향하게 하여, 보는 사람이 왼쪽에 있든지 오른쪽에 있든지에 상관없이 항상 그쪽을 보는

바바 왕과 코끼리들이 가장 막강한 적인 코뿔소들을 물리치고자 사용한 전략.

것 같은 효과를 냅니다. 따라서 초상화를 보는 사람은 어떤 위치에 있든지 초상화 속 인물과 시선이 마주치게 됩니다. 인물의 시선을 그런 식으로 표현한 초상화는 아주 많기 때문에 화가들이 의도적으로 그런 기법을 사용한 것은 아닌가 하는 궁금증까지 불러일으킵니다.

어린아이였을 때 제가 좋아하던 책 가운데 코끼리들의 왕 바바에 관한 책이 있습니다. 그 책에서 제일 감명 깊게 읽었던 일화는 코끼리왕 바바가 최대 적수인 코뿔소들을 싸움 한 번 없이 물리친 이야기였습니다. 코뿔소들이 맹렬하게 공격해 오자 코끼리들은 엉덩이에 커다란 두 눈을 그리고 일렬로 뒤돌아서서 가짜 눈이 그려져 있는 엉덩이를 코뿔소에게 보였습니다. 가짜 눈에 놀란 코뿔소들은 혼비백산 달아나버렸습니다.

1972년에 호주를 방문한 저는 가짜 눈을 사용해서 적들의 공격을 미리 막을 수 있는지 실험해보았습니다. 실험 대상이 된 동물은 짝짓기 무렵이면 자신의 집을 보호하려고 보행자나 자전거를 타고 지나가는 사람에게 갑자기 달려드는 김노르히나속(屬)*Gymnorhina* 호주까치(김노르히나 티비켄*Gymnorhina tibicen*) 수컷이었습니다. 호주까치 수컷은 항상 뒤쪽에서 공격을 감행했고 주요 공격 목표

호주까치의 공격을 막으려고 가짜 눈을 붙인 모자를 쓰고
있는 지은이.

는 뒤통수였기 때문에 호주까치의 부리와 발톱에 피부가 찢겨져 나가는 일도 있
었습니다. 호주까치는 법으로 보호받는 동물이었지만 집요하게 공격하는 수컷
때문에 종종 공무원들이 총으로 쏴 죽여야 하는 경우도 있습니다. 캔버라에 있을
때 저와 딸 이본느가 하늘에서 떨어지는 폭격을 받은 일이 네 번 있었고, 멜버른
에서 자전거를 타고 가다 호주까치의 공격을 받은 사람이 치명상을 입었다는 소
식을 접하기도 했습니다.

상대가 자신을 볼 수 없도록 뒤통수를 공격하는 호주까치의 전략은 당연해 보
였습니다. 그렇다면 혹시 곤충들의 전략이 호주까치에게도 그 효력을 발휘할 수
있지 않을까 하는 생각이 들었습니다. 그래서 저는 호주까치가 짝짓기를 하는 늦
봄에 일하러 나갈 때면 제가 일하러 가는 곳마다 따라다니는 호주까치들이 저를
공격하지 못하도록 모자 뒤에 커다란 가짜 눈을 붙였습니다. 하지만 실험은 실패
로 끝났습니다. 실패한 이유는 모자를 쓴 시점이 너무 늦었기 때문인 것 같습니

(왼쪽) 네올라 세미아우라타 유충이 쉬고 있을 때는 끝부분에 있는 눈이 감겨 있다.
(오른쪽) 자극을 받으면 감겨 있던 눈이 번쩍 떠진다.

다. 처음에는 아주 흥미로운 실험이 될 것 같았습니다. 모자를 쓰고 두 번 정도 밖으로 나갔을 때는 전혀 공격받지 않았고 세 번째에 모자를 벗고 나갔을 때는 공격을 받았지만 그후로는 모자를 썼던 안 썼든 간에 전혀 공격하지 않았습니다. 짝짓기 철이 거의 끝났기 때문입니다. 그 무렵에는 이미 수컷들의 공격성도 사라져가고 있었습니다.

저는 지금도 그때의 실험을 아쉽게 생각합니다. 뒤통수를 공격하는 동물이 호주에만 있는 것은 아닙니다. 북미 대륙과 유럽에서도 새들이 달리기를 하는 사람들의 뒤통수를 공격하는 일이 자주 있습니다. 어쩌면 모자에 적절한 장식을 함으로써 그런 공격을 막을 수 있을지도 모릅니다. 지구상에는 그와 비슷한 전략으로 호랑이의 공격을 막는 사람들이 있습니다. 인도의 어느 마을 사람들은 호랑이가 뒤에서 공격하지 못하도록 사람 얼굴을 한 탈을 쓴다고 합니다.

1972년 호주에 머무는 동안 저는 윙크를 하는 독특한 노토돈티나이아과(亞科)Notodontinae 나방인 네올라 세미아우라타*Neola semiaurata* 유충을 볼 수 있었습니다. 이 유충의 몸통 끝부분에는 양옆으로 가짜 눈이 한 개씩 있습니다. 평상시에 이 눈은 눈꺼풀처럼 생긴 체벽 속에 접혀져 있기 때문에 아주 좁고 가느다란 틈새처럼 보입니다. 하지만 일단 위기의식을 느끼면 체벽을 위로 젖혀 눈을 드러내고 화났다는 신호를 보냅니다.

인도무화과선인장의 꽃에 앉아 있는 트리키오티누스 루포브룬네우스. 뒷모습이 마치 경고를 보내는 벌처럼 보인다.

플로리다에는 항문이 있는 끝부분을 마치 앞부분처럼 보이도록 위장한, 특이한 딱정벌레가 있습니다. 이 딱정벌레는 소똥구리과(科)^{Scarabaeidae}에 속하는 투구풍뎅이^{scarab} 가운데 한 종으로 트리키오티누스 루포브룬네우스$^{Trichiotinus\ rufo-brunneus}$라는 학명으로 알려져 있는 종입니다. 애크볼드연구소에서 연구할 때 이 딱정벌레를 잡고 싶으면 부채선인장속(屬)^{Opuntia}에 속하는, 가시가 많은 인도무화과선인장$^{prickly\ pear\ cactus}$ 꽃 속을 찾아보면 됐습니다. 이 딱정벌레는 꽃가루 속에서 쉬거나 먹고 있을 때면 배의 끝부분을 꽃잎이 열려 있는 쪽으로 향하게 합니다. 그 모습은 마치 공격 준비가 끝난 벌처럼 보입니다. 저도 처음 봤을 때는 완전히 속아 넘어갔습니다. 분명 이 딱정벌레의 전략은 포식자를 헷갈리게 할 뿐 아니라 다른 수분 매개 곤충들의 눈도 거뜬히 속일 수 있음이 분명했습니다. 이 같은 사실은 쉽게 확인할 수 있습니다. 인도무화과선인장의 꽃이 만발하는 봄이 되면 이 딱정벌레도 여기저기서 볼 수 있으니까 말입니다.

■ **노래기는** 절지동물에 속하는 다지류 가운데 아주 독특한 존재들입니다. 영어로 밀러피드^{millipedes}라고 하는 노래기는 영어 이름처럼 다리가 천 개나 되진

않지만 아무튼 아주 많은 다리를 지녔습니다. 그런데도 노래기들은 하나같이 느리고 신중한 보행자들뿐입니다. 노래기가 지구상에 모습을 나타낸 시기는 3억 5000만 년 전인 실루리아기Silurian times입니다. 노래기는 또한 아주 강인한 생존자들로서 곤충류가 폭발적인 진화를 하는 동안에도 멋지게 살아남았습니다. 곤충류는 노래기의 주요 천적이기 때문에 노래기가 곤충을 물리치는 방어 물질을 만들어냈다는 사실은 그리 놀라운 일이 아닙니다. 가장 기본적인 방어 수단으로 노래기는 분비샘에서 다양한 형태로 다양한 화학물질을 생산합니다. 아펠로리아 코루가타 같은 종은 시안화수소산을 만들고 나르케우스 고르다누스 같은 종은 벤조퀴논을 만들며 페놀, 알칼로이드, 퀴나졸린quinazoline 같은 물질을 만드는 종도 있습니다. 저는 수년 동안 다양한 노래기를 연구했으며 제럴드의 연구진은 노래기의 화학물질을 연구했습니다. 5장을 보시면 알 수 있겠지만 그러는 동안 진기하고도 독특한 특성을 지닌 화학물질을 아주 많이 분리해낼 수 있었습니다. 우리는 뉴욕과 플로리다, 애리조나, 텍사스, 네덜란드, 파나마, 아프리카에서 온 노래기를 가지고 함께 연구했습니다. 그러는 동안 저는 정말 노래기들을 사랑하게 됐습니다.

노래기 가운데 화학 무기가 없기 때문에 제 흥미를 끄는 종도 있습니다. 폴릭센디아속(屬)Polyxendia에 속하는 노래기는 겨우 60여 종뿐이고 길이가 몇 밀리미터밖에 안 되는 데다 아주 은밀한 곳에 숨어 살기 때문에 그다지 많이 알려지지는 않았습니다. 저는 몇 년 동안 이 노래기들의 화학 분비물을 찾고자 노력했지만 결국 그런 물질은 찾을 수 없었습니다. 방어 수단으로 화학물질이 없다면 분명히 자신을 보호하는 다른 수단이 있을 터였습니다. 그렇지 않다면 아주 작은 몸집 때문에 개미의 손쉬운 먹이가 되고 말 테니까 말입니다. 하지만 대체 어떤 방어 수단을 갖고 있는지 알 수가 없었습니다. 이런 저에게 해답을 제시해준 사람은 친구이자 여러 번 작업을 함께한 마크 데이럽Mark Deyrup이었습니다.

마크는 제가 아는 가장 뛰어난 동물학자입니다. 뉴욕에서 태어난 마크는 코넬대학에서 학사 학위를 받고 워싱턴대학에서 박사 학위를 받았습니다. 그는 퍼듀

대학에서 가르치다 그만둔 뒤, 1982년 애크볼드연구소의 동물학자로 거듭났습니다. 그곳에서 마크는 자신의 열정을 자연사 연구와 자연보호에 쏟아부으며 발견에 대한 비상한 능력을 마음껏 발휘했습니다. 정말 마크는 타고난 동물학자이자 탐험가입니다. 다른 사람 같으면 그냥 지나치고 마는 부분을 귀신같이 찾아내고, 남들이 포기하고 마는 의문점도 해답을 찾아냅니다. 마크가 가장 관심을 쏟은 대상은 곤충입니다. 마크는 곤충을 잘 알고 곤충의 진면목을 정확하게 알고 있습니다. 만약 곤충들이 인간의 말을 할 수 있다면 마크에게 제일 먼저 친하게 지내자고 할 겁니다.

근래에 마크는 세 종의 동물을 새로 발견했습니다. 그 중에 하나는 평소에는 토양 깊숙이 살다가, 비만 오면 토양 위로 몇 밀리미터 정도 자라는 조류를 먹으러 올라오는 피그미땅강아지pygmy mole cricket입니다. 물론 조류 자체도 대단한 발견입니다. 두 번째로 발견한 종은 거미그물에서 살고 있는 애벌레이고 세 번째로 발견한 종은 거북 껍데기를 먹는 애벌레입니다. 거북 껍데기를 먹는 애벌레는 당연한 이야기겠지만, 옷을 먹는 옷좀나방clothes moth과 친척 관계였습니다. 거북 껍데기의 외피도 모직물처럼 케라틴으로 되어 있습니다.

마크는 폴릭센디아속에 속하는 노래기들을 슬래시소나무(피누스 엘리오티이 *Pinus eliottii*) 껍데기 밑에서 찾을 수 있다는 사실을 알고 있었습니다. 슬래시소나무의 껍데기는 쉽게 떨어져나가는데, 가장 바깥쪽에 있는 외피는 나무에 상처 하나 입히지 않고 떨어져나가며 그 속에 노래기들은 물론 거미, 가짜전갈pseudoscorpions, 심지어는 약탈을 자행하고 다니는 개미까지 함께 살아가고 있습니다. 마크 덕분에 저와 마리아는 실험에 쓸 노래기들을 많이 잡을 수 있었습니다. 채집 방법은 아주 간단했습니다. 솔로 그 작은 동물들을 약병에 쓸어 넣기만 하면 됐습니다. 노래기들을 실험실로 가지고 와서 슬래시소나무 껍데기와 서식처에서 가져온 퇴적물을 페트리 접시에 깔고 그 위에 옮겨놓자 아주 잘 지냈습니다. 갇혀 지내는 절지동물에게 수분이 필요하다는 사실을 알고 있었기 때문에 페트리 접시 속에 물을 적신 작은 솜뭉치를 넣어두었습니다.

(위) 폴릭센디아속 호저벨크로노래기인 폴릭세누스 파스키쿨라투스.

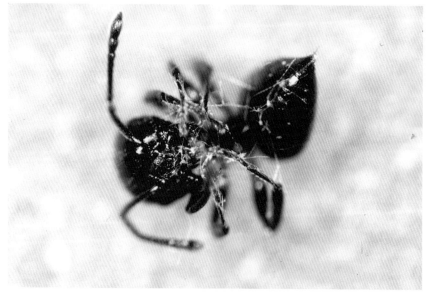

(아래) 호저벨크로노래기와 접촉한 뒤, 실 같은 강모에 엉켜버린 개미.

잡아온 노래기들은 모두 호저벨크로노래기(폴릭세누스 파스키쿨라투스*Polyx-enus fasciculatus*, 영어명: porcupine-Velcro millipede)라는 종이었습니다. 다른 노래기들과 달리 폴릭세누스 파스키쿨라투스의 표면은 부드러웠습니다. 표면에 무수히 많은 강모bristle가 나 있었습니다. 등 쪽에는 가로로 일렬로 늘어선 강모

가. 측면에는 마치 꽃처럼 뭉쳐 있는 강모가 나 있었습니다. 몸통 가장 뒷부분에 난 강모 다발은 다른 강모에 비해 훨씬 더 가늘고 밝은 색을 띠었습니다. 아주 특별해 보였고, 노래기가 화가 나면 그 강모를 방어 수단으로 이용할 것 같았습니다. 가느다란 핀셋으로 건드리면 노래기가 도망가지 않을까 하고 생각했지만 핀셋으로 건드리자 노래기는 도망가지 않고 몸통의 뒷부분을 핀셋이 있는 쪽으로 돌리더니 강모를 핀셋에 문질러댔습니다. 뒷부분의 강모가 노래기의 방어 수단임이 분명했습니다.

강모의 구조를 자세히 관찰하려면 전자 현미경으로 볼 필요가 있었고 그 작업은 마리아가 하기로 했습니다. 저도 1972년에 호주로 장기 휴가를 지내러 가서 캔버라에 있는 영연방과학산업연구소(the Commonwealth Scientific and Industrial Research Organization: CSIRO)를 방문했을 때 전자 현미경 사용법을 배웠습니다. 사진에 관심이 많았던 저는 그때 전자 현미경 옆에서 몇 시간이나 머물면서 연구를 제대로 하려면 전자 현미경이 반드시 필요하겠다는 생각을 했습니다. 미국으로 돌아와 정기적으로 연구에 합류한 마리아는 이내 전자 현미경을 능숙하게 다루는 전문가가 되어 전자 현미경 촬영을 전담하게 되었습니다. 절지동물을 확대해서 보아야 한다거나 우리가 '내면의 세계'라고 부르는 절지동물의 세상을 보고자 할 때는 마리아가 사진을 찍었습니다.

고배율로 관찰한 결과 노래기 끝부분의 강모 다발은 사실 한 다발이 아닌 한 쌍으로 이루어져 있었고 평상시에는 착 달라붙어 있었습니다. 강모 다발을 이루는 강모는 아주 가늘었으며 미늘이 빽빽하게 감싸고 있는 줄기 부분과 갈고리처럼 생긴 끝 부분으로 이루어져 있었습니다. 노래기의 강모는 아주 느슨하게 박혀 있어 조금만 잡아당겨도 쉽게 떨어졌습니다.

강모 다발이 어떤 식으로 작용하는지 알아보려고 개미로 실험해보았습니다. 지나친 공격은 피하기 위해 노래기가 있는 곳에 두 마리에서 네 마리까지 개미를 집어넣었습니다. 개미들은 즉시 공격을 시도했고 신속하게 적의 동태를 파악해 노래기들에게 달려들었습니다. 그러자 노래기들은 재빨리 후미를 개미들에게 들

(위) 노래기의 후미 쪽 강모 다발. 두 강모 다발이 서로 맞붙어 있음을 알 수 있다.

(아래) 강모 한 개의 말단 부위. 미늘이 달린 줄기 끝부분에 쇠스랑처럼 생긴 갈고리가 보인다.

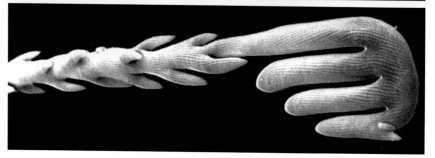

이대고 강모 다발을 벌려 문지르더니 도망쳐버렸습니다.

강모의 역할은 쉽게 확인할 수 있었습니다. 강모로 뒤덮인 개미는 즉시 공격을 속개할 수 없었습니다. 강모가 드문드문 묻어 있기 때문에 몇 분 안에 떼어낼 수 있을 것처럼 보였지만 강모에 달린 갈고리 때문에 전혀 떼어내지 못했습니다. 개미들은 강모를 떼어내려고 갖은 애를 썼지만 떼어내려고 하면 할수록 점점 더 곤란한 상황에 빠지고 말았습니다. 개미들은 앞다리로 더듬이를 문지르고 구기에 묻은 강모를 떼어내려고 안간힘을 썼지만 그럴수록 사태는 점점 더 악화됐습니다. 개미들의 행동은 여기저기 끈끈한 풀을 묻히는 결과를 낳았을 뿐입니다. 개미들은 점점 더 몸을 가누지 못하고 옆으로 쓰러진 채 다시는 일어나지 못했습니다. 개미들의 사투는 보통 몇 시간 동안 계속됐습니다. 물론 노래기들은 한 마리

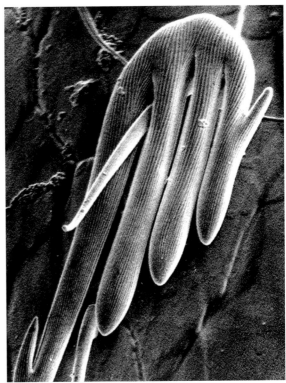

(왼쪽) 노래기와 접촉한 후 그물처럼 엉킨 강모 때문에 꼼짝도 못하는 개미.
(오른쪽) 개미의 털(강모setae)을 단단히 붙잡고 있는 노래기 강모(bristle)의 갈고리 부분.

도 빠짐없이 살아남았고 말입니다.

전자 현미경으로 찍은 사진을 보면 강모가 어떤 식으로 개미를 엉겨 붙게 하는지 확인할 수 있습니다. 강모의 끝에 있는 갈고리는 강모가 개미의 몸에 단단히 달라붙게 만듭니다. 갈고리가 갈고랑쇠처럼 개미의 표면에 난 털을 단단히 붙잡고 그 결과 노래기의 강모는 강모 다발에서 떨어져나갑니다. 갈고리가 중요한 또 다른 이유는 강모끼리 교차하여 그물 구조를 만들 때 고리 역할을 하기 때문입니다. 강모 다발에서 떨어져나온 강모는 개미가 구기를 문지르고 다리를 문지를 때 서로서로 교차하여 강하게 맞물립니다. 벨크로(나일론 등에 붙이는 접착제─옮긴이)가 인간의 전유물이 아님을 다시 한 번 확인하는 순간이었습니다.

폴릭센디아속 노래기에는 개미 말고도 천적이 더 있을 터였습니다. 절지동물의 외피에는 거의 대부분 강모 같은 융기물이 있기 때문에 작은 절지동물이라면 틀림없이 노래기의 강모 공격에 꼼짝도 못 할 것입니다. 폴릭센디아속 노래기의 주요 천적은 아마도 지네나 거미, 가짜전갈 등이 아닐까 싶습니다. 그런데 이 폴릭센디아속 노래기가 꼼짝도 못 하는 천적이 있습니다. 이 천적은 타우마토미르멕스속(屬)Thaumatomyrmex에 속하는 브라질개미로 언제나 노래기의 강모 공격을 거뜬히 물리치고 잡아먹었습니다. 이 개미는 쇠스랑같이 생긴 큰 턱으로 노래기를 푹 찔러 집으로 가져갑니다. 집으로 운반해서는 노래기를 먹기 전에 거칠거칠한 앞다리 끝 부분으로 노래기를 문질러 강모를 모두 제거합니다.

저는 노래기가 엄청난 개미 떼도 물리칠 수 있을 만큼 강모를 많이 가지고 있는지 궁금했습니다. 놀랍게도 강모가 다 떨어진다고 해도 노래기들은 걱정할 필요가 없었습니다. 강모는 계속해서 만들어졌습니다. 곤충류와 달리 다지류는 성충이 된 후에도 계속해서 탈피를 합니다. 폴릭센디아속 노래기도 마찬가지입니다. 독일의 G. 자이페르트G. Seifert라는 연구가는 탈피 전에 강모를 완전히 잃은 노래기들도 탈피가 끝나면 강모를 모두 회복한다는 흥미로운 연구 결과를 발표했습니다. 사실 노래기의 탈피는 강모가 떨어져나감으로써 촉진됩니다. 무기를 쓸 일이 생기기 전에 무기를 미리 만들어두는 셈입니다. 정말 멋진 솜씨라는 생각이 들었습니다.

■ **찰스 다윈은** 책 한 권을 식충 식물에 관한 이야기로 채울 정도로 식충 식물을 좋아했습니다. 다윈은 동물을 먹는 식물 이야기에 심취되어 자신이 직접 그런 식물들을 연구했습니다. 식충 식물 가운데 다윈의 관심을 가장 많이 끈 식물은 끈끈이주걱인 드로세라 로툰디폴리아Drosera rotundifolia로 책의 대부분이 이 끈끈이주걱에 관한 이야기였습니다.

끈끈이주걱이라는 이름이 붙은 이유는 잎에 난 대롱 끝에 맺혀 있는 투명한 액체 때문입니다. 이 액체는 매우 끈적끈적합니다. 잎에 내려앉은 곤충은 풀처럼 딱 달라붙게 되는데 벗어나려고 노력해도 결국은 죽고 맙니다. 그러면 몇 시간

(위) 끈끈이주걱인 드로세라 로툰디폴리아.

(아래) 드로세라 로툰디폴리아의 잎 속에 잡혀 있는 곤충.
잎에 달린 대롱들이 안으로 구부러지면서 죽은 곤충 위로
소화액을 떨어뜨린다.

동안 서서히 대롱이 안쪽으로 구부려져 끝에 맺혀 있던 액체를 곤충에게 묻힙니
다. 액체에 흠뻑 젖은 곤충은 서서히 녹아듭니다. 다윈은 액체를 분비하는 대롱
이 구부러지는 모습에 매료되어 대롱을 구부러지게 하는 자극원을 찾으려고 무

수히 많은 실험을 해보았습니다. 끈끈이주걱에 원시 신경 조직이 있는 게 아닌가하고 생각한 다윈은 신경독을 발라 구부러짐을 막아보려고도 했습니다. 다윈이남긴 실험 보고서는 정말 재미있습니다.

애크볼드연구소에는 끈끈이주걱 가운데 호숫가의 젖은 모래사장에서 자라는아주 특별한 종인 드로세라 카필라리스*Drosera capillaris*가 있습니다. 저는 애크볼드연구소에서 거미를 연구하던 1965년에 그 식물을 처음 보았습니다. 그때까지야생에서 자라는 끈끈이주걱을 전혀 본 적이 없었던 저는 그 즉시 드로세라 카필라리스에 흥미를 느꼈습니다. 특히 드로세라 카필라리스가 분비하는 액체에 관심을 가졌습니다. 또 다른 생물 접착제인, 곤충 잡는 거미그물을 연구하고 있던저는 드로세라 카필라리스의 액체도 거미그물과 똑같은 일을 하고 있는 게 아닐까 하는 생각이 들었습니다. 학부생일 때 저의 지도를 받은 줄리언 셰퍼드*Julian Shepherd*도 그때 함께 있었는데 이 친구도 드로세라 카필라리스의 매력에 흠뻑빠져들었습니다. 저는 언제나 배낭에 넣어 다니는 수프용 큰 수저를 꺼내 드로세라 카필라리스 몇 개체를 모래사장에서 떠낸 다음 연구소로 가져와 플라스틱 화분에 심었습니다. 우리 두 사람은 드로세라 카필라리스를 얻었다는 사실에 무척기뻤지만 정작 실험을 하기 위해 준비해야 할 일은 별로 없었습니다.

우리는 개미나 작은 벌레를 잡아 드로세라 카필라리스 정원에 올려놓고 각본대로 일이 벌어지기만을 기다렸습니다. 곤충이 드로세라 카필라리스에게 잡혀 죽은다음 분비액을 덮어 쓰고 녹아 들어가는 순간을 말입니다. 끈끈한 액체의 활약을지켜보는 일은 정말 흥미로웠습니다. 곤충이 사투를 벌이는 동안에는 끈끈한 액체가 대롱에 그대로 매달려 있었지만 그렇다고 압박을 늦추지도 않았습니다. 곤충은 마치 고무 밴드로 묶여 있는 것처럼 보였습니다. 드로세라 카필라리스를 관찰하는 동안 한 가지 재미있는 사실을 발견했는데, 거미줄을 연구할 때도 그와 비슷한 경험을 한 적이 있습니다. 우리는 작은 나방을 여러 마리 잡아와 드로세라카필라리스 위에 올려놓았습니다. 그런데 나방은 드로세라 카필라리스에 붙지 않았습니다. 나방의 몸은 비늘로 덮여 있습니다. 나방은 끈끈한 액체가 몸에 묻자 비늘을 몸에서 떨어뜨렸습니다. 그 때문에 끈끈한 액체는 나방의 몸에 묻지 않았습니다. 나방의 비늘은 거미줄에서도 똑같은 효력을 발휘합니다.

　드로세라 카필라리스의 대롱이 곤충 쪽으로 완전히 기울어지는 데 걸리는 시간은 하룻밤을 꼬박 새울 정도로 길기 때문에 우리는 항상 아침에 일어나 드로세라 카필라리스를 관찰했습니다. 그러다가 누군가 드로세라 카필라리스를 야금야금 먹고 있다는 사실을 알아챘습니다. 그 친구가 누군지는 몰랐지만 드로세라 카필라리스의 대롱은 물론 그 안에 들어 있는 끈적끈적한 액체까지 모두 소화할 수 있는 능력을 지녔음이 분명했습니다. 대롱 몇 개만 사라진 잎도 있었지만 대롱이 모두 사라져버린 잎도 있었습니다. 대롱이 사라져버린 잎의 한가운데는 정체 모를 침입자가 남기고 간 배설물만 흩어져 있었습니다. 배설물을 보고 우리는 이 침입자가 밤에만 활동하는 애벌레가 틀림없다고 생각했습니다. 그래서 우리도 야행성 동물이 되어 현장을 감시하고 있다가 용의자를 검거하리라고 마음먹었습니다.

　우리는 용의자가 빛을 싫어한다는 사실을 알아내고 드로세라 카필라리스를 붉은 조명으로 관찰할 수 있는 어두운 장소로 옮겼습니다. 곤충들은 대부분 붉은 빛을 보지 못하기 때문에 용의자도 그러리라고 생각했습니다. 우리는 암실에서 한데 모아놓은 드로세라 카필라리스를 비출, S자로 구부러지는 조명등을 몇 개 설치하고 붉은색이 나는 전구를 끼운 다음에 입체 현미경으로 드로세라 카필라리스를 관찰하기로 했습니다.

　용의자는 이내 모습을 드러냈습니다. 용의자들은 정말 애벌레들이었습니다. 이 용의자들은 어두워지자마자 모두 한꺼번에 모습을 드러냈습니다. 모두 여섯 마리인 용의자들은 생김새가 비슷한 걸로 보아 다 같은 종이 틀림없었습니다. 크기가 모두 다른 이 용의자들은 드로세라 카필라리스 밑에 있다가 잎 위로 올라왔습니다. 가장 작은 애벌레는 잎의 중앙에 있는 가장 짧은 대롱과 비슷한 크기였으며, 가장 큰 애벌레는 가장 긴 대롱과 비슷한 크기였습니다. 용의자들은 잎에 올라오자마자 먹어대기 시작했습니다.

　대롱을 먹는 방법은 여섯 마리가 모두 같았습니다. 제일 먼저 분비물을 빨아먹드로세라 카필라리스를 먹는, 플로리다깃털나방인 트리콥틸루스 파르불루스의 애벌레.

(위 왼쪽) 애벌레의 습격을 받은 드로세라 카필라리스 잎(오른쪽)과 그렇지 않은 끈끈이주걱 잎(왼쪽). 습격을 받은 잎 한가운데 애벌레의 배설물이 보인다.
(위 오른쪽) 잎의 한가운데를 먹고 있는 작은 애벌레.
(아래 왼쪽) 분비물을 빨아먹고 있는 큰 애벌레.
(아래 오른쪽) 대롱을 먹고 있는 큰 애벌레.

은 다음 대롱 끝에 있는 둥근 덩어리를 먹고 그 다음에 대롱을 먹었습니다. 가장 작은 애벌레는 가장 작은 대롱을 주로 먹었고 대롱의 일부만 먹을 때도 있었지만 가장 큰 애벌레는 대롱을 통째로 다 먹었으며 대롱뿐 아니라 잎새leaf blade를 먹을 때도 있었습니다. 예상했던 대로 여섯 마리 모두 잎 위에 배설을 했습니다.

그 모습을 자세히 관찰하던 우리는 왜 애벌레가 드로세라 카필라리스에 붙지 않는지 알 것 같았습니다. 애벌레 몸은 길고 가느다란 털로 덮여 있었는데, 그 털이 탐지기 같은 역할을 했습니다. 애벌레가 분비샘 사이를 기어갈 때 털에는 분비액이 묻었지만 몸통에는 전혀 묻지 않았습니다. 애벌레의 털은 안전한 장소를 찾아주는 장치처럼 보였습니다. 털이 탐지기 같은 역할을 하려면 신경이 분포되어 있어야 하는데 사실 곤충의 세계에서는 털에 신경이 분포되어 있는 경우가 많습니다.

우리는 애벌레가 끈적끈적한 막대 사탕을 먹고, 먹고, 먹는 동안 몇 날 밤을 지새우며 애벌레를 관찰했습니다. 애벌레들은 드로세라 카필라리스에 희생된 곤충의 사체도 먹어치웠습니다. 죽은 곤충의 딱딱한 부분을 포함해서 남아 있는 사체를 남김없이 먹어치웠습니다. 애벌레들의 식사량은 정말 대단했습니다. 8일 동안 관찰한 한 애벌레는 그 동안에 여러 잎을 통째로 먹어치웠으며 수많은 잎의 대롱을 먹어치웠습니다. 한 가지 흥미로운 점은 애벌레가 성충이 되기 위해서 스스로의 몸을 꽁꽁 싸매고 번데기가 될 때는 안전한 장소를 찾아간다는 점입니다. 번데기가 될 때는 드로세라 카필라리스 한가운데 높고 곧게 솟아 있는 꽃대로 기어 올라가 그곳에 몸을 붙이고 번데기로 변합니다. 꽃대는 끈끈한 액체를 분비하는 잎들로 둘러싸여 보호받습니다. 번데기는 아주 밝은 녹색으로 정말 아름다웠습니다. 11일이 지나자 성충 나방이 번데기를 뚫고 나오기 시작했습니다. 우리는 인내심을 가지고 나방이 완전히 빠져나오는 순간을 기다렸습니다. 나방이 완전한 모습을 드러내는 순간 우리는 독특한 좁은 날개를 보고 이 친구가 털날개나방과(科)Pterophoridae에 속하는 깃털나방 가운데 한 종이 틀림없다고 생각했지만 어떤 종인지 정확하게 알고자 국립자연사박물관에 있는 R. W. 호지스R. W.

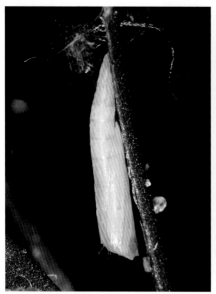

트리콥틸루스 파르불루스.
(왼쪽) 번데기.
(오른쪽) 성충.

Hodges에게 의견을 물어보았습니다. 이 나방은 플로리다깃털나방(트리콥틸루스 파르불루스*Trichoptilus parvulus*, 영어명: Florida feather moth)으로 생태에 대해서는 밝혀진 바가 없다고 했습니다.

이 경이로운 곤충에 대해서는 풀리지 않는 의문점이 많이 있습니다. 특히 먹이가 있으면 잎 안쪽으로 기울어지는 대롱이 어째서 트리콥틸루스 파르불루스 애벌레가 있을 때는 기울어지지 않을까요? 물론 성충에 대해서도 거의 아는 바가 없습니다. 성충은 번데기에서 나온 후 얼마 못 가 죽고 말았습니다. 트리콥틸루스 파르불루스 암컷이 어느 장소에 어떤 식으로 알을 낳는지, 그 모습을 볼 수 있다면 얼마나 근사할까요? 어쩌면 비늘로 자신을 보호할 수 있는 암컷이 드로세라 카필라리스 바로 위에 알을 낳을지도 모릅니다.

■ **야외 연구지를** 다시 찾을 때면 언제나 세우고 가는 지침이 있습니다. 그 지침이란 '진행하고 있는 연구를 먼저 끝내자'는 것입니다. 하지만 막상 출발 시간이 다가오면 하루나 이틀 정도는 미지의 세계를 탐험할 수 있도록 연구를 빨리 끝내려고 고군분투합니다. 최근에 마리아가 야외 연구에 합류한 뒤로는 마리아와

함께 탐험의 세계로 빠져들었습니다. 물론 탐험이라야 여기저기 한가롭게 거닐면서 주변을 둘러보는 게 전부지만 말입니다. 우리는 매일 아침 일찍 일어나 하루를 시작하는 생명체를 찾아다녔고, 해가 지면 전방 조명등을 쓰고 밤에 활동하는 생명체를 찾아다녔습니다. 애크볼드연구소에서는 마크 데이럽도 우리와 함께 다녔습니다. 그럴 때면 예전에는 미처 보지 못했던 모습을 발견하기도 했습니다.

전부터 풀잠자리과(科)Chrysopidae에 속한 녹색풀잠자리(케라이오크리사 쿠바나 *Ceraeochrysa cubana*)들을 분류해보라고 설득해온 하버드대학의 프랭크 카펜터 교수 때문에 케라이오크리사 쿠바나에 대한 관심이 생겼습니다. 케라이오크리사 쿠바나들은 아주 아름다운 곤충으로 재미있는 특징이 아주 많았습니다. 예를 들어 케라이오크리사 쿠바나들은 자루 위에 알을 낳습니다. 야외에서 볼 수 있는 케라이오크리사 쿠바나 알은 한 개가 단독으로 있을 때도 있고 여러 개가 모여 있기도 하지만, 모두 2 내지 3밀리미터 정도 되는, 실처럼 가느다란 섬유 꼭대기에 매달려 있습니다.

1965년도에 애크볼드연구소 근교에서 있었던 일입니다. 플로리다 여행이 거의 끝나갈 무렵이었습니다. 우연히 풀잠자리의 알 한 무더기를 발견했는데 그 알들은 지금까지 보아왔던 풀잠자리 알들과는 달랐습니다. 바늘처럼 가느다란 자루 위에 올려져 있는 점은 여느 풀잠자리 알과 같았지만 실에 구슬을 꿰어놓은 것처럼 자루에 작은 액체 방울이 대롱대롱 매달려 있었습니다. 그렇게 생긴 알을 계속해서 발견하자 어떤 종인지 궁금했던 저는 어배나에 있는 일리노이대학교 녹색풀잠자리 전문가인 고(故) 엘리스 매클라우드Ellis MacLeod에게 편지를 썼습니다. 엘리스도 구슬이 달린 알에 대해서는 들어본 적이 없었기 때문에 그 종이 무엇이라고 정확하게 답해주지는 못했습니다. 호기심이 발동한 엘리스는 자신이 직접 플로리다로 달려왔고, 이제 막 알을 깨고 나오는 유충을 보고 그 종이 비교적 흔히 볼 수 있는 풀잠자리인 레우코크리사 플로리다나*Leucochrysa floridana*임을 확인해주었습니다.

그로부터 한동안은 풀잠자리에 대해서 잊고 지냈습니다. 그러다 자루에 액체

(왼쪽과 가운데) 녹색풀잠
자리인 케라이오크리사 쿠
바나의 성충과 알.
(오른쪽) 풀잠자리인 케라
이오크리사 스미티의 알.

방울이 맺혀 있는 풀잠자리 알을 보고 다시 관심을 갖게 되었습니다. 이 풀잠
자리의 알들은 나선형을 그리며 한데 모여 있었기 때문에 쉽게 눈에 띄었습니
다. 이 알을 낳은 주인공은 분명히 흔히 볼 수 있는 풀잠자리가 아니었습니다.
애크볼드연구소에 있는 동안 종류가 같은 알을 심심찮게 볼 수 있었던 저는
엘리스에게 다시 한 번 자문을 구했고 이번에도 직접 와서 한번 보고 싶다는
답변을 받았습니다. 엘리스는 플로리다로 달려와 잠자리가 알을 깨고 나오는
모습을 지켜보고, 케라이오크리사 스미티*Ceraeochrysa smithi*라는 종이라고 알
려주었습니다. 그때 제가 엘리스에게 한 가지 제안을 했습니다. "함께 이 친구
를 연구해 보는 게 어떨까요? 이 액체의 구성 성분을 밝혀줄 화학자들과 함께
요." 엘리스는 제 말을 듣고 크게 기뻐했습니다.

저는 제일 먼저 이 작은 액체 방울이 개미를 쫓아낼 수 있는지 알아보고 싶

었습니다. 당시 애크볼드연구소에 함께 와 있던 대학원생 윌리엄 코너^{William} ^{Conner}와 함께, 전에도 실험에 참가시켜 본 적이 있는 플로리다 토착 개미인 싱가포르개미(모노모리움 데스트룩토르*Monomorium destructor*, 영어명: Singapore ant)를 가지고 다시 한 번 간단한 실험을 해보기로 했습니다. 뛰어난 실험가였던 윌리엄은 당시 나방에 관한 연구를 진행하느라 아주 바빴지만 기꺼이 제 일을 도와주기로 했습니다. 나방에 관한 윌리엄의 연구는 10장에서 자세하게 다룰 예정입니다.

모노모리움 데스트룩토르는 정말 훌륭한 동료였습니다. 연구실 건물 근처에 집을 짓고 살고 있는 이 개미를 제 발로 우리 숙소로 걸어 들어오게 만드는 일은 아주 쉬웠습니다. 연구실 의자에 설탕을 칠해놓으면 몇 시간도 안 돼 설탕이 있는 곳부터 길게 늘어서서 바쁘게 행군하고 있는 개미 군단을 볼 수 있습니다. 개미를 이용한 실험은 간단했습니다. 개미들이 행군하는 길목에 실험 대상을 살짝 올려놓고 개미들이 어떤 식으로 반응하는지만 보면 끝이었습니다. 우리는 의자에 앉아 그저 결과만 기록하면 됐습니다. 실험 도중에 맥주를 마셔도 아무 지장이 없었습니다. 하지만 연구소 사람들은 개미 실험을 달가워하지 않았습니다. 그도 그럴 것이 개미들은 의자 한 곳에서 먹이를 찾았다면 다른 의자에서도 먹이를 찾을 수 있을 것으로 생각하고 연구소에 있는 의자들을 헤집고 다니는 무뢰한들이기 때문입니다. 그래서 우리는 개미들에게 그렇지 않다는 사실을 분명하게 알려주기 위해서 다른 의자들은 아주 깨끗하게 치워놓고 실험을 시작해야 했습니다.

케라이오크리사 스미티 암컷들은 갑자기 약병에 갇히게 되면 알을 낳는 습성이 있습니다. 따라서 미리 파라핀 종이를 약병에 깔아놓고 암컷을 약병에 가두자 실험에 필요한 만큼 충분히 알을 얻을 수 있었습니다. 우리는 액체가 전혀 없는 알을 낳는 케라이오크리사 쿠바나 암컷도 잡아와 같은 방법으로 알을 얻었습니다. 우리는 알이 붙어 있는 파라핀 종이를 하나씩 사각형으로 잘라냈습니다. 그 결과 알들은 모두 똑바로 떠받쳐주는 작은 받침을 하나씩 갖게 되었습니다. 우리는 두 종류의 알을 각각 다섯 개씩 개미들이 지나다니는 길목에 올려놓고 열두 시간 동안 결과를 관찰했습니다. 그런 식으로 다섯 번에 걸쳐 실험을 진행했습니다.

실험 결과는 아주 분명했습니다. 개미들은 케라이오크리사 스미티의 알은 모두 그냥 두었지만 케라이오크리사 쿠바나의 알은 한 실험당 2개 내지 4개를, 그 것도 개미 한 마리가 알 한 개를 거뜬히 들고 가버렸습니다. 발표한 논문에서 설명한 것처럼 개미는 케라이오크리사 쿠바나의 알 자루 위로 올라가더니 알을 타고 앉아서 큰 턱으로 자루를 잘라냈습니다. 알과 함께 바닥으로 떨어진 개미는 큰 턱으로 알을 물어서 집으로 돌아가버렸습니다. 다시 말해서 개미는 나무로 기어 올라가 가지에 앉아서 그 가지를 잘라버린 셈입니다. 어떻게 보면 조금 우스운 행동이지만 개미로서는 아주 효과적인 방법이었습니다. 개미는 자루를 직접 건드려봄으로써 케라이오크리사 스미티의 알을 구분하는 것 같았습니다. 케라이오크리사 스미티의 알 자루를 건드리는 순간 개미는 뒤로 물러나며 알을 그대로 두고 가버렸습니다. 하지만 액체 방울이 없는 알 자루를 건드릴 때는 뒤로 물러나지 않았습니다.

화학 성분을 분석하기 위해서 자루에 붙어 있는 액체를 모으는 일은 조금도 어렵지 않았습니다. 그저 유리로 만든 모세관으로 액체를 빨아들이기만 하면 됐습니다. 문제는 찾아낸 알이 고작 암컷 한 마리가 낳은 알 뿐이었다는 점입니다. 그 말은 즉, 액체를 채집할 알 자루가 24개밖에 없었다는 뜻입니다. 그런데 정말 놀랍게도 이 적은 액체만으로도 20개가 넘는 구성 성분을 거뜬히 찾아낼 수 있었습니다.

성분 분석은 1996년에 제럴드 연구진의 수석 화학자인 애슐라 애티갈Athula Attygalle이 진행했습니다. 지금은 장비가 많이 발달했기 때문에 표본이 소량만 있어도 그 속에 있는 화학 성분을 밝혀낼 수 있습니다. 세상은 화학 성분을 분석하기 위해서 수백 마리가 넘는 아니소모르파 부프레스토이데스를 채집해야 했던 30년 전과는 크게 바뀌어 있었습니다. 지금은 단 한 마리만 있으면 대벌레의 분비물을 분석할 수 있습니다.

케라이오크리사 스미티의 알 자루에 매달려 있는 액체는 알데히드 계통의 여

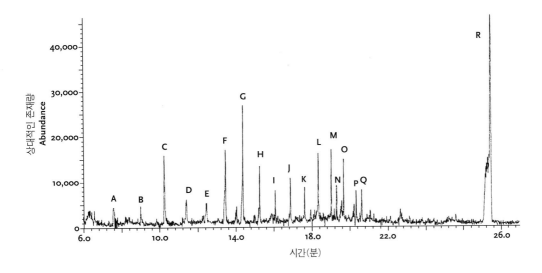

최신 기체 크로마토그래피 기술을 이용하면 여러 가지 물질이 복잡하게 섞여 있는 혼합물의 구성 성분을 밝혀낼 수 있다. 크로마토그램에서 뾰족하게 튀어나온 정점은 케라이오크리사 스미티의 알자루에 맺혀 있는 액체 속에 든 알데히드를 나타낸다. 정점이 나타내는 알데히드는 세 개를 제외하고 모두 분석할 수 있었다. 액체 속에 포함된 미리스트산, 팔미트산, 리놀레인산, 올레산, 스테아린산 같은 비휘발성 지방산은 기록하지 않았다.

정점 기호	알데히드(Aldehyde)
A	부타날(Butanal)
B	펜타날(Pentanal)
C	헥사날(Hexanal)
D	헵타날(Heptanal)
E	옥타날(Octanal)
F	노나날(Nonanal)
G	데카날(Decanal)
H	운데카날(Undecanal)
I	도데카날(Dodecanal)
J	트리데카날(Tridecanal)
K	테트라데카날(Tetradecanal)
L	펜타데카날(Pentadecanal)
M	밝혀지지 않은 성분
N	밝혀지지 않은 성분
O	헵타데카날(Heptadecanal)
P	옥타데카날(Octadecanal)
Q	밝혀지지 않은 성분
R	테트라코사날(Tetracosanal)

러 화합물과 지방산으로 이루어져 있었습니다. 액체 속에는 여러 곤충에서 볼 수 있는 방어 물질인 헥사날hexanal을 비롯하여 개미를 물리칠 수 있는 여러 가지 알데히드 계통의 화합물이 들어 있었습니다. 헥사날을 묻힌 바퀴가 아주 괴로워하는 모습을 보고 헥사날이 자극제라는 사실을 알 수 있었습니다.

액체 속에 들어 있는 지방산은 식물에서 흔히 발견되는 지방산이며 음식물의 구성 성분이기도 한 팔미트산palmitcic acid, 리놀레인산linoleric acid, 올레산oleic acid, 스테아린산stearic acid으로 인간에게 해가 없는 물질이기 때문에 개미를 물리치는 일과는 상관없다고 생각했습니다. 그런데 여러 가지 지방산이 들어 있는 이유가 어쩌면 액체를 개미에게 묻히는 계면활성제 역할을 하기 위해서가 아닌가 하는 우리의 생각과 달리, 의외로 지방산도 자극제 역할을 할 수 있다는 사실이 밝혀졌습니다. 바퀴를 이용한 외피 반응 실험에서 리놀레인산과 올레산이 자극제라는 사실을 알았습니다.

영국의 E. D. 모건E. D. Morgan과 그의 연구진이 벌집에 자루를 놓아두는 말벌을 가지고 실험해본 결과, 말벌의 자루 속에도 리놀레인산과 올레산 같은 지방산이 들어 있다는 흥미로운 연구 결과를 발표했습니다. 영국 과학자들은 두 지방산이 개미를 자극하여 개미가 말벌 집에 침입하지 못하게 하는 역할을 한다고 했습니다.

그런데 한 가지 기묘한 점은 케라이오크리사 스미티의 알 자루와 말벌의 자루에서 발견되는 지방산들이 인간의 귀지에도 들어 있다는 사실입니다. 제가 아는 바로는 아직까지 귀지의 역할에 대해서 정확하게 알려진 것이 없습니다. 저는 귀지가 어쩌면 곤충이 귀에 들어오지 못하도록 막아주는 역할을 하거나 지금은 아니더라도 인류가 진화되어오는 동안 어떤 시점에서는 그런 역할을 한 적이 있지 않을까 하고 생각하고 있습니다. 물론 전혀 근거가 없는 억측일 수도 있지만 말입니다.

케라이오크리사 스미티 유충이 어떤 식으로 자루를 타고 내려오는지 궁금했기 때문에 인내심을 가지고 부화하는 순간을 기다렸습니다. 그리고 곧 놀라운 광경을 목격했습니다. 케라이오크리사 스미티 유충은 자루를 타고 내려오면서 액체 방울을 먹어치웠습니다. 머리를 밑으로 하고 천천히 자루를 타고 내려오던 유충은 액체 방울에 닿을 때마다 크고 뾰족하며 대롱처럼 텅 빈 턱으로 액체 방울을 빨아먹었습니다. 자루에서 다 내려온 유충은 안전하게 자루에 매달려 있던 시절은 다 잊어버린 양 어떠한 모험도 이겨낼 수 있다는 듯이 씩씩하게 기어가

이제 막 부화한 케라이오크리사 스미티 유충. 자루를 타고 내려오다가 한 번씩 멈춰 서서 자루에 달려 있는 액체를 차례차례 먹어치우는 모습.

버렸습니다.

　케라이오크리사 스미티의 알 자루에 매달려 있는 액체 방울은 알을 보호하는 존재이면서 이제 막 태어난 유충의 첫 번째 양식이기도 했습니다. 케라이오크리사 스미티의 알 자루처럼 대포와 버터를 동시에 새끼에게 주는 어미는 본 적이 없습니다. 게다가 어린 유충이 다른 곤충들은 질색을 하고 피하는 액체를 구기로 직접 빨아먹는다는 사실은 정말 신기했습니다.

　역시 자루에 액체 방울을 매달고 있는 레우코크리사 플로리다나도 누군가의 연구를 기다리고 있습니다. 우리는 레우코크리사 플로리다나의 알 자루 액체가 기름보다는 풀에 더 가깝다는 사실과 이제 막 부화한 유충이 그 액체 방울을 먹지 않는다는 사실 정도는 알아냈습니다.

■ **동물의 배변.** 동물은 섭취한 먹이를 모두 체내에 흡수하지 않고 필요 없는 물질은 배설물 형태로 체외로 내보냅니다. 배설물은 동물에게 아주 해롭습니다. 기생충이나 전염병을 퍼뜨리는 세균이 서식할지도 모르기 때문에 동물들은 대부분 서식처에서 멀리 떨어진 곳에서 배설을 합니다. '식사와 배설을 한 장소에서 하지 말라'는 규칙은 거의 모든 동물이 본능적으로 지키는 규칙입니다.

하지만 무슨 일이든 동전의 양면은 있는 법입니다. 사실 배설물은 여러 가지 물질이 다량 들어 있고 매일 정기적으로 배출되는 귀중한 자원입니다. 따라서 배설물을 이용하는 생명체가 있음은 당연한 일입니다. 배설물을 이용하는 생명체는 분명히 존재하며 그 중에 한 종이 애크볼드연구소에 서식하고 있습니다.

공책에는 기록되어 있지 않지만 제일 처음 애크볼드연구소를 찾아갔을 때 플로리다거북딱정벌레(헤미스파이로타 키아네아*Hemisphaerota cyanea*, 영어명: Florida tortoise beetle)를 본 기억이 납니다. 저는 왜 이 작은 파란색 딱정벌레과 유충을 기록하지 않았던 걸까요? 이 친구들은 톱야자*Serenoa repens*와 사발 에토니아*Sabal etonia*라는 두 종류의 야자에서 주로 볼 수 있습니다. 헤미스파이로타 키아네아는 딱정벌레 가운데 개체수가 많은 잎벌레과에 속하는, 잎을 먹는 딱정벌레로 다른 잎벌레과 딱정벌레들처럼 유충과 성충이 같은 종류의 식물에서 생활합니다. 이런 습성은 성장하는 동안 애벌레 단계를 거치는 완전 변태 종에서는 거의 찾아볼 수 없는 현상입니다. 완전 변태 종의 경우 유충의 소화 기관은 성충과 다르기 때문에 같은 먹이를 먹는 일이 불가능합니다. 그러나 잎벌레과 딱정벌레들은 성충과 유충이 같은 먹이를 먹습니다. 그런데 헤미스파이로타 키아네아의 경우 성충과 유충이 야자나무에서 약간 멀찌감치 떨어져서 생활하기 때문에 경쟁이 벌어지는 일은 거의 없습니다.

제가 헤미스파이로타 키아네아 성충과 유충에게 관심을 갖게 된 이유는 방어 수단이 독특했기 때문입니다. 마리아와 함께 연구한 유충은 서두르지 않고 조심스럽게 먹이를 먹는 느림보였습니다. 움직임이 어찌나 느리던지 우리는 이 조그만 동물이 어떻게 천적들의 공격을 피할 수 있는지 알 수가 없었습니다. 분명히 뭔가 특별한 방어 수단이 있음이 분명했습니다.

처음 유충을 발견했을 때는 정말 많이 놀랐습니다. 우리가 제일 처음 발견한 것은 유충이 아니라 유충을 덮고 있는 지푸라기 같은 물질이었습니다. 그리고 곧 우리가 초가지붕이라고 부른 이 지푸라기 모자가 사실은 유충의 배설물이라는 사실을 알았습니다. 헤미스파이로타 키아네아 유충은 알갱이가 아니라 실 모양으로 배설했고, 게다가 그것을 초가지붕처럼 만들어 유지하기까지 했습니다.

우리가 이 유충을 좋아했던 이유 가운데는 실험실로 데려와도 평상시와 똑같이 살아갈 수 있었기 때문입니다. 페트리 접시에 야자 잎만 넣어주면 유충은 별 탈 없이 자랐습니다. 헤미스파이로타 키아네아 유충은 구기로 가느다란 홈을 파가며 야금야금 먹었는데 얼마나 느리게 먹는지 야자 잎이 한 시간에 1~2밀리미터밖에 줄어들지 않았습니다. 먹는 동안에는 발끝에 달린 날카로운 갈고리로 잎을 꼭 움켜쥐고 있었습니다. 우리는 수십 마리가 넘는 유충을 페트리 접시에 넣고 몇 시간씩 현미경으로 보곤 했습니다. 성충과 알도 가져와 유충이 부화한 후 성장하는 모습도 함께 관찰했습니다.

헤미스파이로타 키아네아의 알은 계란처럼 생겼고 컸으며 한 개씩 떨어져 있었습니다. 알은 단단한 물질 속에 파묻힌 채 배설물로 뒤덮여 있었습니다. 배설물이 덮여 있는 이유는 아직까지 정확하게 밝혀지지 않았습니다. 성장하는 동안 유충은 언제나 초가지붕 속에 들어가 있었고 번데기로 변한 후에도 초가지붕을 그대로 간직했습니다. 유충은 야자 잎 위에서 번데기로 되었습니다. 번데기는 아주 소량인 접착 물질을 이용해서 야자 잎 위에 붙어 있었습니다. 번데기에서 깨어나온 성충도 외피가 마를 때까지는 초가지붕 밑에 숨어 있었습니다.

알에서 깨어 나온 유충은 몇 분도 되지 않아 먹기 시작하더니 이내 항문 돌기에서 초가지붕을 만들 첫 번째 가닥을 짜내기 시작했습니다. 유충은 쉬지 않고 배설물 가닥을 뽑아냈습니다. 두 시간 정도 지났을 때는 몇 가닥이나 뽑아냈고, 열두 시간 만에는 초가지붕을 거의 완벽하게 만들어냈습니다. 유충은 항문 돌기 바로 앞에 있는 배 끝, 튀어나온 포크처럼 생긴 돌기에 배설물 가닥을 붙였습니

헤미스파이로타 키아네아 성충(위)과 유충(아래). 평상시에는 초가지붕 밑에 숨어서 보이지 않는 연약한 노란색 유충.

다. 한 가닥을 완전히 다 뽑으면 가닥이 포크처럼 생긴 돌기에 닿을 수 있도록 항문 돌기를 위로 힘껏 쳐들었습니다. 항문을 수축시켜 배설물 가닥을 뽑는 순간 쉽게 마르는 끈적끈적한 물질도 함께 분비했기 때문에 배설물 가닥은 포크처럼 생긴 돌기에 착 달라붙었습니다. 또한 항문 돌기를 똑바로 펴지 않고 구부린 상태로 뽑았기 때문에 배설물 가닥은 구부린 방향으로 굽어서 나왔습니다. 항문 돌기는 배설물 가닥을 한 가닥씩 뽑아낼 때마다 방향을 바꿨기 때문에 결국 배설물 가닥은 차례대로 방향을 바꿔 양쪽으로 균등하게 자리 잡아갔습니다.

유충은 성장하는 동안 탈피를 합니다. 그런데 놀랍게도 껍데기를 벗을 때에도 배설물 가닥이 붙어 있는, 포크처럼 생긴 돌기는 떨어져나가지 않고 새로운 돌기가 그 아래 생겼습니다. 그렇기 때문에 이미 만들어져 있던 초가지붕은 손상되지 않았고 새로운 가닥은 새로 생겨난 돌기 위에 붙었습니다. 이 과정은 탈피가 일

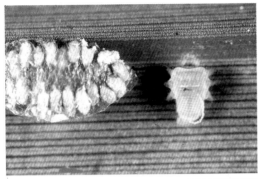

막 알을 깨고 나온 유충이 초가지붕을 만드는 모습.

(위 왼쪽) 어미의 배설물로 덮여 있는 알 옆에서, 알을 깨고 나온 지 40분 지난 유충이 첫 번째 배설물 가닥을 배출하고 있다.

(위 오른쪽) 알을 깨고 나온 지 한 시간 36분 지난 유충. 네 번째 가닥까지 완성하고 다섯 번째 가닥을 만드는 중이다.

(아래) 알을 깨고 나온 지 열두 시간 지난 유충. 초가지붕 형태를 갖추고 있다.

어날 때마다 반복됐습니다. 유충이 자라는 동안 초가지붕은 벗겨지지 않은 채 유충과 함께 점점 더 커져갔습니다.

우리는 배설물 가닥이 부서지지 않고 단단하게 붙어 있을 수 있는 이유가 궁금했고 결국 그 이유를 찾아냈습니다. 배설물 가닥은 막으로 둘러싸여 있었습니다. 곤충의 배설물이 장의 중간 부분에 있는 위식막peritrophic membrane으로 싸여 있는 경우가 종종 있습니다. 현미경으로 관찰해보니 헤미스파이로타 키아네아 유충의 배설물도 그런 막으로 둘러싸여 있다는 사실을 알 수 있었습니다. 마치 창자로 만든 소시지처럼 말입니다.

우리는 초가지붕이 방어 역할을 하는지 알아보려고 육식성 노린재인 스티레트루스 안코라고(*Stiretrus anchorago*, 영어명: anchor bug)와 칠성무당벌레의 일종인 키클로네다 산귀네아*Cycloneda sanguinea*를 이용해 헤미스파이로타 키아네아 유충 포식 실험을 해보았습니다. 우리는 이 두 천적에게 초가지붕을 쓰고 있는 유충과 초가지붕이 없는 유충을 각각 먹이로 주었습니다. 두 천적 모두 초가

헤미스파이로타 키아네아 유충이 배설물 가닥을 만들고 붙이는 과정. 눈으로 봐서는 만들어진 배설물 가닥이 유충의 몸에서 완전히 떨어져 나간 것 같다.

(위 왼쪽) 몸통을 휘감은 첫 번째 가닥을 거의 다 뽑아낸 유충. 항문 돌기가 오른쪽으로 구부러져 있음을 볼 수 있다.

(위 오른쪽) 반짝이는 풀 같은 물질로 이제 막 뽑아낸 배설물 가닥을 포크처럼 생긴 돌기에 붙이고 있는 유충.

(아래) 항문 돌기를 반대쪽으로 구부려 새로운 가닥을 뽑아내는 유충.

지붕이 없는 유충만 잡아먹었습니다. 초가지붕이 있는 유충을 가까이 가져가보아도 두 천적은 초가지붕을 뒤져볼 생각을 하지 않았습니다. 둘 다 초가지붕 밑에 맛있는 먹이가 있다는 사실을 모르는 것 같았습니다.

초가지붕을 조사해본 결과 우리는 유충이 초가지붕을 보수한다는 사실을 알아냈습니다. 초가지붕의 끝부분을 잘라내자 24시간 안에 잘린 부분을 고쳐놓았습니다. 유충은 정확히 어디가 뚫렸는지 알고 있는 것처럼 새로 뽑아낸 가닥을 이용해서 구멍을 메웠습니다. 앞쪽에 구멍이 나도 옆쪽에 구멍이 나도 유충은 정확하게 그 자리에 새로운 가닥을 채워 넣었습니다.

하루는 마리아와 제가 헤미스파이로타 키아네아 유충을 먹고 있는 포식자 한 마리를 발견했습니다. 정말 행운이라고밖에는 말할 수 없는 놀라운 발견이었습니다. 그 포식자는 딱정벌레의 일종으로 초가지붕에 머리를 박고 있었습니다. 얼마나 열심히 먹는지 초가지붕을 약병에 담을 때조차도 이 딱정벌레는 식사를 멈

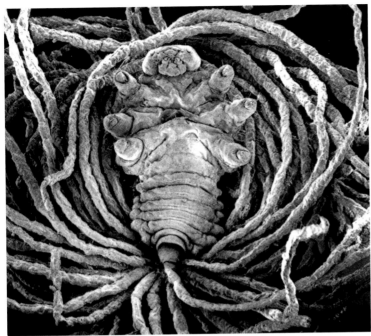

(위) 배 쪽에서 들여다본 헤미스파이로타 키아네아 유충의 모습. 항문 돌기에서 뽑아내고 있는 배설물 가닥을 비롯해 여러 배설물 가닥이 보인다.

(아래) 완전히 자라 초가지붕을 떼어낸 유충. 항문 쪽에 배설물 가닥이 붙는 포크 모양 돌기가 보인다. 포크 모양 돌기는 1령에서부터 4령까지 자란 것으로 아래쪽이 나중에 만들어진 것이다.

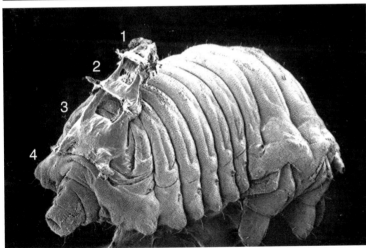

추지 않았습니다. 연구실로 데려온 딱정벌레에게 헤미스파이로타 키아네아 유충 열다섯 마리를 주어봤는데 모두 잡아먹었습니다. 딱정벌레의 전략은 두 가지였습니다. 초가지붕 가장자리 끝을 밀고 들어가거나 초가지붕 꼭대기에 머리를 박고 유충을 씹어 먹습니다. 어떤 방식으로 공격을 가해도 유충은 꼼짝없이 잡아먹

초가지붕이 없는 헤미스파이로타 키아네아 유충을 빨아먹는 포식자 노린재(스티레트루스 안코라고). 스티레트루스 안코라고는 초가지붕이 없는 유충만 먹고 초가지붕이 있는 유충은 건드리지 않았다.

혔습니다. 포식자 딱정벌레는 정말 철저하게 유충을 먹어치웠습니다. 포식자가 떠난 후에 남는 부분이라고는 항문 돌기밖에 없었습니다.

헤미스파이로타 키아네아 유충에게 천적이 있다는 사실은 하나도 놀라운 일이 아닙니다. 아무리 뛰어난 방어 전략을 세워도 그 전략을 뒤집을 계략은 존재하는 법입니다. 수년 동안 곤충을 연구하면서 알게 된 사실은 제아무리 뛰어난 방어 전략이라도 그 방어 전략을 무용지물로 만드는 전문가가 적어도 한 종은 있다는 사실입니다. 그런 전문가가 행동에 나선 때를 직접 눈으로 목격하는 순간만큼 놀라운 순간은 없습니다. 그러나 연구를 해오는 동안 그런 순간을 직접 목격한 경우는 별로 없습니다. 포식자들은 인간이 가까이 있으면 몸을 사리기 때문인 것 같습니다.

포식자 딱정벌레의 신원을 밝혀준 사람은 이번에도 마크 데이럽이었습니다. 포식자는 땅에 사는 딱정벌레에 속하는 딱정벌레과 딱정벌레로 학명은 칼레이다 비리디펜니스*Calleida viridipennis*였습니다. 폭격수딱정벌레도 그 일원인 딱정벌레과 딱정벌레들은 개체수가 아주 많은 육식성 동물입니다. 그 뒤 우리는 칼레이다 비리디펜니스를 두 마리 더 잡았고 이 친구들도 헤미스파이로타 키아네아 유충을 아주 잘 먹었습니다. 칼레이다 비리디펜니스는 정말 타고난 헤미스파이로타

(위 오른쪽)초가지붕 위에 잘린 구멍을 보수하는 헤미스파이로타 키아네아 유충. 초가지붕 오른쪽에 이제 막 만들기 시작한 배설물 가닥이 보인다.

(가운데 왼쪽)첫 번째 가닥을 만들어서 제 자리에 붙인 헤미스파이로타 키아네아 유충.

(가운데 오른쪽)두 번째 가닥을 만들어 제자리에 붙이고 세 번째 가닥을 만들고 있는 헤미스파이로타 키아네아 유충.

(아래)거의 완성된 초가지붕.

키아네아 유충 사냥꾼이었습니다. 그런데 헤미스파이로타 키아네아 유충에게는 초가지붕도 전혀 소용없게 만드는 천적이 또 있었습니다. 조금도 손상되지 않은 채 죽은 유충을 자주 발견할 수 있었는데 몸통이 검게 변색된 것으로 보아 미생

(왼쪽) 헤미스파이로타 키아네아 유충을 먹고 있는 육식성 딱정벌레 칼레이다 비리디펜니스.
(오른쪽) 칼레이다 비리디펜니스가 떠난 후 초가지붕과 항문 돌기만 남은 모습.

물 감염이 원인인 듯했습니다. 사실 미생물은 헤미스파이로타 키아네아 유충의 가장 무서운 천적이라고 할 수 있습니다.

헤미스파이로타 키아네아 유충은 잎벌레과 딱정벌레 가운데 유일하게 몸을 숨기는 방어 수단을 만드는 종입니다. 남생이잎벌레아과(亞科)Cassidinae에 속하는 딱정벌레 가운데 배설물로 유충을 보호하는 종이 있지만 가닥을 이용한다기보다는 걸쭉한 반죽을 이용해서 엄폐물을 만듭니다. 남생이잎벌레아과에 속하는 종도 배 끝에 포크처럼 생긴 돌기가 있습니다. 배 끝을 이리저리 움직여 포크처럼 생긴 돌기의 방향을 바꿀 수 있기 때문에 엄폐물은 몸통을 완전히 감쌀 수 있습니다. 딱정벌레 유충들이 만드는 이런 엄폐물은 개미의 공격을 막는다고 알려져 있습니다.

과학자들은 배설물로 만든 엄폐물에 먹이 식물의 화학적 방어 물질이 있는 경우도 있다는 흥미로운 사실을 밝혀냈습니다. 이런 엄폐물은 천적의 공격을 막을 뿐 아니라 멀리 달아나게 만들었습니다.

■ **치과용** 왁스를 주신 하느님, 감사합니다. 치과 의사들은 치과용 왁스로 치아 모형을 뜹니다. 치과용 왁스는 저에게도 꼭 필요한 물건이기 때문에 언제나 가까이 둡니다. 저는 치과용 왁스를 연구실에 두고 쓸 뿐 아니라 수프용 큰 수저, 플

헤미스파이로타 키아네아처럼 배설물 엄폐물을 지고 다니는 남생이잎벌레아과(亞科) 딱정벌레 유충들.

(왼쪽) 거북딱정벌레(그라티아나 팔리둘라*Gratiana pallidula*, 영어명: tortoise beetle).

(오른쪽) 밀크위드거북딱정벌레(켈리모르파 카시데아*Chelymorpha cassidea*, 영어명: milkweed tortoise beetle).

라스틱으로 만든 약병과 운반 상자, 휴대용 렌즈, 스톱위치 등과 함께 항상 들고 다니는 가방에 넣고 다닙니다. 물론 끝이 아주 뾰족하기 때문에 여러 가지로 쓰임새가 많은 넘버 3 위치메이커의 핀셋과 가위, 가는 솔, 부드러운 연성 핀셋 등도 함께 가지고 다닙니다. 탄성을 지닌 철로 만든 제 핀셋은 곤충을 상처 입히지 않고 집어 올릴 수 있습니다. 저는 즉시 꺼내 쓸 수 있도록 조그만 가죽 지갑에 핀셋과 가위, 솔 등을 넣어 허리띠에 차고 다닙니다.

제가 치과용 왁스를 들고 다니는 이유가 궁금하실 겁니다. 치과용 왁스는 곤충을 고정시킬 때 사용합니다. 구성 성분은 잘 모르지만 분명히 벌의 밀랍이나 파라핀 왁스보다 훨씬 더 효과적입니다. 곤충을 끈에 매어놓거나 곤충의 몸에 무언가를 붙일 때 치과용 왁스를 사용합니다. 치과용 왁스를 사용하려면 일단 녹여야 하지만 녹는점이 낮기 때문에 곤충에게 상처를 입힐 염려가 없습니다. 게다가 아주 빨리 굳기 때문에 정말 유용하게 사용할 수 있습니다. 치과용 왁스의 가장 좋은 점은 실험이 끝난 후에 쉽게 떼어낼 수 있기 때문에 곤충을 원상태로 케이지에 넣거나 자연으로 돌려보낼 수 있다는 점입니다. 왁스를 가지고 다닐 때는 곤충을 고정시킬 때 필요한 철사나 실, 성냥 등도 함께 가지고 다닙니다. 이런 물건은 모두 작은 상자에 한꺼번에 담아 가방에 넣습니다.

헤미스파이로타 키아네아 성충을 처음 실험할 때도 치과용 왁스를 아주 요긴하게 사용했습니다. 헤미스파이로타 키아네아 성충은 어딘지 모르게 이상한 점이 있었습니다. 야자수에서 헤미스파이로타 키아네아 성충을 집어 올리려고 할 때마다 이 친구들은 완강하게 저항했습니다. 둥근 반원처럼 생긴 몸통 때문에 한 번에 잡을 수 없었고 간신히 잡았다고 해도 들어 올리려면 무척 애를 써야 했습니다. 하지만 쉽게 들어 올릴 수 없는 이유가 성충이 유충처럼 잎의 표면을 움켜잡고 있기 때문은 아니었습니다. 몰래 다가가서 솔로 약병 안에 쓸어 넣을 때는 쉽게 잡을 수 있었기 때문입니다. 헤미스파이로타 키아네아 성충은 누군가 자신을 건드려 위기의식을 느낄 때에만 힘을 주고 버티는 것 같았습니다. 어떤 방법으로 버티는지는 알 수 없었지만 자신을 방어할 필요가 있을 때만 힘을 주고 버티는 모양이었습니다.

그래서 헤미스파이로타 키아네아 성충 몇 마리를 추에 매달아보기로 했습니다. 저는 딱정벌레 등에 왁스로 실을 붙여 그 실에 일반적으로 무게를 잴 때 사용하는 추를 연결하고 딱정벌레를 야자 잎 밑면에 매달리게 해서 딱정벌레의 매달리는 힘을 재볼 생각이었습니다. 하지만 딱정벌레에게 추를 매다는 일은 생각처럼 쉽지 않았습니다. 딱정벌레는 거꾸로 매달리기를 정말 싫어했고 더구나 쉴 새 없이 움직이는 딱정벌레 등에 실을 붙이는 일은 쉬운 일이 아니었습니다. 그래서 방법을 바꿔보았습니다. 이번에는 잎 위에 똑바로 서 있는 딱정벌레 등에 왁스를 떨어뜨려 실을 붙인 다음에 그 실로 연결한 추를 도르래에 걸쳐 늘어뜨렸습니다. 딱정벌레는 솔로 건드릴 때마다 바짝 엎드려 떨어지지 않으려고 애를 썼습니다. 일단 가벼운 추로 실험을 시작했습니다. 딱정벌레는 0.5그램 정도는 가뿐히 이겨냈습니다. 이 딱정벌레의 평균 무게는 13.5밀리그램입니다. 따라서 0.5그램이라면 딱정벌레보다 37배나 무거운 셈입니다. 1그램짜리 추와 2그램짜리 추도 매달아봤는데 개중에는 불과 몇 초일지라도 버티는 딱정벌레가 있었습니다. 2그램은 딱정벌레 몸무게보다 148배나 무거운 무게입니다. 만약 사람으로 친다면 어떻게 될지 한번 생각해봅시다. 이는 몸무게가 70킬로그램인 사람이 1만 360킬로그램

2그램의 힘을 가해도 꿈쩍하지 않는 헤미스파이로타 키아
네아 성충. 왼쪽으로, 이따금씩 딱정벌레를 건드릴 솔이
보인다. 솔로 건드릴 때만 헤미스파이로타 키아네아 성충
은 힘을 주고 버텼다.

이나 되는 무게를 감당한다는 뜻입니다. 1만 360킬로그램이라면 1998년형 스바
루 레거시 스테이션왜건이 일곱 대하고도 반이 더 있어야 하는 무게입니다.

당시 애크볼드연구소에는 대니얼 애네샌슬리와 대학원생이었던 짐 카렐Jim
Carrel도 함께 와 있었습니다. 우리 세 사람은 헤미스파이로타 키아네아로 몇 가지
실험을 더 해보기로 했습니다. 이번에는 추가 아닌 물로 딱정벌레의 힘을 실험해
보기로 했습니다. 연구소에는 피아노가 있었기 때문에 메트로놈metronome(박자
측정기)을 사용할 수 있었습니다. 우리는 딱정벌레의 몸에 물그릇을 매달고, 메트
로놈의 속도에 맞춰 물그릇 안으로 한 방울씩 물이 떨어지도록 장치했습니다. 딱
정벌레의 반응은 물이 떨어지는 속도에 따라 다르게 나타났습니다. 딱정벌레는
물이 떨어지는 속도에 따라 버티는 힘을 다르게 조절했습니다. 우리 실험이 너무
조악하다고 영원한 완벽주의자인 대니얼이 지적했기 때문에 우리는 좀더 정교한

실험을 하기 위해서 헤미스파이로타 키아네아 몇 마리를 이타카로 데리고 가야겠다고 생각했습니다.

그래서 우리는 헤미스파이로타 키아네아 몇 마리를 이타카로 데리고 돌아왔습니다. 딱정벌레들은 여행을 아주 잘 견뎠고 야자 잎만 주면 행복한 것처럼 보였습니다. 사실 야자 잎은 오래 보존할 수 없고 운송 방법도 신경을 써야 했기 때문에 야자 잎을 코넬대학으로 보내는 일도 만만치 않은 작업이었습니다. 야자 잎은 반드시 촉촉한 상태로 운반해야 했습니다. 그렇지 않으면 말라버려 못 쓰게 되고 말았습니다.

실험을 위해서 대니얼이 만든 장치는 아름다우면서도 아주 간단했습니다. 대니얼은 딱정벌레를 올려놓을 받침대를 만들었는데 그 받침대는 솔레노이드solenoid라고 하는 기계 장치 혹은 받침대 바로 밑에 달린 추에 의해서 아래로 잡아당기는 힘을 받습니다. 우리는 등에 왁스로 갈고리를 붙인 딱정벌레를 받침대 바로 위에 있는 변환기에 연결했습니다. 변환기란 받침대에 작용하는 힘을 측정하는 장치입니다. 밑에서 잡아당기는 힘이 받침대에 작용하면 변환기가 그 힘을 감지하여 전자 신호로 바꾼 후 역전류 검출관의 화면에 표시해줍니다.

솔레노이드 장치를 이용하여 1초당 100밀리그램이라는 일정한 비율로 힘을 증가시킬 수 있었기 때문에 헤미스파이로타 키아네아가 어느 정도의 힘을 가했을 때 받침대를 놓고 떨어지는지, 다시 말해서 헤미스파이로타 키아네아의 부착력(버티는 힘)이 얼마인지를 측정할 수 있었습니다. 받침대에 매달아놓은 추는 각기 다른 힘을 가했을 때 떨어지지 않고 버티는 시간, 즉 헤미스파이로타 키아네아의 부착 지속 시간clinging endurance을 측정하기 위한 장치입니다. 또한 우리는 표면 재질에 따라 헤미스파이로타 키아네아의 부착력이 달라지는지 알아보려고 여러 가지 재질의 표면 위에 딱정벌레를 올려놓아보았습니다.

대니얼과 저는 서로 상의하여 실험을 진행할 기본 절차를 정했습니다. 제일 먼저 받침대에 실험 목적에 맞은 표면 재질을 깔았습니다. 우리가 선택한 실험 재료는 네 가지로, 야자 잎과 풀, 알루미늄박, 파라필름이라는 상표로 시중에서 파

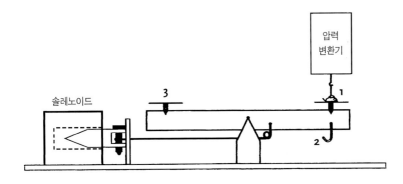

헤미스파이로타 키아네아에게 끌어당기는 힘을 가하는 장치 모식도.
1. 딱정벌레.
2. 추를 매다는 고리.
3. 추와 균형을 맞추기 위한 접시.

는 왁스로 만든 물질이었습니다. 그 다음으로 수평을 맞추고자 저울대 반대 접시에 추를 올려 영점 조절을 했습니다. 그런 다음 딱정벌레 등에 붙인 갈고리를 변환기의 감지 소자sensing element에 연결하고 실험용 표면 바닥에 닿을 때까지 저울대를 위로 올렸습니다. 딱정벌레가 표면을 단단히 움켜쥐도록 마치 개미가 공격하는 것처럼 솔로 딱정벌레의 더듬이를 살살 건드렸습니다. 그리고 솔레노이드나 추를 이용해서 딱정벌레의 힘을 측정했습니다.

실험을 통해 제일 먼저 알게 된 사실은 표면 재질에 따라 딱정벌레가 버티는 힘이 다르게 나타난다는 점이었습니다. 이 같은 결과는 딱정벌레가 버티는 힘에 대한 한 가지 단서를 제공해주었습니다. 딱정벌레가 부항처럼 빨아들이는 힘을 이용해서 버티는 것은 아니라는 점입니다. 만약 빨아들이는 힘이 딱정벌레가 버티는 힘의 근원이라면 표면 재질이 바뀌어도 똑같은 힘을 발휘할 수 있어야 하기 때문입니다.

또한 우리는 딱정벌레가 가장 강하게 버틸 수 있는 표면은 자연에서 서식지 역할을 하는 야자 잎이라는 사실을 알아냈습니다. 야자 잎을 제외한 나머지 세 표면에서는 그다지 힘을 발휘하지 못했습니다. 야자 잎에서 측정한 버티는 힘의 평균값은 애크볼드연구소에서 조악한 장치로 실험해본 것과 유사한 2.5그램이었습니다. 가장 커다란 힘을 발휘한 딱정벌레는 자신의 몸무게보다 240배나 무거운 3.2그램의 힘을 버텼습니다. 그 모습을 지켜본 우리는 포도주로 축배를 들었습니다.

또 한 가지 알게 된 사실은, 당연한 이야기겠지만 딱정벌레의 부착 지속 시간

화면에 결과를 표시하고 있는 실험 장비.

(위) 아직 힘이 가해지지 않은 받침대에 올라가 있는 딱정벌레. 화면에 나타난 선이 수평이다.

(아래) 힘을 가할수록 화면의 녹색 선이 위로 상승하다가 딱정벌레가 받침대에서 떨어지는 순간 완전히 밑으로 떨어져 다시 수평을 나타낸다.

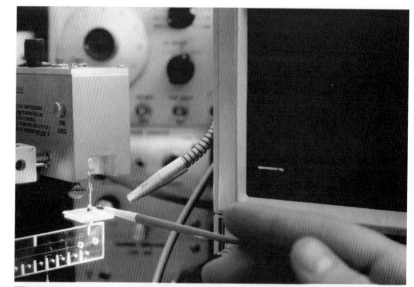

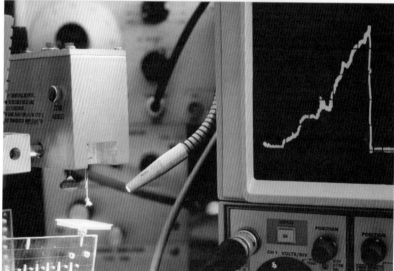

이 밑으로 끌어당기는 힘에 따라 달라진다는 것입니다. 큰 힘을 가할수록 지속 시간은 짧아졌습니다. 우리는 힘이 가해지는 시간을 2분이 넘지 않게 조절했습니다. 2분이 넘도록 딱정벌레가 떨어지지 않으면 그대로 실험을 끝냈습니다. 2분 이상 힘을 가하지 않은 이유는 자연 상태에서 딱정벌레의 최대 적이라고 생각되는 개미가 2분이 넘도록 딱정벌레를 떼어내려고 애쓰지는 않을 것 같았기 때문입니다. 우리 모두 개미의 공격 시간을 직접 측정해봐야 한다고 생각했지만 일단은 임의적으로 시간을 택할 수밖에 없었기 때문에 2분 정도면 적당하리라고 생각했습니다. 가해지는 힘의 크기가 약할 때는 무한정 버텼기 때문에 어쨌든 끝내는 시간을 정해야 했습니다.

우리는 아주 조심스럽게 부착 지속 시간을 측정해보았습니다. 딱정벌레는 몸무게의 60배인 0.8그램의 힘을 가할 때 정확하게 2분 동안 버텼습니다. 0.8그램이 넘어가자 버티는 시간은 계속해서 짧아졌으며 3그램이 넘어가자 불과 몇 초만에 떨어지고 말았습니다.

가해지는 힘이 증가하면 버틸 수 있는 시간이 감소한다는 사실을 통해서 한 가지 결론을 내릴 수 있었습니다. 헤미스파이로타 키아네아가 어떤 원리로 강하게 버틸 수 있는지는 정확하게 알 수 없지만, 버티는 동안 피로가 가중된다는 것입니다. 이는 딱정벌레가 근육의 힘을 이용해서 외부에서 가해지는 힘에 맞선다는 뜻입니다. 우리는 이 같은 사실이 아주 중요한 의미를 함축한다고 생각했습니다.

그래서 개미가 딱정벌레를 공격하게 해보았습니다. 플로리다에 있을 때 검붉은목수개미인 캄포노투스 플로리다누스*Camponotus floridanus*를 이용해서 헤미스파이로타 키아네아를 공격해본 적이 있었지만 이타카에서는 뉴욕에서 서식하는 앨러게이니언덕개미(포르미카 엑섹토이데스*Formica exsectoides*, 영어명: Allegheny Mound Ant)를 이용해서 실험해보기로 했습니다. 플로리다에서도 그랬지만 뉴욕에서도 개미 여러 마리가 헤미스파이로타 키아네아 한 마리를 공격하게 하고 그 모습을 지켜보았습니다. 개미가 공격할 때마다 딱정벌레는 꿋꿋하게 버티고 서서 공격을 막아냈습니다. 대부분 개미들은 딱정벌레를 떨어뜨리는 데 실패했습니다. 포르미카 엑섹토이데스로 실험할 때는 각각의 개미가 어느 정도 공격을 가하는지, 공격 지속 시간을 재보았습니다. 개미들의 평균 공격 시간은 우리가 지속 시간을 측정할 때 최대 공격 시간으로 가정한 2분보다 훨씬 짧은 22.8초밖에 되지 않았습니다.

이제 헤미스파이로타 키아네아가 꼼짝도 하지 않고 버틸 수 있는 방법을 찾아

(왼쪽 위) 배 쪽에서 본 헤미스파이로타 키아네아. 노란색 부절이 보인다.
(오른쪽 위) 부절을 확대한 사진. 부절은 발목마디 세 개로 이루어져 있다.
(왼쪽 아래) 부절의 일부를 확대한 모습. 강모로 이루어진 판이 보인다.
(오른쪽 아래) 유리에 찍힌 부절 자국.

야 했습니다. 어떻게 꼼짝도 하지 않고 다리에 힘을 주고 있을 수 있는지 말입니다. 헤미스파이로타 키아네아의 다리를 자세히 관찰하기 위해서 현미경으로 살펴봐야 했습니다.

배 쪽에서 관찰하자 헤미스파이로타 키아네아는 곤충학 용어로는 부절tarsi(절지동물의 다리 끝마디—옮긴이)이라고 하는 부분이 기이하게 크다는 사실을 알 수 있었습니다. 게다가 이 다리는 선명한 노란색을 띠고서 온통 푸른색으로 뒤덮인 외피와 뚜렷하게 대조를 이루었습니다. 딱정벌레의 부절은 보통 끝에 발톱처럼 생긴 갈고리 돌기가 있어 잎을 움켜쥐는 데 이용합니다. 하지만 그런 갈고리는 잎이 부드럽고 두꺼워서 쉽게 뚫을 수 있는 잎에나 유용한 도구이지 야자 잎에는 소용이 없습니다. 야자 잎은 반들반들하고 질겨서 부절에 난 갈고리로는 움켜잡을 수 없습니다. 헤미스파이로타 키아네아 유충의 경우 야자 잎을 움켜잡는 도구는 발톱 같은 돌기가 아니라 칼날처럼 날카로운 부속지(동물의 몸통에 가지처럼 붙어 있는 기관이나 부분—옮긴이)입니다. 게다가 헤미스파이로타 키아네아 성충의 갈고리 같은 부절 돌기는 퇴화되기까지 했기 때문에 버티는 데는 아무런 소용이 없습니다. 대신 헤미스파이로타 키아네아 성충의 부절에서는 수천 개가 넘는 강모를 볼 수 있었는데 이 강모는 칫솔에 꽂힌 칫솔모처럼 부절의 편평한 판에 한 가닥씩 박혀 있었습니다. 물론 딱정벌레들의 부절에서는 흔히 강모를 볼 수 있지만 헤미스파이로타 키아네아처럼 많은 강모가 나 있는 경우는 처음 보았습니다. 부절에 나 있는 수많은 강모를 보자 이 강모가 헤미스파이로타 키아네아의 부착력에 중요한 역할을 하고 있다는 확신이 생겼습니다.

흔히 SEM이라고 하는 주사 전자 현미경scanning electron microscope 사진을 통해 부절의 구조를 자세히 들여다볼 수 있었습니다. 부절은 발목마디tarsomere가 모두 세 부분으로 나뉘어 있었습니다. 부절 한 개당 1만 개 정도 되는 강모가 나 있었기 때문에 전체 강모는 6만 개가 넘었습니다. 강모 끝은 모두 포크처럼 갈라져 있었습니다. 따라서 만약 강모 끝이 모두 물체 표면에 닿는다면 헤미스파이로타 키아네아는 12만 개나 되는 접촉점을 갖는 셈입니다. 부절의 강모가 정말 부착력의 비밀을 풀 열쇠일까요? 만약 그렇다면 어떤 기능을 하기 때문에 그런 굉장한 부착력을 만들어내는 것일까요?

어쩌면 물체를 서로 붙일 때 작용하는 원리가 헤미스파이로타 키아네아의 부절에도 적용될 수 있겠다는 생각이 들었습니다. 좀더 쉽게 이해할 수 있도록 한 가지 예를 들어보겠습니다. 유리판 두 장을 서로 맞대고 힘껏 누른다고 해도 두 유리판은 달라붙지 않습니다. 하지만 유리판 사이에 물을 한 방울 떨어뜨리고 힘껏 누르면 물방울이 얇게 퍼지면서 일종의 막을 형성하여 두 유리판이 달라붙습니다. 물은 접착제가 아니지만 얇은 막을 형성하면 접착제처럼 작용합니다. 다른 액체들도 물체의 표면에서 물과 비슷하게 작용합니다. 이때 필요한 조건은 액체와 서로 접촉하는 두 표면 사이에 친화력이 존재해야 하며 두 표면 사이에 들어갈 액체가 얇은 막을 형성해야 한다는 두 가지뿐입니다. 우리는 헤미스파이로타 키아네아의 강모 끝이 젖어 있어 하나하나가 접착 패드 같은 역할을 하리라고 생각했습니다. 수천 개가 넘는 강모가 모이면 헤미스파이로타 키아네아가 버틸 수 있는 충분한 표면이 만들어질 게 틀림없었습니다.

확인해본 결과 실제로 헤미스파이로타 키아네아의 강모 끝은 두툼한 패드처럼 되어 있었고 젖어 있었습니다. 헤미스파이로타 키아네아의 부절 자국이 찍힌 유리 표면을 조사해본 결과 아주 작은 액체 방울이 맺혀 있는 모습을 볼 수 있었는데 액체 방울 사이의 간격으로 보아 그 자국은 강모 때문에 생긴 자국이 분명했습니다. 부절을 관찰하기 위해서 딱정벌레를 유리에 올려놓고 거꾸로 뒤집어 부절을 살펴볼 때도 강모에서 액체가 분비되는 모습을 관찰할 수 있었습니다.

제럴드의 연구소에서 근무하는 애슐라 애티갈 덕분에 강모 끝에 맺힌 액체가 긴 사슬 탄화수소long-chain hydrocarbons이며, 그 중에서도 특히 C_{22}부터 C_{29}까지의 n-알칸 물질n-alkanes과 n-알켄 물질n-alkenes이 포함된 지질이라는 사실을 알 수 있었습니다. 잎의 표면은 대부분 왁스로 덮여 있고 야자 잎도 예외는 아니라는 사실을 생각해보면 지질은 잎에 달라붙는 데 가장 이상적인 접착제라는 사실을 알 수 있었습니다. 게다가 왁스는 탄화수소와 쉽게 달라붙는 물질입니다.

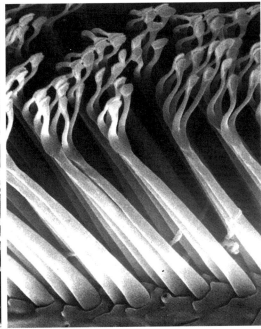
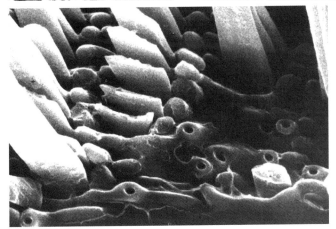

헤미스파이로타 키아네아의 부절.

(왼쪽 위) 부절의 강모를 근접 촬영한 사진.

(오른쪽 위) 옆면에서 본 강모. 끝이 두 갈래로 갈라져 있다. 강모의 기저부에 피지 구멍이 있다.

(아래) 부절의 일부. 피지 구멍을 자세히 보려고 조금 잘라냈다.

주사 전자 현미경으로 부절을 자세히 들여다보자 강모의 뿌리가 박혀 있는 표면에 작은 구멍들이 나 있는 모습이 보였습니다. 그 구멍들은 지질을 생산하는 아주 미세한 분비샘에 연결된 구멍처럼 보였습니다. 그 구멍에서 나온 지질이 모세관처럼 빽빽이 늘어선 강모들의 좁은 틈새를 타고 올라와 강모의 끝부분을 적시고 있는 것 같았습니다.

구멍을 처음 봤을 때 이런 구조라면 헤미스파이로타 키아네아에게 걷는 일은 아주 힘든 일이겠구나 하는 생각이 들었습니다. 헤미스파이로타 키아네아가 항상 부절에 힘을 주고 다닌다면 1만 2000방울이나 되는 지질이 흘러나와 제대로 걸을 수가 없을 것입니다. 하지만 헤미스파이로타 키아네아는 아주 잘 걸어다녔습니다. 그래서 대니얼과 저는 간단한 실험을 해보았습니다. 우리는 헤미스파이로타 키아네아를 가둘 조그만 상자를 만들고 그 위에 유리를 덮었습니다. 그런 다음 상자를 뒤집어 유리면을 밑으로 향하게 하고 현미경을 연결해 부절을 관찰해보았습니다. 실험을 하는 동안 딱정벌레 등에는 작은 금속을 붙였고 상자 밑에는 전자석을 설치했습니다. 전자석에 전류를 흐르게 하면 금속을 끌어당겼기 때문에 헤미스파이로타 키아네아에게 공격을 가하는 효과를 주었습니다. 실험을 통해서 우리는 헤미스파이로타 키아네아가 평상시에 움직일 때는, 그러니까 위협을 느끼지 않고 움직일 때는 강모의 일부만을 사용한다는 사실을 알아냈습니다. 평상시에 움직일 때는 세 발목마디 모두 비교적 앞쪽에 있는 강모 몇 줄만이 유리판에 부착되었습니다. 하지만 전자석에 전류를 흐르게 해 공격을 가하는 것처럼 만들자 헤미스파이로타 키아네아는 그 즉시 여섯 부절 모두에 힘을 넣었고 모든 강모가 한꺼번에 부착되었습니다. 헤미스파이로타 키아네아의 지질은 이동 중일 때는 소량만 나오다가 공격을 받으면 다량으로 분비되었습니다.

헤미스파이로타 키아네아가 개미와 싸운 후에는 지질 흔적이 남을 테니, 대니얼과 저는 헤미스파이로타 키아네아가 개미와 사투를 벌인 장소를 한번 살펴보기로 했습니다. 유리판에서 개미와 딱정벌레를 여러 차례 맞붙게 한 뒤에 유리판을 살펴보자 지질 방울과 줄무늬가 많이 보였습니다.

부절이 남긴 흔적을 찍어 지질 방울의 부피를 측정하자, 강모 한 개당 1.5세제곱마이크로미터라는 결과가 나왔습니다. 이는 모든 강모가 한꺼번에 지질을 분비한다면 약 0.00018세제곱밀리미터의 지질이 분비된다는 뜻입니다. 0.00018세제곱밀리미터라니, 어느 정도인지 짐작하기 어려우시겠지만 그 정도 양이라면 헤미스파이로타 키아네아 전체 몸무게의 0.001배에 해당합니다. 이는 많은 양이 아님

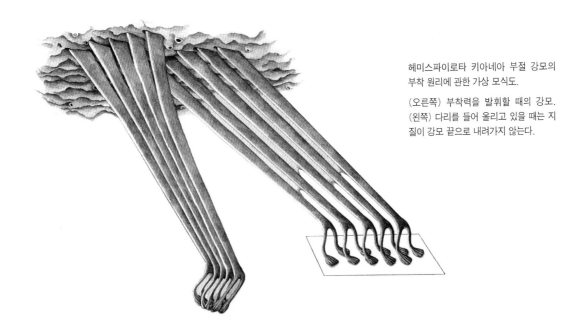

헤미스파이로타 키아네아 부절 강모의
부착 원리에 관한 가상 모식도.

(오른쪽) 부착력을 발휘할 때의 강모.
(왼쪽) 다리를 들어 올리고 있을 때는 지
질이 강모 끝으로 내려가지 않는다.

니다. 사람으로 친다면 몸무게가 70킬로그램인 사람이 0.7그램을 분비하는 셈입
니다. 또한 헤미스파이로타 키아네아는 쉽게 지질을 생산할 수 있습니다. 헤미스
파이로타 키아네아가 서식하는 야자에는 왁스 성분이 많이 들어 있는데, 왁스 분
자가 긴 사슬 탄화수소와 쉽게 결합한다는 점을 생각하면 헤미스파이로타 키아네
아가 비교적 쉽게 긴 사슬 탄화수소를 얻는다는 결론을 내릴 수 있습니다. 그러니
헤미스파이로타 키아네아의 지질 생산 단가는 낮다고 하겠습니다.

　그렇다면 바닥에 착 달라붙어 있던 딱정벌레는 어떤 방법으로 몸을 다시 떼어
낼까요? 어쩌면 헤미스파이로타 키아네아는 다리를 빙글 돌려서 한 번에 한 개
씩 발목마디를 떨어뜨리는 건 아닐까 하는 생각이 들었습니다. 헤미스파이로타
키아네아는 부절에 압력을 가하기 위해서 다리 근육을 팽팽하게 긴장하고 있었
을 것입니다. 일단 다리에 들어간 힘이 풀리면 부절은 쉽게 움직일 것입니다.

　다리 힘으로 버티는 딱정벌레에게는 근육 이완제를 주사하는 포식자가 가장
무서운 천적일 것입니다. 강하게 버티기 위해서 다리에 힘을 주고 있어야 하는
딱정벌레의 근육에 이완제가 들어가면 틀림없이 맥을 못 추고 바닥에서 떨어지
고 말 테니 말입니다. 실제로 헤미스파이로타 키아네아에게는 근육 이완제를 투

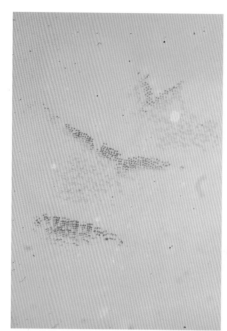
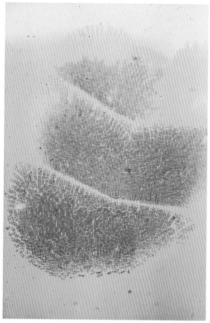

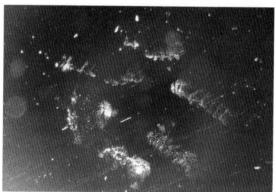

위의 두 사진은 유리판에 비친 헤미스파이로타 키아네아의 부절을 촬영한 것이다.

(왼쪽 위) 평상시에 움직일 때는 유리판에 각 발목마디의 끝부분만 닿는다.

(오른쪽 위) 전자석을 켜서 공격을 가하는 것처럼 만들자 사실상 모든 강모가 유리판에 달라붙었다.

(왼쪽 아래) 유리판 위에서 헤미스파이로타 키아네아를 공격하고 있는 개미들.

(오른쪽 아래) 어두운 유리판에 헤미스파이로타 키아네아가 남긴 부절 자국이 보인다. 공격을 받는 동안 다리의 위치를 이리저리 바꾼다. 그 결과 선명하게 남은 부절 자국.

수레바퀴벌레인 아릴루스 크리스타투스가 헤미스파이로타 키아네아를 먹고 있다.

입하는 천적이 있습니다. 우리는 헤미스파이로타 키아네아를 먹고 있는 이 천적을 버지니아 서부에 있는 야외 실험장에서 처음 만났습니다. 이 친구는 비교적 잘 알려져 있는 수레바퀴벌레로 침노린재과(科)^{Reduviidae}에 속하는 아릴루스 크리스타투스$^{Arilus\ cristatus}$였습니다. 우리는 이 천적을 몇 마리 잡아와, 먹이로 헤미스파이로타 키아네아를 주었습니다. 수레바퀴벌레는 모두 같은 방법으로 헤미스파이로타 키아네아를 잡아먹었습니다. 수레바퀴벌레는 바닥에 꼭 붙어 있는 헤미스파이로타 키아네아에게 다가가 그 위에 올라탔습니다. 그런 다음 연한 곳을 찾기 위해 헤미스파이로타 키아네아 몸을 여기저기 찔러보았습니다. 수레바퀴벌레의 구기가 몸을 뚫고 들어가자마자 헤미스파이로타 키아네아의 다리는 힘이 풀려 비틀거리기 시작하더니 결국 번쩍 들리고 말았습니다. 흐물흐물해진 다리 때문에 헤미스파이로타 키아네아는 버틸 힘이 전혀 없는 것 같았습니다. 침노린재과 곤충들은 모두 신경 독소를 이용해서 먹잇감을 죽인다고 알려져 있습니다. 헤미스파이로타 키아네아도 침노린재과 곤충의 손아귀에서 벗어나지 못했습니다.

부착력이 있는 강모는 곤충 세계에서 흔히 볼 수 있는 기관으로, 수많은 딱정벌레들이 강모와 지질을 부착 도구로 활용하고 있습니다. 하지만 헤미스파이로타 키아네아처럼 수없이 많은 강모를 방어 수단으로 사용하는 경우는 드뭅니다. 강모 증식이야말로 헤미스파이로타 키아네아의 진화사에서 가장 핵심이 되는 전략이었을 것입니다. 강모를 방어 수단으로 활용하지 않는 딱정벌레들이 지닌 강모는 보통 부절 한 개당 수백 개에 불과합니다. 우리가 직접 세어본 종 가운데 강모가 가장 많은 종은 부절당 1000개로, 헤미스파이로타 키아네아의 10분의 1에 불과했습니다.

4. 속임수의 대가들
Masters of Deception

제임스 로이드James Lloyd는 최초로 개똥벌레를 연구한 유명한 연구가입니다. 한 가지 곤충에게 열정적인 관심을 쏟는 곤충학자들이 대부분 그렇듯이 제임스도 다른 곤충에게는 쉽사리 눈길조차 주지 않았습니다. 사실 특정 동물을 사랑하는 사람들에게는 많은 일화가 따라다닙니다. 나비를 사랑하는 어떤 대학원생이 입학시험을 보려고 교수들을 찾아갔는데 그 중에 한 교수가 척추동물의 간에 대해서 말해보라고 하자, 그런 질문은 아무런 의미가 없다는 듯이 "나비는 간이 없습니다"라고 대답했다는 일화도 곤충학자들의 특성을 잘 나타내줍니다. 하지만 제임스 로이드는 이야기 속의 인물과는 달랐습니다. 대학원생이었던 제임스가 저를 찾아와 아주 훌륭한 논문을 제출했으니까 말입니다.

선구자인 프랭크 A. 맥더모트Frank A. McDermott의 연구를 이어받은 제임스는 개똥벌레의 신호를 해독해냈습니다. 사실 영어로 파이어플라이firefly라고 하는 개똥벌레는 파리fly가 아니라 딱정벌레입니다. 밤이 되면 불빛을 내며 날아다니는 개똥벌레는 보통 수컷이라고 합니다. 그런데 개똥벌레 수컷이 내는 빛, 그러니까 '빛의 노래'는 종마다 다르기 때문에 암컷이 자기네 종을 구별할 수 있다고 합니다. 다시 말해서 수컷이 내는 빛의 모양에 따라 암컷은 정확하게 자기와 같은 종을 알아보고 응답한다는 뜻입니다. 그런데 한 가지 신기한 점은 암컷들은 종에 관계없이 모두 똑같은 모양의 빛을 낸다는 사실입니다. 과연 수컷은 어떻게 같은 종의 암컷을 알아볼 수 있을까요? 수많은 암컷들 가운데 자신의 짝이 될 암컷을 알아보는 방법은 무엇일까요?

바로 그 해답을 발견한 사람이 제임스입니다. 제임스는 암컷들이 모두 같은 모양의 불빛을 발산하지만 종에 따라 빛을 발산하는 시간이 다르다는 사실을 알아냈습니다. 수컷의 노래가 끝나고 암컷이 반응하는 데 걸리는 시간이 바로 해답이었습니다. 수컷의 노래가 끝나고 암컷이 반응할 때까지 걸리는 시간은 종마다 모두 달랐습니다. 제임스는 전자 장비로 암컷들의 반응 시간을 측정해보았습니다. 결과는 정말 놀라웠습니다. 개똥벌레들의 세계에서는 기가 막히게 맞아떨어지는

(왼쪽)
포티누스 이그니투스
(*Photinus ignitus*).
(오른쪽)
포투리스 베르시콜로르
(*Photuris versicolor*).

타이밍이 바로 사랑의 조건이었던 셈입니다.

제임스가 발견한 사실은 그뿐만이 아닙니다. 개똥벌레 가운데 포투리스속(屬)^{Photuris} 암컷들은 포티누스속(屬)^{Photinus} 수컷들을 잡아먹는 무시무시한 습성이 있습니다. 포투리스속 암컷들이 어떤 방법을 이용해서 포티누스속 수컷들을 잡아먹는지는 잘 알려지지 않았습니다. 제임스는 포투리스속 암컷들이 배우자를 교환하는 방법으로 포티누스속 수컷들을 잡아먹는다는 사실을 밝혀냈습니다. 포투리스속 암컷들은 짝짓기를 할 때 포투리스속 수컷들에게 맞도록 빛을 내는 시간을 조정했고 먹이를 잡을 때는 포티누스속 수컷들에게 맞도록 조정했습니다. 제임스는 포투리스속 암컷들을 요부^{femme fetale}라고 불렀습니다. 정말 딱 들어맞는 별명이 아닐 수 없습니다. 1964년에 제임스가 책을 낼 때까지만 해도 제가 이 요부들을 자세히 연구하게 되리라고는 생각도 못 했습니다.

1970년대 중반에 저에게는 애완용 새가 한 마리 있었습니다. 포겔이라고 부르던 이 새는 개똥지빠귀(힐로키클라 우스툴라타*Hylocichla ustulata*)였습니다. 포겔은 정말 곤충을 좋아했습니다. 앉은자리에서 서른 마리는 거뜬히 먹어치울 수 있었고 아침에 가장 왕성한 식욕을 과시했지만 그렇다고 종류를 가리지 않고 마구 먹지는 않았습니다. 사실 포겔은 아주 까다로운 미식가였습니다. 포겔의 행동만 보아도 먹이로 준 곤충을 좋아하는지 싫어하는지를 한눈에 알 수 있었습니다. 좋아하는 곤충을 주면 부리로 덥석 물어 채간 다음 삼키기 좋게 먹이를 돌리고는 꿀꺽 삼켜버렸습니다. 그저 그런 곤충, 그러니까 특별히 맛있지는 않지만 싫지도 않은 곤충을 주면 먹을 것인지 버릴 것인지를 결정할 때까지 부리로 들었다 놓았다 하는 일을 반복했습니다. 싫어하는 곤충을 줄 때도 다르게 행동했습니다. 싫어하는 곤충은 아주 철저하게 거부했습니다. 첫 번째 줄 때는 쪼아 먹어보지만 그 다음부터는 해로운 곤충을 인식한 새들이 그러는 것처럼 앞에 갖다놓아도 쳐다보지도 않았습니다.

포겔은 곤충의 맛에 대해서는 분명하게 의사를 밝혔습니다. 우리는 포겔에게 여러 종류의 곤충을 먹여보고 포겔의 행동을 기록해나갔습니다. 만약 포겔이 싫어하는 곤충이 있다면 새로운 화학물질을 발견할지도 모른다고 기대하며 곤충이 분비하는 화학물질을 자세히 분석해보았습니다. 포겔과 함께한 과정은 생물학적으로도 충분히 근거가 있었습니다. 어느 해 여름에는 포겔에게 100종 500개체가 넘는 곤충을 먹이로 주면서 함께 실험을 했습니다. 포겔은 정말 큰 도움을 주었고 새로운 발견의 세계로 우리를 이끌어주었습니다.

실험 방법은 간단했습니다. 아침마다 야외로 나가 각기 다른 약병에 곤충을 스무 마리 정도 잡아 옵니다. 그런 다음 시간이 되면 애타게 저를 기다리는 포겔에게 가서 언제나 주던 곤충을 먹이로 줍니다. 포겔이 곤충을 다 먹으면 은근슬쩍 새로운 곤충을 한 마리 던져주고 반응을 살펴봅니다. 포겔의 새장에는 곤충을 떨어뜨려주는 작은 접시가 놓여 있었습니다. 포겔은 자신이 예상한 일이 벌어질 때 가장 행복해 보였습니다. 포겔과 함께한 실험은 두 곳에서 진행됐습니다. 한 곳은 이타카였고 또 한 곳은 마리아와 제가 평온한 삶이 그리울 때면 찾아갔던, 뉴욕의 렌셀레어빌 근처에 있는 호젓한 하이크자연보호지였습니다.

그해 여름에 포겔이 맛본 음식은 곤충을 비롯하여 거미와 갑각류까지 아주 다양했습니다. 그 종류를 분류학적으로 분석해보면 다음과 같습니다.

개거미과(科)*thomisidae* 거미들.

추수일꾼문(門)*phalangids* 동물들.

갑각강(綱)*Crustacea* 등각과*isopodae* 갑각류들.

하루살이목(目)*Ephemeroptera* 곤충들.

잠자리목(目)*Odonata* 균시아목(亞目)*zygopteran*과 불균시아목(亞目)*anisopteran* 잠자리들.

메뚜기목(目)*Orthoptera* 메뚜기과(科)*acrididae*와 귀뚜라미과(科)*gryllidae* 곤충들.

강도래목(目)*Plecoptera* 곤충들.

노린재목(目)*Hemiptera* 물벌레과(科)*corixidae*, 송장헤엄치게과(科)*notonectidae*, 소금쟁이과(科)*gerridae*, 침노린재과(科)*reduviidae*, 피마티다이과(科)*phymatidae*, 노린재과(科)*pentatomidae* 곤충들.

풀잠자리목(目)*Neuroptera* 뱀잠자리과(科)*corydalidae*와 풀잠자리과(科)*chrysopi-dae* 잠자리들.

딱정벌레목(目)*Coleoptera* 딱정벌레과(科)*Carabidae*, 물매암이과(科)*gyrinidae*, 물 땡땡이과(科)*hydrophilidae*, 송장벌레과(科)*silphidae*, 소똥구리과(科)*scarabaeidae*, 방아벌레과(科)*elateridae*, 반딧불이과(科)*lampyridae*, 병대벌레과(科)*cantharidae*, 무당벌레과(科)*coccinelidae*, 거저리과(科)*tenebrionidae*, 가뢰과(科)*meloidae*, 잎벌레과(科)*chrysomelidae* 곤충들.

밑들이목(目)*Mecoptera* 각다귀붙이과(科)*bittacidae*, 밑들이과(科)*panorpidae* 곤충들.

날도래목(目)*Trichoptera* 우묵날도래과(科)*limnephilidae*, 줄날도래과(科)*hydropsy-chidae*와 기타 날도래목 곤충들.

나비목(目)*Lepidoptera* 잎말이나방과(科)*tortricidae*, 자나방과(科)*geometridae*(성충과 애벌레 모두), 갈고리나방과(科)*drepanidae*, 애기나방과(科)*ctenuchidae*, 밤나방과(科)*noctuidae*, 팔랑나비과(科)*hesperiidae*, 흰나비과(科)*pieridae*, 네발나비과

(科)^{nymphalidae} 나비들.

파리목(目)^{Diptera} 각다귀과(科)^{tipulidae}, 등에과(科)^{tabanidae}, 파리매과(科)^{asili-dae}, 꽃등에과(科)^{syrphidae}, 들파리과(科)^{sciomyzidae}, 집파리과(科)^{muscidae}, 기생파리과(科)^{tachinidae}와 기타 파리목 곤충들.

벌목(目)^{Hymenoptera} 잎벌과(科)^{tenthredinidae}(성충과 애벌레 모두), 개미과(科)^{formicidae}와 기타 벌목 곤충들.

포겔이 싫어한 곤충은 여덟 종이었습니다. 들파리과(科)를 뺀 나머지는 모두 딱정벌레였습니다. 그 중에 네 종은 땅가뢰, 병대벌레, 송장벌레, 무당벌레로 모두 화학적 방어 물질을 분비한다고 알려진 종이었고, 나머지 셋은 반딧불이과(科)에 속하는 개똥벌레들이었습니다. 개똥벌레가 분비하는 역겨운 화학물질에 대해서는 알려진 바가 없었기 때문에 저는 포겔이 개똥벌레를 먹지 않는다는 사실에 무척 흥분했습니다. 그래서 저는 곧바로 제럴드에게 전화를 걸었습니다.

"어떻게 하든지 개똥벌레를 많이 구해야 해." 제럴드는 개똥벌레가 조금밖에 없으면 아무 소용 없다는 듯이 그렇게 말했습니다. 그래서 저는 광고를 하기로 했습니다. 개똥벌레가 많이 활동하는 계절에 『이타카 저널(the Ithaca Journal)』에 개똥벌레를 잡아 오면 한 마리에 5센트를 주겠다는 광고를 냈습니다.

하마터면 우리는 파산할 뻔했습니다. 처음 광고를 냈을 때는 아이들이 오리라고 생각했는데 실제로 개똥벌레들을 잡아 온 사람들은 어른들이었기 때문에 예산이 너무 많이 들어갔습니다. 그래서 우리는 아이들이 개똥벌레를 잡아 올 수 있도록 개똥벌레 가격을 1센트로 내렸습니다. 주말이면 개똥벌레를 잡은 아이들이 집으로 찾아왔고, 작은 아이들이 수고한 대가를 받고 좋아하는 모습을 보며 정말 기뻤습니다.

하지만 실제로 실험에 쓸 개똥벌레는 대부분 다른 곳에서 얻었습니다. 개똥벌레의 발광 기관에서 빛을 내는 물질인 효소–기질 복합체^{enzyme-substrate complex}, 즉 루시페린–루시페라아제 복합체^{luciferin-luciferase complex}를 생화학 연구와 진단 약 조제 재료로 사용하는 기업이 개똥벌레를 대량으로 키우고 있었습니다. 그런 기업에서는 보통 개똥벌레의 끝부분만 연구 재료로 쓰고 나머지 부분은 그대로 폐기처분했습니다. 우리는 그 중에 한 연구소를 방문해서 버리는 부분을 제공해달라고 설득했습니다. 개똥벌레가 만들어내는 뭔가 역겨운 물질이 끝부분에만 있지는 않으리라고 생각했기 때문입니다.

그렇다면 개똥벌레가 만들어내는 역겨운 물질은 대체 어디에서 추출해야 하는 걸까요? 폭격수딱정벌레의 경우에는 화학물질을 저장하는 분비샘이 있었기 때문에 어려운 일이 아니었습니다. 그러나 대부분의 곤충들처럼 개똥벌레도 특별한 방어용 분비샘 없이 체액 속에 방어용 화학물질이 녹아 있기 때문에 체액에서 방어용 화학물질만 뽑아내는 일은 쉽지 않은 일이었습니다. 따라서 우리에게는 어느 정도 행운이 필요했습니다.

가장 일반적인 방법은 각기 다른 용매를 사용해서 표본 속에 포함되어 있는 화학물질을 추출한 다음에 그 화학물질의 성질을 알아보는 것입니다. 수용성 물질과 지용성 물질을 다 추출하기 위해서 두 가지 용매를 사용하는데, 이때 추출하고자 하는 물질이 한쪽 용매 속으로만 녹아 들어가기를 바라야 합니다. 용매 속에 녹아 들어간 화학물질은 생물학적정량을 이용하여 분석할 수 있습니다. 이런 식으로 추출한 물질들을 개별적으로 먹이가 되는 물질에 첨가한 후 포식자를 이용해서 어떤 물질을 첨가한 먹이가 거부 반응을 일으키는지 살펴보게 됩니다. 가장 좋은 경우는 거부 반응을 일으키는 화학물질이 완전히 한쪽 용매에만 녹아 들어가는 경우입니다. 가장 나쁜 경우는 거부 반응을 일으키는 화학물질이 수용성 용매와 지용성 용매에 나누어 들어가서 제대로 반응을 일으키지 않는 경우입니다. 두 용매에 각각 들어 있는 화학물질들이 서로 결합했을 때 거부 반응이 일어난다면 원인이 되는 화학물질을 찾기란 어려워집니다. 운이 좋아서 찾고자 하는 화학물질이 단일한 형태로 한쪽 용매에 녹아 들어갔다고 하더라도 용매 속에 들어 있는 다른 물질들과 분리해내야 한다는 어려움이 남습니다. 다행히 지금은 아주 정밀해진 크로마토그래피 기술 덕분에 성분 물질을 쉽게 분리해낼 수 있습니

개똥벌레가 유독한 화학물질을 분비한다는 사실을 알려준 성실한 연구원인 포겔(왼쪽)과 개똥벌레를 구하고자 『이타카 저널』에 제일 처음 낸 광고(오른쪽).

"반딧불이 구함. 한 마리당 5센트. 공항 근처에 있는 랭뮤어연구소, 139호실. 6월 30일까지, 월요일부터 금요일 9시부터 오후 4시 15분까지 접수함. 냉장 보관 시 최상의 상태 유지. 큰 것과 작은 것을 나누어주세요."

다. 하지만 그렇다고 하더라도 역겨움을 유발하는 화학물질을 완벽하게 찾아내려면 크로마토그래피로 분리해낸 성분 물질을 생물학적정량을 이용해서 분석해야 합니다.

다행히 개똥벌레의 경우에는 운이 좋았습니다. 우리가 찾고자 했던 물질은 한쪽 용매에만 녹아 들어갔습니다. 우리가 찾던 화학물질은 스펙트럼 분석 시에 자외선 영역에서 분명한 분자 흡수 성질을 나타냈기 때문에 쉽게 분리해낼 수 있었습니다. 그 화학물질은 스테로이드였고 혼합물 형태로 존재하고 있었습니다. 이 스테로이드들은 모두 새로운 물질들이었기 때문에 저와 제럴드, 제럴드의 조교였던 데이비드 F. 위머David F. Wiemer와 리로이 H. 헤인스Leroy H. Haynes는 모두 뛸 듯이 기뻐했습니다. 새로 발견한 스테로이드 혼합물에 이름을 붙여주어야 했던 우리는 '빛을 내는 자'라는 뜻의 라틴어인 루시퍼를 본떠 루시부파긴lucibufagins이라고 명명했습니다.

그런 다음 우리는 루시부파긴의 역할을 알아보기로 했습니다. 당시 연구소에는 지빠귀가 몇 종 있었는데 지빠귀들은 모두 딱정벌레목에 속하는 갈색쌀거저리(테네브리오 몰리토르*Tenebrio molitor*)의 유충인 밀웜mealworms(곤충을 먹는 동물에게 사료로 주려고 실험실에서 키우는 작은 바퀴의 유충—옮긴이)을 아주 좋아했습니다. 하지만 밀웜에 루시부파긴을 묻혀준 뒤로는 더 이상 밀웜을 거들떠보지 않았습니다. 게다가 루시부파긴을 묻힌 밀웜 두 마리를 먹은 새는 토하기까지 했습니다. 선행 연구를 통해서 연구소에 있는 지빠귀들도 포겔처럼 개똥벌레를 먹지 않는다는 사실은 이미 알고 있었습니다. 개똥벌레를 삼킨 경우는 딱 한 번 보았는데, 그 새는 삼키고 나서 1분도 안 되어 다시 개똥벌레를 게워냈습니다. 실험을 통해서 루시부파긴이 새들에게 역겨움을 줄 뿐만 아니라 구토를 유발한다는 사실을 알 수 있었습니다. 깡충거미jumping spider도 루시부파긴에 아주 민감하게 반응했습니다. 깡충거미들은 초파리를 먹이로 주면 좋아하며 받아먹었지만 루시부파긴을 초파리에 묻혀주면 먹지 않았습니다.

루시부파긴은 동양두꺼비orient toad에서 추출할 수 있는 스테로이드와 화학적으로 유사점이 있기는 했지만 곤충의 몸속에 있는 스테로이드와는 다른 물질이었습니다. 두꺼비의 화학물질과 비슷한 성질이 있었기 때문에 개똥벌레의 스테로이드를 가리키는 루시부파긴에 가장 종의 수가 많은 두꺼비속(屬) 이름인 바포Bufo를 본 따 부프buf라는 말을 집어넣었습니다. 하지만 더 흥미로운 사실은 루시부파긴이 두꺼비보다도 식물의 스테로이드와 더 비슷하다는 점이었습니다. 이 식물성 스테로이드는 우아베인ouabain이나 심장약의 재료인 디기탈리스digitali가 포함되어 있는 카르데놀리드 물질cardenolides입니다. 그렇다면 루시부파긴도 약의 성분이 될 수 있을까요? 그 사실이 궁금했던 우리는 한 제약회사에 루시부파긴을 보내 검사해달라고 부탁했습니다. 검사 결과는 고무적이기도 했고 실망스럽기도 했습니다. 루시부파긴은 맥박수를 바꾸지 않고 심장 박동을 강화시키는 강심제로서 효능이 있지만 시판되는 약보다 특별히 뛰어나지는 않다고 했습니다.

하지만 완전히 실망스러운 결과는 아니었습니다. 개똥벌레는 여러 종류가 있으니까 말입니다. 그때까지는 포티누스속 개똥벌레를 가지고 화학 실험을 했습

포티누스 이그니투스에서 추출한 루시부파긴의 하나인 루시부파긴 C(왼쪽)와 우아베인(오른쪽).

니다. 그렇다면 포투리스속은 어떨까요? 포투리스 베르시콜로르의 화학물질이 루시부파긴보다 훨씬 더 좋은 약재가 될지도 모르는 일이었습니다. 당시 우리는 벌레의 몸에서 추출한 물질로 약을 만든다는 생각에 사로잡혀 있었고 어딘가에 숨어 있을지도 모를 기회를 놓치고 싶지 않았습니다. 하지만 포투리스 베르시콜로르는 약재가 될 만한 어떠한 성분도 지니고 있지 않았습니다. 그런데 포투리스 베르시콜로르를 가지고 실험하는 동안 요부인 암컷에 관한 몇 가지 놀라운 사실을 알게 되었습니다.

조사해나가는 동안 포투리스 베르시콜로르의 체액 속에도 루시부파긴이 있기는 하지만 항상 있는 것은 아니라는 사실을 알아냈습니다. 처음에는 무척 당혹스러웠습니다. 수컷에게는 루시부파긴이 거의 없는 데 비해 암컷의 몸에는 다량 있었으니까 말입니다. 실험실에서도 포투리스 베르시콜로르를 기르고 있었는데 성숙한 유충의 모습은 어딘지 모르게 자연계에서 보던 유충의 모습과 달랐습니다. 유충도 성충처럼 발광 기관이 있어 희미한 빛을 발산하기 때문에 어두워진 후에 유충의 서식지를 찾아가도 쉽게 유충을 찾을 수 있습니다. 지금은 이타카에서 포투리스 베르시콜로르가 서식하는 장소를 잘 알고 있지만 몇 년 전만 해도 그 사실을 잘 몰라서, 연구소에 있는 거의 모든 사람들이 수도 워싱턴으로 가서 개똥벌레 전문가이자 제 친구인 존 B. 벽John B. Buck의 조언을 듣고는 했습니다. 존

벅은 제게 국회 컨트리클럽 골프장에 포투리스 베르시콜로르가 아주 많이 살고 있다고 말해주었습니다. 국회 컨트리클럽에 출입해도 좋다는 허가를 받은 우리는 밤새 잔디밭을 돌아다니며 수백 마리가 넘는 유충을 잡아 왔습니다. 수백 개가 넘는 골프공, 자동차 열쇠, 만년필 한 자루까지 찾았습니다.

유충 몇 마리를 골라 체액을 추출해봤지만 루시부파긴은 없었습니다. 루시부파긴을 지니고 있는 개체는 오직 성충 암컷밖에 없는 것 같았습니다. 그러자 왜 그럴까 하는 의문이 생겼습니다.

어쩌면 먹이로 섭취하는 포티누스 이그니투스의 루시부파긴이 포투리스 베르시콜로르 암컷의 몸에 축적된 것은 아닐까 하는 생각이 들었습니다. "먹는 것이 바로 너 자신이다"라는 말처럼 포투리스 베르시콜로르 암컷은 포티누스 이그니투스를 먹음으로써 체내에 루시부파긴을 축적하는지도 몰랐습니다. 그래서 저는 한 가지 실험을 해보기로 했습니다.

그 무렵 우리 연구실에 젊고 정말 재미있는 연구가가 합류했습니다. 이제 막 대학원을 졸업한 데이비드 힐David Hill은 거미 전문가였습니다. 거미는 정말 흥미로운 동물입니다. 가끔 왜 거미를 연구하는 사람이 별로 없는지 신기할 때가 있습니다. 거미는 다리가 여섯 개가 아니라 여덟 개이기 때문에 곤충학자들이 거들떠보지도 않는 것 같습니다. 거미학자는 아주 적기 때문에 대부분 혼자서 연구를 해야 합니다. 수많은 전문가를 배출하는 곤충학과와는 달리 거미학과 자체도 그리 많지 않습니다. 그러니 거미학자가 적을 수밖에 없습니다. 거미학자는 그 때문에 대부분 스스로가 개척자가 되어야 합니다.

데이비드의 논문 주제는 깡충거미, 그러니까 이름처럼 깡충 뛰어올라 먹이를 잡아먹는 거미였습니다. 데이비드는 깡충거미가 먹이를 잡기 전에 삼각법을 이용하여 정확하게 위치를 측량한다는 사실을 알려주었습니다.

데이비드가 기분 전환 삼아 기꺼이 다리가 여섯 개 달린 동물을 위해서 시간을 할애해주었기 때문에 우리는 본격적으로 포투리스 베르시콜로르에 관한 연구를 시작할 수 있었습니다. 물론 제럴드의 연구진도 도와주었습니다. 그 무렵에 박사

포티누스 이그니투스 수컷을 먹어치우는 포투리스 베르시콜로르 암컷.

과정을 마치고 제럴드의 연구팀에 합류한 지 얼마 안 된 마이클 괴츠^{Michael Goetz}는 수십 차례에 걸쳐 루시부파긴의 성분을 분석하고 연구가 원활하게 진행될 수 있도록 애써주었습니다. 제일 처음 알아낸 사실은 포투리스 베르시콜로르 암컷이 루시부파긴을 몸에 지닐 수 있는 방법은 먹는 방법뿐이라는 것이었습니다. 잡아 온 유충이 성충이 되어가는 과정을 관찰하면서 다양한 연령대의 암컷을 조사해본 결과 포투리스 베르시콜로르 암컷은 체내에서 루시부파긴을 합성하지 못한다는 사실을 알게 되었습니다. 따라서 포투리스 베르시콜로르 암컷이 루시부파긴을 몸에 지니려면 포티누스 이그니투스 수컷을 먹거나 자연 속에서 순수한 루시부파긴을 섭취해야 했습니다.

포투리스 베르시콜로르 암컷이 포티누스 이그니투스 수컷을 먹어치우는 모습은 정말 놀라웠습니다. 포투리스 베르시콜로르 암컷은 페트리 접시에 포티누스 이그니투스 수컷을 집어넣는 순간 수컷 위로 뛰어 올라가 곧바로 씹어 먹기 시작했습니다. 암컷은 다리와 날개 같은 부위만 남기고 대부분 깨끗하게 먹어치웠습니다. 포투리스 베르시콜로르 암컷은 먹이에 대한 집착이 아주 강했습니다. 또한 순수한 루시부파긴도 아주 잘 먹었습니다. 아주 작은 유리 피펫으로 물에 섞은 루시부파긴을 주면 정신없이 먹어치웠습니다. 구기에 갖다 대기만 하면 암컷은 피펫에 들어 있는 액체를 모두 빨아먹었습니다. 연구소에서 키우던 암컷들은 모두 포티누스 이그니투스 수컷 한 마리로는 만족하지 못했습니다. 한 마리 암컷이 세 마리 수컷을 먹어치우는 일은 식은 죽 먹기였습니다. 가장 식욕이 왕성한 요부는 한 번에 포티누스 이그니투스 수컷 여섯 마리를 해치워버렸습니다.

우리는 포투리스 베르시콜로르 암컷이 섭취한 루시부파긴이 암컷에게 방어 능력을 제공하는지 궁금했습니다. 그래서 깡충거미를 가지고 실험해보기로 했습니다. 우리는 몇 시간 동안 즐거운 마음으로 숲 속을 헤매 다니며 거미를 여러 마리 잡아 왔습니다. 잡아 온 거미 가운데 스물아홉 마리에게는 포티누스 이그니투스 수컷을 먹지 않은 암컷을 먹이로 주었습니다. 암컷 가운데 열다섯 마리가 거미에게 잡아먹혔습니다. 또 다른 스물아홉 마리 거미에게는 포티누스 이그니투스 수컷을 두 마리씩 잡아먹은 암컷을 먹이로 주었습니다. 이 암컷들은 거미에게 한 마리도 잡아먹히지 않았습니다. 루시부파긴이 거미를 물리치는 역할을 한다는 사실은 이미 알고 있었습니다. 따라서 포티누스 이그니투스 수컷을 먹은 포투리스 베르시콜로르 암컷은 수컷의 몸속에 들어 있던 루시부파긴 덕분에 잡아먹히지 않은 것 같았습니다. 다시 말해서 외부에서 섭취한 화학물질 때문에 보호받은 셈이었습니다.

개똥벌레가 공격을 받으면 아주 특이한 방법으로 루시부파긴을 배출합니다.

깡충거미(피디푸스 아우닥스*Phidippus audax*)를 이용한 실험.
(위) 죽은 초파리에 루시부파긴을 묻힌 후 철사에 묶어 거미 먹이로 주었다. 거미는 초파리를 먹지 않고 피했다.
(왼쪽 아래) 거미는 루시부파긴이 체내에 없는 포투리스 베르시콜로르 암컷을 잡아먹었다.
(오른쪽 아래) 루시부파긴이 체내에 있는 암컷은 잡아먹지 않았다.

출혈이라는 형태로 말입니다. 개똥벌레의 얇은 바깥쪽 큐티클은 쉽게 찢어집니다. 찢어진 큐티클 사이로 루시부파긴이 섞인 혈액이 방울방울 배어나옵니다. 스스로를 방어하느라 찢어진 큐티클층은 쉽게 아뭅니다. 공격을 받으면 아주 빨리 이런 일이 일어나기 때문에 흔히 이런 출혈을 반사 출혈reflex bleeding이라고 합니다. 혈액 속에 방어 물질이 들어 있는 곤충 가운데 반사 출혈을 하는 곤충이 또 있습니다. 야외로 나가 곤충을 잡을 때 이런 사실을 알게 되었습니다. 곤충 가운데 만지자마자 피를 흘리는 친구들이 있었는데 그런 친구들의 피에서는 이상한 맛이 났습니다. 물론 지금은 피 속에 독소가 들어 있다는 사실을 알기 때문에 맛을 보는 일은 하지 않습니다. 곤충은 피를 흘려도 호흡 곤란을 겪지 않습니다. 곤충의 혈액은 호흡에 필요한 산소를 운반하지 않기 때문입니다. 곤충에게는 바깥쪽에 뚫린 기공을 통해 곧바로 조직으로 산소를 운반하는 기관(氣管)이라는 특별한 호흡 기관이 있습니다. 곤충이 피를 흘릴 때 잃어버리는 물질은 영양분과 유용한 화학물질뿐입니다. 하지만 반사 출혈 시에는 그 양이 아주 적어서 곤충에게 해를 미치지 않습니다.

우리는 개똥벌레로 또 다른 실험을 해보았는데 그 결과가 무척 흥미로웠습니다. 당연한 말이겠지만, 자연 상태에서는 포투리스 베르시콜로르 암컷이 잡아먹는 포티누스 이그니투스 수컷의 수가 다르기 때문에 암컷의 몸속에 들어 있는 루시부파긴의 양도 제각각일 것이라는 가정 아래 실험을 진행했습니다. 야외에서 잡아온 포투리스 베르시콜로르 암컷의 루시부파긴은 날개에서 흘러나오는 피를 분석해서 그 양을 측정할 수 있습니다. 따라서 야외에서 잡아온 암컷 여든여섯 마리의 루시부파긴을 측정한 후에 한 마리씩 거미의 먹이로 주었습니다. 실험 결과 암컷의 생사는 전적으로 체내에 든 루시부파긴의 양에 달려 있다는 사실을 알 수 있었습니다. 루시부파긴이 전혀 없는 암컷 열아홉 마리는 모두 잡아먹혔지만 포티누스 이그니투스 수컷을 한 마리 이상 잡아먹어, 혈액 1밀리그램당 1~10마이크로그램 정도 되는, 많은 루시부파긴이 들어 있는 암컷은 한 마리도 잡아먹히지 않았습니다. 중간 정도 되는 양으로 루시부파긴이 들어 있던 나머지 암컷은 그 양에 따라 생사가 달라졌습니다. 요부라고 알려진 포투리스 베르시콜로르 암컷이 포티누스 이그니투스 수컷을 잡아먹는 이유는 사실 자신을 방어하기 위해서였던 셈입니다. 루시부파긴을 많이 섭취하면 할수록 자신을 더 잘 지킬 수 있기 때문입니다.

그런데 포투리스 베르시콜로르 암컷이 루시부파긴을 섭취하는 이유는 단지 자신만을 지키기 위해서가 아니었습니다. 암컷이 섭취한 루시부파긴은 알을 보호하는 역할도 했습니다. 우루과이에서 온 대학원생 안드레스 곤살레스Andrés González는 암컷이 낳은 알에 어미로부터 받은 루시부파긴이 들어 있다는 사실을 밝혀냈습니다. 어미가 전해준 루시부파긴은 무당벌레처럼 게걸스럽게 알을 먹어대는 천적을 물리쳐주었습니다. 캐나다에서 온 공동 연구자이자 천부적인 실험가인 제임스 헤어James Hare는, 루시부파긴이 들어 있는 알은 개미도 물리친다는 사실을 알아냈습니다. 안드레스는 또한 포투리스 베르시콜로르 암컷은 루시부파긴이 없을 경우 자신과 알을 보호하고자 스스로 퀴놀린 유도체^{quinoline derivative} 같은 방어 물질을 합성해낸다는 사실도 알아냈습니다.

실험에 합류한 대학원생 스콧 스메들리^{Scott Smedley}가 실험 결과를 모두 종합하여 통계 자료를 작성한 후에 그 결과를 논문으로 발표했습니다. 연구를 진행하는 동안 몇 가지 생각해보아야 할 점이 생겼습니다. 화학자나 생물학자 할 것 없이 우리 모두는 아주 즐거운 마음으로 개똥벌레를 연구했고 그 결과 모두 개똥벌레를 좋아하게 됐지만, 실험 결과는 곤충의 방어 수단에 대한 기존 상식을 뒤흔들었습니다. 포티누스 이그니투스의 피 속에 있는 루시부파긴의 농도는 이상할 정도로 높았습니다. 포티누스 이그니투스 한 마리 속에 들어 있는 루시부파긴의 양은 평균 60마이크로그램으로 전체 몸무게에 0.5퍼센트에 해당하는 양이었습니다. 곤충에게 다른 스테로이드가 없으면 스테로이드 물질 자체를 만들지 못한다는 사실을 생각하면 아주 신기한 일이었습니다. 아마도 포티누스 이그니투스는 콜레스테롤로 루시부파긴을 만드는 것 같았습니다. 포티누스 이그니투스의 먹이 속에는 분명히 콜레스테롤이 많이 함유되어 있을 것입니다. 하지만 콜레스테롤은 동물의 신진 대사에 다양하게 사용해야 하는데, 루시부파긴을 만드느라 막대한 양을 사용하다니, 그다지 현명한 방법 같지 않았습니다. 또한 포투리스 베르시콜로르가 별다른 노력 없이 먹이 속에 들어 있는 루시부파긴을 체내에 흡수할 수 있다는 사실도 조금 이상해 보였습니다. 일반적으로 생물체가 방어 수단을 만드는 일은 비용이 많이 드는 어려운 일입니다. 따라서 동물과 식물은 되도록이면 생산 원가를 낮추려고 다양한 방법을 택합니다. 일반적으로 가장 많이 쓰는 방법은 먹이 속에 들어 있는 화학물질을 그대로 활용하는 방법입니다. 하지만 이런 방법은 주로 초식성 동물이 활용합니다. 포투리스 베르시콜로르처럼 육식성 동물이 먹이를 통해 방어 물질을 섭취하는 경우는 아주 드뭅니다. 게다가 먹이를 흉내 내어 유인해 먹은 후 먹이 속에 들어 있는 화학물질을 섭취하는 경우는 아마 포투리스 베르시콜로르밖에 없을 것입니다.

비어디드래곤. 이 파충류는 포티누스 이그니투스를
한 마리만 먹어도 죽는다.

　　루시부파긴은 새나 거미, 무당벌레가 아닌 다른 동물들의 접근도 막는 능력이
있음이 분명했습니다. 이는 간단한 실험을 통해서 충분히 증명할 수 있었습니다.
예를 들어 미국 동남쪽에 살고 있는 파충류들은 개똥벌레를 먹지 않는데, 루시부
파긴 때문이 틀림없습니다. 오랫동안 개똥벌레와 함께 살아온 아메리카 대륙 파
충류들은 개똥벌레를 먹으면 안 된다는 사실을 인지하고 있었습니다. 개똥벌레
를 먹어본 아메리카 대륙 파충류들은 점차적으로 그런 맛을 내는 곤충을 피하도
록 진화해왔습니다. 하지만 그런 진화 과정을 거치지 않은 외래 파충류에게 루시
부파긴은 치명적이었습니다. 이는 일련의 사건을 통해 그 사실을 확인할 수 있었
습니다.

　　1998년 여름 저는 일리노이주 어배나에 있는 국립동물독극물제어센터의 수의
사인 마이클 나이트Michael Knight 박사의 전화를 받았습니다. 어느 날 나이트 박

사는 기르고 있던 파고나속(屬)*Pogana* 도마뱀인 비어디드래곤(포고나 비티켑스 *Pogona vitticeps,* 영어명: Australian bearded dragon)에게 개똥벌레가 분명한 곤충을 먹이로 주었는데, 그 곤충을 먹고 죽어버렸다는 내용이었습니다. 생전 처음 들어보는 말이었지만 얼마 안 되어 비슷한 이야기들이 들려오기 시작했습니다. 영어로 '수염 달린 용'이라는 뜻의 이름을 지닌 비어디드래곤은 기르기 쉬운 파충류입니다. 길들이기 쉽고 온순한 성격 때문에 원래 서식지는 호주지만 미국 애완동물 가게에서도 많이 거래되는 동물입니다. 도대체 비어디드래곤이 죽어간다는 으스스한 이야기가 왜 떠도는지 궁금했습니다. 나이트 박사가 전해준 이야기는 다음과 같았습니다.

아이오와주 아이오와시티에서 몸무게가 100그램 정도 되는 8개월짜리 비어디드래곤을 기르던 사람이 7월의 어느 날 밤, 집 근처에서 개똥벌레를 몇 마리 잡아 와서 어항 속에 있는 비어디드래곤에게 먹이로 주었다. 넙죽 개똥벌레를 받아먹은 도마뱀은 30분 정도 지나자 머리를 거칠게 흔들며 아주 괴로워하더니 펄쩍펄쩍 뛰면서 꿱꿱거렸다. 도마뱀은 토하고 싶은 것 같았지만 토하지는 않았다. 도마뱀은 점점 더 숨 쉬는 게 어려운 것처럼 괴로워하며 꿱꿱거렸다. 그 뒤 30분도 안 되어 몸 색깔이 눈에 띄게 변했다. 밝은 황갈색이었던 등과 목덜미가 검게 변해버렸다. 그리고 한 시간도 안 되어 수의사의 손길이 닿기도 전에 죽어버리고 말았다.

우리는 도마뱀 위 속에 들어 있는 내용물을 살펴보았습니다. 도마뱀의 위에서는 포티누스 피랄리스*Photinus pyralis* 아홉 마리가 나왔습니다. 이 개똥벌레는 일반적으로 몸속에 거의 60마이크로그램이나 되는 루시부파긴을 비축하고 있습니다. 따라서 포티누스 피랄리스를 아홉 마리 먹었다는 이야기는 0.5밀리그램이 넘는 어마어마한 루시부파긴을 먹었다는 뜻이 됩니다. 실제로 루시부파긴으로 스테로이드계 심장약을 만든다고 한다면, 약 한 알당 포티누스 피랄리스 한 마리

속에 들어 있는 루시부파긴의 반도 안 되는 10~20마이크로그램만 있으면 됩니다. 도마뱀이 죽는 것도 당연한 일입니다. 도마뱀은 루시부파긴을 너무 많이 섭취했기 때문에 심장에 무리가 가서 죽었던 것입니다.

여러 건의 이야기를 종합해보면 포티누스속 개똥벌레는 단 한 마리만으로도 비어디드래곤을 죽일 수 있다는 결론이 나옵니다. 이야기 속 희생자는 모두 외국에서 들여온 파충류들이었습니다. 카프카스에서 온 도마뱀이 포티누스속 개똥벌레를 먹고 죽었다는 이야기도 그런 예입니다. 양서류도 예외는 아닙니다. 포티누스속 개똥벌레를 불과 세 마리 먹은 호주산 리토리아속(屬)Litoria 개구리도 희생됐는데, 개똥벌레는 개구리의 위속에서도 얼마 동안 살아 있었다고 합니다. 목격자들은 개구리 몸속에서 불빛이 번쩍이는 모습을 보았다고 했습니다. 직접 봤다면 정말 무시무시했을 것 같습니다.

연구실에서 우수 학생 장학금을 받는 대학생 리처드 글로어Richard Glor는 비어디드래곤이 유별나게 저돌적인 먹보라는 사실을 알아냈습니다. 비어디드래곤은 조심하는 법이 없었습니다. 폭격수딱정벌레를 덥석 물었다가 갑작스러운 폭격을 맞고 어리둥절해하기는 하지만 결국 꿀꺽 삼키고 마는 괴짜들입니다. 호주산 비어디드래곤이 이렇게 조심성이 없는 이유는 목숨을 앗아갈 정도로 치명적인 곤충을 만나본 적이 없기 때문입니다. 비어디드래곤은 미국으로 건너와서야 비로소 루시부파긴을 맛보았음이 틀림없습니다.

가까운 동료이자 파충류학자인 크레이그 아들러Kraig Adler가 연구에 참여했고, 우리는 공동연구 결과를 논문으로 발표했습니다. 우리의 목적은 애완동물의 목숨을 안전하게 지키는 것이었습니다. 논문의 요지는 간단했습니다. '애완동물에게 생전 처음 보는 먹이를 주면 안 된다' 였습니다. 애완동물 주인들은 이 점을 명심해야 합니다. 하지만 논문은 그보다 더 많은 의미를 내포합니다. 전 세계적으로 생물학적 경계는 사라지고 있으며 그 결과 생물들은 원 서식지를 벗어나 세계 도처로 퍼져나가고 있습니다. 세계 전역에서 토착종과 외래종이 서로 살아남으려고 사투를 벌이고 있습니다. 새로운 환경에서 새로운 먹이를 찾는 일은 어쩌면 정말 위험한 모험일지도 모릅니다. 우리가 파충류 우리에서 본 현상은 전 세계적으로 벌어지고 있는 생존 경쟁의 축소판일 뿐입니다.

몇 년 동안이나 고민해보았지만 풀리지 않는 의문점이 한 가지 있습니다. 루시부파긴은 심장을 자극하는 효능이 있는데도 어째서 토착민들은 개똥벌레의 약효, 그러니까 개똥벌레의 독성분을 발견하지 못했던 것일까요? 토착민들은 약효 성분을 찾을 때 곤충은 완전히 배제했던 것일까요? 아니, 그렇지는 않습니다. 최음제로 널리 쓰여 예전에는 남용되기까지 했던 스패니시플라이spanishfly의 재료인 땅가뢰 같은 곤충은 여러 문화에서 독자적으로 발견하여 약의 원료로 쓰였습니다. 왜 개똥벌레가 아직까지 약재로 개발되지 못했는지는 잘 모르겠지만, 어쨌든 개똥벌레를 입에 넣는 일은 절대로 하지 말라고 말씀드리고 싶습니다. 강력한 독성을 지닌 개똥벌레를 입에 넣었다가는 끔찍한 일이 발생할 테니 말입니다.

마지막으로 포겔은 오랫동안 우리와 함께 행복하게 살다 갔다고 말씀드리고 싶습니다. 그런데 사망 후 부검해보니 포겔은 암컷이 아니라 수컷이었습니다. 물론 포겔의 성 정체성과 상관없이 우리는 포겔을 사랑했겠지만 말입니다.

요부 개똥벌레의 의태(擬態)mimicry는 먹이를 유인하고자 포식자가 먹이 흉내를 내는 경우로 보통 공격 의태aggressive mimicry라고 부릅니다. 공격 의태의 유형은 아주 다양하며 그 중에는 정말 진기한 형태도 있습니다. 제가 가장 좋아하는 공격 의태 종(種) 가운데 물고기가 있습니다. 물고기는 등이 가려워도 긁을 수 없습니다. 사실 물고기 등이 가려운 경우가 있는지도 모르기 때문에 가렵다고 표현하면 안 되겠네요. 그럼 다시 표현해보겠습니다. 물고기의 끈적끈적한 외피가 외부 물질이나 기생충에 감염되어도 물고기로서는 감염된 곳을 그대로 놔둘 수밖에 없습니다. 지느러미는 팔이 아니니까 말입니다. 하지만 그렇다고 해도 전혀 방법이 없는 것은 아닙니다. 물고기들은 이런 문제를 해결하기 위해서 청소부 물고기의 도움을 받습니다. 청소부 물고기는 감염된 물고기의 신체 부위를 조금씩 뜯어먹어서 깨끗하게 해줍니다. 다른 물고기를 청소하는 일은 청소부 물고기에게도 이득입니다. 청소부 물고기가 병든 물고기의 피부를 한 입씩 깨물 때마다 기생충 한두 마리와 함께 영양분도 섭취할 수 있기 때문입니다. 대담한 청소부는 병든 물고기의 입 속이나 지느러미 속까지 파고들어갑니다. 그래서 물고기들은 대부분 청소부 물고기에게 관대하게 대하며 청소부 물고기가 가까이 다가오면 얌전하게 굽니다. 물고기들은 청소부 물고기의 모습을 알아보고 기꺼이 자신의 몸을 내맡깁니다. 그런데 이런 청소부 물고기처럼 위장하고 다른 물고기에게 다가가 해로운 일을 하는 물고기들이 있습니다. 모습은 청소부 물고기와 비슷하지만 이들은 위험한 포식자로, 일단 상대 물고기 가까이 다가가면 잽싸게 옆구리나 지느러미를 물어뜯어먹습니다. 청소부 물고기나 이 포식자 모두 몸집이 아주 작습니다. 청소부 물고기를 흉내 냄으로써 이 작은 포식자는 자신보다 큰 물고기를 공격할 수 있습니다.

1971년 가을에 하이크자연보호지에 갔을 때 정말 운 좋게도 공격 의태의 예를 직접 볼 수 있었습니다. 매우 드문 경우였기 때문에 제가 발견한 사실을 공격 의태 범주에 넣어도 되는지는 잘 모르겠지만, 아무튼 그해 가을은 그 발견 덕분에 정말 즐거운 시간을 보냈습니다. 그해, 강렬한 여름이 끝날 무렵 하이크자연보호지를 찾아간 이유는 코넬대학의 정규 학기가 시작되기 전에 탐험도 하고 마음도 가라앉히기 위해서였습니다. 그날은 상쾌한 날씨에 가을 색이 물씬 풍기는 그런 날이었습니다. 그때 저는 하버드대학에서 박사 학위 과정을 밟고 있던 절친한 친구이자 제 학생이었던 로버트 실버글리드Robert Silberglid와 함께였습니다. 이타카와 플로리다, 애리조나에서 그랬던 것처럼 우리 두 사람은 채집 장비와 카메라를 들고 그저 이곳저곳을 어슬렁거리며 걸어다녔습니다. 저는 로버트가 코넬대학 신입생이던 시절부터 알고 지냈는데, 로버트는 예의 바르고 정말 재미있으며 사려 깊은 친구입니다. 로버트는 철두철미한 동물학자로서 날카로운 관찰력과 강렬한 호기심을 지니고 있습니다. 언제나 주의 깊게 주변을 살피는 로버트는 야외 탐험을 나갈 때면 꼭 함께 가고 싶은 사람입니다. 야외에 나가 로버트와 나란히 걸으며 주위를 둘러보거나 오른쪽과 왼쪽으로 나누어 주변을 살펴보다 보면 반

말벌의 의태 종.

(맨 위) 장수말벌(돌리코베스풀라 아레나리아*Dolichovespula arenaria*)의 배에 나 있는 노란색 줄무늬는 대부분의 말벌이 지니는 특징이다.

(아래) 말벌과 똑같은 무늬를 지닌 금속나무구멍뚫기딱정벌레 (아크마이오데라 풀켈라*Acmaeodera pulchella*, 영어명: metallic wood-boring beetle). 딱정벌레는 보통 비행할 때 앞날개를 펼친다. 그러나 아크마이오데라 풀켈라는 앞날개를 배에 붙이고 뒷날개만 펼쳐서 비행한다. 그 때문에 말벌과 비슷해 보인다.

드시 무언가를 발견하게 됩니다.

그보다 몇 년 전에 애리조나주에서 탐사를 하던 로버트와 저는 흥미로운 발견을 했습니다. 당시 사막에서는 한창 피어나는 꽃들이 만발하고 수분을 옮기는 매개자들은 쉴 새 없이 날갯짓을 하고 있었습니다. 그 중에는 말벌처럼 생긴 곤충들도 많았는데, 자세히 살펴보니 그 곤충들은 말벌이 아니라 아무런 해가 없는 아크마이오데라속(屬)^Acmaeodera 딱정벌레들이었습니다. 딱정벌레들은 우리를 완벽하게 속였습니다. 보통 비행할 때는 앞날개가 두 개로 나뉘어 양쪽으로 벌어지는 다른 딱정벌레들과 달리, 이 친구들은 앞날개를 하나로 딱 붙이고 오직 뒷날개만을 사용해서 날아다니고 있었습니다. 말벌도 뒷날개만 사용하여 비행하기 때문에 날개 모양만으로는 딱정벌레인지 말벌인지 구분할 수 없을 정도였습니다. 무엇보다도 신기했던 점은 딱 달라붙은 앞날개에 말벌과 똑같은 가로무늬가 있기 때문에 누가 보아도 말벌처럼 보인다는 점이었습니다. 전혀 해롭지 않은 딱정벌레가 말벌의 줄무늬를 모방한 의태 현상이었습니다. 이렇게 전혀 해롭지 않은 종이 위험한 종을 모방하는 의태는 가장 전통적인 의태 유형으로 표지 의태 batesian mimicry라고 합니다. 이 딱정벌레의 의태는 학계에 보고된 적이 없었기 때문에 로버트와 저는 이 사실을 발표하기로 했습니다.

로버트와 저는 유대인입니다. 동물학자 가운데 유대인이 거의 없기 때문에 우리두 사람은 가끔씩 왜 그럴까 하고 진지하게 생각해보고는 했습니다. 최근까지만해도 유대인들이 대부분 도시에 몰려 살았기 때문에, 어린 시절에 자연을 접해보지 못했고 그래서 동물학자가 된다는 생각을 전혀 못 한 탓인 것 같습니다. 유대인들은 동물학자가 되는 것보다는 분자생물학자가 되는 편이 더 어울립니다. 로버트와 제가 동물학자가 될 수 있었던 이유는 어린 시절에 로버트는 해마다 여름이면뉴욕시티 북쪽에 있는 캐츠킬산에서 열리는 캠프에 참가했고, 저는 히틀러 정권을피해 남아메리카 대륙으로 이주했기 때문입니다.

우리는 화창한 가을날이면 언제나 그렇듯이 하이크자연보호지에서 한가롭게거닐었습니다. 그때 털복숭이오리나무진디(프로키필루스 테셀라투스*Prociphilus tesselatus*, 영어명: woolly alder aphid) 무리가 우리의 시선을 끌었습니다. 이름처럼 하얗고 부드러운 털로 온통 뒤덮여 있는 프로키필루스 테셀라투스는 정말작은 양처럼 보였습니다. 아주 밝은 흰색 털을 지닌 프로키필루스 테셀라투스 무리는 쉽게 눈에 띕니다. 전에 프로키필루스 테셀라투스의 털을 조사해본 적이 있기 때문에 우리는 프로키필루스 테셀라투스의 털 속에는 긴 사슬 케토에스터 long-chain ketoester라는 왁스 성분이 포함되어 있다는 사실을 알고 있었습니다. 프로키필루스 테셀라투스는 정말 가느다란 실처럼 왁스를 뽑아내어 작은 타래를엮고 있었습니다.

당시 우리의 시선을 끈 대상은 진디 무리라기보다는 진디를 지키고 있는 개미무리였습니다. 진디는 개미와 아주 특별한 관계를 맺고 있습니다. 진디는 흩어져서 날아갈 때 말고는 거의 움직이지 않기 때문에 탄수화물을 거의 섭취할 필요가 없습니다. 하지만 번식력이 왕성하기 때문에 단백질 합성을 위한 아미노산을 만들 질소 화합물은 많이 필요합니다. 진디는 필요한 질소 화합물을 충분히 빨아들이려고 몸통이 꽉 차도록 식물의 수액을 빨아들이지만 그 때문에 필요 없는 탄수화물까지 같이 빨아들이게 됩니다. 진디는 필요 없는 탄수화물을 배설물 형태로 몸 밖으로 배출하는데, 이 액체 형태의 배설물이 바로 단맛이 나는 감로입니다. 잘 알려진 대로 진디는 감로를 함부로 버리지 않고 개미를 위한 선물로 활용합니다. 감로를 얻어먹기 위해서 개미는 기꺼이 진디를 위한 보초병 역할을 자처합니다. 진디를 먹고 싶은 어떤 포식자라도 진디를 위해 맹렬히 돌격하는 보초병 개미 무리와 싸워야 합니다.

실제로 우리가 본 프로키필루스 테셀라투스 무리는 열심히 감로를 먹고 있는 개미들의 보호를 받았습니다. 개미가 더듬이로 감로를 달라고 프로키필루스 테셀라투스를 건드리면 프로키필루스 테셀라투스는 그에 답하여 항문 밖으로 감로를 배출했고, 개미는 맛있게 감로를 핥아먹었습니다. 보초병 개미는 한 마리도 빠짐없이 감로의 혜택을 받는 듯했습니다.

우리는 개미를 찔러 자극해보았습니다. 개미는 한 걸음도 물러서지 않은 채 자신을 찌르려고 하는 물체는 무엇이든 무조건 물려고 덤벼들었습니다. 손가락으로 건드렸을 때도 뒤로 몸을 휙 돌리더니 물려고 했습니다. 실제로 침입자가 나타났을 때 개미가 어떻게 방어하는지도 볼 수 있었습니다. 감로 냄새를 맡고 날아온 말벌(베스풀라 마쿨리프론스Vespula maculifrons)들은 프로키필루스 테셀라투스를 지키는 개미들 때문에 물러날 수밖에 없었습니다. 개미들은 베스풀라 마쿨리프론스를 한 마리씩 맡아 접근하지 못하게 했기 때문에 결국 베스풀라 마쿨리프론스들은 개미가 없는 곳, 그러니까 나무 밑으로 떨어지는 감로에 만족할 수밖에 없었습니다.

저는 프로키필루스 테셀라투스를 자세히 관찰해보고 싶었기 때문에 프로키필루스 테셀라투스 무리가 모여 있는 오리나무 가지를 조금 잘라 현미경이 있는 숙소로 가지고 돌아왔습니다. 하이크자연보호지에서 우리가 머물던 작은 오두막에는 실험용 탁자를 놓을 수 있는 공간이 있었습니다. 오두막에서 우리는 벽난로에 불을 지피고 연구했습니다. 고배율로 프로키필루스 테셀라투스를 관찰하는 일은 정말 재미있었는데, 그 중에서도 특히 암컷이 새끼를 낳는 순간이 정말 재미있었습니다. 진디가 흔히 그렇듯이 프로키필루스 테셀라투스도 아주 왕성한 번식력을 보였습니다. 저는 그 장면을 사진으로 찍어두면 정말 좋겠다는 생각을 했습니다. 그런데 첫 번째 사진을 찍으려는 순간 생각지도 못 했던 모습을 보게 됐습니다. 세상에, 카메라에 비친 프로키필루스 테셀라투스가 뛰어다니는 게 아니겠습니까? 진디가 뛰어다니다니, 세상에 이런 일이 다 있다니. 너무 놀라서 다시 보니 진디라고 생각했던 동물은 사실 진디가 아니라, 진디가 봐도 구별하기 어려울 정도로 닮은 녹색풀잠자리 유충이었습니다. 진디와 녹색풀잠자리 유충은 무시무시할 정도로 닮았습니다.

제가 이 유충을 알아볼 수 있었던 이유는 이 유충이 속한 풀잠자리과의 녹색풀잠자리를 본 적이 있었기 때문입니다. 제가 가장 존경하는 스승인 하버드대학의 프랭크 카펜터 교수는 분류학적으로 풀잠자리과의 상위 단계인 풀잠자리목 (目)*Neuroptera* 연구의 세계적인 권위자였습니다. 처음에 카펜터 교수는 저에게 풀잠자리과 분류학을 연구해보는 게 어떻겠느냐고 제안했고, 저도 처음에는 그러는 편이 좋겠다고 생각했습니다. 풀잠자리과 성충은 정말 깜짝 놀랄 정도로 아름다운 데다가 녹색 빛을 띠는 우아한 반투명 날개를 지니고 있었기 때문에 그 매력에 사로잡히지 않을 수 없었습니다. 그래서 풀잠자리과에 관한 책을 닥치는 대로 읽었고 먹이가 되는 진디와 함께 몇몇 종을 직접 잡아보기도 했지만, 얼마 못 가 분류학은 제 일이 아니라는 사실을 깨달았습니다. 하지만 풀잠자리과에 대해서 읽은 내용은 하이크자연보호지에서 녹색풀잠자리 유충을 보았을 때 유용하게 쓰였습니다. 풀잠자리과 유충 가운데 여러 가지 부스러기를 몸에 얹고 다니는 종이 있습니다. 보통 쓰레기 운반자trash carrier라고 불리는 이 유충들은 식물이나 절지동물의 사체를 몸에 붙이고 다닙니다. 풀잠자리과 유충은 육식성이기 때문에 몸에 얹은 절지동물의 사체는 보통 자신이 먹은 먹이일 경우가 많습니다.

뉴욕, 렌셀레어빌에 있는 하이크 자연보호지 호숫가에서 발견한 프로키필루스 테셀라투스 무리. 왼쪽 아래 사진을 보면 감로를 마시고 있는 개미가 보인다. 개미는 화살표가 가리키는 크리소파 슬로소나 유충을 전혀 보지 못하고 있다. 오른쪽 아래 사진의 개미는 진디를 보호하고 있다.

새로 찾아낸 녹색풀잠자리(크리소파 슬로소나*Chrysopa slossona*) 유충이 프로키필루스 테셀라투스와 비슷해 보이는 이유, 다시 말해서 녹색풀잠자리 유충을 프로키필루스 테셀라투스와 구별하기 어려운 이유는 유충이 정교한 속임수를 발휘한 때문은 아닐까 하는 생각이 들었습니다. 저는 로버트를 불러 현미경을 들여다보라고 했습니다. 로버트도 유충을 보고 깜짝 놀랐습니다. 프로키필루스 테셀라투스 무리를 자세히 살펴보자 유충이 몇 마리 더 보였습니다. 어쩌면 유충은 프로키필루스 테셀라투스를 먹는지도 몰랐습니다. 실제로 유충은 프로키필루스

핀셋으로 타래를 뽑자 다시 프로키필루스 테셀라투스의 타래를 몸에 붙이는 크리소파 슬로소나 유충.

(위) 턱으로 프로키필루스 테셀라투스의 왁스 타래를 뽑아 등에 붙이는 크리소파 슬로소나 유충.
(왼쪽 아래) 거의 완성되어가는 타래를 마무리 지으려고 왁스 타래를 뽑고 있는 크리소파 슬로소나 유충.
(오른쪽 아래) 타래 집을 완성한 크리소파 슬로소나 유충.

테셀라투스를 먹고 있었는데 끈기가 정말 대단했습니다. 우리가 지켜본 유충 가운데에는 이제 막 새로 태어난, 어린 프로키필루스 테셀라투스를 좋아하는 유충도 있었지만 대부분 성충을 먹었습니다. 녹색풀잠자리 유충은 풀잠자리과 유충이라면 모두 그렇듯이 빨대같이 텅 빈 입을 먹이의 몸속에 찔러 넣은 다음 체액을 빨아먹었습니다.

　녹색풀잠자리 유충을 발견한 그날 밤, 프로키필루스 테셀라투스 무리를 계속해서 관찰한 결과 녹색풀잠자리 유충은 쓰레기 운반자로서 등에 나 있는 털은 진짜 털이 아니라 프로키필루스 테셀라투스의 왁스 타래를 덮어쓴 것이라는 사실을 확인할 수 있었습니다. 핀셋으로 쉽게 뽑을 수 있는 유충의 털은 유충의 몸에 나 있는 게 아니라 등에 있는 강모에 느슨하게 연결되어 있었습니다. 그래서 저는 유충을 덮고 있는 털을 모두 떼어낸 뒤에 다시 프로키필루스 테셀라투스 무리가 있는 곳으로 되돌려놓았습니다. 유충에게는 머뭇거릴 여유가 없었습니다. 녹색풀잠자리 유충은 재빨리 가장 가까이 있는 프로키필루스 테셀라투스에게 다가가더니 두 갈래로 갈라진 포크 같은 입으로 프로키필루스 테셀라투스 몸에 붙은 타래를 뜯어내어 자기 등에 붙이기 시작했습니다. 녹색풀잠자리 유충은 타래가 등을 완전히 다 덮을 때까지 몸의 앞부분을 완전히 뒤로 꺾어 타래를 등에 붙였습니다. 타래를 완전히 다 붙이자 녹색풀잠자리 유충은 한 마리 프로키필루스 테셀라투스처럼 보였습니다.

녹색풀잠자리 유충이 왜 그렇게 자신을 위장하려고 애쓰는지 알아보고자 마리아와, 우리 연구팀에서 몇 년 동안 활동한, 열정적이고 유능한 생태학자이며 저의 연구 조교였던 카렌 힉스[Karen Hicks]와 함께 몇 차례에 걸쳐 하이크자연보호지를 다시 찾아갔습니다. 물론 먼저 녹색풀잠자리 유충에 대해서 알려져 있는 사실을 찾아보았습니다. 하지만 크리소파 슬로소나의 경우, 성충에 대해서는 어느 정도 알려져 있었지만 유충에 대해서는 알려진 바가 없는 것 같았습니다. 더구나 몸 위에 타래를 얹고 다니는 행동과 왜 그런 행동을 하는지에 대해서는 전혀 알려진 바가 없었습니다.

녹색풀잠자리 유충이 프로키필루스 테셀라투스처럼 위장하는 이유는 개미를 속이기 위해서가 아닌가 하는 생각이 들었습니다. 양처럼 보여 양치기 개를 속이려 했던 '양 가죽을 뒤집어쓴 늑대' 이야기처럼 말입니다. 그리고 이 추론은 사실로 밝혀졌습니다.

우리는 숙소로 가져온 프로키필루스 테셀라투스 무리를 이용해서 실험을 해보았습니다. 제일 처음 관찰한 사실은 타래를 빼앗긴 녹색풀잠자리 유충이 개미의

크리소파 슬로소나 유충의 머리 부분. 화살표가 가리키는 구기는 진디를 찌르거나 진디의 왁스 타래를 붙잡는 데 쓰인다.

공격을 받았다는 사실입니다. 거의 다 자란 유충 스물일곱 마리를 잡아서 연구실로 가져와, 미세한 솔로 유충의 등에 있는 타래를 모두 쓸어냈습니다. 그런 다음 야외로 나가 프로키필루스 테셀라투스 무리가 모여 있는 곳에 유충을 내려놓고

크리소파 슬로소나 유충을 공격하는 개미.

(위) 위장 타래를 뒤집어쓴 유충은 달아날 수 있었으며, 개미의 구기에는 위장 타래가 잔뜩 묻었다.

(아래) 위장 타래가 없는 유충은 계속해서 공격을 받았으며 죽게 되는 경우도 있었다.

결과를 지켜보았습니다. 물론 그 프로키필루스 테셀라투스 무리에서는 개미가 항상 보초를 서고 있었습니다. 개미는 유충을 아주 빨리 발견했으며 발견하자마자 물어뜯기 시작했습니다. 스물일곱 마리 가운데 개미의 공격을 피해 달아난 유충은 네 마리에 불과했습니다. 붙잡힌 유충 가운데 열네 마리는 개미가 큰 턱으로 덥석 물어 가지 끝으로 데려간 다음 던져버렸습니다. 열네 마리는 모두 땅바닥으로 떨어졌습니다. 두 마리도 나무 위에서 땅바닥으로 내동댕이쳐졌습니다. 일곱 마리는 개미가 직접 물고 나무에서 내려와 땅바닥에 내동댕이쳤습니다. 두 마리는 개미의 큰 턱에 찢겨 죽어버렸기 때문에 개미의 먹이로 사라져버렸습니다. 이렇듯 위장 타래가 없는 유충은 개미에게 쉽게 발각되고 말았습니다.

그래서 이번에는 위장 타래로 온 몸을 덮고 있는 크리소파 슬로소나 유충

스물세 마리를 프로키필루스 테셀라투스 무리 사이에 놓아봤습니다. 이 유충들도 개미와 마주쳤지만 개미에게 물린 유충은 여덟 마리에 불과했으며 심하게 물린 유충은 한 마리도 없었습니다. 유충을 물려고 올라탄 개미는 구기에 온통 타래를 묻힌 채 황급히 뒤로 물러나고는 했습니다. 개미는 첫 번째 다리로 구기에 묻은 타래를 떼어내려 애썼지만 쉽게 떨어지지 않았기 때문에 유충을 다시 공격할 엄두를 내지 못했습니다. 두 번째로 달려든 개미도, 세 번째로 달려든 개미도 상황은 마찬가지였습니다. 크리소파 슬로소나 유충은 결국 등 위의 타래를 조금만 뜯긴 채 그 자리를 벗어나 프로키필루스 테셀라투스 무리 속에, 눈에 띄지 않는 장소로 조용히 숨어들었습니다. 나머지 열다섯 마리는 거의 개미의 주의를 끌지 않았습니다. 개미는 크리소파 슬로소나 유충들을 더듬이나 앞다리로 건드려보기는 했지만 물지는 않았습니다. 크리소파 슬로소나 유충을 프로키필루스 테셀라투스로 인식하는 것 같았습니다. 결국 위장 타래를 뒤집어쓴 크리소파 슬로소나 유충은 개미를 멋지게 속인 셈입니다.

그 모습을 지켜보자니, 크리소파 슬로소나 유충에게는 어떤 일이 더 중요할까, 하는 궁금증이 생겼습니다. 유충에게 한동안 먹이를 주지 않은 다음, 유충의 몸에서 위장 타래를 떼어내면 과연 유충은 어떤 반응을 보일까요? 유충에게는 프로키필루스 테셀라투스를 먹는 일이 더 중요할까요? 아니면 자신을 은폐하는 일이 더 중요할까요? 유충에게는 먹는 일과 자신을 숨기는 일이 똑같이 시급한 문제입니다. 최악의 상황에 처하게 되면 과연 동물은 허기부터 먼저 채울까요? 방어 태세를 먼저 갖출까요?

우리는 먹이를 충분히 먹고 위장 타래까지 덮어쓴 유충, 허기지고 위장 타래를 덮어쓴 유충, 먹이를 충분히 먹고 위장 타래가 없는 유충, 허기지고 위장 타래가 없는 유충이라는 네 부류로 나누었습니다. 그리고 이 유충들을 연구실로 가져와, 다시 말해서 보초 개미가 없는 프로키필루스 테셀라투스 무리 속에 넣어봤습니다. 그리고 한 시간 동안 크리소파 슬로소나 유충들의 행동을 살펴보았습니다. 첫 번째 부류의 유충들은 당연히 모든 욕구가 만족되었기 때문에 가만히 앉아 쉬

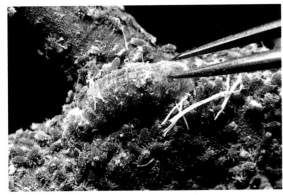

진디 사이에 교묘하게 숨어 있는 꽃등에 유충. 끈적끈적한 타액을 분비해서 자신을 방어한다.

(왼쪽 위) 꽃등에 유충을 핀셋으로 찔러보았다.
(오른쪽 위) 그러자 머리를 핀셋이 있는 방향으로 돌렸다.
(아래) 핀셋에 꽃등에 유충이 묻힌 타액이 묻었다.

고 있었습니다. 두 번째와 세 번째 부류는 각각 한 가지씩 결핍되어 있었기 때문에 시급한 부분을 해결하는 쪽으로 반응을 보였습니다. 식욕과 방어욕을 모두 채우지 못한 네 번째 부류는 먹는 일과 자신을 은폐하는 일을 번갈아가면서 했습니다. 크리소파 슬로소나 유충에게는 먹는 일과 자신을 은폐하는 일 모두 순위를 가릴 수 없도록 똑같이 중요한 일이었던 것입니다.

프로키필루스 테셀라투스의 소세계는 놀라울 정도로 복잡했습니다. 프로키필루스 테셀라투스를 먹는 또 다른 포식자들도 아주 흥미로운 친구들이었습니다. 예를 들어, 구더기처럼 생긴 꽃등에과(科)Syrphidae 꽃등에hover fly 유충은 그 수가 많을 때는 프로키필루스 테셀라투스 무리를 완전히 괴멸할 정도로 강력한 포식자였습니다. 꽃등에과 꽃등에 유충도 개미의 공격을 물리쳤습니다. 이 유충은 공격을 받으면 끈적끈적한 타액을 개미에게 뿜어대는데, 이 액체는 공기와 접촉

부전나비는 영어로 수확자(harvester, 페니세카 타르퀴니우스*Feniseca tarquinius*를 가리키는 일반명이기도 하고, 장님거미를 뜻하는 통속명이기도 하다—옮긴이)이며, 유충이 육식성이다. 나비들 가운데서도 아주 독특한 특성을 지닌 종이다. 아래 사진을 보면 프로키필루스 테셀라투스만을 먹는 유충이 먹이 사이에 교묘하게 숨어 있는 모습이 보인다.

하면 아주 빨리 굳기 때문에 개미가 움직일 수 없게 됩니다.

부전나비[harvester]의 일종인 페니세카 타르퀴니우스*Feniseca tarquinius*의 애벌레도 강력한 포식자입니다. 보통 나비나 나방의 애벌레가 초식성이라는 점을 생각해보면 이 애벌레는 아주 특이한 친구라고 하겠습니다. 페니세카 타르퀴니우스의 애벌레는 느슨한 명주 덮개 밑에 몸을 숨긴 채 진디 무리 사이를 돌아다니며 게걸스럽게 진디를 먹고 살아갑니다. 개미는 이 포식자의 존재를 눈치조차 채지

(화살표) 균류인 검댕이퍼푸집은 오직 프로키필루스 테셀라투스의 서식처에서만 발견된다.

못합니다. 균류도 진디와 관련이 있습니다. 낡은 주방용 스펀지처럼 생긴 검댕이퍼푸집(스코리아스 스폰기오사*Scorias spongiosa*, 영어명: sooty mold)이라는 카프노디움과(科)Capnodiaceae 자낭균은 감로가 떨어져서 나무를 적신 부근에서 자랍니다. 때때로 이 자낭균은 감로에 흠뻑 젖어 있기 때문에 말벌이 표면에 있는 감로를 마시려고 날아듭니다. 말벌들은 보초병 개미 때문에 진디의 감로를 직접 받아먹는 일은 실패했지만 균류를 적신 감로는 먹어도 된다는 사실을 금방 알아챕니다. 이 독특한 생태계에 대해서는 아직까지 밝혀지지 않은 사실이 많습니다. 소우주에서 진디를 둘러싸고 벌어지는 보초병과 천적들의 관계는, 공생과 적대가 끊임없이 일어나는 전체 생물권의 축소판입니다. 진디의 생활사는 정말 영화

한 편에 담아도 좋을 정도로 흥미진진했습니다. 영화 제작자들이 관심을 가져볼 만합니다.

애리조나에 있는 사우스웨스턴연구소를 처음 방문했을 때 동물의 의태에 대해서 처음으로 관심을 갖게 되었습니다. 연구소의 초대 소장이었던 유명한 동물학자 몬트 카지어Mont Cazier는 1995년 세상을 뜨기 전까지 저와 아주 절친한 친구 사이로 지냈습니다. 몬트는 야외로 나가 새로운 사실을 발견하면 제일 먼저 찾아가 조언을 구할 수 있는 사람이었습니다. 또한 몬트는 자신이 발견한 사실에 대해서도 아무런 사심 없이 자세히 들려주었습니다. 몬트는 사막에 사는 생물에 대해서 박학한 지식을 소유하고 있었고, 그 중에서도 사막에 사는 곤충에 대해서는 정말 놀라울 정도로 많이 알고 있었습니다.

제가 처음으로 사우스웨스턴연구소를 찾아간 해 여름, 그곳에서 저는 저명한 곤충학자들을 만날 수 있었습니다. 그분들은 장수하늘소long-horned beetle에 관한 세계적인 권위자이며 버클리에 있는 농과대학 학장인 E. 고턴 린슬리E. Gorton Linsley와 나비 전문가이자 뉴욕시립대학의 교수인 알렉산더 B. 클로츠Alexander B. Klots였습니다.

연구소의 본관 현관 바로 앞마당에는 하얀 흰전동싸리(멜릴로투스 알바*Melilotus alba*)가 무성하게 자라는 관목숲이 있습니다. 멜릴로투스 알바는 사람의 어깨 높이까지 자라나 있었고 꽃들이 만발했습니다. 수년 전부터 멜릴로투스 알바에 집단으로 서식하고 있는 딱정벌레 무리를 관찰해왔던 몬트는 손님으로 연구소에 와 있던 과학자들에게도 그 딱정벌레들을 보여주었습니다. 이미 그 딱정벌레에 대한 연구를 시작했던 고턴과 클로츠 박사는 제가 찾아가자 함께 연구해보자고 했습니다. 그해 여름은 물론, 1961년에 저의 학생이었던 포티스 카파토스Fotis Kafatos와 함께한 연구 결과는 아주 흥미로웠습니다. 멜릴로투스 알바를 덮고 있는 곤충 집단에는 사실 딱정벌레만이 아니라 나방도 있었습니다. 모형 종과 의태 종이 섞여서, 다양한 의태 종이 모형 종처럼 보이려고 흉내 내고 있었습니다.

이 이야기의 주인공은 홍반디과(科)Lycidae에 속하는 모형 종 딱정벌레입니다. 화학물질을 방어 물질로 분비하는 홍반디과 딱정벌레(칼로페론 테르미날레 *Caloperon terminale*)는 전 세계적으로 모방자가 아주 많습니다. 칼로페론 테르미날레를 연구한 호주 과학자들은 이 딱정벌레의 분비물 속에는 역한 맛을 내는 페놀 화합물과 역한 냄새를 내는 피라진 물질pyrazines이 들어 있다는 사실을 알아냈습니다. 애리조나 관목숲의 칼로페론 테르미날레는 두 종이었습니다. 한 종은 몸 전체가 고동색이었고, 다른 한 종은 몸은 고동색이지만 앞날개 끝부분이 검은색이었습니다. 둘 다 리쿠스속(屬)Lycus에 속하는 딱정벌레였기 때문에 같은 조상으로부터 갈라져 나온 종으로 여겨졌습니다.

칼로페론 테르미날레에게는 모두 의태 종이 있습니다. 흰전동싸리 숲 속에도 여러 종 있었습니다. 단색 나방은 단색 딱정벌레를 모방하고, 날개 끝이 검은 나방은 앞날개 끝이 검은 딱정벌레를 모방하고 있었습니다. 그런데 나방보다도 더 흥미를 끄는 곤충은 엘리트로렙투스속(屬)Elytroleptus에 속하는 딱정벌레 두 종이었습니다. 이 딱정벌레들도 각각 단색과 날개 끝이 검은 칼로페론 테르미날레를 흉내 내고 있었습니다. 게다가 이들 두 딱정벌레는 자신들이 흉내 내는 칼로페론 테르미날레 무리 속에 섞여 있는 것을 좋아했습니다. 같은 속에 속한다는 사실은 이들 두 딱정벌레가 공동 조상을 두었다는 뜻입니다. 어쩌면 엘리트로렙투스속 딱정벌레의 공동 조상도 리쿠스속 딱정벌레의 공동 조상을 모방했을지도 모릅니다. 리쿠스속 딱정벌레의 공동 조상이 두 갈래 방향으로 각기 진화하자, 엘리트로렙투스속 딱정벌레의 공동 조상도 두 가지 형태로 진화했을지 모를 일입니다.

재미있는 점은 의태 종인 엘리트로렙투스속 딱정벌레들이 리쿠스속 딱정벌레들을 껴안고 있는 모습이 야외에서 종종 발견되었다는 것입니다. 그 모습을 자세히 관찰해보니, 사실 엘리트로렙투스속 딱정벌레가 리쿠스속 딱정벌레를 껴안고 있는 게 아니라 치명적인 공격을 가하고 있었습니다. 그래서 우리는 엘리트로렙투스속 딱정벌레를 연구소로 가져와 살펴보았고, 그 결과 이 딱정벌레들이 리쿠스속 딱정벌레를 잡아먹는다는 사실을 알게 되었습니다. 리쿠스속 딱정벌레들은 칼로페론 테르미날레. 칼로페론 테르미날레는 앞날개에 그물처럼 얽힌 혈관이 있기 때문에 그물날개딱정벌레라고도 한다.

(왼쪽 아래) 칼로페론 테르미날레의 혈관은 부풀어 올라온 곳과 움푹 들어간 곳이 있다. 혈관 속에는 혈액이 꽉 차 있다가 공격을 받으면 바로 혈관 밖으로 흘러나온다. 칼로페론 테르미날레의 혈액은 포식자를 쫓는 역할을 한다.

(오른쪽 아래) 핀셋으로 앞날개를 집자 혈액이 흘러나왔다.

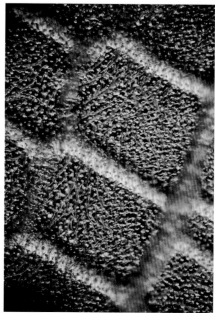

리쿠스속 딱정벌레인 리쿠스 로리페스(*Lycus loripes*, 왼쪽)와 의태 종 두 종류. 가운데는 하늘소과 딱정벌레인 엘리트로렙투스 이그니투스(*Elytroleptus ignitus*)이고, 오른쪽은 자나방과 나방인 에우바페 우니콜로르(*Eubaphe unicolor*)이다.

일반적으로 느린 데다 공격을 가해도 도망가지 않습니다. 화학적인 방어 물질을 분비하는 곤충에게서 흔히 볼 수 있는 모습으로, 자신은 무서울 게 없다고 말하는 것처럼 보입니다.

엘리트로렙투스속 딱정벌레들이 육식성일 수도 있다는 사실은 정말 놀라웠습니다. 엘리트로렙투스속이 속한 하늘소과(科)Cerambycidae 딱정벌레들은 성충이 되면 대부분 초식을 합니다. 예외적으로 유럽 종(種) 가운데 단 한 종만이 어린 거미를 잡아먹는다고 알려져 있었습니다. 게다가 엘리트로렙투스속 딱정벌레들이 잡아먹는 먹이가 화학적 방어 물질 때문에 다른 포식자들이 꺼리는 리커스속 딱정벌레라니, 정말 놀라운 일이 아닐 수 없었습니다. 엘리트로렙투스속 딱정벌레들의 어떤 생화학 작용 때문에 먹이 속에 들어 있는 방어 물질에도 끄떡없을까요? 먹이의 방어용 화학물질에 영향을 받지 않거나 그 물질을 중화시킬 능력이 있다면, 혹시 그 물질을 체내에 저장해 스스로를 방어하는 데 사용하지는 않을까요?

동물의 의태는 보통 방어 수단이 없고 맛이 좋은가와 방어 수단이 있고 맛이 없는가를 기준으로, 표지 의태라고 하는 베이츠 의태batesian mimicry와 밀러 의태

리쿠스속 딱정벌레인 리쿠스 페르난데지(*Lycus fernandezi*, 왼쪽)와 두 가지 의태 종. 가운데는 하늘소과 딱정벌레인 엘리트로렙투스 아피칼리스(*Elytroleptus apicalis*)이고, 오른쪽은 피로모르피다이과(pyromorphidae) 나방인 세리다 콘스탄스(*Seryda constans*)이다.

Müllerian mimicry로 나눕니다. 엘리트로렙투스속 딱정벌레들은 근래에 리쿠스속 딱정벌레를 먹었느냐 안 먹었느냐에 따라 의태 유형이 달라지는지도 몰랐습니다. 다시 말해서 리쿠스속 딱정벌레를 먹은 후에는 뮐러 의태 종이 되고 한동안 리쿠스속 딱정벌레를 먹지 않으면 베이츠 의태 종이 되는지도 모릅니다. 엘리트로렙투스속 딱정벌레들이 실제로 리쿠스속 딱정벌레가 만드는 화학물질을 몸속에 저장한다면 그 효과는 얼마나 지속될까요? 엘리트로렙투스속 딱정벌레들의 전략은 아주 위험해 보입니다. 이들이 리쿠스속 딱정벌레를 흉내 냄으로써 이득을 얻고 있음이 사실이라면, 과도하게 모형 종을 먹어치움으로써 포식자들이 모형 종이 위험하다는 걸 습득할 기회를 없애버리면 안 될 것입니다. 즉, 의태 종이 모형 종을 너무 많이 먹는다면 모형 종의 개체 수가 줄어들어 포식자들이 모형 종을 먹을 기회는 줄어듭니다. 따라서 포식자들은 모형 종이 위험하다는 것도 모르고, 그 비슷하게 생긴 먹이도 가리지 않고 먹으려 들게 됩니다. 그렇다면 누구나 예상할 수 있듯이 엘리트로렙투스속 딱정벌레의 수는 리쿠스속 딱정벌레의 수보다 훨씬 적어야 합니다. 실제로 실험을 통해서 확인해본 결과, 엘리트로렙투

리쿠스속 딱정벌레를 먹고 있는 엘리트로렘투스 이그니투스. 엘리트로렘투스 이그니투스는 자연 상태에서라면 보통 자신들이 흉내 내는 모형 종인 리쿠스속 딱정벌레만 먹는다. 그러나 연구실에서 이 단색 엘리트로렘투스속 딱정벌레는 자신이 모방한 종이 아닌 날개 끝이 검은 리쿠스 페르난데지를 공격함으로써 의태와는 상관없이 리쿠스속 딱정벌레라면 모두 먹을 수 있다는 사실을 입증해 보였다.

모형 종인 리쿠스 로리페스와 의태 종의 수적 비율. 표본 채집 면적은 30제곱미터였다. 위 네 줄이 모형 종으로 57개체였으며 다섯 번째 줄은 의태 종으로 엘리트로렘투스 이그니투스가 두 마리(왼쪽), 에우바페 우니콜로르가 세 마리였다(오른쪽).

낮이 되면 이들이 물을 마시러 찾아드는 장소 가운데 한 곳에서 발견한 리쿠스 페르난데지.

스속 딱정벌레들의 수는 먹이가 되는 리쿠스속 딱정벌레의 수보다 훨씬 더 적었습니다.

분류학자의 도움을 받아 실험을 진행한 결과, 우리가 잘못 안 부분이 있다는 사실을 알았습니다. 우리가 각기 다른 두 종이라고 생각했던 리쿠스속 딱정벌레들을, 사실은 각각 두 종씩 새롭게 분류해야 한다는 사실을 말입니다. 즉, 두 종이 아니라 비슷해 보이는 종이 두 종씩, 모두 네 종 있었던 셈입니다. 단색 리쿠스속 딱정벌레는 리쿠스 로리페스*Lycus loripes*와 리쿠스 시뮬란스*Lycus simulans*로 세분해서 분류해야 했고, 앞날개에 검은색 무늬가 있는 리쿠스속 딱정벌레는 리쿠스 페르난데지와 리쿠스 아리조넨시스*Lycus arizonensis*로 분류해야 했습니다. 두 종이 그렇게 닮았다는 사실로 미루어볼 때 이 둘의 공동 조상은 하나이며, 둘 사이는 아주 가까운 친척 관계임이 분명해 보였습니다. 조상의 형질이 생존에 아주 유리했기 때문에 진화 과정을 거치는 동안에도 사라지지 않고 그대로 남았을 것입니다. 어찌되었든, 서로 비슷하게 생긴 두 종은 서로에게 영향을 미쳐가면서 현재의 모습으로 진화했을 것입니다.

새로운 발견은 새로운 의문점을 낳았습니다. 리쿠스속 딱정벌레들은 물을 아주

리쿠스속 딱정벌레를 잡으려고 만든 곤충망 옆에 있는 포티스 카파토스.

많이 먹습니다. 외피가 비교적 얇기 때문에 잘못하면 말라 죽고 맙니다. 애리조나에서 우리는 리쿠스속 딱정벌레가 주기적으로 날아와 물을 마시는 호숫가나 개울가를 찾아냈습니다. 리쿠스속 딱정벌레들은 물가의 젖은 흙 위에 내려앉아 물을 실컷 마셨습니다. 어떨 때는 한꺼번에 아주 많은 딱정벌레가 모여들었기 때문에 집단으로 물 마시는 딱정벌레들을 볼 수도 있었습니다. 한 가지 재미있는 점은 딱정벌레들이 물을 마시러 몰려들 때 딱정벌레의 의태 종인 나방도 함께 물을 마시러 오는 경우가 있다는 사실입니다. 이 나방은 흰전동싸리 숲에 사는 종이 아닌데도 물을 마실 때는 리쿠스속 딱정벌레와 함께 물가를 찾아옵니다. 나방이 젖은 흙 속에 들어 있는 물을 마시는 일은 전혀 이상한 일이 아닙니다. 나방은 염분이 필요할 때마다 흙 속의 수분을 섭취합니다. 나방의 이런 행동을 퍼들링puddling이라고 합니다. 10장을 보면 알 수 있겠지만, 나방의 퍼들링 시간은 대부분 밤으로 한정됩니다. 하지만 리쿠스속 딱정벌레가 물을 마시는 시간은 낮입니다. 따라서 리쿠스속 딱정벌레와 함께 물을 마시는 나방의 퍼들링 시간도 역시 낮입니다. 정기적으로 리쿠스속 딱정벌레를 잡아먹는 엘리트로렙투스속 딱정벌레 말고는 다른 포식자가 리쿠스속 딱정벌레를 잡아먹는 모습은 한 번도 보지 못했습니다.

5. 걸어다니는 저격수들

Ambulatory
Spray Guns

1910년, 파리 근교에 있는 이시레물리노Issy-les-Moulineaus의 한 숲에서 항공학과 유체역학에 영향을 미칠, 작지만 잊기 어려운 사건이 발생했습니다. 그 사건은 미세하게나마 곤충학에도 영향을 미쳤습니다. 물론 그 사건의 주인공이었던 젊은 루마니아인 기술자, 헨리 코안다Henri Coanda에게 그 사건은 결코 잊을 수 없는 중대한 일이었습니다.

코안다는 파리에 있는 항공대학(Ecole Supérieure Aéronautique) 학생으로, 그곳에서 유명한 에펠탑을 디자인한 공기역학의 대가 알렉산더 구스타브 에펠Alexandre Gustave Eiffel의 가르침을 받고 있었습니다. 당시, 자신이 디자인한 비행기를 직접 제작한 젊은 헨리는 비행기를 몰고 야외로 나가 날아보기로 했습니다. 분명 헨리는 무척 신이 나 있었을 것입니다. 헨리가 만든 비행기는 당시로서는 획기적인 제트 추진식이었으니까 말입니다. 공기와 연료가 동시에 뿜어져 나오는 두 엔진이 추진력을 만들어냈습니다. 비행기 동체를 합판으로 만들었기 때문에 자칫 잘못하면 화재에 휩싸일 수 있었습니다. 헨리는 엔진에서 뿜어져 나오는 화염에 동체가 타지 않도록 동체에 금속판을 두 개 덧대었습니다. 하지만 비행기가 이륙하자마자 헨리는 자신의 생각이 틀렸다는 사실을 알 수 있었습니다. 헨리가 덧댄 금속판은 화염을 막아주기는커녕 엔진에서 뿜어져 나오는 화염을 동체 쪽으로 운반하고 있었습니다. 헨리는 그 사실에 너무 놀라 비행기가 벌판 끝에 있는 벽을 향해 날아가 부딪치려고 하는 순간까지도 자신이 어디를 향해서 날아가는지 알지 못했습니다. 벽에 부딪히겠다는 사실을 깨달은 순간, 조종 장치를 힘껏 잡아당겨 비행기의 방향을 바꿔보려고 했지만 결국 비행기는 벽에 충돌하고 말았습니다. 헨리는 목숨을 건졌지만 엄청난 대가를 치러야 했습니다. 그의 비행기가 세계 최초로 비행에 성공한 제트 추진식 비행기가 될 수도 있었다는 사실을 생각해보면 정말 애석한 일입니다.

헨리는 비행기에 불이 붙은 이유를 도무지 알 수가 없었습니다. 왜 금속판이 화염을 다른 곳으로 분산하지 못했던 것일까요? 헨리는 이 문제를 당시 가장 권위 있는 공기역학 전문가였던 테오도르 폰 카르만Theodor von Kármán에게 상의해보았

코안다 효과. 액체나 기체를 따를 때 곡선인 표면을 따라 흘러내리는, 유동성 물질의 골치 아픈 특성.

습니다. 테오도르 폰 카르만은 새로운 현상이 발견되었음을 알아채고 발견자의 이름을 따 코안다 효과Coanda effect라고 불렀습니다.

그렇다면 코안다 효과란 무엇일까요? 간단하게 말해서 액체나 기체가 유선형 표면을 타고 흐를 때, 표면에 착 달라붙어 곡선을 따라 흘러가는 현상을 뜻합니다. 코안다 효과는 일상생활에서 항아리에 들어 있는 액체를 따를 때, 항아리에 들어 있던 물이 주둥이에서 항아리 표면을 타고 식탁으로 흘러내려 식탁은 물론 식탁보까지 적시는 모습을 보면 확인할 수 있습니다. 헨리는 전향 장치를 잘못 만들었기 때문에 비싼 대가를 치렀던 셈입니다. 하지만 헨리는 계속해서 항공학을 공부하여 결국 영국에 있는 브리스톨항공회사의 수석 기사 자리에 올랐습니다. 지금도 비행기 동체나 추진 장비, 분사구 등을 설계할 때는 코안다 효과를 고려합니다. 제가 코안다 효과에 관심을 갖게 된 이유는 딱정벌레 가운데 분비샘의 코안다 효과를 이용해서 스스로를 방어하는 종이 있기 때문입니다.

저의 관심을 끈 딱정벌레는 땅에서 생활하는 딱정벌레과의 아과(亞科)인 파우시나이아과(亞科)Paussinae에 속하는 오자이니니속(屬)Ozaenini 딱정벌레였습니다. 그때까지 저는 살아 있는 오자이니니속 딱정벌레를 본 적이 없었습니다. 보통 열대 지방에 서식한다고 알려진 이 딱정벌레 가운데 미국 북부 지방에서 살고 있는 종이 몇 종이나 되는지도 전혀 모르고 있었습니다. 저는 그 딱정벌레가 벤조퀴

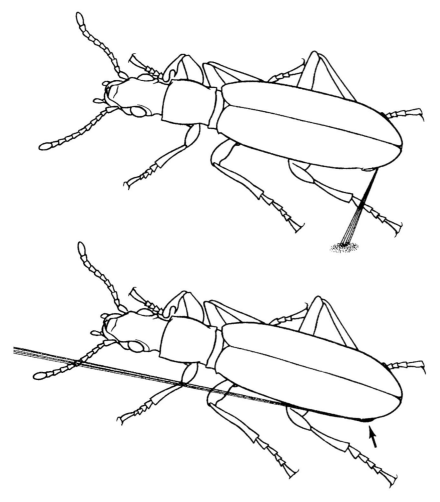

오자이니니속 딱정벌레가 왼쪽 분비공에서 옆쪽으로 분비물을 발사하는 모습(위)과 앞쪽으로 분비물을 발사하는 모습(아래). 앞쪽으로 분비물을 발사할 때는 앞날개 돌출부 바로 위로 발사한다(화살표).

논을 발사한다고 생각했습니다. 오래전에 나온 논문에는 이 딱정벌레를 만지면 손가락에 어두운 반점이 생긴다고 적혀 있었는데, 이는 벤조퀴논의 흔적일지도 모릅니다. 저는 이 딱정벌레를 직접 만져보고 싶다는 열망에 사로잡혔습니다.

1967년 여름, 애리조나에 있는 포털에 갔을 때 드디어 소원이 이루어졌습니다. 숙소 밖에 설치해두었던 유아등에 처음 보는 작은 딱정벌레가 앉아 있었습니다. 어쩌면 역한 냄새를 풍길지 몰라, 냄새를 맡으려고 딱정벌레를 집어들었습니다. 그러자 기대했던 것보다 더 신나는 일이 벌어졌습니다. 이 딱정벌레는 펑 소리와 함께 화학물질을 발사했습니다. 손가락에 남은 갈색 반점과 냄새로 보아,

퀴논 물질이 틀림없었습니다.

오자이니니속 딱정벌레들은 다른 딱정벌레들과는 달리 앞날개 끝부분에 양쪽으로 삐죽 튀어나온 부분이 있습니다. 왜 가장자리가 튀어나왔는지는 아무도 몰랐지만, 아무튼 매우 독특해 보였습니다. 돋보기로 자세히 들여다보자 배의 끝부분 바로 앞을 덮고 있는 앞날개에 튀어나온 작은 돌기 두 개가 보였습니다. 이 돌기가 처음부터 제 시선을 끈 것은 아니었습니다. 당시 제 마음을 사로잡은 내용은 오자이니니속 딱정벌레가 폭격수딱정벌레와 비슷한 특징을 지닌다는 사실이었습니다. 어쩌면 오자이니니속 딱정벌레는 폭격수딱정벌레가 아닐까 했습니다. 오자이니니속 딱정벌레가 화학물질을 발사할 때 소리가 나는 것은, 폭격수딱정벌레처럼 높은 온도로 화학물질을 분비하는 분비샘 때문은 아닐까 하는 생각이 제 마음을 사로잡았습니다. 딱정벌레 한 마리를 잡았다고 해서 모든 의문을 다 풀 수는 없는 법이지만, 어쨌든 그날 잡은 오자이니니속 딱정벌레는 이타카에 와서도 거뜬히 살아남았습니다. 그 덕분에 제럴드의 연구진은 오자이니니속 딱정벌레가 발사하는 화학물질이 퀴논 계열이라는 사실을 알아낼 수 있었고, 해부 결과 분비샘은 두 주머니로 나뉘어 있다는 사실을 확인할 수 있었습니다. 살아 있는 동안 오자이니니속 딱정벌레는 자신이 훌륭한 저격수임을 입증해 보였습니다. 지시 종이에 묶인 상태에서도 방향에 관계없이 건드리는 다리 쪽을 향해 정확하게 화학물질을 발사했습니다. 옆쪽을 건드려도 사정 범위를 벗어나지 않았습니다.

처음 오자이니니속 딱정벌레를 만나고 1년이 채 지나지 않았을 무렵, 파나마를 방문하게 되었습니다. 파나마에 오자이니니속 딱정벌레들이 아주 많다는 사실을 안 저는 뛸 듯이 기뻤습니다. 이타카로 돌아올 때 열 마리가 넘는 오자이니니속 딱정벌레를 가져왔는데, 모두 밀웜과 물만 있으면 아무 문제 없이 살아갔습니다. 오자이니니속 딱정벌레는 여러 가지 의문점에 대한 해답을 제공해주었습니다.

대니얼과 저는 오자이니니속 딱정벌레 분비물의 온도를 측정해보았습니다. 결과는 60~80도로, 폭격수딱정벌레만큼은 아니지만 충분히 뜨거운 온도였습니

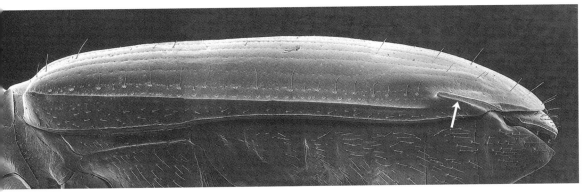

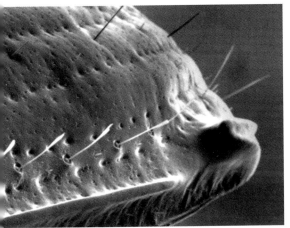
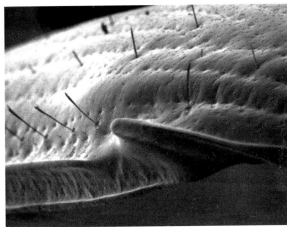

(위) 오자이니니속 딱정벌레의 배 부분을 옆쪽에서 찍은 사진. 화살표는 앞날개 돌기.
(아래) 앞날개 돌기를 찍은 사진. 활 모양으로 굽은 부분이 보인다.

다. 모든 면에서 오자이니니속 딱정벌레는 폭격수딱정벌레와 비슷한 특징이 있었습니다. 하지만 다른 점도 있었습니다. 오자이니니속 딱정벌레의 폭발음은 폭격수딱정벌레와 달리 파동이 기록되지 않았습니다. 이는 분비물 자체도 파동의 형태로 분비되지 않는다는 뜻입니다. 해부학적인 구조도 달랐습니다. 폭격수딱정벌레의 분비공은 배의 끝부분에 있지만 오자이니니속 딱정벌레의 분비공은 배의 측면에 있었습니다. 이는 오자이니니속 딱정벌레의 분비물 발사 방식이 폭격수딱정벌레와 다르다는 사실을 의미했습니다. 오자이니니속 딱정벌레의 발사 방식에 대한 연구를 진행하는 동안 흥미로운 사실을 알게 되었습니다.

폭격수딱정벌레는 배 끝을 회전시켜 분비물을 발사했습니다. 폭격수딱정벌레

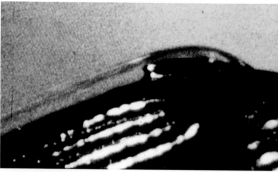

(왼쪽) 연속 촬영으로 찍은, 분비물이 발사되기 직전의 앞날개 돌기 부분.

(오른쪽) 발사된 순간의 모습. 발사된 분비물은 돌기의 외곽을 타고 흐르며 앞으로 나아간다.

는 딱정벌레과(科)의 아과인 폭탄먼지벌레아과(亞科)Brachininae 브라키누스속에 속하는 딱정벌레입니다. 그러니 이제부터 폭격수딱정벌레를 브라키누스속(屬) 딱정벌레라고 부르겠습니다. 브라키누스속 딱정벌레는 앞날개 끝부분에 돌기가 튀어나와 있었기 때문에 자유자재로 방향을 바꿔 폭격을 가할 수 있습니다. 분비공은 돌기가 겨냥하는 방향에 맞춰 자연스럽게 목표물을 조준할 수 있습니다. 하지만 오자이니니속 딱정벌레의 배 끝은 위와 아래로만 움직일 수 있기 때문에 사정 범위가 제한되어 있습니다. 오자이니니속 딱정벌레의 총은 회전할 수도 없으며, 옆으로 구부러지지도 않습니다. 그렇다면 오자이니니속 딱정벌레들은 어떤 방법으로 앞쪽이나 뒤쪽을 향해 분비물을 발사할까요? 그 해답은 특별하게 생긴 앞날개 끝 돌기에 있습니다.

앞날개 끝에 불쑥 튀어나온 돌기는 앞쪽에서 분비물의 방향을 결정하는 발사 유도 장치 역할을 합니다. 곡선인 데다 움푹 패어 있는 돌기는 분비공 바로 앞에 있습니다. 분비공 밖으로 뿜어져 나온 액체는 그 즉시 돌기의 움푹 파인 곳으로 들어간 다음, 돌기의 곡선을 따라 앞으로 나아갑니다. 그 결과 발사물의 탄도는 완전히 구부러져 몸통과 평행을 이루며 곧장 앞으로 발사됩니다. 앞다리를 자극한 다음 연속 촬영해본 결과, 앞날개 돌기가 분비물의 방향을 조절해 앞으로 나아가게 해준다는 사실을 확인할 수 있었습니다. 아주 작은 외과용 칼로 앞날개 돌기를 잘라내자 오자이니니속 딱정벌레는 발사 목표를 정확하게 조준하지 못했습니다.

오자이니니속 딱정벌레가 분비물을 발사하는 순간에 앞날개 돌기를 고속 촬영

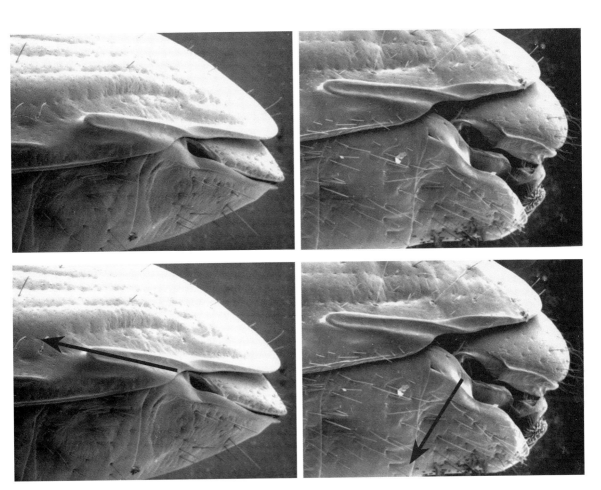

(왼쪽) 분비물을 앞쪽으로 발사할 때, 앞날개 돌기에 밀착되는 분비공. 앞날개 돌기와 분비공이 일직선을 이루기 때문에 분비물이 돌기의 움푹 파인 곳을 따라 곧바로 나아간다(왼쪽 아래 화살표).
(오른쪽) 분비물을 옆쪽으로 발사할 때의 분비공. 분비공이 돌기에 닿지 않기 때문에 옆쪽으로 날아간다(오른쪽 아래 화살표).

한 필름을 보자 그 사실을 좀더 분명하게 확인할 수 있었습니다. 1초당 400프레임 속도로 돌아가는 카메라로 촬영한 발사 장면은 몇 프레임에 불과하지만, 분비물이 어떤 식으로 앞날개 돌기의 바깥쪽에 달라붙어 곧장 앞으로 날아가는지를 분명하게 보여줍니다. 발사물의 굴절률은 놀랍게도 50도가 넘었습니다. 오자이니니속 딱정벌레는 코안다 효과를 효과적으로 이용하고 있었습니다. 헨리도 오자이니니속 딱정벌레처럼 정교한 전향 장치를 장착하고 있었다면, 분명히 실험에 성공했을 텐데 정말 애석한 일이 아닐 수 없습니다.

물론 오자이니니속 딱정벌레는 앞날개 돌기를 이용하지 않고도 충분히 분비물을 발사할 수 있습니다. 예를 들어서 세 번째 다리를 향해 분비물을 발사할 때는 앞날개 돌기를 이용하지 않습니다. 이때는 배를 약간 옆으로 비틀기만 하면 되기 때문에 앞날개 돌기가 필요 없습니다. 만약 세 번째 다리를 향해 분비물을 발사할 때 앞날개 돌기를 사용한다면 분비물은 목표물을 벗어나 좀더 아래쪽으로 날아갈 것입니다.

폭격을 가하는 딱정벌레가 오자이니니속 딱정벌레와 브라키누스속 딱정벌레, 두 종류 존재한다면 이들의 관계가 궁금해집니다. 이들 두 종은 폭격수였던 공동 조상에게서 갈라진, 가까운 친척인지도 모릅니다. 그렇다면 폭격수라는 특성은 딱정벌레과 딱정벌레의 진화사 가운데 특정한 시기에 획득한 형질이라고 볼 수 있습니다. 하지만 두 종이 모두 독자적으로 진화하여 폭격수가 됐는지도 모릅니다. 과학자들이 그 문제에 대해서 연구를 진행 중이지만 아직까지 딱정벌레들은 정답을 밝히지 않고 있습니다.

1970년 11월 4일, 저는 텍사스주 덴턴에 있었습니다. 당시 저는 미국에 있는 대학을 돌면서 강연을 벌이는 시그마 Xi 전국 강연회의 강사로 초청 받아 여행 중이었습니다. 강연 지역은 직접 선택할 수 있었기 때문에 그 전에 야외 실험을 해본 적이 있는 오클라호마와 텍사스, 루이지애나가 속한 남서부 지역을 강연 지역으로 선택했습니다. 12일 동안 열 군데를 돌아다니며 강연을 했기 때문에 강연 여행은 즐거우면서도 정신없이 지나갔습니다. 그때 대학원생이었던 짐 카렐이 동행했는데 우리는 직접 차를 몰고 다녔습니다. 짐은 열정적이며 인내심이 강한 동물학자로 육체적인 불편함도 잘 참아냈습니다. 여행은 순조롭게 지나갔습니다. 짐은 에드워드 O. 윌슨의 영향을 받아 곤충을 사랑하게 된 하버드대학원생이었습니다.

강연은 보통 하루나 이틀 간격으로 열렸고 각 대학은 160~320킬로미터 정도씩 떨어진 곳에 있었습니다. 따라서 미리 세워놓은 일정대로 정확하게 움직여야 했습니다. 대체로 강연은 저녁 만찬이 끝난 직후에 열렸습니다. 강연이 끝나면 짐이 실험 도구를 정비하고 있는, 낮에 미리 예약해둔 모텔로 돌아왔습니다. 적절한 장소에 해부 장비와 사진 장비를 입체 현미경과 함께 올려놓으면 일할 준비는 끝났습니다. 목적지를 향해 달려가는 낮이면 기회가 있을 때마다 차를 세워놓고 무언가를 발견할 것 같은 숲 속으로 뛰어 들어가 탐험을 하고는 했습니다. 차를 세울 때마다 거의 예외 없이 흥미로운 곤충을 발견하고 산 채로 잡아와, 숙소에 마련한 이동 연구소에서 관찰해볼 수 있었습니다. 정말 진기한 곤충을 발견했을 때는 잠도 잊고 연구를 계속했습니다. 밤을 샌 다음 날에는 기진맥진해서 여행길에 오르지만 또다시 무언가 특별한 발견을 할 것 같은 장소에 차를 세우면 어김없이 기력이 되살아나 펄펄 뛰어다녔습니다.

한번은 텍사스에서 차를 세우고 탐험을 하던 중에 건드리면 산을 뿜어대는 변덕쟁이떡갈나무잎애벌레(헤테로캄파 만테오*Heterocampa manteo*, 영어명: the variable oakleaf caterpillar)를 발견했습니다. 이 애벌레의 머리 바로 뒤, 밑 부분에는 커다란 분비샘 하나가 있었습니다. 앞부분을 사방으로 회전할 수 있기 때문에 애벌레는 자유자재로 원하는 곳을 향해 분비물을 발사할 수 있었습니다. 당시, 제럴드의 연구진이 성분 물질을 분석할 수 있도록 애벌레들의 분비샘을 잘라 왔기 때문에 애벌레의 분비물 속에 20~40퍼센트 정도 되는 포름산이 들어 있다는 사실을 알 수 있었습니다. 또한 애벌레가 분비하는 물질에는 1퍼센트가 조금 넘는 케톤 물질이 들어 있었습니다. 케톤 물질은 2-운데카논2-undecanone과 2-트리데카논2-tridecanone이었습니다. 곤충을 쫓아내는 특성을 지닌 케톤 물질은 2장에서 언급한 채찍전갈의 산성 분비물인 카를린산과 비슷한 작용을 하는 듯했습니다. 다시 말해서, 케톤 물질은 애벌레의 방어 물질이 목표물 표면에서 잘 퍼지고 흡수되게 만드는 계면활성제 역할을 하는 듯했습니다. 헤테로캄파 만테오 애벌레 말고도 계면활성제가 들어 있는 산성 물질을 분비하는 애벌레는 더 찾을 수 있었습니다.

하지만 덴턴 외곽에서 발견한 가장 특이한 동물은 장님거미(보노네스 사이

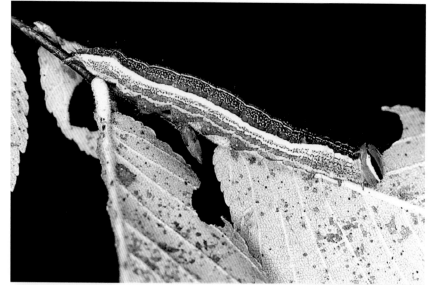

(위) 식물을 먹고 있는 헤테로캄파 만테오 애벌레.

(아래) 헤테로캄파 만테오 애벌레 옆에 들고 있는 것은 목 근처에서 절개한 분비샘. 포름산이 들어 있다.

Vonones sayi)였습니다. 동물학자들은 이 거미를 알고 있기는 했지만, 이 거미의 생활 습관이나 방어 기작에 대해서는 알려진 바가 거의 없었습니다.

텍사스여자대학교에서 강연을 마친 다음 날은 하루 종일 야외에 나가 연구를 할 수 있었습니다. 그날은 주로 호숫가에 있는 관목숲에서 연구 대상을 찾아 헤

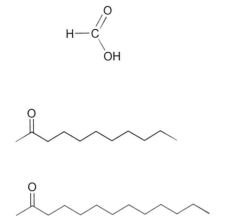

헤테로캄파 만테오 애벌레의 방어 물질.
위부터 차례대로
포름산,
2-운데카논,
2-트리데카논.

맸는데 바위 밑이나 썩은 나무 속에서 많은 동물을 발견할 수 있었습니다. 그곳에서 생애 최초로, 노래기를 주식으로 먹으며, 지렁이처럼 생긴, 신기한 펜고디다이과(科)Phengodidae 유충도 발견했습니다. 그 전부터 펜고디다이과 유충에 대해서 알고 있던 저는 이 유충이 어떻게 노래기의 방어 물질을 무력화시키는지 항상 궁금했습니다. 그런데 바로 그때 제 눈으로 이 유충이 시안화수소를 생산하는 띠노래기과(科)Polydesmoidae 노래기를 먹는 모습을 직접 본 것입니다. 그 모습은 몇 년 동안 제 뇌리에 남아, 언젠가는 펜고디다이과 유충을 연구해봐야겠다는 생각을 하게 되었고, 결국 연구하고 말았습니다. 그 이야기는 7장에서 다시 해드리겠습니다.

하지만 이 은닉 장소에서 가장 많은 개체수를 차지하는 동물은 보노네스 사이였습니다. 보노네스 사이를 아주 많이 잡을 수 있었기 때문에 저녁에 살펴보려고 몇 마리씩 약병에 나누어 담았습니다. 보노네스 사이는 어딘지 모르게 벤조퀴논 연구의 계기를 만들어준 우루과이장님거미를 생각나게 해 아련한 향수를 불러일으켰습니다. 보노네스 사이를 만지면 어디선가 액체가 흘러나왔지만 현미경이 없었기 때문에 분비샘이 어디에 있는지는 확인할 수 없었습니다. 하지만 냄새는 분명 벤조퀴논의 냄새였고, 손가락에도 벤조퀴논임을 알리는 흔적이 남았습니다.

우리는 그날 밤은 물론 몇 날 밤에 걸쳐 보노네스 사이를 연구했습니다. 보노네스 사이는 그때까지 한 번도 보지 못한 방식으로 자신을 방어하고 있었습니다.

보노네스 사이.

보노네스 사이가 분비하는 물질은 벤조퀴논이 틀림없었습니다. 냄새만 맡아봐도 벤조퀴논임을 분명히 알 수 있었습니다. 하지만 보노네스 사이가 벤조퀴논을 저장하고 공격할 수 있는 형태로 만드는 방법은 매우 독특했습니다. 보노네스 사이는 외피의 앞쪽 측면 가장자리에 분비공이 있는, 주머니처럼 생긴 작은 분비샘 두 개에 고체로 된 벤조퀴논을 저장합니다.

보노네스 사이가 공격을 받으면 제일 먼저 장액이 역류합니다. 장액은 가슴 한가운데 있는 구기로 나오지만 오래 머물지는 않습니다. 구기에서 외피 양쪽 끝에 있는 분비공까지는 깊은 홈이 패어 있습니다. 따라서 구기에서 뿜어져 나온 액체, 즉 장액은 구기에서 나오자마자 두 갈래로 나뉘어 홈을 타고 분비공이 있는 곳까지 흘러갑니다. 액체가 분비공에 도착하면 거미는 고체 벤조퀴논을 액체 속에 주입합니다. 그러면 고체 벤조퀴논이 액체로 변합니다. 거미가 두 물질을 섞어 방어 물질을 만드는 데 걸리는 시간은 1초도 되지 않습니다. 방어 물질을 다 만든 거미는 앞다리에 방어 물질을 묻혀서 자신을 공격하는 물체에 대고 솔처럼 문질러댔습니다. 실험이 이루어진 모텔에서 공격자는 우리였습니다. 우리가 핀셋으로 건드릴 때마다 보노네스 사이는 건드린 부위를 정확하게 문질러댔습니

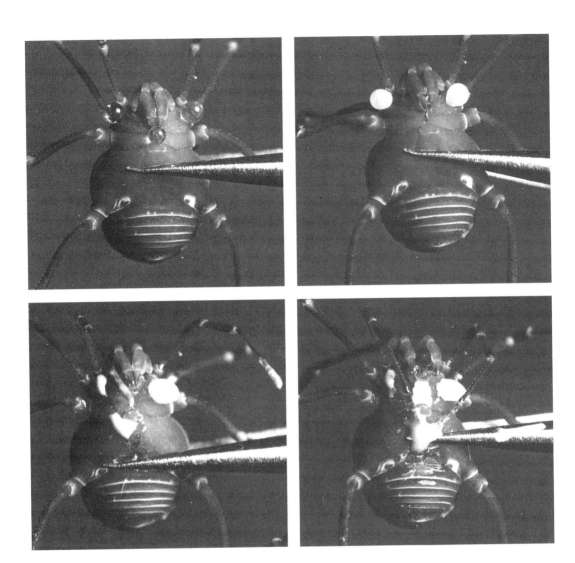

핀셋으로 집자 방어 물질을 분비하는 보노네스 사이.

(왼쪽 위) 핀셋으로 집자마자 구기에서 맑은 액체가 나온다. 이 액체는 중앙에서 반으로 갈라져 두 번째 다리 끝에 각각 모인다. (오른쪽 위) 두 번째 다리 끝에 액체가 모이자 액체 속으로 퀴논 물질을 분비한다. 그 결과 액체가 뿌옇게 흐려졌다. (아래 왼쪽과 오른쪽) 거미는 앞다리로 뿌옇게 흐려진 액체를 묻혀서 핀셋에 문질렀다. 왼쪽 사진을 보면 앞다리 끝에 묻은 방어 물질이 보인다.

다. 보노네스 사이는 정말 현명하게 방어 물질을 사용하고 있었습니다.

모텔에서 보노네스 사이와 마지막으로 함께했던 순간은 아직도 선명하게 기억하고 있습니다. 그날은 11월 9일로, 우리에게 숙소를 제공해준 텍사스주 헌츠빌에 있는 샘휴스턴주립대학에서 강연을 마친 직후였습니다. 그날은 샤를 드골 장

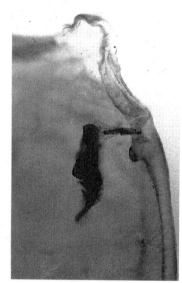

(왼쪽) 보노네스 사이 외피. 앞쪽 좌우로 분비샘이 보인다.

(오른쪽) 오른쪽 분비샘을 크게 확대한 사진.

보노네스 사이의 방어 물질 속에 들어 있는 벤조퀴논.

(오른쪽) 2,3-디메틸-1,4-벤조퀴논

(왼쪽) 2,3,5-트리메틸-1,4-벤조퀴논.

군이 세상을 떠난 날이기도 했기 때문에 이 작은 친구를 연구하고 사진을 찍는 동안 밤새도록 텔레비전을 켜놓았던 기억이 납니다. 그런 상황에서 프랑스 역사를 배웠다는 것은 말이 안 되지만, 우리는 새벽이 밝아올 때까지 불안정한 프랑스 정부에서부터 안정된 품질을 자랑하는 프랑스 와인에 이르기까지 프랑스에 대한 다양한 지식을 쌓을 수 있었습니다.

이타카로 가져온 보노네스 사이는 새로운 환경에 잘 적응하여 몇 달 동안 살았습니다. 그래서 우리는 보노네스 사이를 가지고 여러 가지 실험을 해보았습니다. 제럴드 연구진의 한 사람이었던 아서 클러지Arthur Kluge는 보노네스 사이가 두 가지 벤조퀴논을 분비한다는 사실을 알아냈습니다. 양쪽 분비샘에 들어 있는 양을 모두 합해서 0.5마이크로그램이었고, 벤조퀴논은 2,3-디메틸-1,4-벤조퀴논과 2,3,5-트리메틸-1,4-벤조퀴논이었습니다. 한 번 장액을 분비할 때 섞는 벤조퀴논의 양은 아주 적었습니다. 0.5마이크로그램이라면 30번 이상 섞을 수 있는 양이었습니다. 따라서 한 번 공격을 가했다고 해도 보노네스 사이가 벤조퀴논이 없어 고생하는 일은 없을 것입니다. 공격을 가하고 다시 재무장하는 일은 보노네스 사이에게는 식은 죽 먹기입니다.

보노네스 사이를 공격하는 개미의 모습을 보니, 방어 물질을 다리로 문지르는 보노네스 사이의 방어 전략이 얼마나 효율적인지 알 수 있었습니다. 과감하게 공격을 시도하는 개미는 말 그대로 빗질을 당하고 말았습니다. 보노네스 사이는 개미 한 마리를 물리친 후에 곧바로 다른 개미를 공격하는 일이 불가능했기 때문에 시간을 벌려고 했습니다. 공격하고 남은 방어 물질을 자신의 몸에 문지르는 것으로 말입니다.

보노네스 사이의 열대 친척 종은 저도 몇 종 연구해본 적이 있었고, 다른 과학자들도 연구한 적이 있습니다. 그 거미들은 종류에 따라 벤조퀴논을 분비하거나 페놀을 분비했습니다. 그 중에는 보노네스 사이처럼 방어 물질을 다리로 문지르는 종도 있습니다. 저는 고니렙테스속(屬)Gonyleptes인 우루과이장님거미도 보노네스 사이와 똑같은 전략을 구사하는지 궁금했습니다.

■ **30만 종이** 넘는다고 알려진 딱정벌레들은 대부분 육상 동물입니다. 하지만 물에 사는 종도 있습니다. 그 중에 물매암이과(科)에 속하는 곤충들은 그 이름만으로도 저항할 수 없는 매력이 느껴졌습니다. 이 곤충들의 이름을 물매암이라고 부르는 이유는 정신없이 헤엄치는 모습 때문이라고 알려져 있습니다.

어린 시절에 호숫가에 놀러 갔던 사람이라면 물매암이를 본 적이 있을 겁니다. 물매암이는 작은 어뢰정처럼 아주 빠른 속도로 수면 위를 빙글빙글 돌면서 호숫가에 떼 지어 모여 있습니다. 물매암이는 사실 수면을 딛고 서 있는 것입니다. 따라서 물에 세제를 넣으면 표면 장력이 감소하여 밑으로 가라앉고 맙니다. 물론 물매암이는 수면에서만 생활하지 않습니다. 물매암이들은 잠수도 하는데 이때는 산소통처럼 공기 방울을 몸에 붙이고 내려갑니다. 물매암이의 눈은 수면 생활에 적합하도록 진화했습니다. 눈

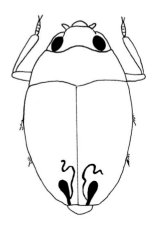

물매암이 모식도. 배 뒤쪽에 방어 물질을 분비하는 분비샘 한 쌍이 보인다. 각 분비샘은 화학물질을 저장하는, 주머니처럼 생긴 저장 주머니와 그것에 연결된 끈 모양 부속 조직으로 이루어져 있다.

호숫가에 모여 있는, 물
매암이인 디네우테스 호
르니(*Dineutes hornii*)
무리.

은 상부와 하부로 반씩 나뉘어 있는데 상부 쪽 눈은 수면 위를 쳐다보고, 하부 쪽 눈은 수면 아래를 봅니다. 따라서 뱅글뱅글 도는 동안에도 수면의 위아래를 모두 바라볼 수 있습니다. 성충은 청소 동물입니다. 그러나 유충은 물속에서 생활하는 포식자입니다.

여러분이 물매암이가 됐다고 가정하고 한번 상상해보세요. 당신은 하늘을 향해 짙은 갈색 빛을 드러내며 수면에 떠 있고 깊은 물 속에는 당신보다 몸집이 크고 잔뜩 배를 주린 물고기가 매서운 시력을 자랑하며 한껏 노려보고 있습니다. 이런 경우를 바로 사면초가라고 하지 않을까요?

하지만 몇 시간 동안이나 참물매암이속(屬)Gyrinus에 속하는 작은 종과 왕물매암이속(屬)Dineutes에 속하는 큰 종을 관찰해보았지만, 물고기가 수면을 가르고 올라와 물매암이를 먹는 광경은 한 번도 목격할 수 없었습니다. 물고기가 물매암이를 공격하지 않는 데는 분명히 이유가 있을 테고, 아마도 가장 유력한 이유는 물매암이가 스스로를 방어할 수 있기 때문일 것입니다. 쉽게 잡을 수 없어서인지, 화학물질을 방어용으로 분비하기 때문인지는 알 수 없었지만, 물고기들은 물매암이를 잡아먹으려 하지 않았습니다. 물매암이는 아주 재빠르기 때문에 손으로 잡기 어렵습니다. 물매암이를 잡으려면 커다란 곤충망이 필요합니다. 물매암이는 화학적 방어 물질을 분비하는 것이 틀림없었습니다. 휴대용 도감에도 언급되어 있는 내용이지만, 제가 직접 참물매암이속 물매암이와 왕물매암이속 물매암이를 잡았을 때도 독특한 화학물질 냄새를 맡을 수 있었습니다.

물매암이의 방어용 분비샘은 이미 그림으로 나온 자료가 있었기 때문에 쉽게 찾을 수 있었습니다. 물매암이의 분비샘도 폭격수딱정벌레처럼 배의 끝부분에 있었는데, 두 주머니로 되어 있는 분비 조직에는 끈처럼 생긴 부속물이 붙어 있습니다. 큰 편에 속하는 분비낭(저장 주머니) 속에는 액체가 가득 들어 있었습니다. 저는 왕물매암이속 물매암이를 연구해보기로 했습니다. 아무래도 분비물을 많이 확보하려면 큰 종이 더 유리하다고 생각했기 때문입니다.

짐 카렐을 비롯한 여러 명이 채집 장비를 가지고 주말에 하이크자연보호지로 달려갔습니다. 우리는 그곳에서 배를 타고 호수로 들어가야 했습니다. 물매암이들은 떼 지어 몰려 있기 때문에 곤충망을 휘두르면 한 번에 수백 마리는 거뜬히 잡을 수 있을 것 같았습니다. 문제는 아주 은밀하게 접근해야 한다는 점이었습니다. '우리 가운데 한 명이 열심히 노를 젓고 나머지는 곤충망을 휘둘러 물매암이를 잡는다'가 우리의 전략이었습니다. 계획은 좋았지만 결과는 그리 좋지 않았습니다. 우리가 잡은 물매암이는 얼마 되지 않았습니다.

우리는 물매암이를 안전하게 오두막으로 데려온 다음, 핀셋으로 한 마리씩 잡아 여과지를 대고 배 끝을 눌러 하얀 요구르트 같은 분비물을 채취하기로 했습니다. 우리는 이 방법이 아주 근사하다고 생각했습니다. 그런 식으로 분비물을 채취하면 물매암이를 다시 호수로 돌려보낼 수 있다고 생각했기 때문입니다. 하지만 이 방법은 그다지 효과가 없었습니다. 여과지에 대고 분비물을 짜다 보니 손실되는 양이 너무 많았습니다. 그래서 우리는 다른 방법을 택했습니다. 물매암이

기리니달.

를 잡자마자 냉동시키면 효과적으로 분비물을 모을 수 있었습니다. 냉동시킨 물
매암이를 해동시키면 그 즉시 분비샘에서 분비액이 모두 쏟아져 나오기 때문에
그저 물매암이를 용제에 넣고 가볍게 씻기만 하면 됐습니다. 물론 애석하게도 이
방법으로는 물매암이를 살릴 수 없었지만, 분비물은 아주 많이 모을 수 있었습니
다. 우리는 물매암이 분비물을 다량 확보하여 제럴드에게 보냈습니다. 그러자 결
과가 날아왔습니다. 물매암이 분비물은 주로 한 가지 물질로 이루어져 있는데,
지금까지 알려지지 않은 물질이라고 했습니다. 그 물질은 전문 용어로 노르 세스
퀴테르페노이드 알데히드nor-sesquiterpenoid aldehyde라고 하는 일종의 테르펜 물
질이었습니다. 우리는 이 물질을 기리니달gyrinidal이라고 부르기로 했습니다. 다
음으로 해야 할 일은 기리니달이 물고기를 쫓아내는 물질이 맞는지를 확인하는
일이었습니다.

　그래서 수족관을 여러 개 설치하고 물고기 그물을 빌려서, 큰입농어(미크롭테
루스 살모이데스*Micropterus salmoides*, 큰입우럭이라고도 함―옮긴이)가 서식할
수 있는 환경을 꾸몄습니다. 우리는 20~25센티미터 정도 되는 작은 농어를 가
져와 수족관 하나에 한 마리씩 집어넣었습니다. 수족관은 모두 한곳에 설치했지
만, 두꺼운 마분지로 서로 가렸기 때문에 농어들은 다른 농어들의 모습을 볼 수
없었습니다. 과연 그럴 필요까지 있을까 하는 생각이 들기는 했지만, 농어들이
다른 농어가 겪는 일을 보고 교훈을 얻게 하고 싶지는 않았습니다.

　제일 먼저 진행한 실험의 목적은 농어가 물매암이에게 어떤 반응을 보이는지
알아보는 일이었습니다. 우리는 수족관 한쪽 수면에 먹이를 놓고, 물고기가 수면
으로 올라와 먹게 했습니다. 농어들은 밀웜을 잘 먹었습니다. 그래서 우리는 며
칠 동안 밀웜을 먹이로 주어, 수면에 있는 먹이를 먹는 일에 익숙해지도록 만들
었습니다. 농어가 수면에 떠 있는 먹이를 먹는 데 익숙해질 무렵에, 드디어 물매
암이를 먹이로 주었습니다. 모두 여섯 마리 농어에게 96마리나 되는 물매암이를

먹이로 주었습니다. 농어가 전혀 건드리지 않은 물매암이는 모두 76마리였습니다. 열일곱 마리는 한번 물었다가 뱉었고, 세 마리는 먹었습니다. 그나마 그 세 마리 물매암이는 모두 한 농어에게 잡아먹혔습니다. 농어는 분명히 물매암이를 싫어했습니다.

농어를 관찰하면서 가장 재미있었던 점은 물매암이를 도로 뱉어낼 때 하는 행동입니다. 물매암이를 수면에 올려놓으면 농어는 재빨리 수면으로 올라와 덥석 물었습니다. 그런데 이상하게도 곧바로 물매암이를 뱉지 않고 한동안 입 속에 머금은 채, 무슨 고민이라도 있는 것처럼 아가미 뚜껑(혹은 아감딱지opercula라고 함)을 열었다 닫았다 했습니다. 그렇게 견디기 힘들다면 뱉어내면 그만일 텐데, 왜 물매암이를 계속 물고 있는지 도무지 알 수가 없었습니다. 아가미 뚜껑을 열었다 닫았다 하는 데는 분명히 특별한 이유가 있어 보였지만, 그 이유를 밝혀내려면 새로운 실험을 진행해야 했습니다.

제럴드의 연구진이 기리니달을 합성하는 데 성공했기 때문에 기리니달의 특성을 알아볼 수 있었습니다. 기리니달은 밀웜의 외피에 잘 묻었기 때문에 양을 달리하여 밀웜에 묻힌 다음 농어에게 먹이로 주었습니다. 밀웜을 모두 뱉어내는 모습으로 보아, 농어가 기리니달을 싫어한다는 사실이 분명해졌습니다. 농어는 일반적으로 물매암이 몸속에 들어 있는 100마이크로그램의 0.5퍼센트밖에 안 되는 0.5마이크로그램이 묻은 밀웜도 뱉어냈습니다. 농어가 거부하는 밀웜의 양은 농어의 허기 정도에 따라 달랐습니다. 배가 많이 고픈 농어는 기리니달의 농도가 높아도 그냥 삼켜버렸습니다. 사람도 배가 너무 고프면 평소에는 입도 대지 않던 음식을 먹는다는 점을 생각해보면 당연한 일입니다.

이런 실험을 통해서 아가미 뚜껑이 들썩거리는 이유는 구강을 씻기 위한 일종의 세척 과정이라는 사실을 알아냈습니다. 아가미 뚜껑이 열렸다 닫힐 때, 일종의 펌프처럼 물이 구강으로 들어갔다가 나오기 때문에 입속의 이물질을 씻어낼 수 있습니다. 아가미 뚜껑이 열리면 입으로 빨아들인 물이 아가미 밖으로 빠져나가며, 아가미 뚜껑이 닫히면 아가미로 들어온 물이 입으로 나갑니다. 그래서 기

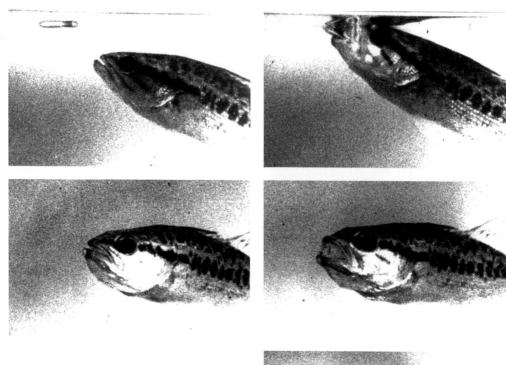

(위) 기리니달을 묻힌 밀웜을 먹는 농어를 연속 촬영한 사진. (중간) 입을 씻기 위해서 아가미 뚜껑을 움직이는 농어. (아래) 마침내 밀웜을 뱉어버리는 농어.

리니달과 숯가루를 먹을 수 있을 만큼 밀웜에 묻혀 농어에게 준 다음, 아가미와 입을 통해서 뿜어져 나오는 숯가루 모양을 보고, 어떤 식으로 농어가 입속을 씻어내는지 알 수 있었습니다. 기리니달을 묻힌 밀웜을 먹은 농어는 계속해서 입안을 씻었습니다. 먹이의 독소를 제거하려고 그런 행동을 하는 것 같았습니다. 주위를 가득 채운 액체로 먹이를 씻어내다니, 정말 놀라울 정도로 영악한 방법이라는 생각이 들었습니다.

농어가 입속을 씻어내는 시간은 밀웜에 묻힌 기리니달의 양에 따라 달랐습니

숯과 기리니달을 묻힌 밀웜을 삼킨 농어가 입을 씻기 위해서 물을 들이마신 후, 아가미(위)와 입(아래)으로 뱉어내는 모습을 찍은 연속 촬영 사진. 숯 때문에 물의 배출 경로를 알 수 있다.

다. 묻힌 양이 증가할수록 입을 씻어내는 시간도 늘어났습니다. 때때로 농어는 아주 오랫동안 입속을 씻어냈지만 결국 밀웜을 뱉어내기도 했습니다. 대부분 그런 경우는 묻어 있는 기리니달의 양이 많을 때였습니다. 또한 배가 고프면 고플수록, 농어는 좀더 끈기 있게 입을 씻어냈습니다. 당연한 일이지만 말입니다. 농어는 먹이가 오염되어 있으면 오염 물질을 제거하려고 입 안을 씻어냈고, 오염 물질을 씻어내는 시간은 오염 정도와 농어의 식욕에 따라 달라졌습니다.

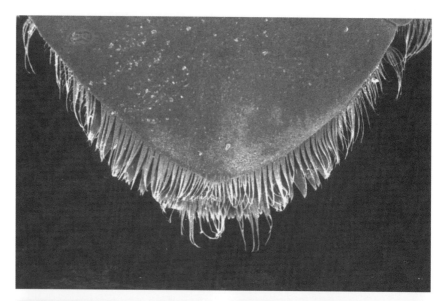

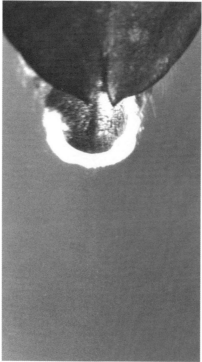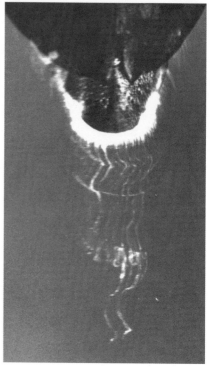

(위) 물매암이 디네우테스 호르니의 배 끝부분. 분비물을 방출할 때, 일단 한번 모은 후 여과시키는 털들이 보인다. (아래) 분비물을 방출하는 디네우테스 호르니의 말단 모습. 일단 여과기에 모인 흰색 액체(왼쪽)는 조금씩 물속으로 퍼져나간다(오른쪽).

이 실험을 하고 나니 기리니달에 대해서도 어느 정도 예측할 수 있을 것 같았습니다. 오랜 시간 동안 물매암이는 방어 물질을 조금씩 분비하여 자신이 얼마나 맛없는 존재인지를 알리며, 그 결과 물고기들은 물매암이를 못 먹는 존재로 인식하게 된 것 같았습니다. 이 예측은 들어맞았습니다. 물매암이의 희고 걸쭉한 방어 물질은 한 번에 강하게 분출되지 않고 오랜 시간 동안 졸졸 흘리듯이 분비되었습니다. 물매암이의 방어 물질이 분비되는 시간은 평균 1분 30초였습니다. 그런데 농어가 입을 씻어내는 평균 시간은 1분 18초밖에 되지 않았습니다. 처음 농어를 가지고 한 실험에서 물매암이가 대부분 살아남을 수 있었던 이유는 바로 이 때문이었습니다.

물매암이가 방어 물질을 천천히 분비하는 모습은 정말 흥미롭습니다. 처음 물매암이가 방어 물질을 분비할 때면 마치 방어벽을 두르듯이 배의 가장 끝부분에 있는 말단 등판pygidium 가장자리에 하얀 띠가 생깁니다. 끈적끈적한 하얀 띠는 조금씩 물속으로 녹아들어갑니다. 말단 등판 가장자리에는 양쪽에서 분비물이 쉽게 녹지 않도록 붙잡고 있는 털들이 많이 나 있습니다. 이 털들은 물매암이가 분비물을 방출할 때 여과기 같은 역할을 하여 분비물이 천천히 물속으로 녹아들게 합니다.

아직까지는 물매암이의 전략이 성공한 것처럼 보입니다. 적어도 큰입농어처럼 인내심이 적은 천적을 상대로 한 경우에는 말입니다. 하지만 진화가 계속되면 언젠가 물고기들도 물매암이를 먹을 수 있는 역(逆)전략을 개발할지도 모릅니다. 어쩌면 이미 어딘가에서 물매암이의 방어 전략을 우습게 여기고 날름 집어삼키고 있는 물고기가 있을지도 모르지만 말입니다. 사실 그런 물고기가 있다고 해도 전혀 놀랄 일은 아니지요.

사회를 이루고 생활하는 곤충을 제가 연구하지 않은 것은 다분히 의도적이었습니다. 말벌은 체질적으로 안 맞았고, 개미는 다른 사람들도 많이 연구하니 그 사람들과 경쟁하기 싫었고, 흰개미는 제 관심 밖의 곤충이었습니다. 그런데

1968년, 흰개미에 대한 제 생각을 바꾸는 계기가 된 사건이 벌어졌습니다.

그때 저는 바로 콜로라도섬에 있는 스미스소니언열대연구소의 초청을 받아 파나마에 머물고 있었습니다. 1947년 이후로는 남아메리카에 가본 적이 없었기 때문에 에스파냐어를 다시 연습할 수 있는 좋은 기회라는 생각이 들었습니다. 콜로라도섬은 파나마 운하 안에 만든 인공 섬입니다. 연구소의 초대를 받은 과학자들은 머물 숙소와 연구 진행 장소를 제공받았습니다. 무엇보다 마음에 들었던 점은 원하는 시간에, 누구의 방해도 받지 않고 섬 전체를 덮고 있는 광활하고 울창한 우림을 마음껏 탐사할 수 있었다는 점입니다. 파나마에 머무는 3주 동안 본토에 머문 적은 거의 없었습니다. 대부분 열대 우림을 누비면서 새롭게 발견한 사실에 즐거워하면서 보냈습니다. 그곳에서 분비 기작에 관한 연구를 진행하게 된 오자이니니속 딱정벌레를 채집할 수 있었으며, 앞으로 반드시 연구하고 말겠다고 다짐한, 진귀한 동물을 수없이 많이 발견했습니다. 그 중에는 아주 작은 쇠똥구리도 있었습니다. 이 쇠똥구리는 원숭이 배설물을 작은 공처럼 굴려 운반하는 종이었는데, 암수가 각기 다른 냄새를 풍기는 방어 물질을 분비하는 것으로 보아, 이 쇠똥구리의 방어 물질은 페로몬 역할도 하는 게 아닌가 하는 생각이 들었습니다.

우림 지역에 살고 있는, 날개를 가진 곤충 가운데 긴 날개가 있어 가장 우아하다고 알려진 헬리코니다이과(科)Heliconiidae 나비들도 보았습니다. 헬리코니다이과 나비들이 그렇게 천천히 공중을 비행할 수 있는 이유는 과연 무엇일까요? 맛이 없어 잡아먹힐 염려가 없기 때문에 그렇게 천천히 날고 있겠지만, 어쩌면 또다른 이유가 있는지도 몰랐습니다. 헬리코니다이과 나비는 거미줄에 가까이 갈 때마다 아주 신기한 행동을 했습니다. 거미줄이 있다는 사실을 아는 듯이 거미줄을 전혀 건드리지 않은 채 훌쩍 날아올라 거미줄을 피해 갔습니다. 그 덕분에 헬리코니다이과 나비는 가장 무서운 천적이 될 뻔했던 거미의 공격을 걱정할 필요가 없었습니다. 헬리코니다이과 나비의 더듬이는 아주 깁니다. 어쩌면 더듬이 때문에 거미줄을 미리 감지하는지도 모릅니다. 어찌되었든 헬리코니다이과 나비가 아주 빨리 비행하는 곤충이었다면 거미줄을 피하지 못했을 것입니다.

행진 중인 린코테르메스 페라르마투스. 행진하는 일꾼들의 측면을 지키고 있는, 뾰족한 구기를 지닌 병정들이 앞쪽에 보인다.

또한 콜로라도섬에는 흰개미인 린코테르메스 페라르마투스*Rhynchotermes perarmatus*가 있었습니다. 흰개미 서식처를 발견한 저는 사방으로 뻗은 행군로를 보고 매혹되고 말았습니다. 무엇보다도 저의 흥미를 끈 점은 행군로가 마치 굴처럼 가려져 있다는 사실이었습니다. 굴처럼 행군로를 가리면 개미의 공격을 효과적으로 막을 수 있을 것입니다. 만약에 이 굴을 무너뜨리면 어떤 일이 생길까 궁금했습니다. 실제로 굴이 무너지는 일도 있을 테니 말입니다. 흰개미 사회에는 긴급한 일이 생기면 달려오는 병정개미들이 있게 마련이니, 린코테르메스 페라르마투스에게도 긴급한 상황을 만들어주고 싶었습니다.

저는 핀셋으로 행군로를 덮은 굴을 조심스럽게 걷어내봤습니다. 그런데 당연히 벗겨진 부분으로 흰개미들이 쏟아져 나와 허둥거리며 사방으로 도망갈 것이라고 생각했는데, 흰개미들은 마치 아무 일도 없다는 듯이 계속해서 질서정연하게 행진할 뿐이었습니다. 하지만 행군을 계속하는 흰개미는 모두 일꾼들뿐이었습니다. 뾰족한 구기 때문에 쉽게 알아볼 수 있는 병정개미들은 일꾼들이 행진하는 길 가장자리에 방어 태세를 갖추고 줄지어 늘어섰습니다.

린코테르메스 페라르마투스는 첨비형(尖鼻形: 가늘고 긴 주둥이에서 끈적끈적한 분비물을 분비하는 개미 혹은 흰개미류—옮긴이) 흰개미아과(亞科)Nasutitermitinae에

호주에서 집흰개미속(Coptotermes) 흰개미 집 옆에 서 있는 크리스티나 아이스너. 흰개미인 나수티테르메스 엑시티오수스(Nasutitermes exitiosus)의 흙 둔덕은 꼭대기가 둥글고 그리 높지 않다.

속하는 종으로, 병정개미는 걸어다니는 분무기였습니다. 병정개미 머리의 대부분은 앞쪽에 있는 분비샘이 차지하고 있었으며, 이 분비샘의 분비공은 머리 위로 툭 튀어나온 뾰족한 돌기, 즉 비상(鼻狀) 돌기nasus에 있습니다. 병정개미는 순간적으로 행동을 취합니다. 서식처에 문제가 생기면 문제를 발견하는 순간 머리에서 분비물을 발사합니다. 아주 끈적끈적한 흰개미의 방어 물질은 가느다란 실처럼 발사됩니다. 스위스 과학자인 E. 에른스트[E. Ernst]는 "흰개미의 방어 물질 속에는 위험을 알리는 물질이 있기 때문에 한 마리만 분비물을 발사해도 그 즉시 다

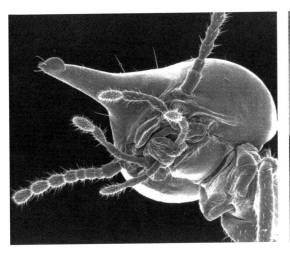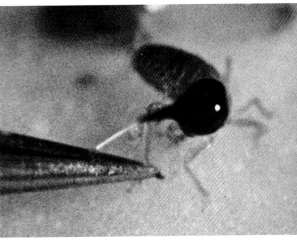

른 병정개미들이 사태를 파악하고 그 주위로 몰려든다"고 했습니다.

린코테르메스 페라르마투스가 행진하는 곳에 핀셋을 가까이 가져가자 병정개미들이 덤벼들었습니다. 병정개미들은 핀셋에 화학 무기를 발사하면서 떼를 지어 달려들었습니다. 하지만 그런 소동이 벌어지는 와중에도 일꾼들은 꿋꿋하게 가던 길을 멈추지 않았습니다. 일꾼들이 행진하는 통로 한복판에 핀셋을 갖다 대보기도 했는데, 일꾼들은 핀셋을 치우는 순간 아무 일도 없었다는 듯이 행군을 계속했습니다. 흰개미 집단은 관현악단처럼 각자 맡은 역할이 정해져 있었습니다. 병정들은 영토를 지키며, 필요할 때마다 힘을 합쳐 무리를 보호하는 역할을 했고 일꾼들은 꿋꿋하게 행진을 계속했습니다. 몇 시간이 지나 다시 흰개미 서식처를 찾아갔을 때는 무너진 부분이 말끔히 복구되어 있었습니다.

그날 발견한 흰개미가 정말 마음에 들었지만 실제로 흰개미를 자세하게 연구할 기회는 그로부터 4년이 지나, 정말 운 좋게도 구겐하임 장학재단에서 1년 동안 호주에서 연구해보지 않겠느냐는 제의를 받은 후에 찾아왔습니다. 당시 저는 캔버라에 있는 CSIRO 곤충학부에서 연구를 진행하게 됐습니다. 호주에는 흰개미가 아주 많았기 때문에 캔버라에서 가장 많이 서식하는 나수티테르메스 엑시티오수스*Nasutitermes exitiosus*를 발견하는 일은 그리 어렵지 않았습니다. 전형적인 첨비형 집단인 나수티테르메스 엑시티오수스는, 크기가 작아진 구기와 주둥이 모양 돌기를 가진 병정개미와 돌기는 없지만 정상적인 구기를 가진 일개미로 이루어져 있었습니다. 여기저기 산재한 나수티테르메스 엑시티오수스의 튼튼한 둔덕은 꼭대기가 둥근 모양이고, 가까이에는 개미집이 있었습니다. 사실 흰개미 서식처는 개미와 영역 다툼을 벌이는 치열한 전쟁터입니다. 호주는 개미들의 천국이라고 알려져 있지만 제가 직접 확인한 바로는, 개미는 흰개미와 영역을 공유할 수밖에 없는 험난한 처지였습니다.

흰개미와 개미는 같은 영역을 공유하면서 끊임없이 경쟁을 벌여야 합니다. 저는 흰개미와 개미가 맞붙으면 어떤 일이 일어나는지 알아보려고 야외로 나가 실험해보았습니다. 호주에 서식하는 아르헨티나개미(이리도미르멕스 후밀리스 *Iridomyrmex bumilis*)의 서식처 한가운데 흰개미 집이 하나 우뚝 솟아 있었습니다. 그래서 개미 서식처 입구를 두드려 개미들이 밖으로 나오게 한 다음에 흰개미 둔덕 밑에 있는 입구로 유인했습니다. 그런 다음 앞으로 발생할 사건을 정확하게 기록하기 위해서 개미와 흰개미가 마주치는 장소에 삼각대를 놓고 카메라를 설치했습니다. 흰개미와 개미는 마주치자마자 서로 공격하기 시작했습니다. 수많은 흰개미들이 물려 죽었고 수십 마리가 넘는 개미들이 분비물과 흙 범벅이 되어 물러나야 했습니다. 저는 그 모습을 자세히 들여다보면서 되도록 비슷한 간격을 두고 사진을 찍었습니다. 사진에 찍힌 모습은 정말 굉장했습니다. 그 중에는 흰개미의 뾰족한 주둥이에서 실처럼 가느다란 분비물이 뿜어져 나와 개미의 몸에 고리처럼 달라붙은 사진도 있고, 이제 막 주둥이에서 분비물이 뿜어져 나오려고 하는 순간을 포착한 사진도 있었습니다. 하지만 얼마 못 가 개미들이 흰개미 영역을 침범하려 하지 않았기 때문에 전쟁은 짧은 시간에 끝나고 말았습니다. 제가 땅바닥을 톡톡 치면 그 주위를 빙빙 돌거나 손을 타고 올라오기도 했지만 흰개미들의 영토 쪽으로는 건너가지 않았습니다. 흰개미 분비물이 뒤범벅이 된 곳에서는 테르페노이드 냄새가 났는데 이 냄새 때문에 개미들이 다가가지 않는 듯했습니다.

그때 저는 무릎을 꿇고 앉아 전쟁터에서 어떤 냄새가 나는지 맡아보았습니다.

나수티테르메스 엑시티오수스와
아르헨티나개미인 이리도미르멕
스 후밀리스의 전투 장면.

(위) 개미의 머리 바로 밑에 있
는 적갈색 병정 흰개미 머리에서
실 같은 분비물이 뿜어져 나오고
있다. 개미의 큰 턱 양쪽 끝에 고
리처럼 분비물이 매달려 있다.

(아래) 분비물과 흙으로 뒤범벅
된 개미를 꼼짝 못하게 둘러싸고
있는 흰개미 세 마리. 오른쪽에
있는 두 마리의 주둥이 끝에 분
비물 방울이 맺혀 있는 것으로
보아 분비물을 발사했음이 틀림
없다.

개미의 측면을 공격할 수 있는 능력을 갖추어야 했습니다. 사실 저 혼자 만들었다기보다는 여러 명이 함께 만들어낸 로봇 개미는 흔히 쓰는 호치키스용 철침을 잘라서 만든 금속 막대인데, 자석으로 움직임을 조절했습니다. 실험은 저 말고도 두 협력자가 함께 진행했습니다. 그 중에 한 명은 제 딸 비비안이고 또 한 명은 독일에서 온 행동생물학자 이름가르트 크리스톤Irmgard Kriston이었습니다. 비비안은 그때 열다섯 살밖에 안 되었지만 무척 영리하고, 타고난 연구가이자 정말 놀라울 정도로 유쾌한 아이였습니다. 학교에 다녀야 했기 때문에 비비안은 시간이 있을 때만 실험에 참가했습니다. 이름가르트는 제 친구인 마틴 린다워Martin Lindauer와 함께 박사 학위를 받은 사람으로, 아주 유능하고 뛰어난 조력자이자 온화한 인품과 놀라운 인내심을 지녔습니다.

가짜 개미는 우리의 자랑이자 즐거움이었습니다. 가짜 개미에게 생명력을 불어넣어준 자석은 비커에 시약을 넣고 저을 때 쓰는 막대처럼 생긴, 평범한 자석이었습니다. CSIRO의 콜린 비턴Colin Beaton 덕분에 속도를 조절하면서 천천히 자석을 돌릴 수 있었습니다. 우리가 세운 실험 계획은 '페트리 접시 가운데 금속 막대를 놓고 페트리 접시 밑에 자석을 갖다 대어 접시를 사이에 두고 자석과 막대를 마주하게 한 다음, 막대가 뱅글뱅글 돌면서 흰개미 떼가 행군하는 측면에 다다를 때까지 천천히 자석을 움직인다'였습니다. 막대가 흰개미 떼를 공격하는 모습은 사진으로 찍었으며 나중에 철저하게 분석하기 위해서 비디오로도 촬영했습니다.

흰개미들은, 빙빙 돌기 때문에 트월러twirler라고 이름 붙인, 작은 금속 막대가 멀리 있을 때는 막대에 신경 쓰지 않았습니다. 하지만 막대가 행렬에 가까이 다가오면 경계 태세를 취했는데, 가장 먼저 신경을 쓰는 개체는 보통 행렬을 엄호하는 병정 흰개미들이었습니다. 처음에는 보통 한 마리가 공격 태세를 취했지만, 때로 여러 마리가 동시에 공격 태세를 취하는 경우도 있었습니다. 병정 흰개미들은 막대 주위로 다가와 분비물을 발사할 태세를 갖추었습니다. 병정들의 경고를 무시하고 막대가 계속해서 행렬 근처로 다가오면 드디어 사격이 개시됐습니다.

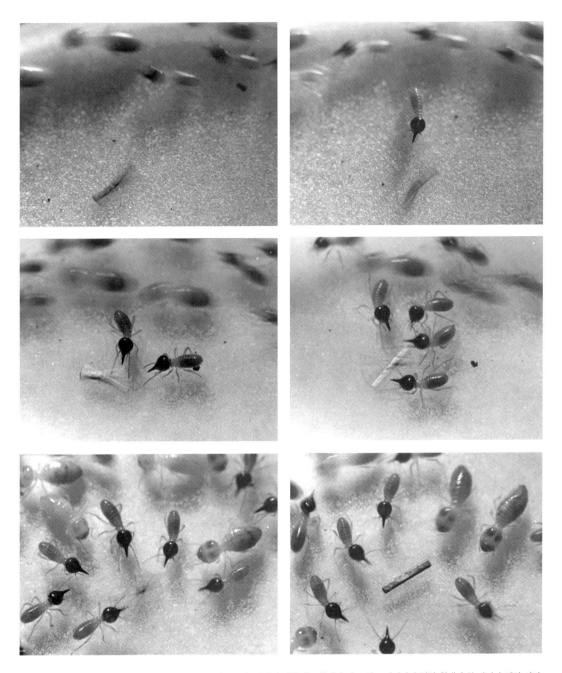

트월러와 싸우는 나수티테르메스 엑시티오수스. 회전하는 금속 막대가 행군하는 흰개미 떼 근처로 다가가자 병정 흰개미 한 마리가 제일 먼저 달려오고, 곧바로 다른 병정 흰개미도 막대 근처로 달려왔다. 몰려든 병정 흰개미들이 분비물을 계속해서 발사하자 결국 막대는 더 이상 움직이지 못하고 바닥에 달라붙고 말았다.

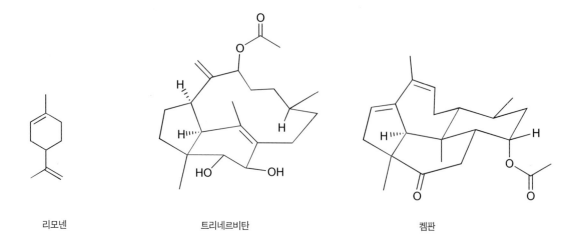

리모넨   트리네르비탄   켐판

병정 나수티테르메스 엑시티오수스가 주둥이에서 분비하는 방어 물질의 구성 성분인 이소프레노이드 물질들.
분비물 속에는 이 외에도 휘발성 물질인 알파 피넨과 베타 피넨이 더 들어 있다.

하지만 흰개미가 분비물을 발사하는데도 막대가 끄떡도 하지 않는다면 다른 병정 흰개미들이 막대를 향해 몰려와 완전히 포위해버렸습니다. 막대가 일꾼들을 향해 나아갈 때도 있었는데 그럴 때면 일꾼들은 막대를 물려고 했습니다. 일꾼이 막대를 물었다는 사실은 막대가 회전하는 방향으로 몸이 돌아가면서 휙 내동댕이쳐지는 모습으로 알 수 있었습니다. 일꾼들은 소란이 가라앉으면 다시 행군을 시작했지만 소동이 벌어졌던 자리는 피해 갔습니다. 병정 흰개미들은 막대가 멈출 때까지 막대를 에워싸고 꿋꿋하게 자리를 지켰습니다. 병정 흰개미 가운데 행렬로 다시 돌아가는 개체도 있었지만 그럴 때는 꼭 새로운 병정 흰개미가 다가와 빈자리를 메웠습니다. 병정 흰개미들은 막대가 움직이지 않으면 분비물을 발사하지 않았지만, 일단 막대가 움직이기 시작하여 행군하는 동료들에게 피해를 입힐 기미가 보이면 그 즉시 공격을 가했습니다. 병정 흰개미의 공격으로 실제로 막대가 죽는 경우도 있었습니다. 병정 흰개미가 분비하는 끈적끈적한 물질 때문에 막대가 바닥에 달라붙어버릴 때도 있었다는 뜻입니다. 막대가 움직이지 않는다 해도 병정 흰개미들은 포위를 완전히 풀지 않고 조금은 긴장이 누그러진 상태로 막대를 감시했습니다. 그럴 때 병정 흰개미들의 주둥이는 막대가 완전히 멈출 때까지 계속해서 막대 쪽을 향해 있긴 하지만 완전히 긴장했을 때처럼 꼿꼿하게 서지는 않았습니다. 병정 흰개미들은 물체를 건드리지 않아도 물체의 움직임을 느낄 수 있는 능력이 있을 뿐 아니라 물체가 완전히 정지하기 전까지 경계를 늦추지 않는 특성도 지닌 듯했습니다. 다른 실험을 통해서, 흰개미가 물체를 건드리지 않고도 물체의 움직임을 감지할 수 있는 이유는 공기를 통해 공격 목표가 되는 물체의 움직임을 감지하기 때문이라는 점도 알아냈습니다.

또한 나수티테르메스 엑시티오수스의 분비물은 방어 물질이자 경고 물질이기도 했습니다. 미리 분비물을 묻힌 막대를 페트리 접시에서 행군하는 흰개미 군단 옆에 놓아보았습니다. 그러자 행군 중이었는데도 병정 흰개미들은 막대에 공격을 가했습니다. 병정 흰개미들은 무리 곁을 떠나 막대 주위로 모여들더니 막대를 에워쌌습니다. 대조 실험을 위해서 분비물을 묻히지 않은 막대를 가지고 실험했을 때는 병정들이 모이지 않았습니다. 이는 분비물이 페로몬 역할도 한다는 사실을 의미했습니다.

이 같은 실험을 하는 동안에는 흰개미 분비물 속에 어떤 화학물질이 있는지 정확하게 알지 못했습니다. 이미 알파 피넨$^{\alpha\text{-pinene}}$과 베타 피넨$^{\beta\text{-pinene}}$, 리모넨 limonene 같은, 익숙한 냄새를 풍기는 간단한 테르펜 물질이 들어 있다는 정도는 알고 있었습니다. 이런 테르펜 물질들은 곤충을 자극하는 물질이기 때문에 흰개미의 분비물이 방어 효과를 지니고 있음은 분명했습니다. 하지만 흰개미 분비물에는 무언가 특별한 물질이 더 있었습니다.

여러 권으로 이루어진 연작 논문에서, 글렌 D. 프레스트위치는 뾰족한 주둥이에서 나오는 첨비형 병정 흰개미들의 분비물에는 분비물을 끈끈하게 만들며 독성이 있는 트리시클릭 트리네르비탄tricyclic trinervitane과 테트라시클릭켐판tetra-cyclic kempane 같은 디테르펜diterpenes 물질이 있다고 했습니다. 첨비형 병정들은 화학적으로나 행동학적으로 완벽하게 방어 역할을 수행합니다. 첨비형 병정들 없이 나수티테르메스 엑시티오수스 사회가 존재할 가능성은 거의 없습니다. 첨비형 병정이 있는 흰개미 집단은 전체 흰개미 가운데 다수를 차지하고 있습니다.

흰개미 집단이 지구상에서 번성할 수 있었던 이유는 바로 첨비형 병정들이 있었기 때문임이 분명합니다.

나수티테르메스 엑시티오수스에 대해서는 풀어야 할 의문점이 아직 남아 있습니다. 나수티테르메스 엑시티오수스 사회에는 두 번째 병정 집단이 있습니다. 수가 적은 이 병정들은 첫 번째 병정들보다 몸집과 머리가 큽니다. 두 번째 집단은 무리와 다소 떨어져 있으며 첫 번째 병정들이 공격을 가할 때 합세하지 않았습니다. 트월러가 다가와도 신경 쓰지 않았고 분비물을 공격 무기로 사용하지도 않았습니다. 두 번째 병정 집단의 정확한 역할은, 관찰한 바는 없지만 아마도 서식처 내부를 방어하는 게 아닐까 하는 생각이 들었습니다. 물론 그저 추측일 뿐이지만 말입니다.

트월러가 페트리 접시에서 행군하는 나수티테르메스 엑시티오수스를 공격하는 장면을 찍은 필름들은 제가 아끼는 보물로, 가끔 수업 시간에 학생들에게 보여줄 때가 있습니다. 촬영 장면을 보는 학생들의 반응은 언제나 흥미진진합니다. 학생들은 모두 나수티테르메스 엑시티오수스를 응원합니다. 이제는 사이버 유기체 시대가 현실 세계를 대처한다는 말들이 오가는 시대이지만 트월러를 응원하는 학생은 단 한 명도 없었습니다.

■ **우루과이는** 아르마딜로의 주요 서식지이지만 아르마딜로에게 친절한 나라는 아닙니다. 지금도 그러는지는 모르겠지만, 제가 우루과이에서 살았을 때는 사람들이 아르마딜로를 먹었습니다. 아르마딜로를 먹을 때는 돈을 지불할 필요도 없었습니다. 사실 아르마딜로는 단단한 갑옷과 둥그렇게 몸을 말 수 있는 능력 덕분에 웬만한 공격에는 끄덕도 하지 않습니다. 하지만 아르마딜로에게 인간은 버거운 천적이었습니다.

아르마딜로처럼 몸을 둥그렇게 말아서 스스로를 방어하는 동물은 또 있습니다. 포유동물 가운데 아프리카천산갑도 그런 식으로 자신을 방어합니다. 무척추동물 가운데에도 같은 전략을 구사하는 동물들이 있습니다. 바위 밑이나 썩어가

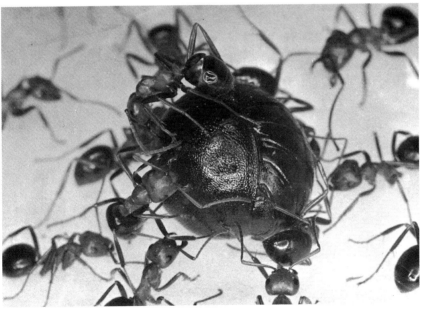

(위) 애리조나에서 발견한, 아르마딜리아속(Armadillidium)이 분명한 쥐며느리가 짱구개미의 공격을 받고 있다.
(아래) 앨러게이니언덕개미의 공격을 받고 몸을 둥글게 말고 있는 태국바퀴(페리스파이루스 세밀루나투스 *Perisphaerus semilunatus*).

는 낙엽 더미, 지하실이나 창고에서 흔히 볼 수 있는, 발이 많이 달려 있으며 회색 절지동물인 쥐며느리는 잘 알려진 동물입니다. 생긴 모습은 꼭 다지류처럼 생겼지만, 사실 쥐며느리는 다지류가 아니라 새우나 게처럼 갑각류입니다. 쥐며느리도 건드리면 몸을 동그랗게 맙니다. 심지어 바퀴 가운데에도 몸을 동그랗게 마는 종이 있습니다. 태국에서 발견한 이 바퀴는 정말 쥐며느리와 비슷하게 생겼습니다. 개미를 이용한 공격 실험에서도 쥐며느리와 태국바퀴는 무사히 살아남았습니다. 몸을 동그랗게 말아 공격할 부위가 없기 때문에 개미들은 효과적인 공격을 가하지 못했습니다.

제가 연구한 동물 가운데 가장 신기하게 몸을 마는 종은 네덜란드에서 발견한 작은 다지류였습니다. 저는 1964년부터 1965년까지 장기 휴가를 받아 네덜란드 바헤닝언Wageningen에 있는 농과대학 곤충학연구실에서 연구를 진행할 수 있었습니다. 1년 동안 가족들과 여행을 즐길 수 있는 행운의 시간이기도 했지만, 유럽 대륙에는 진짜 자연이라고 말할 수 있는 공간이 얼마 남지 않았다는 사실을 알게 되어 좌절을 느꼈던 시간이기도 했습니다. 그래도 최선을 다해서 야생 지역을 찾아다니던 저는 마리아와 함께 바헤닝언의 산림보존지역을 거닐다, 몸을 동그랗게 말고 있는 이 다지류를 처음으로 만났습니다. 이 다지류는 알약노래기(글로메리스 마르기나타*Glomeris marginata*, 영어명: pill millipede)였습니다.

글로메리스 마르기나타는 특별히 신기하게 생긴 동물은 아니었습니다. 크기나 모양이 쥐며느리와 비슷하게 생겼기 때문에 처음에는 쥐며느리라고 생각했습니다. 하지만 글로메리스 마르기나타는 몸을 동그랗게 만 상태로 화학물질을 분비한다는 점에서 쥐며느리와 달랐습니다. 글로메리스 마르기나타의 분비물은 여덟 조각으로 나뉜 등껍데기 사이사이에 분비됐는데, 끈적끈적하면서도 아름다운 액체 방울을 형성했습니다. 그 분비물은 방어용 화학물질이 틀림없었습니다. 글로메리스 마르기나타가 살고 있는 부엽토 층에는 개미와 거미 같은 위험한 천적이 많이 살기 때문에 글로메리스 마르기나타에게는 만만한 서식처가 아니었습니다.

글로메리스 마르기나타의 분비물을 배편으로 미국에 보낼 수 있었기 때문에

다지류인 글로메리스 마르기나타.

(위) 몸을 말기 전에 땅바닥을 기어가는 모습과 몸을 만 뒤의 모습.

(왼쪽 아래) 핀셋으로 강하게 집자 등에 있는 여덟 분비공에서 화학물질을 분비했다.

(오른쪽 아래) 바늘에 묻혀보자 끈적거리는 액체는 실처럼 쭉 늘어났다.

제럴드에게 화학 성분을 분석해달라고 보냈습니다. 글로메리스 마르기나타의 분비물을 채집하는 일은 그리 어렵지 않았습니다. 모세관으로 분비물을 빨아들이면 되었기에, 글로메리스 마르기나타에게는 전혀 해를 미치지 않았습니다. 마리아와 저는 글로메리스 마르기나타를 조금 잡아서 분비물을 채집하여 제럴드에게 보냈습니다. 제럴드는 신속하게 화학 분석 결과를 알려주었는데 상당히 고무적인 내용이었습니다. 제럴드는 글로메리스 마르기나타의 분비물에 아주 흥미로운 화학물질이 들어 있다고 하면서 분비물을 좀더 보내달라고 했습니다. 물론 우리는 제럴드의 말대로 했습니다.

제럴드가 화학물질을 분석하는 동안 저는 개미를 가지고 실험해보았습니다. 글로메리스 마르기나타는 몸을 둥글게 마는 것만으로도 충분히 개미를 물리칠 수 있었습니다. 그런데 글로메리스 마르기나타가 분비하는 화학물질이 개미에게 닿자 아주 무시무시한 일이 벌어졌습니다. 끈적끈적한 분비물은 시간이 지날수

글로메리스 마르기나타의 분비물에 있는 방어 물질. 왼쪽이 글로메린, 오른쪽이 호모글로메린.

록 더 끈끈해졌기 때문에 분비물이 묻은 개미는 흙 범벅이 된 채 굳어갔습니다. 글로메리스 마르기나타는 한꺼번에 모든 분비공에서 화학물질을 분비하지 않고 공격 받은 부위에서만 화학물질을 분비하는 능력을 지니고 있었습니다. 따뜻한 바늘로 글로메리스 마르기나타를 자극해보면 그 사실을 분명하게 알 수 있습니다. 글로메리스 마르기나타는 자극을 받은 부위 근처에 있는 분비공에서만 화학물질을 분비했습니다. 글로메리스 마르기나타를 해부해본 결과, 분비공 하나에 분비샘 두 개가 연결되어 있다는 사실을 확인할 수 있었습니다. 글로메리스 마르기나타는 분비샘을 모두 여덟 쌍 지니고 있었습니다.

이타카로 돌아와서 분비물의 경이로운 분석 결과를 볼 수 있었습니다. 글로메리스 마르기나타의 분비물은 두 가지 주요 성분으로 이루어져 있었습니다. 구조적으로 비슷한 이 두 물질은 퀴나졸린에 속하는데, 절지동물에서는 보고된 바가 없는 물질이었습니다. 두 화학물질의 특성을 연구한 헤르만 쉴트크넥트는 두 물질에 각각 글로메린glomerin과 호모글로메린homoglomerin이라는 이름을 붙였습니다. 정말 마음에 드는 이름이었기 때문에 연구진은 모두 헤르만의 의견에 찬성했습니다.

짐 카렐에게 근사한 실험 동반자가 되어줄 것이라고 글로메리스 마르기나타를 소개해준 후에 재미있는 일이 벌어졌습니다. 짐 카렐은 글로메리스 마르기나타와 늑대거미를 가지고 실험에 착수했습니다. 어느 날 짐이 자신의 연구실로 오라는 전화를 했습니다. 연구실에서 짐은 말했습니다. "여기 좀 보세요. 이 거미들을 자세히 들여다보세요." 늑대거미들은 모두 애크볼드연구소에서 가져온 친구들로, 포식자 실험을 위해서 실험실에서 사육하는 중이었습니다. 작은 용기 속에서 한 마리씩 살고 있던 늑대거미들은 먹이를 주면 즉시 공격하여 잡아먹는 친구들이었습니다. 짐은 늑대거미들이 글로메리스 마르기나타를 거부한다는 사실 뿐 아니라 공격을 가한 후에는 온몸이 마비되는 경우도 있다는 사실을 알아냈습니다. 짐은 유리 막대로 거미 등을 툭툭 치면서 "보세요. 거미들은 똑바로 일어서지도 못해요"라고 말했습니다. 정말 놀라웠습니다. 거미들은 움직이지 못한 채 축 늘어져서 어떠한 자극에도 반응하지 않았습니다. 방어용 분비 물질이 포식자에게 그런 영향을 미치는 경우는 그때 처음 보았습니다.

짐이 글로메린과 호모글로메린을 합성해내는 데 성공했기 때문에 포식자를 마비, 혹은 우리가 정의한 바에 따르면 진정 상태로 이끄는 물질이 바로 이 두 물질인지 실험해볼 수 있었습니다. 그 결과 글로메린과 호모글로메린은 소량만 있어도 진정 상태를 유발할 수 있다는 사실이 밝혀졌습니다. 중간 크기 성충부터 가장 커다란 성충에 이르기까지 글로메리스 마르기나타의 분비물 속에는 6~90마이크로그램 정도 되는 퀴나졸린, 곧 글로메린과 호모글로메린이 있었습니다. 그런데 소화 기관으로 섭취했을 때, 거미를 완전히 마비시키는 데 필요한 글로메린과 호모글로메린의 양은 0.7마이크로그램에 불과했습니다. 이 말은 글로메리스 마르기나타의 분비물이 한 방울만 있어도 거미를 마비시킬 수 있다는 뜻이었습니다.

여기서 한 가지 재미있는 사실은 마비 증상이 곧바로 나타나지 않는다는 점입니다. 거미가 글로메리스 마르기나타를 공격하고 나서 한 시간 정도 지날 때까지는 어떠한 마비 증상도 나타나지 않았습니다. 공격이 끝난 후 네 시간 정도가 지나야 첫 증상이 나타나기 시작하고 완전히 몸이 마비될 때까지는 보통 12시간이 걸렸습니다. 게다가 마비가 지속되는 시간도 정말 경이로웠습니다. 경우에 따라서는 24시간 안에 마비가 풀리는 경우도 있었지만 대체로 5~6일 정도가 걸렸습니다.

거미가 마비 상태로 그렇게 오랫동안 있다가 완전히 회복됐다는 사실 자체도 무척 흥미로웠지만, 그런 일이 자연에서 벌어진다면 거미는 회복되기 전에 죽음을 맞이하고 말았을 겁니다. 움직이지 못하는 거미는 개미 같은 천적의 손쉬운

(왼쪽 위) 독니로 글로메리스 마르기나타를 공격하는 늑대거미.
(오른쪽 위) 글로메리스 마르기나타를 공격한 뒤 온몸이 마비된 늑대거미. 뒤집어진 채 똑바로 서지도 못한다.
(왼쪽 아래) 마비된 늑대거미를 공격하는 개미 떼. 온몸이 마비된 거미는 저항하지 못한다.
(오른쪽 아래) 글로메린의 거부감 평가 실험. 밀웜을 먹고 있는 거미의 구기에 모세관을 이용해서 글로메린이 들어 있는 용액을 떨어뜨려보았다. 용액의 농도가 일정 수준 이상 증가하면 거미는 잡고 있던 밀웜을 내려놓았다.

먹잇감일 뿐 아니라, 천적을 만나지 않더라도 그런 상태로 은신처에 들어가지 못하고 낮 동안 햇빛에 노출된다면 말라 죽고 말 테니까 말입니다.

거미들이 모두 글로메리스 마르기나타를 공격한 후에 마비 증상을 보인 것은 아닙니다. 글로메리스 마르기나타를 곧바로 놓아주거나 잠깐 동안만 잡고 있었던 거미들은 마비 증상을 나타내지 않았습니다. 이는 글로메리스 마르기나타를 잡은 시간이 짧아 치명적인 영향을 받을 만큼 분비물을 만지지 않았기 때문인 듯했습니다. 대체로 공격 시간이 길어 글로메리스 마르기나타를 죽이거나 일부러

늑대거미를 이용한 글로메리스 마르기나타 먹이 실험 결과

먹이로 제공한 글로메리스 마르기나타 89마리	글로메리스 마르기나타의 운명	늑대거미의 운명
	6마리 무시됨	
	41마리 공격받은 후 바로 풀려남 (분비물: 분비되지 않음)	
	28마리 공격받은 후 풀려남 (분비물: 분비됨)	2마리 마비
	14마리 죽음	11마리 마비

도 먹은 거미만 마비 증상을 보였습니다.

한 가지 실험을 통해서 글로메리스 마르기나타의 분비물이 늑대거미에게 미치는 영향을 어느 정도는 알 수 있었습니다. 늑대거미 89마리에게 글로메리스 마르기나타를 한 마리씩 주었더니 83마리가 공격을 했습니다. 거미의 공격을 받고 살아남은 글로메리스 마르기나타는 모두 69마리였습니다. 그 중에 41마리는 분비물을 분비하지 않고도 살아남았으며, 28마리는 잡아먹히기 직전에 분비물을 분비해 살아남았는데 이 분비물을 만진 거미 28마리 가운데 두 마리가 마비 증상을 보였습니다. 거미가 죽인 14마리는 한 마리만 빼고 모두 방어 물질을 분비했으며, 이들을 공격한 거미 가운데 11마리가 마비 증상을 나타냈습니다.

개중에는 공격을 받다가 죽을 수도 있다는 점을 들어, 글로메리스 마르기나타의 분비물은 효과적인 방어 물질이 아니라고 주장하는 사람들도 있습니다. 하지만 글로메리스 마르기나타의 죽음이 헛되다고만 할 일은 아닙니다. 글로메리스 마르기나타 한 마리의 죽음이 포식자인 거미의 죽음으로 이어진다면, 새로운 거미가 그 자리를 대체하지 않는 한 죽은 거미의 영역에 살던 글로메리스 마르기나타들은 안전한 생활을 영위할 수 있기 때문입니다. 다지류는 날아다니지 못하기 때문에 뿔뿔이 흩어져서 살기보다는 비슷한 친척끼리 같은 장소를 공유하며 살아갑니다. 한 마리 개체가 죽음으로써 천적인 거미를 죽일 수 있다면 그 죽음은 헛된 낭비가 아니라 친척의 생존을 위한 '애타적인 행위'라고 볼 수 있습니다. 따라서 방어 물질을 분비하는 동안 자신의 생명을 잃을 수 있다고 하더라도, 분비물의 목적인 거미에게 치명상을 가하는 역할에는 성공할 수도 있습니다. 물론 이 같은 추론은 아직 정확하게 밝혀지지 않은 데다, 실험을 진행한 거미 자체가 글로메리스 마르기나타의 서식처에서 함께 생활하는 거미가 아니라 플로리다에서 사는 늑대거미라는 점에서 논쟁의 여지가 많으리라고 생각합니다. 유럽에서 글로메리스 마르기나타와 함께 동고동락하는 거미들이 퀴나졸린에 내성이 생겼는지 아니면 늑대거미의 경우처럼 글로메리스 마르기나타를 먹지 않고 피하는지를 알 수 있다면 정말 기쁘겠다는 생각을 해보았습니다.

글로메린과 호모글로메린하고 구조적으로 비슷한 퀴나졸린은 두 종류가 알려져 있습니다. 그 중 하나는 인도의 약용 식물 속에 들어 있는 아보린arborine이고, 또 한 종류는 정신을 활성화시키는 약을 만들 때 재료로 사용하는 메타콸론methaqualone입니다. 메타콸론은 다른 말로 퀘일루드quaalude라고도 합니다. 짐은 두 물질 모두 척추동물에게 영향을 주지만 놀랍게도 거미에게는 전혀 영향을 미치지 않는다는 사실을 밝혀냈습니다. 그런데 왜 글로메린과 호모글로메린이 거미에게 영향을 미치는지에 대해서는 여전히 밝혀지지 않고 있습니다. 지금까지 그 이유를 밝히려는 사람이 아무도 없었다니 정말 놀라운 일입니다. 후유증을 유발하지 않고 동물을 며칠 동안이나 꼼짝하지 못하도록 마비시킬 수 있는 능력이라면 약학자와 의학자들의 관심을 끌 만도 한데 말입니다.

남아프리카에는 글로메리스 마르기나타보다 몸집이 큰, 포도알 크기 정도 되는 친척 종이 살고 있습니다. 저는 이 노래기들이 방어 물질을 분비하는지 알아보려고 한 마리씩 손에 쥐어보았습니다. 이 노래기들은 아주 화려한 자태를 뽐내었지만 방어 물질을 분비하지는 않았습니다. 대신 아주 단단한 껍데기를 두르고 있었기 때문에 일단 몸을 동그랗게 말면 아주 딱딱해졌습니다. 남아프리카에서 건너온 포식자들을 이용해서 실험을 해보고 싶었기 때문에 저는 이 다지류를 들고 뉴욕에 있는 브롱크스동물원으로 찾아갔습니다. 연구실에 있는 포식자들로는 적당한 실험을 할 수 없었기 때문입니다. 당시 동물원의 원장이자, 코넬대학에 부임한 첫해에 저의 조교가 되어주었던 조 데이비스가 흔쾌히 제 부탁을 들어주

작은 글로메리스 마르기나타와 남아프리카에서 서식하는 오니스코모르프 속(Oniscomorph) 노래기 세 마리. 모두 만지면 몸을 동그랗게 만다.

었습니다.

실험에 참가한 포식자 가운데 줄무늬몽구스(문고스 문고*Mungos mungo*)가 있었는데, 줄무늬몽구스는 정말 색다른 방법으로 돌돌 말려 마치 구슬 같은 노래기를 먹어치웠습니다. 줄무늬몽구스는 노래기를 앞발로 잡고 등을 벽 쪽으로 향한 다음에 뒷다리 사이로 벽을 향해 노래기를 힘껏 던졌습니다. 노래기는 산산이 부서졌고, 줄무늬몽구스는 부서진 노래기를 맛있게 먹었습니다.

조와 저는 실험 결과를 재검토한 후에 짤막한 논문 형식으로 『사이언스』지에 발표했습니다. 그 논문을 보고 화가 잔뜩 난 사람이 편지를 보내왔습니다. 그 사람은 동물원에 갇혀 있는 동물로 실험을 하면 잘못된 결과를 얻을 수 있다며 우리를 비난했습니다. 하지만 실험 결과는 다르지 않았습니다. 남아프리카에 있는 한 동료가, D. 바그너D. Wagner가 쓴 『움흘랑가(Umhlanga)』라는 책에 실린 내용을 읽어보라고 알려주었습니다. 다음은 제가 제출해서 『사이언스』지가 실은 바그너의 책 내용입니다.

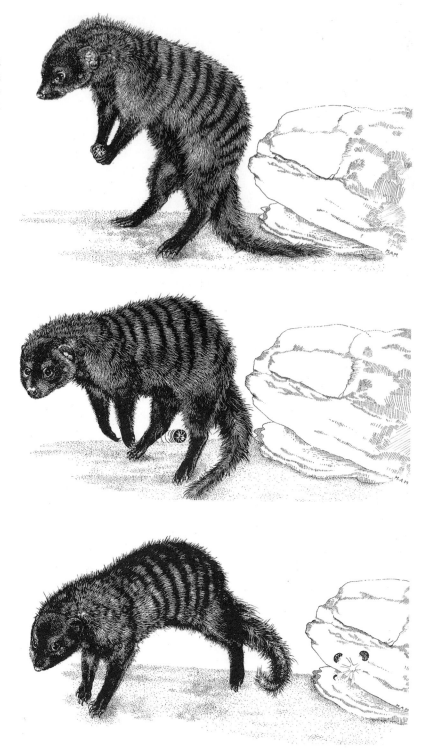

둥글게 말려 있는 오니스코
모르프속 노래기를 뒤쪽으로
힘껏 던져 부수는 줄무늬몽
구스. 연속 촬영한 사진을 그
림으로 옮긴 것이다.

갇힌 상태일 때 〔……〕 몽구스는 가리지 않고 뭐든지 먹는 편이지만, 야생에서 살아갈 때는 주로 곤충을 먹고산다. 최근에 친한 노인에게서 몽구스에 관해 신기한 이야기를 전해 들었다. 이 노인은 일생을 거의 나탈의 야생지에서 보냈다. 어느 날 아침, 새가 보고 싶어서 숲 속에 있는 나무 밑에 조용히 앉아 있었는데, 근처에 모여 있는 몽구스 떼가 눈에 띄었다. 그런데·몽구스 가운데 한 놈이 가까이에 있던 나무 위로 올라가더니 동그랗게 생긴 노래기 한 마리를 나무 밑으로 떨어뜨렸다. 이 몽구스는 땅으로 내려와 노래기를 앞발로 잡더니 뒷다리 사이로 나무를 향해 노래기를 힘껏 집어던졌다. 절대로 깨지지 않을 것처럼 생긴, 동그란 노래기는 나무에 부딪혀 산산이 깨졌으며, 몽구스는 다른 몽구스들이 빼앗아 가기 전에 그 노래기를 황급히 먹어치웠다고 한다.

6. 거미줄 이야기

Tales from the Website

애크볼드연구소에서 탐험 여행을 하던 때의 일입니다. 그때 저는 호주에서 온 대학원생인 조지 에터섕크George Ettershank와 새롭게 같이 일하게 된 기술자 로잘린드 앨솝Rosalind Alsop과 함께였습니다. 우리 세 사람은 특별한 순간을 포착하기 위해서 모래로 덮인 소방 통로를 따라 거닐고 있었습니다. 1963년의 상쾌한 8월 밤이었고, 온갖 곤충들이 활발하게 움직일 때였습니다. 딱정벌레나 날개 달린 개미를 비롯하여 아주 작은 곤충들이 우리 주위에서 눈이며 귀며 입이며 할 것 없이 달려들었습니다. 작은 곤충들은 우리가 머리에 쓴 전조등 불빛에 이끌려 모여들었기 때문에 우리가 가는 곳마다 어디든지 따라왔습니다. 그 덕분에 숨 쉴 때도, 말을 하러 입을 열 때도 조심해야 했습니다.

밤이면 거미들이 활발하게 움직이기 시작하는데 그 중에서도 거미줄을 잣는, 일명 무당거미orb weaver라고 알려진 거미들이 활발하게 움직였습니다. 우리는 이 친구들이 거미줄을 엮는 모습을 흥미롭게 지켜보고는 했습니다. 때로는 곤충을 잡아 거미집에 올려놓고 거미가 어떻게 먹이를 제압하는지 관찰하기도 했습니다. 그런데 관찰하고자 거미집 가까이 머리를 들이대었더니 제 주위를 어지럽게 돌아다니던 작은 벌레들이 말끔히 사라졌습니다. 그저 머리를 거미집 가까이 대고 한동안 가만있었을 뿐인데, 머리 주위를 정신없이 돌아다니던 벌레들은 갑자기 거미줄에 걸려 거미의 먹이가 되는 순간을 기다려야 하는 처지가 된 것입니다. 그래서 그날 밤 우리는 더 이상 참을 수 없을 만큼 전조등 주위로 벌레들이 모여들면 거미집이 있는 곳으로 가서 깨끗하게 청소하고는 했습니다.

하지만 그날 밤 우리가 발견한 것은 벌레를 깨끗이 치우는 방법만이 아니었습니다. 머리 위를 날아다니는 벌레를 치우려고 거미집 가까이에 머리를 대고 있던 저는 모든 곤충이 거미줄에 달라붙는 것은 아니라는 사실을 발견했습니다. 특히 나방은 거미줄에 전혀 달라붙지 않았습니다. 거미줄에 닿을 때도 있었지만 마치 테플론(폴리테트라플루오로에틸렌이라는 물질로 만든 합성수지의 상표명. 강하고 질기며 표면이 매끄러워 프라이팬·우주복 등을 코팅하는 데 널리 쓰인다—옮긴이)으로 만

(위) 아침 햇살을 받아 반짝이는 아르기오페 플로리다(*Argiope florida*)의 거미집.
(아래) 아르기오페 플로리다의 거미집에 남아 있는 나방의 인분(화살표).

(왼쪽 위) 끈적끈적한 거미줄의 일부. 액체 방울이 보인다.
(왼쪽 가운데) 위 사진 속 거미줄에 나방의 인분이 붙은 모습.
(왼쪽 아래) 나방의 날개에서 인분이 떨어져 나간 자리에 남은 구멍들. 인분이 붙어 있는 구멍도 보인다.
(오른쪽) 나비의 날개를 확대한 사진.

든 외피를 입은 것처럼 언제나 거뜬히 날아올라 비켜 갔습니다. 나방이 테플론 외투를 입을 리 없으니 거미줄에 붙지 않도록 특별한 전략을 세운 것이 틀림없었습니다. 나방을 관찰하던 우리는 나방을 덮고 있는 인분scale(鱗粉 : 나비 등의 날개에 있는 비늘 모양 분비물—옮긴이)에 주목했습니다. 나방이 거미줄에 걸리지 않는 이유는 온몸에 언제라도 털어버릴 수 있는 파우더가 있었기 때문입니다.

거미집을 짜는 거미들이 나방의 주요 천적임은 의심의 여지가 없습니다. 나방은 주로 밤에 활동하기 때문에 새들에게 잡아먹힐 염려는 거의 없습니다. 하지만 거미는 물론이고 탐욕스러운 식충 동물이자 유능한 공중 곡예사인 박쥐가 날아다니는 밤도 안전한 세계는 아닙니다. 날아다니는 나방에게 안전지대란 어디에도 없습니다.

거미집은 곤충이 쉽게 빠져나갈 수 없는 무서운 함정입니다. 거미집은 보통 명주실처럼 생긴 끈적끈적한 소용돌이 모양 환상선과 자전거 바퀴 살처럼 중앙에서 바깥쪽을 향해 사방으로 뻗어 나가 거미집을 지탱하는, 끈적이지 않는 실로 이루어져 있습니다. 환상선이 끈적끈적한 이유는 목걸이에 달아놓은 구슬처럼 군데군데 끈적이는 액체 방울이 매달려 있기 때문입니다. 이 액체 방울은 매우 효과적이어서 곤충이 거미줄에 닿는 순간 찰싹 달라붙게 만듭니다. 걸려든 곤충이 거미집에서 벗어나려고 발버둥쳐보았자 거미에게 자신의 존재를 알릴 뿐입니다. 거미는 그 즉시 먹이에게 달려들어 독니로 물어 죽인 다음에 먹어치우고 맙니다. 물론 거미집을 짜는 거미들이 모두 같은 방법으로 먹이를 죽이는 것은 아닙니다. 먹이를 죽이는 방식도 거미집을 짜는 방식도 종마다 모두 다릅니다. 하지만 거미집을 만드는 목적은 하나입니다. 바로 날아다니는 곤충을 목표로 하는 것입니다.

그날 밤, 우리는 여러 가지 곤충을 잡아 거미집에 놓아보았습니다. 곤충들은 대부분 거미줄에 매달린 채 벗어나지 못했습니다. 하지만 나방들은 대부분 거미집에서 벗어났습니다. 거미집에 올려놓는 순간에는 심하게 파닥거렸지만 시간이 조금 흐른 후에는 대부분 거미집에서 벗어났습니다. 거미줄에 달라붙지 않고 그대로 날아오르는 나방들도 있었습니다. 하지만 날아오르기 힘든 자세로 거미줄에 붙은 나방들은 거미집 위를 미끄러지듯이 움직여 가장자리까지 이동한 다음에 파닥거리다가 거미집에서 벗어났습니다. 그럴 때면 언제나 끈적끈적한 환상선에 나방의 인분이 남아 있었습니다. 남아 있는 인분은 나방이 거미집을 빠져나간 증거였고 그런 거미집은 쉽게 찾을 수 있었습니다.

그런데 그 다음 며칠 동안 계속해서 거미집에 곤충들을 올려놓고 관찰해본 결과, 나방의 탈출도 실패할 때가 있다는 사실을 알았습니다. 거미는 선천적으로 뛰어난 감각을 지니고 있었습니다. 거미는 먹이를 건드리지 않고도 먹이의 종류를 알아내는 듯했습니다. 파리처럼 약한 먹이가 아니라 말벌처럼 강한 먹이에게 접근할 때는 훨씬 더 신중한 태도를 보였습니다. 말벌이 거미줄에 걸렸을 때는 독침이 있다는 사실을 아는 것처럼 조심스럽게 접근했고 파리가 거미줄에 걸렸

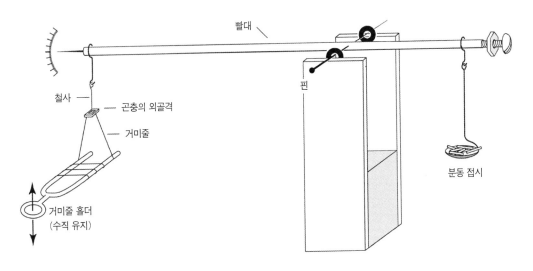

빨대로 만든 저울. 오른쪽에 보이는 나사못의 너트는 저울대의 수평을 맞추는 역할을 한다.

을 때는 곧장 파리 곁으로 다가갔습니다. 나방의 경우에도 거미는 물리거나 찔릴 염려가 없다는 사실을 아는 듯했습니다. 나방이 거미줄에 걸리면 거미는 조금도 주저하지 않고 곧장 달려들었기 때문에 나방이 미처 도망가지 못하고 잡힐 때도 있었습니다. 무슨 말인가 하면, 거미줄에서 꾸물거리며 시간을 끈 나방은 거미의 밥이 되고 말았다는 뜻입니다.

곤충의 종류에 따라 거미줄에 달라붙는 정도가 어떻게 달라지는지 측정하기 위해서 간단하지만 실험 목적에 딱 맞는 장비를 만들었습니다. 수업 시간에 가끔 교구로 사용하기도 하는 빨대 저울soda-straw balance을 만드는 법은 1950년대 말에 코넬대학에 있던 제 친구이자 저명한 물리학자인 필립 모리슨Phillip Morison에게 배웠습니다. 빨대 저울을 누가 처음 만들었는지는 잘 모르겠지만 거미줄의 강도를 실험할 때 꼭 필요한 도구임에는 틀림없습니다.

빨대 저울에서 저울대는 빨대로만듭니다. 유리판 두 장을 나란히 세우고, 핀에 빨대를 꿰어 유리판에 걸쳐 놓습니다. 저울의 한쪽 팔 끝부분에는 작은 고리 형태로 만든 철사를 달았습니다. 고리는 실험 재료인 곤충의 외피(외골격)를 연결할 부분입니다. 실험을 위해서 곤충의 날개 부분을 4제곱밀리미터 정도 되게 정

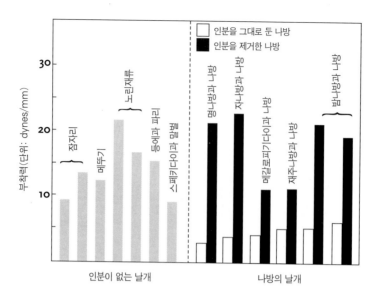

곤충의 날개에 달라붙는 거미줄의 부착력. 인분이 붙어 있지 않은 곤충들의 부착력과 인분이 붙어 있는 나방과 그렇지 않은 나방의 부착력을 측정해보았다.

사각형으로 자른 다음, 금속으로 만든 홀더에 거미줄을 감아 외피를 붙입니다. 곤충의 외피가 거미줄에 달라붙으면 외피가 거미줄에서 떨어질 때까지 저울대 반대편에 있는 분동 접시에 분동을 올려놓습니다. 분동은 철사를 일정한 길이로 자른 것으로, 한 번에 한 개씩만 분동 접시에 올립니다. 실험을 진행하는 동안 저울대를 수평으로 유지해야 하기 때문에, 분동 접시에 올라가는 분동의 수가 늘어남에 따라 반동을 받을 거미줄이 움직이지 못하도록 거미줄을 감고 있는 홀더를 수직으로 향하게 했습니다. 저울에서 팔의 비율과 거미줄의 무게를 일정한 기준에 따라 조정한 뒤, 외피가 거미줄에서 떨어지는 순간 분동의 무게를 측정하면 거미줄과 외피 사이의 부착력이 밀리미터당 몇 다인dyne(질량 1그램의 물체에 대해 매초 1센티미터의 가속도가 생기게 하는 힘의 단위—옮긴이)인지 측정할 수 있습니다.

곤충의 날개에는 보통 인분이 붙어 있지 않은데, 인분이 붙어 있지 않은 곤충의 날개는 거미줄에 아주 잘 달라붙었습니다. 인분이 없는 잠자리, 노린재, 메뚜기, 파리, 말벌 같은 곤충의 날개는 1밀리미터당 8~22다인의 부착력을 나타냈고, 인분이 있는 나방의 날개는 1밀리미터당 2~6다인의 부착력을 보였습니다. 같은 나방의 날개라고 하더라도 인분을 떼어내고 측정한 경우에는 인분이 없는 곤충의 날개와 비슷한 부착력을 나타냈습니다.

그런데 날도래의 결과는 아주 흥미로웠습니다. 영어로 캐디스플라이caddisfly 라고 하는 날도래는 파리fly와는 달리 날도래목(目)에 속하는 동물인데, 이 친구들도 거미집에서 빠져나가는 재주가 있었습니다. 날도래의 날개에는 인분이 없었지만 인분과 비슷한 역할을 하는 털이 있기 때문에 쉽게 거미집에서 빠져나올 수 있었습니다. 또한 노린재목(目)인 가루이whitefly도 거미집에서 벗어날 수 있었습니다. 가루이라는 이름이 붙은 이유는 온몸이 하얀 가루로 덮여 있기 때문입니다. 가루이는 이 가루 때문에 거미줄에 달라붙지 않았습니다. 이 같은 사실을 종합해볼 때 떨어지는 물질로 표면이 덮여 있는 곤충은 누구나 거미집에서 빠져나올 수 있는 것 같았습니다. 거미줄에 걸리지 않으려고 표면에 그런 장치를 한 것이 분명해 보였으며, 그 중에서도 가장 탁월한 장비를 갖춘 곤충은 누가 뭐라고 해도 나방이 틀림없었습니다. 나비도 나방처럼 거미집에서 벗어날 수 있는 인분을 지니고 있지만 나방처럼 절실하게 인분이 필요하지는 않습니다. 나비의 주요 활동 시간은 거미줄이 얼마 없는 낮 시간이기 때문입니다. 거미는 주로 밤에 거미집을 치며 날이 밝아오는 새벽이면 집을 헐어버립니다.

거미줄을 연구하는 동안 로잘린드 앨솝은 정말 크나큰 도움을 주었으며 그 뒤로도 거의 10년 동안이나 기술 조교로 일하면서 저를 많이 도와주었습니다. 지칠 줄 모르는 열정을 지닌 로잘린드는 정말 매력적이고 따뜻한 사람이었습니다. 영리한 두뇌를 타고난 동물학자였던 로잘린드는 우수한 성적으로 코넬대학 대학원 과정을 마쳤습니다. 다발성 경화증으로 세상을 떠나지 않았더라면 분명히 독자적인 학문을 구축하며 대단한 활약을 벌였을 겁니다. 로잘린드는 곤충과 절지동물을 사랑했습니다. 로잘린드는 정말 신의 손을 지닌 사람이었습니다. 로잘린드가 돌본 동물들은 모두 건강하게 잘 자랐고 로잘린드가 도와준 실험은 언제나 멋진 결과를 연출해냈습니다.

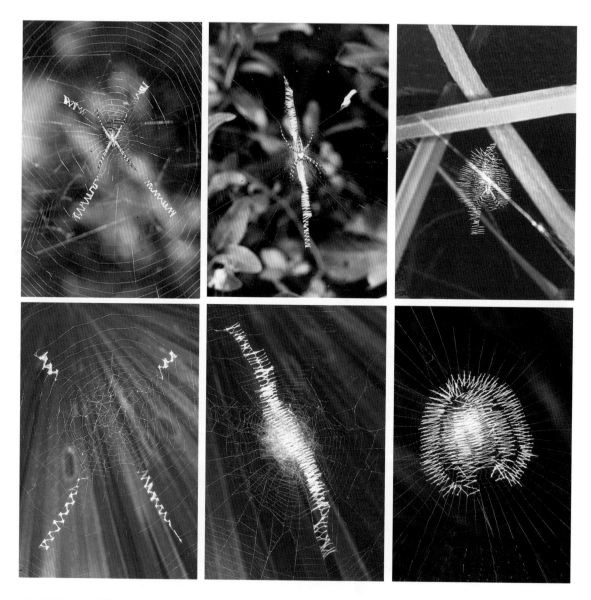

거미집의 하얀 띠들(왼쪽부터 아르기오페 플로리다, 아르기오페 아우란티아*Argiope aurantia*, 다 자라지 않은 아르기오페 아우란티아의 거미줄).

■ **거미가** 낮이 되면 거미줄을 걷어내는 데는 반드시 이유가 있을 터였습니다. 1982년 여름, 애크볼드연구소에서 이 의문점을 풀기 위해서 실험을 해보기로 했습니다. 그때 실험을 도와준 사람은 곤충학자이자 조류학자이며 최고의 과학자이자 뛰어난 두뇌와 상냥한 마음씨 그리고 대단한 끈기를 지닌 스티븐 노위키 Stephen Nowicki였습니다. 당시 대학원생이던 스티븐은 현재 듀크대학에서 생리학적 행동주의 심리학자로 재직 중입니다.

한동안 제 관심은 새벽이 되어도 거미줄을 걷어내지 않고 오후 내내 거미줄을 치고 있는 거미에게 가 있었습니다. 주로 왕거미과(科)Araneidae와 응달거미과(科)Uloboridae에 속하는 거미들로, 거미집에 하얀 띠나 하얀색 장식, 즉 스타빌리멘타stabilimenta를 두릅니다. 하얀 띠는 거미집의 중앙을 가로지르는 경우가 많은데, 야행성 거미의 거미집에서는 전혀 발견되지 않는 특징으로 하얀 띠 때문에 주행성 거미의 거미집은 아주 화려해 보입니다. 하얀 띠의 형태는 종마다 다른데, 마치 비단실로 만든 공예품처럼 멋들어진 모습을 연출하고 있습니다. X자 형태로 된 하얀 띠도 있고 수직으로 된 것도 있으며 원형으로 된 것도 있습니다. 낮에 거미집을 찾고 싶다면 하얀 띠를 찾는 편이 더 빠를 것입니다.

인간의 눈에 잘 띄는 구조라면 다른 동물의 눈에도 잘 띌 것이 분명합니다. 따라서 거미가 하얀 띠를 만드는 이유는 새가 하얀 띠를 보고 거미줄을 찢는 일 없이 피해 가도록 하기 위해서가 아닐까 하는 생각이 들었습니다. 하얀 띠가 있으면 거미는 거미집이 망가져 고생이 수포로 돌아가는 일이 없어지고, 새들은 공중에 처 있는 장벽에 잘못 부딪혀 끈적끈적한 실을 온몸에 덮어쓸 걱정이 없어지니 양쪽 모두에게 좋은 일임이 분명합니다. 사실 이런 주장은 그 전부터 계속 제기되어왔지만 증거가 없었습니다.

저는 새들이 거미집 가까이 다가가서야 비로소 거미집을 피해 날아간다는 사실에 주목했습니다. 저야 조류에 대해서는 거의 모르기 때문에 새를 봐도 어떤 새인지 잘 모르지만, 플로리다 키와 파나마에서 본 작은 새는 분명히 거미집에 부딪히기 직전에 급하게 방향을 꺾어 거미집을 비켜 갔습니다. 두 거미집 모두 하얀 띠를 만드는 아르기오페속(屬) 거미가 친 거미집이었습니다.

스티븐과 저는 하얀 띠가 어떤 역할을 하는지 알아보기로 했습니다. 일단 일반적으로 하얀 띠를 만들지 않는 거미, 즉 날이 밝으면 거미줄을 걷어내는 거미가 만든 거미집을 가지고 날이 밝은 후에도 거미집이 그대로 남아 있으면 어떤 일이 벌어지는지 알아보기로 했습니다. 하얀 띠가 없기 때문에 새들이 거미집을 망가뜨린다면, 반대로 인공 하얀 띠를 만들었을 때 새들이 거미집을 피해 가야 할 것입니다. 그래서 실험에 쓸 거미집을 택해서 날이 밝아오는 새벽 무렵에 거미집을 걷어내지 못하도록 거미를 떼어냈습니다. 그런데 사실 거미가 거미집을 걷어낸다는 말은 잘못된 표현입니다. 거미는 거미집을 걷어내는 게 아니라 먹어치웁니다. 이런 거미의 행동은 그날 밤 만들 거미줄의 재료인 단백질을 섭취할 수 있는 아주 좋은 방법입니다.

실험은 장식이 없는 거미집 서른 개를 찾아내는 일부터 시작했습니다. 거미집을 찾아내는 데 시간이 조금 걸렸지만, 결국 서른 개를 모두 찾아낼 수 있었습니다. 우리는 거미가 거미집을 완성할 무렵인 새벽 두 시쯤에 거미를 떼어내고, 다시 찾아올 수 있도록 장소를 지도에 표시했습니다.

그러고서 다시 서른 개를 더 찾아나섰습니다. 두 번째로 찾아낸 거미집에는 거미를 떼어낸 후에 곧바로 하얀 띠를 만들어 붙였습니다. 그 중에 스물다섯 개에는 삼각형 모양으로 종이를 길게 잘라 끈적끈적한 부분에 직접 X자 형태로 붙였습니다. 나머지 다섯 개는 거미줄에 직접 붙이지 않았기 때문에 실제로 하얀 띠라고 할 수는 없었습니다. 거미집 중심과 가까운 관목에 단단한 하얀색 X 표시를 검은 실로 묶어 나란히 매달아놓았습니다. 실험은 남부에서 흔히 볼 수 있는 거미줄 잣는 거미인 에리오포라 라빌라*Eriophora ravilla*를 비롯하여 모두 여섯 종의 거미가 만든 거미집으로 진행했습니다. 거미집에 X자 모양을 만든 데는 이유가 있었습니다. 연구를 진행한 장소에서 가장 많이 서식하는 아르기오페 플로리다가 X자 형태의 하얀 띠를 만들었기 때문입니다.

거미집은 정해진 시간에 맞춰 점검했습니다. 제일 먼저 점검하러 간 시간은 새

거미집 유지 실험을 위해서 하얀 띠를 붙이지 않은 거미집(왼쪽)과 하얀 띠를 붙인 거미집(오른쪽).

들이 본격적으로 활동하기 전 네 시간을 어둠 속에서 매달려 있게 한 다음인 오전 6시로, 새벽이 밝아올 무렵이었습니다. 6시부터 정오가 될 때까지 두 시간 간격으로 거미집을 보러 갔습니다. 그런 식으로 우리는 어떤 거미집이 살아남았고, 어떤 거미집이 망가졌는지 확인했습니다.

결과는 분명했습니다. 어둠 속에서 네 시간을 보낸 뒤 오전 6시에 점검하러 갔을 때는 망가진 거미집이 거의 없었습니다. 하얀 띠를 장식한 거미집이나 그렇지 않은 거미집 모두 80퍼센트 정도가 무사히 매달려 있었습니다. 하지만 날이 밝은 다음부터는 하얀 띠를 장식한 거미집이 훨씬 더 잘 버텼습니다. 오전 8시에 점검하러 갔을 때 하얀 띠를 장식하지 않은 거미집은 벌써 반 이상 망가졌고, 정오에 점검하러 갔을 때는 8퍼센트만이 무사히 매달려 있었습니다. 하지만

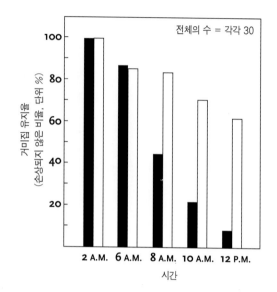

하얀 띠를 붙이지 않은 거미집의 유지 비율
(검은색 막대)과 하얀 띠를 붙인 거미집의
유지 비율(흰색 막대).

하얀 띠를 장식한 거미집은 정오가 다 되었을 때도 60퍼센트 정도가 무사히 남아 있었습니다.

하얀 띠를 거미줄에 직접 붙인 거미집과 옆에 매달아놓은 거미집은 별 차이가 없었습니다. 직접 X자를 장식해놓은 거미집과 실로 연결해 옆에 매달아둔 거미집 모두 높은 비율로 살아남았습니다. 이는 눈으로 구별할 수 있는 표지가 있다는 사실이 중요한 것이지 거미집 자체의 표지 여부가 중요한 것은 아니라는 사실을 의미했습니다. 따라서 결과를 기록한 도표에서는 직접 장식한 거미집과 간접적으로 장식한 거미집을 같은 범주에 넣었습니다.

하얀 띠가 없는 거미집을 훼손한 범인은 새라는 확신이 들었지만, 그 사실을 입증해내는 일이 문제였습니다. 거미줄의 피해 규모로 보아 14분 24초마다 한 번꼴로 거미집이 망가졌다는 계산이 나오기 때문에 거미집을 관찰하고 있으면 새가 거미집을 망가뜨리는 모습을 볼 수 있겠다는 생각이 들었습니다. 그래서 오전 6시 30분부터 8시까지 기꺼이 자신들의 시간을 내주겠다며 자원한 연구소 직원 두 명과 함께, 연구를 진행하던 사람 몇 명이 거미집 근처에 숨어서 지켜보기로 했습니다. 그들 가운데 새가 부딪히는 장면을 목격한 사람은 스티브이었습니다. 거미집으로 곧장 날아들어 무참하게 찢어버린 다음에 휑하니 날아가버린

거미줄을 건드리자 거미줄을 흔드는 아르기오페 플로리다. 그 때문에 쉽게 잡히지 않아 스스로를 지킬 수 있다(사진 노출 시간: 30분의 1초).

장본인은 바로 붉은허리발풍금새(피필로 에리트로프탈무스*Pipilo erythrophthalmus*)였습니다. 거미집에 부딪히는 순간, 조금 움찔하면서 비행 고도가 약간 낮아지기는 했지만 이내 다시 자세를 잡더니 날아가버렸습니다. 새가 거미집에 부딪히는 모습을 관찰한 경우는 한 번뿐이었지만 내포하는 의미는 충분했습니다.

하얀 띠의 기능을 설명하는 가설은 그 밖에도 여러 가지가 있는데 그 중에는 정말로 그럴듯한 내용도 있습니다. 예를 들어서 거미가 스스로를 보호하는 방패로 하얀 띠를 활용한다는 주장이 그렇습니다. 실제로도 아르기오페속 거미를 손가락으로 건드리면 거미는 곧바로 거미집 반대편으로 도망갑니다. 그렇게 되면 거미와 포식자 사이에는 하얀 띠라는 장벽이 생깁니다. 또한 거미는 다리를 아주 빨리 구부려 거미줄을 흔들기도 하는데 그렇게 되면 포식자가 거미를 또렷이 볼 수 없기 때문에 쉽게 잡힐 염려가 없습니다.

하얀 띠를 뜻하는 라틴어 스타빌리멘타라는 이름이 암시하듯이, 하얀 띠가 거미집을 고정시키는stabilize 역할을 한다는 의견에 대해 쉽게 오류를 입증할 수 있

게거미인 가스테라칸타 칸크리포르미스의 하얀 띠. 땅을 향해 내려뜨린 거미줄에 주로 하얀색 장식이 보인다. V자 모양으로 거미줄을 고정시킨 가닥 위에 있는 거미집 자체에는 하얀색 장식이 거의 보이지 않는다.

습니다. 스티븐과 저는 하얀 띠가 있는 거미집을 여러 개 찾아내서 알코올을 묻힌 후, 가열한 바늘로 하얀 띠를 없애봤습니다. 그러나 거미집을 지탱하는 주축이 그대로 있는 한, 거미집은 흐트러지지 않았습니다. 또한 하얀 띠를 제거해도 거미는 별다른 변화를 보이지 않았습니다. 하얀 띠를 제거한 거미집에 곤충을 올려놓았을 때도 거미는 평소와 다름없이 비슷한 시간이 흐른 후에 먹이를 포착했고 평소와 똑같은 방법으로 제압했습니다.

도무지 타당성을 찾아볼 수 없었지만 어쨌든 하얀 띠가 거미줄로 곤충을 유인하는 수단이라고 주장하는 가설이 새롭게 제기되었습니다. 하얀 띠는 자외선을 반사하기 때문에 곤충들에게는 매혹적으로 보인다고 합니다. 물론 하얀 띠에 이끌려 거미줄 가까이 다가오는 곤충도 있을 수 있다고 인정할 준비는 되어 있지만, 그렇다고 하더라도 하얀 띠의 역할이 곤충을 끌어들이는 데 있다는 가설은 받아들일 수가 없습니다. 거미가 먹이를 잡으려고 하얀 띠를 만든다면 끈적끈적하지 않은 중앙 근처에 하얀 띠를 만들 리가 없습니다. 또한 게거미(가스테라칸타 칸크리포르미스*Gasteracantha cancriformis*, 영어명: spiny spider, jewel spider, crab spider, 가시거미, 보석거미라고도 한다―옮긴이) 같은 거미들이 거미줄의 끈끈한 부위를 희게 장식해서 주위에 있는 식물에 붙이는 이유는 무엇일까요? 무심코 거미줄이 헐리는 상황을 피하는 것 외에 특별한 이유가 더 있는지 모르겠습니다.

자연에서 보이는 증거들을 통해 하얀 띠가 시각적인 효과를 나타내기 위해서 만들어졌다는 사실을 알 수 있습니다. 괌에 사는 거미들은 하얀 띠를 거의 만들지 않습니다. 왜 그럴까요? 만들 필요가 없기 때문입니다. 지난 몇십 년 동안 호주에서 건너온 갈색 뱀이 섬 전체를 휩쓸고 다닌 결과, 괌의 토종 새들이 급격하게 감소하고 말았습니다. 경고를 보낼 새들이 없으니 거미로서는 플래카드를 내걸 이유가 없어진 셈입니다.

■ **플로리다에서** 제 관심을 가장 많이 끈, 거미줄 잣는 거미는 두 종류입니다. 그 중에 한 종은 애크볼드연구소에서 많이 볼 수 있었던 전형적인 터줏대감 아르기오페 플로리다입니다. 하얀 띠가 특징인 아르기오페 플로리다의 거미집은 낮 동안에 야자나무 사이에서 흔히 볼 수 있었습니다. 또 다른 종은 미국무당거미인 네필라 클라비페스로 애크볼드연구소에서는 나무가 우거진 곳에서 볼 수 있었지만 많이 사는 종은 아니었습니다. 이 친구가 많이 서식하는 곳은 연구를 위해서 종종 찾아가는 하이랜즈해먹주립공원이었는데, 그곳은 애크볼드연구소에서 북쪽으로 40킬로미터 정도 떨어진 곳에 있었습니다. 네필라 클라비페스는 신대륙 전역에서 널리 퍼져 살고 있는, 성공한 종입니다. 이 친구의 거미줄이 특히 인상적이었던 이유는 주행성인데도 하얀 띠를 만들지 않았기 때문입니다. 거미줄 자

체가 노란색을 띠기 때문에 굳이 다른 장식을 할 필요가 없었습니다. 네필라 클라비페스는 아주 질기고 탄탄한 그물 같은 거미집을 만드는데, 이미 만들어놓은 거미집 보수에도 아주 열심입니다.

먹이를 제압하는 방법도 아르기오페 플로리다와 네필라 클라비페스는 다른 모습을 보입니다. 일반적으로 네필라 클라비페스는 곧장 먹이를 향해 달려듭니다. 곧바로 먹이를 덮쳐서 냉큼 물어버린 다음 거미줄로 돌돌 말아, 그 자리에서 먹어치우거나 나중에 먹으려고 그냥 매달아둡니다. 반면에 아르기오페 플로리다는 좀더 신중하게 먹이에게 접근합니다. 재빨리 먹잇감에게 다가가는 점은 비슷하지만, 아르기오페 플로리다는 먹이를 물기 전에 거미줄로 먹잇감을 칭칭 감는 일부터 합니다. 물기 전에 먹이를 거미줄로 감아놓으려면 정교한 발놀림이 필요합니다. 다리 한 쌍으로 거미줄에 매달리고, 다른 한 쌍으로는 방적 돌기에서 실을 빼야 하며, 나머지 다리로는 거미줄을 움켜잡고 뱅뱅 돌려 먹이에 휘감아야 합니다. 아르기오페 플로리다는 순식간에 먹이를 제압하며, 다리 돌리기를 멈추면 먹잇감은 말 그대로 비단실에 파묻히게 됩니다. 제압 방법이 다르기 때문에 효과도 다르게 나타납니다. 화학물질을 분비하는 먹잇감일 경우에는 아르기오페 플로리다의 방법이 더 효과적이었습니다.

제프리 딘과 함께 폭격수딱정벌레를 가지고 한 실험을 통해서 그 차이를 분명히 알 수 있었습니다. 네필라 클라비페스와 아르기오페속 거미 몇 종에게 폭격수딱정벌레를 먹이로 주었습니다. 하지만 네필라 클라비페스는 폭격수딱정벌레를 제대로 다루지 못했습니다. 폭격수딱정벌레를 제대로 움켜쥘 수 없었기 때문입니다. 폭격수딱정벌레가 거미줄에 걸릴 때마다 움켜잡고 물려고 했지만, 그때마다 폭격수딱정벌레가 화학물질을 발사했기 때문에 공격은 번번이 중단되고 말았습니다. 폭격수딱정벌레가 화학물질을 발사했다는 사실은 폭발음과 함께 배 끝에서 피어오르는 연기를 보고 확인할 수 있었습니다. 거미는 폭격수딱정벌레가 분비물을 발사할 때마다 뒤로 물러났습니다. 뒤로 물러난 거미는 구기에 묻은 분비물을 닦아내려고 정신없이 다리를 움직였는데, 완전히 닦아내려면 시간이 걸렸습니다. 거미가 분비물을 닦아내려고 애쓰는 동안에 폭격수딱정벌레는 끊임없이 다리를 움직이고, 때로는 큰 턱으로 끈끈한 거미줄을 잘라내면서 거미집에서 빠져나가려고 발버둥쳤습니다. 분비물을 떼어낸 거미가 다시 공격을 가할 때마다 폭격수딱정벌레는 분비물을 발사했고, 결국 거미집을 빠져나갔습니다. 실험은 미국무당거미 세 마리와 폭격수딱정벌레 열한 마리로 진행했는데, 딱정벌레들은 한 마리도 다치지 않고 무사히 거미줄에서 벗어날 수 있었습니다. 폭격수딱정벌레들이 거미집에서 빠져나올 수 있었던 이유는 바로 방어 물질을 분비했기 때문입니다. 더 이상 분비물을 발사하지 못하는 상태로 만든 뒤 미국무당거미에게 준 폭격수딱정벌레는 꼼짝없이 잡아먹히고 말았습니다.

반대로 아르기오페속 거미들은 우리가 준 폭격수딱정벌레 열여덟 마리를 모두 먹어치웠습니다. 폭격수딱정벌레를 거미줄에 올려놓자마자 아르기오페속 거미들도 딱정벌레를 향해 다가왔지만 먼저 물려고 하지 않고 거미줄로 딱정벌레를 돌돌 감기 시작했습니다. 그런데 폭격수딱정벌레를 어찌나 부드럽게 다루는지 거미줄로 자신의 몸을 칭칭 감는데도 폭격수딱정벌레는 분비물을 발사하지 않았습니다. 하지만 거미가 무는 순간에는 분비물을 발사했습니다. 그때는 폭격수딱정벌레가 이미 거미줄에 완전히 파묻힌 뒤였기 때문에 배의 뒷부분을 움직일 수 없어 제대로 거미를 향해 조준하지 못했습니다. 결국 폭격수딱정벌레의 폭격은 목표물에서 크게 벗어나는 경우가 대부분이었습니다. 가끔 분비물이 거미의 다리를 맞춰 거미가 뒤로 물러나는 경우도 있었지만 그래봐야 잠깐 뒤로 물러났다가 되돌아오는 정도로, 그런 일이 벌어지면 거미는 거미줄을 더 많이 뽑아 폭격수딱정벌레를 훨씬 단단하게 싸맸습니다.

그 모습을 지켜보자니 어쩌면 아르기오페속 거미들이 먹이를 물기 전에 일단 거미줄로 감싸는 이유는 곤충 세계의 주요 구성원인, 화학물질을 분비하는 곤충들을 잡아먹을 수 있도록 진화한 결과물은 아닐까 하는 생각이 들었습니다. 거미줄로 먹이를 감싸는 동안에는 부드럽게 다루어 화학물질을 발사하지 않게 하고, 무는 순간 발사하는 화학물질은 이미 거미줄에 가둬놓은 후이기 때문에 거의 무

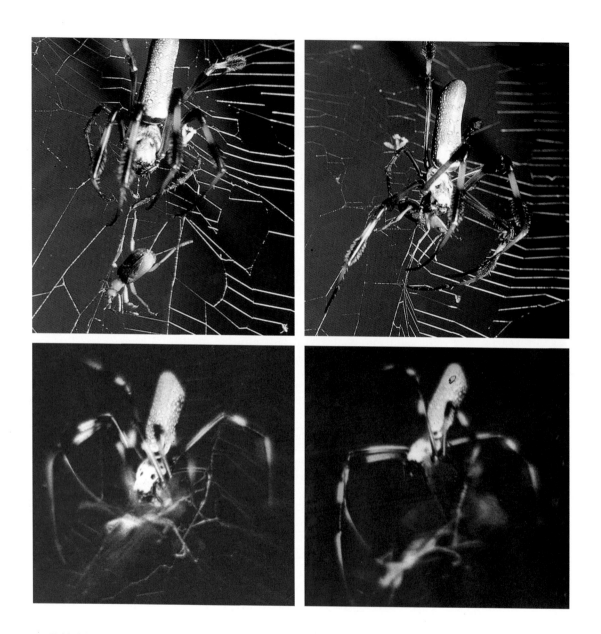

폭격수딱정벌레를 공격하는 미국무당거미.

(왼쪽 위) 폭격수딱정벌레에게 접근하는 모습. (오른쪽 위) 폭격수딱정벌레를 재빨리 움켜잡는 모습.
(왼쪽 아래) 폭격수딱정벌레가 분비물을 발사하자 황급히 물러나는 미국무당거미. 아래 사진은 연속 촬영 장면 가운데 일부다. 오른쪽 아래
사진을 보면, 폭격수딱정벌레의 배 끝에서 피어오르는 연기를 볼 수 있다. 결국 폭격수딱정벌레는 거미줄을 빠져나갔다.

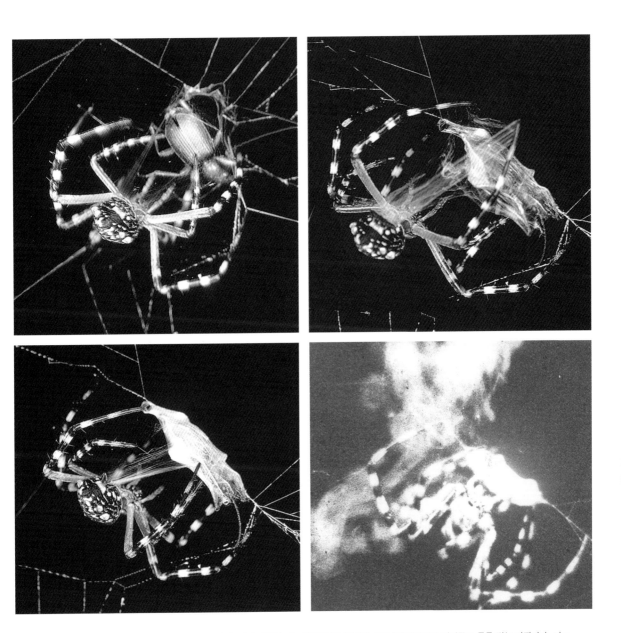

폭격수딱정벌레를 공격하는 아르기오페 플로리다. 컬러 사진은 아르기오페 플로리다가 폭격수딱정벌레를 거미줄로 돌돌 감는 사진이다. 아르기오페 플로리다는 폭격수딱정벌레를 물기 전에 거미줄로 완전히 감쌌다. 거미줄 속에 갇혔기 때문에 거미가 있는 곳을 제대로 조준하지 못한 폭격수딱정벌레는 엉뚱한 곳을 향해 화학물질을 발사했다(오른쪽 아래 사진은 연속 촬영 사진 가운데 일부).

용지물에 가깝게 만드는 전략이야말로 진화의 묘미가 아니고 무엇이겠습니까? 수년에 걸쳐 네필라속(屬)Nephila 거미들과 아르기오페속 거미들에게 곤충을 먹이로 주는 실험을 진행하는 동안 아르기오페속 거미들이 위험한 먹이를 얼마나 능숙하게 다루는지 알 수 있었습니다. 특히 노린재류를 다루는 방법은 정말 탁월했습니다. 노린재는 지독한 냄새도 냄새지만 야외로 나가 조심성 없이 야생 딸기를 덥석 따 먹을 때 종종 입 안에 함께 들어오는 곤충으로 명성이 자자합니다. 거미에게 잡아먹히는 노린재가 얼마나 되며 거미를 물리치고 거미줄을 빠져나오는 노린재가 얼마나 되는가를 살펴보는 것도 충분히 재미있었습니다. 그러나 거미가 노린재를 죽인 순간 노린재를 노리고 찾아오는 불청객들이 거미집으로 모여드는 모습을 보는 것도 정말 재미있었습니다.

■ **노린재는** 영어로 흔히 '진짜 벌레*true bug*'('전형적인 벌레'라고도 번역할 수 있음—옮긴이)라고 하는, 노린재목 노린재과에 속한 곤충입니다. 노린재목에 속한 곤충들의 특징 가운데 하나는 먹이 속으로 깊숙이 찔러 넣어 액체를 빨아먹는 뾰족한 주둥이입니다. 노린재목 곤충들의 주둥이에는 관이 두 개 있습니다. 한쪽 관으로는 먹이를 빨아먹고 다른 쪽 관으로는 타액을 분비합니다. 노린재목 곤충들의 먹이는 아주 다양합니다. 곤충을 주로 먹는 종도 있고 혈액을 빨아먹는 종도 있고, 노린재목에서 그 수가 가장 많은 노린재과 곤충들은 식물을 먹습니다. 노린재목 동물들은 액체로 된 먹이만 먹을 수 있습니다. 따라서 언제나 먹이를 죽인 후에는 소화 효소가 들어 있는 타액을 먹이 속에 주입해야 합니다.

스팅크버그Stinkbug라는 영어 명칭은 분비하는 방어 물질 때문에 붙은 이름입니다(Stink는 악취를 뜻한다—옮긴이). 불완전변태를 하는 노린재의 애벌레 시기에는 방어 물질을 분비하는 분비샘의 입구가 배의 등 쪽 표면에 열려 있습니다. 그러나 성충이 되면 날개가 그 부분을 덮어버리기 때문에 당연히 성충은 애벌레와 다른 분비 기관을 갖습니다. 성충을 뒤집어놓고 보면 가슴 중간 부분에 커다란 분비샘이 하나 있고 분비공은 다리 바로 위 몸의 양 옆에 각각 한 개씩 있습니

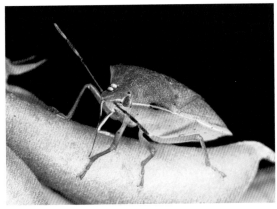
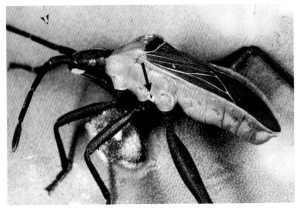

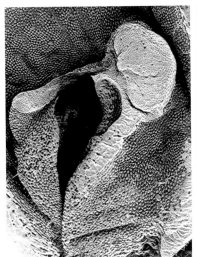
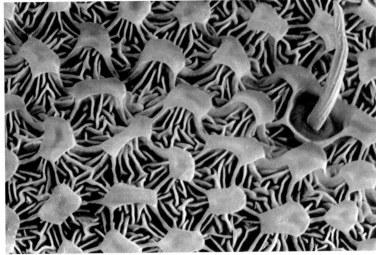

노린재과에 속하는 남쪽풀색노린재(네자라 비리둘라*Nezara viridula*, 왼쪽 위)와 호박을 먹는 허리노린재과에 속하는 노린재(켈리니디아 비티게르*Chelinidia vittiger*, 오른쪽 위). 켈리니디아 비티게르의 왼쪽 분비공을 화살표로 표시했다. 노린재과 노린재들의 분비공도 비슷한 위치에 있다.

(왼쪽 아래) 켈리니디아 비티게르의 왼쪽 분비공을 확대 촬영한 사진.
(오른쪽 아래) 켈리니디아 비티게르의 왼쪽 분비공 옆에서 볼 수 있는 독특한 큐티클 층. 노린재과와 허리노린재과 노린재들은 이런 큐티클 층 때문에 방어 물질을 배출한 뒤에도 분비물을 한동안 몸에 지니고 있을 수 있다.

다. 노린재과 노린재가 분비하는 화학물질은 정말 지독한 냄새가 풍기며 쉽게 사라지지도 않습니다. 노린재가 오랫동안 고약한 냄새를 풍기는 이유 가운데 하나는 분비공 바로 옆에 스펀지처럼 분비물을 흡수할 수 있는, 아주 정교하게 만들어진 큐티클 층이 있기 때문입니다. 노린재의 분비물 발사 모습을 관찰해보면 발사 후에 그 부위가 촉촉하게 젖는다는 사실을 쉽게 확인할 수 있습니다. 노린재들은 오른쪽이든 왼쪽이든 한쪽 분비공에서만 분비물을 발사하는 능력이 있기 때문에 자극을 받은 쪽으로 한정해 화학물질을 발사할 수 있습니다. 몸의 자세를 바꾸어 여러 방향으로 분비물을 발사할 수 있지만 폭격수딱정벌레와 비교해보면 그다지 능숙하게 방향을 잡는 편은 아닙니다.

노린재목 가운데 노린재과 다음으로 많은 개체 수를 차지하는 곤충 집단은 정말 노린재라는 이름에 걸맞는 친구들입니다. 호박을 먹는 노린재squash bug들이 속한 허리노린재과 노린재들은 노린재과와 비슷한 분비샘이 있으며, 비슷한 방어 물질을 분비합니다. 허리노린재과 노린재와 노린재과 노린재를 가지고 각각 같은 실험해본 결과도 거의 같았습니다. 허리노린재과 노린재와 노린재과 노린재의 분비물은 여간해서는 잊기 어려운 독특한 냄새를 풍깁니다. 노린재의 분비물을 구성하는 주요 구성 성분은 대부분 간단한 직선 사슬로 된 카르보닐기 화합물인 알데히드와 케톤 물질로, 그 중에서도 트랜스–2–헥세날trans-2-hexenal이 가장 널리 알려진 물질일 것입니다. 이런 화합물들은 곤충들이 싫어하는 물질입니다. 트랜스–2–헥세날을 바퀴의 외골격에 묻혀보면 그 효과를 확실하게 알 수 있습니다.

폭격수딱정벌레의 운명을 지켜본 저는 노린재들도 아르기오페속 거미들을 만나면 꼼짝 못 하고 잡아먹히리라고 생각했습니다. 먹이를 죽이기 전에 거미줄에 가두는 전략은 화학물질을 분비하는 노린재목 곤충들에게도 먹혀들 것이라고 말입니다. 따라서 노린재를 잡은 거미가 폭격수딱정벌레의 경우처럼 거미줄로 노린재를 꽁꽁 동여매는 모습을 보고도 전혀 놀라지 않았습니다. 먹이를 거미줄로 감싸려면 먹이를 빙글빙글 돌려야 하기 때문에 대부분의 경우 먹이 근처의 거미줄을 잘라내야 합니다. 그리고 먹이의 몸에 세로로 길게 붙어 남아 있는 거미줄을 축으로 삼아 먹이를 돌립니다. 먹이를 돌릴 때는 아주 정교하게 다루기 때문에 먹이가 방어 물질을 분비하는 일은 일어나지 않습니다. 먹이 주변의 거미줄을 자르고 돌리는 동안 화학물질 냄새가 나는지 알아보려고 코를 가까이 대고 맡아봤지만, 아무 냄새도 맡을 수 없었습니다. 뭔가 냄새가 나는 순간은 거미줄을 다 감고 먹이를 물려고 할 때뿐이었습니다. 냄새는 곧바로 공기 중으로 퍼져나가고, 먹이를 싸고 있는 거미줄이 촉촉하게 젖었습니다. 그러면 폭격수딱정벌레의 경우처럼 거미는 잠시 물러났다가 다시 돌아와 거미줄을 좀더 뽑아서 더욱 단단하게 먹이를 싸맵니다. 물린 먹이가 죽으면 잠시 후에 희생자를 먹어치우기 시작합니다. 사냥 과정은 늘 같았습니다. 수년 동안 수십 마리가 넘는 노린재를 거미의 먹이로 주어봤지만, 살아서 도망간 노린재는 한 마리도 없었습니다.

하지만 네필라속 거미들은 아르기오페속·거미와 달랐습니다. 그 전부터 느꼈던 사실이지만 네필라속 거미는 정말 먹이를 구별하는 탁월한 재주를 지닌 듯이 보였습니다. 네필라속 거미들은 노린재들을 특별하게 처리해야 한다는 사실을 아는 것 같았는데, 아마도 촉감을 통해서 그런 사실을 인지하는 듯했습니다. 네필라속 거미들은 벌레를 거미집에 올려놓을 때마다 재빨리 다가갔지만 건드릴 때는 아주 신중한 태도를 보였습니다. 다리를 사용하거나 필요할 때는 독니로 거미줄을 몇 가닥 끊기도 하는 행동을 보면 거미는 먹이가 배 쪽이 아닌 등 쪽을 보이도록 만들려고 노력한다는 사실을 알 수 있습니다. 거미의 노력이 항상 성공하지는 않았지만 거미가 그런 행동을 하는 이유는 먹이를 물 때 방어 물질을 분비하지 못하게 하기 위해서임이 틀림없었습니다. 방향을 바꾸는 동안 방어 물질을 분비하는 경우도 종종 있었지만 먹잇감의 대부분은 거미가 물려고 하기 전에는 방어 물질을 분비하지 않습니다. 방어 물질을 분비하는 행위는 여러 가지 영향을 미칩니다. 방어 물질을 맞은 거미는 보통 뒤로 물러나 분비물을 닦은 다음에 다시 공격을 시도하기 때문에 먹잇감으로서는 아주 짧은 시간만을 벌 수 있을 뿐입니다. 머지않아 거미는 먹이의 몸에 독을 주입하고, 거미줄로 돌돌 만 후에 거미집 중심으로 가져가서 먹어치울 것입니다. 네필라속 거미들은 제가 준 스물아홉 마리 노린재 가운데 스물네 마리를 먹어치웠습니다. 거미의 선택을 받은 노린재 중에 노린재과와 허리노린재과 노린재의 수가 비슷한 것으로 보아 네필라속 거미들이 특별히 종류를 가리지는 않는 것 같았습니다.

그런데 거미의 마수에서 벗어난 노린재 다섯 마리의 운명이 재미있었습니다. 이 노린재들도 공격을 받을 때 화학물질을 발사했는데 그 효과가 아주 컸습니다. 거미들은 폭격을 맞자마자 그 자리를 피해 달아나버렸습니다. 두 마리는 중심으로 도망가버렸고 두 마리는 거미집 가장자리로 달아났으며 한 마리는 아예 거미집 밖으로 튕겨 나가고 말았습니다. 물론 중심과 이어진 거미줄 때문에 허공에 대롱대롱 매달리기는 했지만 말입니다. 사실 거미는 항상 그렇게 중심과 연결되어 있습니다. 거미가 분비물을 닦아내려고 아주 열심인 모습으로 보아 아주 강한 직격탄을 맞았음이 분명했습니다. 타액을 묻혀가며 구기와 부속 기관을 닦아내는 과정은 어느 정도 시간이 걸리는 작업이었습니다. 그 시간은 노린재에게 탈출할 수 있는 충분한 여유를 제공했는데, 노린재의 탈출 방법이 정말 인상적이었습니다. 노린재는 큰 턱이 없기에 거미줄을 물어뜯는 방법은 쓸 수가 없었습니다. 대신 타액으로 거미줄을 녹이는 방법을 사용했습니다.

노린재가 탈출하는 데는 어느 정도 시간이 걸렸지만 그 방법은 정말 경이로웠습니다. 벌레가 거미집에 걸렸다는 사실은 다리는 물론 몸의 여러 부분이 거미줄에 달라붙었다는 뜻입니다. 그런데 노린재는 어느 부위가 거미줄에 붙었든 상관없이 타액으로 거미줄을 녹일 수 있었습니다. 노린재의 기본 전략은 다리에 타액을 떨어뜨리는 방법이었습니다. 노린재는 주둥이 끝을 다리에 대고 타액을 한 방울씩 떨어뜨렸습니다. 타액이 계속해서 분비됐기 때문에 멈추지 않고 계속해서 필요한 부분에 떨어뜨릴 수 있었습니다. 주둥이가 닿지 않는 부위도 문제가 없었습니다. 주둥이가 닿지 않는 부위라도 다리는 뻗을 수 있었기 때문에 노린재는 다리에 타액을 묻혀 그곳을 문질러댔습니다. 노린재의 타액은 거미줄에 두 가지 작용을 했습니다. 타액이 묻은 거미줄은 끈적임이 사라져 접착력이 떨어졌으며 탄성도 감소했습니다. 거미줄의 끈적끈적한 부분은 신축성이 강합니다. 따라서 거미집에 걸린 곤충이 달아나려고 발버둥 쳐도 벗어나지 못하고 꼼짝없이 붙어 있게 만듭니다. 마치 투명한 접착테이프를 몸에 붙이고 그 위를 얇은 고무줄로 고정시켜 놓은 것과 비슷합니다. 접착테이프를 떼어내려면 고무줄의 탄성 한계

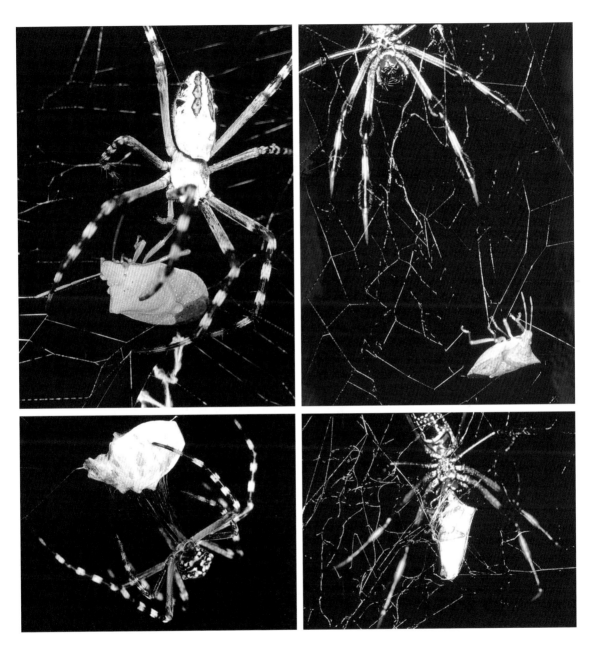

노린재과 노린재를 공격하는 거미.

(왼쪽) 아르기오페 플로리다. 노린재를 물기 전에 거미줄로 감싼다.
(오른쪽) 미국무당거미인 네필라 클라비페스. 노린재에게 다가가자마자 물려고 한다.

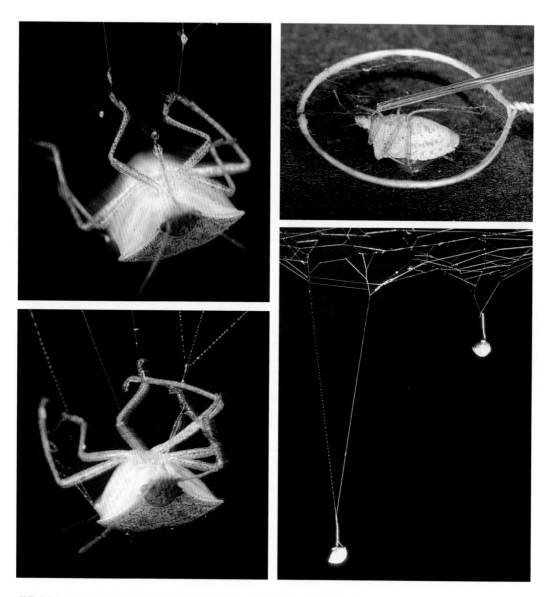

주둥이에서 타액이 나오는 노린재과 노린재(왼쪽 위). 타액을 다리에 묻히고 있다(왼쪽 아래). 노린재는 거미줄에서 벗어나기 위해 타액을 사용한다.

(오른쪽 위) 거미줄이 붙은 발에 타액을 묻히는 노린재과 노린재. 모세관으로 이 타액을 받았다. (오른쪽 아래) 일반적으로 강한 탄성을 보이는 거미줄의 한 부분이 노린재과 노린재의 타액 때문에 탄성을 잃었다.

를 뛰어넘는 힘을 가해야 한다는 사실은 누구나 알고 있습니다.

탄성을 잃은 거미줄은 끊어지기 쉽기 때문에 노린재가 빠져나오려고 몸부림치는 동안 끊어져버립니다. 타액이 묻은 다리를 마주 대고 비비면 거미줄은 탄성을 잃고 결국 끊어져버리고 맙니다. 거미줄이 하나씩 끊어지다 보면 노린재의 무게를 못 견디고 놓치게 되는 순간이 있습니다. 그렇게 되면 노린재는 밑으로 떨어져, 원래 붙어 있던 곳에서 조금 아래쪽에 떨어진 거미줄에 달라붙습니다. 그곳에서 노린재는 다시 처음부터 탈출 과정을 반복합니다. 다리에 타액을 묻히고 마주 대고 문질러 거미줄을 끊은 다음 아래쪽으로 떨어집니다. 그리고 그곳에서 다시 다리에 타액을 묻혀 문지르고 떨어지고, 다시 타액을 묻혀 문지르고 떨어지고, 그렇게 노린재의 탈출 시도는 완전히 거미집을 빠져나갈 때까지 계속해서 반복됩니다. 거미집 가장자리에 도달하면 잠깐 매달려 있다가 날개를 활짝 펴고 날아가버립니다.

노린재의 탈출 모습을 좀더 자세하게 관찰하고 싶었기 때문에 거미 몇 마리를 잡아 연구실로 데려왔습니다. 실험 방법은 간단했습니다. 철제 옷걸이로 고리를 만들어 고무풀을 바른 다음 반고체 상태가 될 때까지 말렸습니다. 그 고리는 거미줄과 잘 달라붙었습니다. 고리를 거미집에 대고 꾹 누른 다음에 고리 밖으로 비어져 나오는 거미줄은 뜨겁게 달군 바늘로 잘라냈습니다. 그렇게 만든 작은 거미집에 노린재를 올려놓고, 이 노린재가 빠져나오는 모습을 사진은 물론 영화 카메라로도 촬영했습니다.

거미집을 빠져나올 때 노린재가 분비한 타액은 타액 분비샘이 한 번에 저장할 수 있다고 추정한 양보다 훨씬 더 많았습니다. 노린재의 타액 분비샘은 아주 빠른 속도로 비는 양을 보충해 넣었습니다.

노린재가 타액을 분비하게 하는 일은 쉬웠습니다. 치과용 왁스를 노린재 등에 묻혀 깔유리(슬라이드 글라스)에 올려놓고 배 쪽을 위로 향하게 한 다음, 거미집을 다리에 대고 눌러 붙입니다. 그러면 노린재는 곧바로 타액을 분비하는데, 그런 식으로 실험에 사용할 타액을 모을 수 있었습니다. 모세관으로 노린재의 타액을 빨아들여 거미줄의 끈끈한 부분에 묻혀보자 야외에서 관찰한 내용을 토대로 예상했던 것처럼 거미줄은 점성과 탄력을 잃고 쉽게 끊어졌습니다.

하지만 이런 실험 결과를 논문으로 발표하지는 않았습니다. 노린재의 탈출 행동에 대해서는 아직 풀어야 할 숙제가 많이 남아 있었기 때문입니다. 대신 전혀 다른 관찰 결과를 논문으로 발표했습니다. 그 논문의 주제도 '거미줄에 걸린 벌레들'에 관한 내용으로, 거미가 노린재과 노린재나 허리노린재과 노린재를 제압하고 먹기 시작할 때 어떤 일이 벌어지는지에 대해서 다뤘습니다.

거미가 노린재를 잡아먹을 때는 신기하게도 손님들이 모여들었습니다. 사실 저는 처음 보는 일이었지만 거미집으로 모여드는 손님들에 대해서는 벌써 학계에 보고된 바 있습니다. 거미가 먹이를 먹을 때는 부스러기라도 떨어지지 않을까 하는 기대로 날아드는 파리 떼가 있습니다. 사실 파리는 사람들이 음식을 먹을 때도 부엌으로 날아드니, 거미집으로 모여드는 것도 어찌 보면 이상한 일이 아닙니다. 먹이를 훔쳐 먹고 살아가는 동물들을 절취기생생물kleptoparasite이라고 하는데, 거미집으로 모여드는 먹이 도둑들은 케키도미이다이과(科)Cecidomiidae, 벼룩파리과(科)Phoridae, 노랑굴파리과(科)Chloropidae, 밀리키이다이과(科)Milichiidae의 파리들이라고 합니다. 제가 목격한 파리들은 밀리키이다이과에 속하는 종이었습니다. 이번에도 마크 데이럽이 파리의 학명을 알려주었습니다. 마리아와 저는 마크 데이럽의 도움을 받아 밀리키이다이과 파리를 연구해보기로 했습니다. 우리는 어떻게 노린재가 잡아먹히는 장소를 파리가 정확하게 감지하고 모여드는지 궁금했습니다.

먹이 도둑들이 거미집으로 모여드는 이유는 분명합니다. 거미는 아주 천천히 식사를 즐기는 동물입니다. 단단한 고체를 먹지 못하기 때문에 반드시 먹잇감을 소화 효소로 걸쭉하게 만든 다음에 빨아먹어야 합니다. 아무리 작은 먹이라도 완전히 용해되려면 시간이 걸리기 때문에 빼앗아 먹을 시간은 충분합니다. 제가 본 거미줄에도 파리가 많이 날아들었습니다.

노린재는 종에 상관없이 파리 떼가 날아들었지만 그 중에서도 플로리다의 연구

밀리키이다이과 파리를 불러들이는 네자라 비리둘라.

(왼쪽 위) 거미가 네자라 비리둘라를 잡자 파리가 날아들고 있다. 왼쪽에 파리 한 마리가 접근하는 모습이 보인다.

(오른쪽 위) 한 시간 안에 많은 파리가 모여들어 노린재에 달라붙는다.

(왼쪽 아래) 식사를 즐기고 있는 파리를 가까이에서 찍은 모습. 평상시에는 머리 밑에 접어두는 긴 주둥이를 쭉 뻗고 있다.

(오른쪽 아래) 트랜스-2-헥세날을 묻힌 심홍색얼룩보행자나방(우테테이사 오르나트릭스*Utetheisa ornatrix*)을 먹고 있는 네필라 클라비페스와 날아드는 파리. 화살표가 가리키는 곤충이 파리다.

기지에서 관찰한 남쪽풀색노린재(네자라 비리둘라)는 더 많은 파리를 불러들였습니다. 네필라 클라비페스 아홉 마리에게 네자라 비리둘라를 한 마리씩 주고 밀리키이다이과 파리 떼가 모여드는 시간을 측정해보았습니다. 파리들은 거미가 노린재를 잡자마자 몇 분 안에 모여들기 시작하여 두 시간 동안 꾸준히 증가하더니 거미가 식사를 시작하는 순간부터 조금씩 줄어들었습니다. 가장 많은 파리가 몰릴 때 네자라 비리둘라 한 마리당 평균 파리 수는 다섯 마리였지만, 스무 마리가 넘게 모여든 적도 있습니다. 거미가 먹이를 먹는 동안 날아왔다가 가버리는 파리도 있었지만 그런 경우는 세지 않았습니다. 따라서 네자라 비리둘라 한 마리가 불러들이는 파리의 실제 개체 수는 우리가 센 개체 수보다 더 많을 터였습니다.

노린재 주위로 몰려든 파리들은 모두 바람이 불어가는 쪽에서 날아왔습니다. 멀리서 보면 작은 점처럼 보이는 파리들은 공기 중으로 퍼져나가는 냄새의 이동 경로를 따라 지그재그로 움직이면서 거미의 먹이를 향해 날아왔습니다. 파리가 날아오는 모습은 마치 암컷이 방출하는 페로몬 연기를 따라 날아오는 수컷 나방처럼 보였습니다.

거미집에 내려앉는 파리들은 거미줄에 달라붙을까봐 걱정할 필요가 거의 없습니다. 그때쯤이면 거미가 먹이를 거미집 중앙으로 끌고 가 매달아놓기 때문입니다. 거미집 중앙에는 끈적끈적한 실이 없기 때문에 달라붙을 염려가 없습니다.

파리는 돋보기를 가까이 대고 들여다보아도 날아가지 않았습니다. 그 덕분에 파리가 먹이에 내려앉아 노린재를 먹는 모습을 자세히 관찰할 수 있었습니다. 파리는 평상시에는 머리 밑에 접어두는 긴 주둥이를 쭉 뻗고 있었습니다.

거미는 파리 떼를 그다지 귀찮아하지 않는 것 같았습니다. 입 근처로 다가오면 반응을 보였지만 그때도 그저 다리를 저어 파리를 쫓는 정도였습니다. 파리들은 거미가 차려놓은 식탁에서 만찬을 즐기고 있었습니다.

파리가 언제나 바람이 불어가는 쪽에서 날아오는 이유는 먹이가 발산하는, 그중에서도 특히 먹이의 방어 물질인 화학물질이 파리의 식욕을 돋우기 때문인지도 모릅니다. 어쩌면 노린재가 분비하는 카르보닐기 화합물이 유인 물질인지도 몰랐

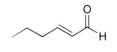

트랜스-2-헥세날.

기 때문에 한 가지 실험을 해보기로 했습니다. 실험 방법은 파리를 불러들이지 않는 먹이에 노린재의 방어 물질을 묻혀 네필라 클라비페스에게 먹이로 주어보는 것으로, 노린재가 내는 지독한 냄새의 원인 물질 가운데 하나인 트랜스-2-헥세날을 이용해서 파리의 반응을 살펴보기로 했습니다.

먹이로 사용할 동물을 결정하는 일은 어렵지 않았습니다. 그때 우리는 심홍색 얼룩보행자나방(우테테이사 오르나트릭스*Utetheisa ornatrix*, 영어명: Crimson Speckled Footman Moth, 벨라나방이라고도 함)을 연구하는 중이었습니다. 10장에서 특별한 먹이에 대해서 다룰 때 자세히 설명하겠지만, 이 나방은 네필라 클라비페스가 아주 좋아하는 먹이였으며, 거미에게 잡혀 먹히는 순간에도 파리를 불러들이지 않았습니다. 우리는 우테테이사 오르나트릭스를 둘로 나누어, 여덟 마리는 트랜스-2-헥세날을 묻히고 여섯 마리는 묻히지 않은 채 그대로 거미에게 먹이로 주었습니다. 트랜스-2-헥세날은 거미가 나방을 죽여 중앙으로 가져간 다음에 묻혔습니다. 거미가 먹기 시작하는 순간, 거미의 구기에 묻지 않게 조심하면서 트랜스-2-헥세날 4마이크로리터를 나방에게 묻혔습니다.

잠시 후에 파리가 날아오기 시작했는데, 날아올 때까지 걸린 시간은 네자라 비리둘라의 경우와 거의 비슷했습니다. 하지만 트랜스-2-헥세날을 묻히지 않은 우테테이사 오르나트릭스에게는 파리가 날아오지 않았습니다. 파리를 유혹하는 물질은 바로 트랜스-2-헥세날이었습니다. 트랜스-2-헥세날만 있어도 충분한지, 거미가 방출하는 냄새와 한데 섞일 때만 파리를 유인하는지가 문제였기 때문에 좀더 실험을 진행해보기로 했습니다. 우리는 유리로 된 모세관에 트랜스-2-헥세날을 집어넣고 작은 판지에 붙였습니다. 트랜스-2-헥세날만 있어도 파리를 유인할 수 있는지 알아보기 위해서였습니다. 우리는 거미 실험을 진행했던 장소에 유인 판을 여러 개 붙여놓고 관찰해보았습니다. 붙잡힌 노린재를 향해 파리들이 날아가고 있을 때 제가 트랜스-2-헥세날이 들어 있는 모세관을 들고 있으면 아주 잠시 동안일지라도 방향을 바꿔 제 쪽으로 오고는 했습니다. 따라서 파리가 노린재에게 모여드는 이유는 거미가 노린재를 잡았기 때문이 아니라 노린재가 네필라 클라비페스에게 먹이로 준 네자라 비리둘라와 트랜스-2-헥세날을 묻힌 우테테이사 오르나트릭스에게 날아드는 파리의 수. 표의 시간은 거미가 먹이를 먹기 시작한 후부터 측정한 시간이며, 파리 수는 네자라 비리둘라 아홉 마리와 트랜스-2-헥세날을 묻힌 우테테이사 오르나트릭스 여덟 마리에 모여든 수의 평균값이다.

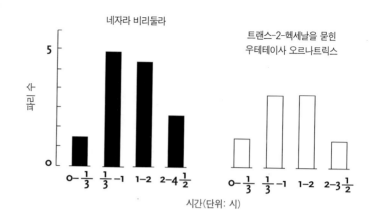

네자라 비리둘라

트랜스-2-헥세날을 묻힌
우테테이사 오르나트릭스

파리 수

시간(단위: 시)

(왼쪽) 파리 유인 실험을 실시한 플로리다주 하이랜즈카운티의 하이랜즈해먹주립공원의 풍경. 트랜스-2-헥세날을 묻혀둔 조그맣고 끈적끈적한 유인 판을 식물에 매달아놓았다. (오른쪽) 유인판을 확대한 사진. 판 한가운데 트랜스-2-헥세날이 들어 있는 모세관을 스티로폼 조각에 찔러 넣어서 붙여놓았다. 트랜스-2-헥세날에 이끌려온 파리 몇 마리가 보인다.

분비하는 물질 때문임이 틀림없는 것 같았습니다. 즉 노린재를 살리는 데 실패한 방어 물질이 먹이 도둑을 불러들이는 셈이었습니다.

다른 과학자들의 연구 결과를 통해서 밀리키이다이과 파리들을 끌어들이는 먹이가 노린재목 말고도 또 있다는 사실을 알았습니다. 그 동물들의 방어 물질 속에도 파리를 끌어당기는 화학물질이 들어있는지는 모를 일이지만, 아직 밝혀진 바는 없습니다. 밀리키이다이과 파리들은 거미 말고 다른 포식자들이 잡은 먹이 주위로도 몰려드는데, 이에 대해서는 기록된 자료도 여럿 있습니다.

제가 직접 찍은, 앰부시 버그ambush bug가 벌을 잡아먹는 사진에서도 모여든 밀리키이다이과 파리들을 볼 수 있습니다. 물론 벼룩파리과나 노랑굴파리과 같은 파리들도 거미의 먹이가 내는 화학물질에 이끌려 거미줄로 날아듭니다. 흥미롭게도 트랜스-2-헥세날을 이용한 유인 판 실험 때도 적은 수이기는 하지만 벼룩파리과나 노랑굴파리과 파리들이 날아들었습니다.

■ **거미줄** 잣는 거미들을 연구해나갈수록 더욱 경이롭다는 생각이 들었습니다. 거미는 정말 진화에 성공한 승리자입니다. 지구상에 곤충이 출연한 후로 수많은 절지동물들이 곤충에게 삶의 터전을 내주어야 했고 곤충이 점령한 공중에서 물러나야 했지만, 거미는 날개 없이도 곤충이 날아다니는 창공으로 올라가 곤충을 잡아먹고 있습니다. 거미줄은 정말 획기적인 진화의 산물로, 곤충과 거미가 펼쳐 보이는 삶의 관계들은 아주 중요한 생물학 연구 분야입니다. 곤충과 거미의 상호 관계에 대해서는 연구해야 할 내용이 아주 많이 남아 있습니다. 거미는 곤충을 잡으려고 수많은 전략을 고안해냈지만 곤충도 거미줄에서 벗어나려고 수없이 많은 전략을 개발해냈습니다. 거미와 곤충의 전략은 그 대부분이 아직 밝혀지지 않았습니다. 그 중에서도 특히 곤충이 거미줄에서 벗어나는 방법이 저의 흥미를 끌었습니다. 곤충의 탈출 전략을 알아보려면 곤충을 거미줄에 올려놓고 관찰하기만 하면 된다고 생각했던 저는 지금도 그런 믿음으로 필요할 때마다 거미줄에 곤충을 올려놓습니다. 사실 연구 초기에는 미국국립보건원에서 연구비가 나오지 않아 도저히 연구비를 마련할 길이 없으면 거미나 연구해야지 하는 생각을 했습니다. 거미를 관찰할 때는 공책과 스톱워치, 그리고 시간만 있으면 됩니다. 현재는 시간이 아주 많이 부족하지만 말입니다.

곤충에 대한 여러 과학자들의 흥미로운 연구 가운데 밤을 위협하는 또 다른 천적인 박쥐의 공격을 피하는 곤충의 전략에 관한 내용이 있습니다. 그 중에서도 케네스 로이더Kenneth Roeder와 에셔 트리트Asher Treat가 박쥐의 초음파를 듣는 나방에 관해 연구한 결과는 특히 흥미롭습니다. 이 나방은 박쥐가 내는 초음파 소리를 듣고 박쥐를 피해 달아난다고 합니다. 이런 귀를 가진 곤충은 또 있습니다. 사마귀목(目) 곤충들도 그렇습니다. 그렇다면 거미줄과 박쥐를 피해서 달아날 수 있는 곤충은 대략 몇 종류나 될까요? 어쩌면 풀잠자리과의 녹색풀잠자리도 그렇지 않을까 하는 생각이 들었습니다. 녹색풀잠자리는 박쥐의 소리를 감지하는 능력이 있으며, 가슴에 방어용 분비샘 한 쌍이 있기 때문에 거미에게서 벗어날 수 있다고 생각했습니다. 하지만 제 생각과는 전혀 달랐습니다. 분비샘은 거미의 공격을 막지 못했습니다. 하지만 그렇다고 녹색풀잠자리가 언제나 거미에게 당하는 것은 아니었습니다. 분비샘은 탈출을 도와주지 못했지만 녹색풀잠자리는 다른 방법을 이용해서 거미집을 빠져나올 수 있었습니다.

녹색풀잠자리는 미끄러지는 방법을 이용해서 거미집을 빠져나왔습니다. 미첼 매스터스와 저는 1987년 가을에 애크볼드에서 녹색풀잠자리의 탈출 장면을 목격했습니다. 가을은 녹색풀잠자리가 활기를 띠는 계절로, 연구소 곳곳에서 이 친구들을 볼 수 있었습니다. 우리는 거미 먹이로 녹색풀잠자리를 잡아 유리병에 집어넣었습니다.

그런데 거미가 언제나 우리가 준 먹이에 즉시 반응하지는 않았습니다. 녹색풀잠자리가 거미집에서 탈출하느냐 못하느냐는 거미가 즉시 공격하느냐 그렇지 않느냐에 달려 있었습니다. 거미가 이미 식사 중이거나 다른 먹이를 공격하고 있을 때는 우리가 준 먹잇감에 전혀 신경 쓰지 않았습니다. 거미에게 다른 할 일이 많을 때는 녹색풀잠자리를 쳐다보지도 않았습니다. 네필라 클라비페스도 아르기오페 플로리다도 다른 먹잇감이 있을 때는 녹색풀잠자리를 공격하지 않았습니다. 하지만 거미가 공격을 가할 때는 녹색풀잠자리의 목숨은 끝났습니다. 거미가 공격할 때 나는 냄새 때문에 공격을 받은 녹색풀잠자리가 화학물질을 분비한다는 사실을 알 수 있었지만, 거미에게는 별다른 영향을 미치지 못하는 것 같았습니다. 독일어로 녹색풀잠자리는 '스팅크플라이겐Stinkfleigen'(악취를 풍기는stink 파리

fly라는 뜻—옮긴이)이라고 합니다. 녹색풀잠자리에게 정말 딱 들어맞는 이름입니다. 녹색풀잠자리의 분비물에는 배설물 특유의 냄새를 풍기는 스카톨skatol이 들어 있습니다.

거미가 공격하지 않는 동안 녹색풀잠자리는 재빨리 거미집에서 빠져나가려고 행동합니다. 녹색풀잠자리는 먼저 머리와 다리, 그리고 더듬이를 끈적끈적한 거미줄에서 떼어내려고 갖은 애를 씁니다. 녹색풀잠자리가 가장 떼어내기 곤란한 부위는 긴 실처럼 생긴 더듬이입니다. 아무리 잡아당겨도 더듬이를 거미줄에서 떼어낼 수 없으면, 그때부터는 우리가 '더듬이 기어오르기antenna climbing'라고 부르는 행동에 돌입합니다. 녹색풀잠자리는 먼저 앞다리로 한쪽 더듬이를 붙잡은 다음 입으로 끌어당깁니다. 끌어당긴 더듬이를 입으로 물고는 다리로 매만져서 더듬이에 달라붙은 거미줄을 밀어냅니다. 그리고 더듬이를 놓았다가 다시 앞다리로 더듬이를 잡고 입으로 끌어당겨서 물고 하기를 되풀이합니다. 녹색풀잠자리는 더듬이가 끈적끈적한 거미줄에서 완전히 떨어질 때까지 같은 행동을 반복합니다. 결국 더듬이는 끈적끈적한 거미줄에서 떨어져나옵니다.

일단 거미줄에서 몸을 떼어낸 녹색풀잠자리가 다음에 취한 행동은 아무 일도 하지 않는 것이었습니다. 날개가 거미줄에 붙어 있는데도 아무 일도 하지 않는 녹색풀잠자리가 기이하게 여겨졌습니다. 어떤 식으로 거미집에서 완전히 벗어나는지 알아보려고 자세히 들여다보았지만, 정말로 녹색풀잠자리는 아무 일도 하지 않았습니다. 하지만 무슨 일인가가 서서히 벌어지고 있었습니다. 공중에 매달린 녹색풀잠자리의 무게 때문에 거미줄이 아주 천천히 밑으로 늘어졌습니다. 거미줄이 밑으로 늘어지는 동안 녹색풀잠자리는 머리 방향과 수직으로 날개를 쭉 펴서 십자형을 만들었습니다. 완전히 거미집에서 벗어날 때까지 녹색풀잠자리는 그 자세를 유지했습니다.

우리는 몸무게가 10밀리그램도 안 되는 곤충이 어떻게 공중에서 미끄러지듯이 빠져나오는 전략을 구사할 수 있는지 그 이유가 정말 궁금했습니다. 그 해답은 녹색풀잠자리의 날개에 있었습니다. 녹색풀잠자리의 날개는 아주 절묘한 방

아르기오페 아우란티아(*Argiope aurantia*)의 거미줄에서 탈출하고 있는 녹색풀잠자리 성충.

(왼쪽부터) 배 쪽에 끈적끈적한 거미줄 네 가닥이 붙어 있는 녹색풀잠자리. 앞다리에 붙어 있던 거미줄을 잘라내자, 거미줄이 옆으로 튕겨 나갔다 (화살표). 녹색풀잠자리는 몸을 십자형으로 구부려, 머리를 거미줄 사이의 빈 공간으로 집어넣는다. 그런 다음 몸에 붙어 있던 실을 잘라내자, 날개 끝에 붙어 있는 끈적끈적한 거미줄 두 가닥 때문에 공중에 대롱대롱 매달린 상태가 된다. 녹색풀잠자리의 무게를 견디지 못한 거미줄이 떨어져나가고 잠자리는 자유의 몸이 된다. 끊어진 거미줄 두 가닥과 한데 엉켜 있는 두 가닥만이 녹색풀잠자리가 있었음을 증언해준다.

법으로 끈적끈적한 거미줄에 붙어 있었기 때문에 미끄러지듯이 빠져나올 수 있었습니다. 녹색풀잠자리의 날개는 아주 작은 털로 뒤덮여서 실제로 거미줄에 달라붙는 것은 날개 표면이 아니라 이 털들이었습니다. 따라서 날개를 붙잡은 거미줄은 상대적으로 헐거울 수밖에 없기 때문에 녹색풀잠자리는 미끄러지듯이 움직일 수 있습니다. 몸의 다른 부위를 떼어내고 거미줄에 매달려 있는 동안 날개를 십자형으로 쫙 펴는 이유는 방패처럼 몸을 감싸서 다른 부위가 거미줄에 닿지 않게 하려는 의도인 것 같았습니다. 녹색풀잠자리는 거미줄에서 빠져나왔다고 하더라도 한 번에 벗어나지 못하고 거미집의 밑쪽에 다시 걸릴 수도 있습니다. 그럴 때면 다시 한 번 똑같은 탈출 과정을 반복해야 합니다. 하지만 날개를 십자로 펴고 떨어지는 녹색풀잠자리는 대부분 아래쪽에 있는 거미줄에 걸리더라도 도르르 굴러 떨어지고 말았습니다. 따라서 녹색풀잠자리로서는 탈출이 성공할 때까지 십자 형태로 몸을 유지하는 편이 유리합니다.

영원한 완벽주의자인 미첼은 녹색풀잠자리를 거미집에 올려놓고 관찰하는 것

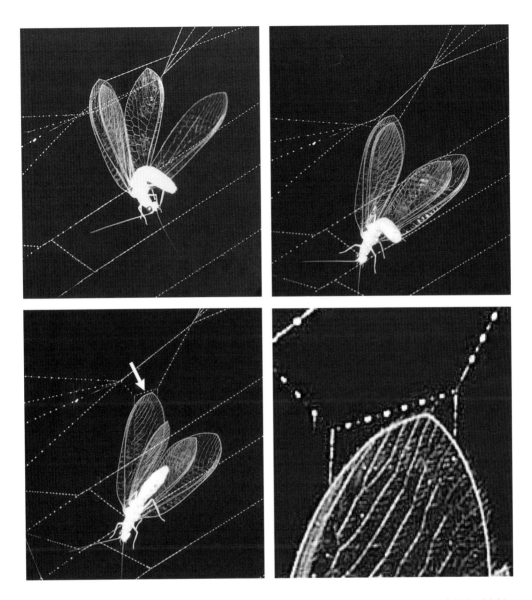

미끄러지듯이 아르기오페 아우란티아의 거미줄에서 탈출하고 있는 녹색풀잠자리. 곧바로 다리와 더듬이에 붙은 거미줄을 떼어낸 녹색풀잠자리는 날개가 붙어 있는 네 곳만 남기고 공중에 대롱대롱 매달리게 된다(왼쪽 위). 오른쪽 위 사진처럼 거미줄에 붙어 있는 날개는 아래쪽으로 천천히 미끄러지듯이 내려온다. 왼쪽 아래 사진은 녹색풀잠자리가 거미집에서 완전히 벗어나기 직전의 순간을 찍은 사진이다. 녹색풀잠자리 날개에는 거미줄이 오직 한 가닥 달라붙어 있다. 화살표가 가리키는 부분을 확대한 사진이 오른쪽 아래 사진으로, 녹색풀잠자리의 날개는 거미줄에서 완전히 떨어져 있으며 끈적끈적한 액체 두 가닥이 간신히 녹색풀잠자리의 무게를 버티고 있다.

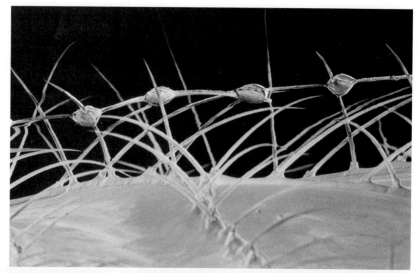

녹색풀잠자리 날개를 주사 전자 현미경으로
찍은 사진. 무성히 나 있는 털이 보인다. 날
개 표면에 난 털 덕분에 녹색풀잠자리의 날
개 표피는 거미줄에 직접 닿지 않는다.

(왼쪽) 거미줄에 달라붙자 '더듬이 기어오르기'를 하는 녹색풀잠자리. 양쪽 더듬이가 모두 거미줄에 붙어 있다. 녹색풀잠자리는 앞다리로 더듬이
한쪽을 움켜잡고 입으로 끌어당기며 위로 올라간다.

(오른쪽) 십자형으로 몸을 펼치고 있는 녹색풀잠자리. 다리 하나를 거미줄에 붙인 채 몸을 완전히 수평으로 유지하고 있다. 녹색풀잠자리는 거미
줄에서 빠져나오는 순간까지 이런 자세를 취하는 경우가 많다.

으로 만족하지 못했습니다. 미첼은 직접 거미집으로 뛰어든 녹색풀잠자리의 반응이 보고 싶었습니다. 그래서 한가운데 거미집을 설치한 케이지에 녹색풀잠자리를 넣고 곤충이 보지 못하는 붉은색 조명을 설치하고 관찰했습니다. 이번에도 철제 옷걸이를 실험 재료로 사용했습니다. 녹색풀잠자리는 잠깐 동안 거미줄에 매달려 있기는 했지만 완전히 달라붙는 경우는 그다지 많지 않았습니다. 녹색풀잠자리가 거미줄에 완전히 달라붙는 경우는 전체의 3분의 1 정도에 불과했습니다. 녹색풀잠자리가 거미줄에 잘 달라붙지 않는 이유는 가벼운 몸무게와 느린 비행 속도 때문임이 분명했습니다. 녹색풀잠자리가 정말로 위험에 빠지는 순간은 거미줄에 완전히 달라붙었을 때 곧바로 거미가 공격을 가하는 경우뿐일 것입니다.

■ **맨발로** 토끼풀이 만발한 숲 속을 거닐다 보면 벌에 쏘일 수도 있다는 사실은 누구나 알고 있습니다. 꿀벌의 독침은 방어 기관으로, 당연히 상대방에게 고통을 주기 위한 무기입니다. 말벌이나 전갈과 지네의 독침도 마찬가지이며 뱀처럼 독니를 가지고 있는 동물들의 목적도 꿀벌과 같습니다. 보통 독니와 독침은 먹이를 쉽게 먹기 위해서 포식자가 먹이를 꼼짝 못하게 만들고 고통을 유발해 먹이의 저항을 없애는 수단이기 때문에 심각한 사태를 초래할 수도 있습니다. 독침과 독니는 고통을 유발하기 때문에 방어용으로도 사용되며 먹으면 해롭다는 표시가 되기도 합니다.

한동안 저는 고통이라는 문제에 흥미를 느끼고 있었습니다. 그 중에서도 소위 하등 동물이라고 하는 무척추동물의 고통에 관해서 알고 싶었습니다. 물론 무척추동물들이 고통을 인식하는가는 제 관심사가 아니었습니다. 인식이라는 개념은 인간에게나 적용할 수 있는 것이지 동물에게 실험해볼 수 있는 개념이 아니기 때문입니다. 제가 흥미를 느꼈던 부분은 곤충도 고통을 느끼는가였습니다.

그런데 1980년대 초반에 연구팀에 합류한, 의사이자 자연을 너무나도 사랑하는 스콧 카마진Scott Camazine도 저와 똑같은 의문을 품고 있었습니다. 우리는 자극에 대한 자기 방어 반응으로서 유발되는 특별한 반응인 고통을 무척추동물

꽃등에를 먹고 있는, 사마귀인 피마타 파스키아타.

들도 느끼는지 궁금했습니다. 무엇보다도 무척추동물이 실제 생활하는 자연 환경에서 인간에게 고통을 유발한다고 알려진 자연 물질이 무척추동물에게 고통을 주는 원인 물질이 될 수 있는지 실험해보고 싶었습니다.

우리가 분명한 목표를 세우고 실험을 진행하게 된 시기보다 몇 년 앞선 시기에 목격한 장면이 있습니다. 그때 저는 올버니 근처에 있는 하이크자연보호지에서 거미줄을 바라보고 있었습니다. 플로리다에서 연구했던 아르기오페 플로리다의 친척인 아르기오페 아우란티아가 쳐놓은 거미줄에는 사마귀(피마타 파스키아타 *Phymata fasciata*)가 걸려 있었습니다. 당연히 아르기오페 아우란티아가 피마타 파스키아타를 거미줄로 꽁꽁 동여맬 것이라고 생각했지만, 과연 쉬운 일일까 싶었

피마타 파스키아타를 먹고 있는
왕거미과 거미.

습니다. 피마타 파스키아타는 은밀하게 잠복해 있다가 잽싸게 먹이를 덮치는 포식
자입니다. 크기는 1센티미터 정도밖에 안 되는 아주 작은 곤충이었지만 그 작은
주둥이에 나 있는 독니로 먹이를 죽일 수 있습니다. 게다가 사마귀의 독니는 찌른
듯이 아픈 통증을 유발하기 때문에 방어용으로도 쓰입니다. 생각 없이 사마귀를
짚어들었다가 배운 뼈아픈 교훈입니다. 피마타 파스키아타는 미국 전역에 서식하
지만, 꽃 속에 은밀히 숨어 먹이를 기다리기 때문에 쉽게 눈에 띄는 종은 아닙니
다. 날개가 있어 날아다닐 수 있기 때문에 당연히 거미줄에 걸리기도 합니다.

거미줄에 걸린 피마타 파스키아타를 보면서 궁금했던 점은 피마타 파스키아타
가 아르기오페 아우란티아를 독니로 물 것인가였습니다. 실제로 피마타 파스키
아타는 아르기오페 아우란티아를 물었습니다. 아르기오페 아우란티아가 실을 뽑
아 피마타 파스키아타를 동여매려고 하자, 피마타 파스키아타는 쥐어 잡기에 적
합한 앞다리로 아르기오페 아우란티아의 다리를 움켜쥐고는 독니로 물었습니다.

아르기오페 아우란티아 대 피마타 파스키아타.

(위 두 사진과 아래 왼쪽 사진) 피마타 파스키아타에게 다가간 아르기오페 아우란티아는 다리를 물리자 스스로 물린 다리를 잘라버렸다. 그 결과 아르기오페 아우란티아는 무사히 생명을 구할 수 있었다.

(아래 오른쪽 사진) 전혀 다른 운명을 맞이한 거미도 있다. 물린 다리를 잘라내지 못한 아르기오페 아우란티아는 피마타 파스키아타의 독 때문에 죽고 말았다.

그러자 잠시 가만있던 아르기오페 아우란티아는 황급히 다리를 잘라냈습니다. 아르기오페 아우란티아는 그야말로 외과용 가위로 잘라낸 것처럼 깨끗하게 자기 다리를 잘라냈습니다. 아르기오페 아우란티아가 그런 행동을 하는 이유는 피마타 파스키아타의 독침이 어떤 고통을 유발했기 때문은 아닐까 하는 생각이 들었습니다. 스스로 다리를 잘라내는 행동이 아르기오페 아우란티아에게는 자연스러운 행동일까요? 그렇지 않으면 피마타 파스키아타의 독이 몸속으로 퍼지지 않게 하려는 자기 방어일 뿐일까요?

저는 피마타 파스키아타를 거미집에 올려놓고, 거미가 피마타 파스키아타에게 물린 후에 어떤 식으로 자기 다리를 절단하는지 관찰해보았습니다. 그런데 한 거미는 피마타 파스키아타에게 물렸는데도 다리를 절단하지 않았습니다. 거미가 꼼짝도 하지 않았기 때문에 저는 인내심을 가지고 기다렸지만, 20분이 지나도록 거미는 움직이지 않았습니다. 무언가 잘못됐다는 생각이 들었습니다. 피마타 파스키아타도 20분이 지나도록 거미의 다리를 꽉 움켜쥐고 있었습니다. 더 참을 수 없게 된 저는 거미를 건드려보았습니다. 그런데 거미는 이미 죽어 있었습니다. 다리를 잘라내지 못한 거미의 운명은 정말 가혹했습니다.

먼저 스콧과 저는 거미가 다리를 잘라내는 이유가 정확하게 피마타 파스키아타의 독 때문인지 알아보기로 했습니다. 실험을 통해서 거미가 자기 다리를 잘라내는 이유는 피마타 파스키아타가 물어서도 아니고 움켜잡아서도 아니며, 독이 거미의 몸속으로 주입됐기 때문이라는 사실을 확인할 수 있었습니다. 현미경을 설치하고 거미와 피마타 파스키아타를 움직이지 못하게 한 다음에 피마타 파스키아타가 거미의 다리를 움켜쥐는 모습을 들여다보았습니다. 거미는 피마타 파스키아타가 독니를 다리에 깊게 찔러 넣었을 때에만 스스로 자신의 다리를 절단했습니다. 피마타 파스키아타의 독이 주입된 거미에게 다리를 자르지 못하게 하면 거미는 죽고 말았습니다. 다리가 아닌 다른 부위로 독을 주입해도 마찬가지였습니다. 따라서 거미가 다리를 잘라내는 이유는 목숨을 구하기 위해서임이 분명했습니다.

그렇다면 거미가 다리를 잘라내는 이유는 어떤 고통을 느꼈기 때문은 아닐까 하는 생각이 들었습니다. 피마타 파스키아타의 독에 대해서는 거의 알려진 바가 없었기 때문에 먼저 다른 동물의 독이 들어가도 거미가 다리를 잘라내는지 살펴보고, 그 다음에 그런 동물들의 독에 통증을 유발한다고 알려진 물질이 들었는지 찾아보기로 했습니다. 거미는 꿀벌과 말벌의 독에도 똑같은 반응을 보였습니다. 벌의 독에는 히스타민histamine과 세로토닌serotonin, 포스포리파아제phospholipase

라는 물질이 들어 있습니다. 모두 잘 알려진 통증 유발제로 동물과 식물의 독에 널리 들어 있는 물질입니다.

여러 가지 정황에 비추어볼 때, 인간에게 통증을 유발하는 물질은 곤충에게도 통증을 유발하는 것이 틀림없었습니다. 좀더 전문적인 용어를 사용해서 표현한다면, 거미가 독과 같은 유해한 화학물질을 감지하는 반응 기작은 통증 확산을 통해서 유해한 물질을 감지하는 인간의 반응 기작과 비슷할 것입니다. 물론 인간이 통증을 통해 인지하는 콜린choline과 브래디키닌bradykinin 같은 독소가 다리를 통해 주입되면 스스로 제 다리를 잘라버리는 거미의 생리적 감수성sensitivity은 인간의 감수성과는 다르겠지만 그렇다고 전혀 다르다고도 할 수 없습니다. 인식의 문제는 전혀 별개지만, 무척추동물도 고통을 느끼고 감지한다는 점에서는 인간과 크게 다르지 않습니다. 인류가 무척추동물을 함부로 대하면 안 되는 이유가 바로 이 때문입니다.

7. 책략가들
The Circumventers

일본어로 복어puffer fish를 후구フグ라고 합니다. 일본에서는 독특한 맛 때문에 최고급 생선으로 대접받는 복어를 먹기 위해서 매년 수천 명이 넘는 사람들이 모험을 감수하고 있습니다. 사실 복어를 먹는 일은 대단히 위험한 일이지만 러시안룰렛 게임에 중독되는 것처럼 복어를 먹어본 사람은 그 맛에 중독되고 맙니다. 복어의 독은 아주 강해서 아무리 조리법을 달리한다고 해도 일본 왕실에서는 절대로 먹지 않습니다. 매년 복어를 먹다 죽는 사람은 50명이 넘는데, 완전히 목숨이 끊어질 때까지 아주 괴롭다고 합니다.

복어의 독은 테트로도톡신tetrodotoxin인데 해독제가 없기 때문에 아주 치명적입니다. 테트로도톡신은 복어의 간과 알주머니, 껍질에 들어 있습니다. 복어의 독은 근육을 움직이는 데 필요한 세포의 나트륨 대사를 막아 마비를 일으키고, 질식시켜 죽음에 이르게 합니다. 하지만 근육에는 테트로도톡신이 없기 때문에 적절한 방법으로 테트로도톡신이 든 부분을 제거하면 복어를 먹을 수 있습니다.

일본 정부에서는 복어 시장을 직접 관리합니다. 허가를 받은 식당에서만 복어 요리를 팔 수 있고 요리사는 충분히 훈련을 받아 복어 요리 자격증을 취득해야 합니다. 하지만 그렇게 철저하게 관리해도 많은 사람들이 복어를 먹고 죽습니다. 조리하는 동안 독소가 있는 부위가 조금이라도 섞여 들어가면 무서운 결과를 낳습니다. 그렇게 위험한 데도 매년 사람들은 복어를 먹는 데 400달러에 가까운 돈을 씁니다. 미국 정부도 복어 수입을 직접 관리하지만 제대로 처리되지 않은 복어가 식탁에 오르는 일을 완전히 막지는 못합니다. 죽음에 이르지는 않았지만 몇 년 전 캘리포니아에도 복어 독에 감염됐다는 사람이 세 명이나 있었습니다.

생물학적으로 인간이 복어의 일부만을 먹는다는 사실은 독이 있는 먹이를 특별한 방법으로 처리하여 독을 제거한다는 뜻입니다. 복어를 펼쳐놓고 전혀 해가 없이 먹을 수 있는 부위만을 골라냄으로써 사람들은 복어의 방어 전략을 피해 갈 수 있습니다. 복어가 세운 방어 전략을 제거하는 반대 전략을 구사함으로써 인류는 식사 메뉴에 복어를 올릴 수 있었습니다. 이런 전략을 구사하는 동물은 인간

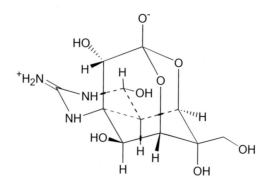

테트로도톡신.

만이 아닙니다. 대부분은 곤충이지만 척추동물 가운데 비슷한 전략을 구사하는 동물이 있습니다. 놀랍게도 애팔래치아산맥의 남쪽 지방에는 포식자가 한 종 서식하는데, 테트로도톡신을 생산하는 도롱뇽을 먹을 때 마치 복어 요리사같이 독이 있는 부위를 제거하고 먹습니다.

도롱뇽을 발견한 사람은 에모리대학의 도널드 J. 슈어Donald J. Shure와 그의 동료였습니다. 노스캐럴라이나의 하이랜즈 근처에서 연구를 하던 두 사람은 벌채한 곳에서 여기저기 흩어져 있는 붉은반점도롱뇽(노토프탈무스 비리데스켄스 *Notophthalmus viridescens*)의 사체를 발견했습니다. 비가 왔기 때문에 붉은반점도롱뇽이 활발하게 활동하는 날이었습니다. 금방 죽은 듯한 붉은반점도롱뇽의 사체들이 토막 나 있었습니다. 목이 없는 사체도 있었고 복부가 열려 있는 사체도 있었지만 하나같이 내장이 없었습니다. 붉은반점도롱뇽을 이렇게 만든 포식자가 어떤 존재인지 모르지만 내장은 해롭지 않다는 사실을 잘 알고 있음이 분명했습니다. 붉은반점도롱뇽은 피부에만 테트로도톡신이 들어 있습니다. 내장을 빼앗긴 붉은반점도롱뇽들의 모습은 정말 끔찍했습니다. 내장이 없는데도 움직이는 녀석도 있었습니다. 슈어는 포식자를 찾아내지 못했고 저도 그런 식으로 사냥을 하는 포식자가 있다는 소리는 들어본 적이 없습니다. 어쩌면 범인은 스컹크일지도 모른다고 슈어는 생각했습니다.

■ **저도** 독이 있는 먹이를 포식자가 잡아먹은 증거를 포착했지만 도무지 범인을 잡을 수가 없었습니다. 그곳은 코넬 근처에 있는 아주 아름다운 터개넉주립공

붉은반점도롱뇽.

원으로, 노래기들이 많이 사는 계곡이 있어 연구를 위해서 종종 찾아가는 곳이었습니다. 그곳에는 시안화수소산을 만드는 띠노래기과 노래기와 벤조퀴논을 만드는 스피로볼로이다이과(科)^{Spiroboloidae} 노래기들이 많이 살고 있습니다. 스피로볼로이다이과 가운데 밤에 활동하며 비교적 큰 노래기인 나르케우스 안눌라리스 *Narceus annularis*라는 종이 있습니다. 낮에 이 친구들을 찾으려면 썩어가는 낙엽 밑이나 통나무 밑을 살펴보면 됩니다. 나르케우스 안눌라리스는 성깔이 아주 대단합니다. 나르케우스 안눌라리스의 분비공은 체절 옆쪽에 나 있는데 살짝 건드리기만 해도 화학물질을 분비합니다. 이 냄새나는 분비물은 노래기 몸을 코트처럼 감쌉니다.

노래기의 방어 전략에는 한 가지 약점이 있습니다. 노래기의 분비공은 머리라고 할 수 있는 앞부분보다 뒤에 있습니다. 따라서 화학물질을 분비해도 노래기 앞쪽은 무방비 상태로 남기 때문에 공격을 받으면 몸을 돌돌 감아 똬리를 틀고 한가운데 앞부분을 폭 파묻어버립니다.

노래기들이 밤에 활동한다는 사실을 잘 알기 때문에 노래기가 필요할 때면 해가 진 후에 전조등을 머리에 쓰고 터개닉주립공원을 찾아가 노래기를 잡아왔습니다. 가끔 동틀 무렵에 터개넉주립공원을 찾아가야 할 때가 있었는데, 제가 로베스피에르Robespierre라고 이름 붙인 동물의 흔적을 발견한 것도 바로 그런 새벽이었습니다. 나르케우스 안눌라리스의 앞쪽에는 방어 물질이 없기 때문에 먹어도 된다는 사실을 알고 있는 포식자들이 공원에 있었습니다. 그 중에 한 마리가 왔다 간 흔적이 한 곳에서 포착됐습니다. 밤사이에 잡아먹혔음이 분명한, 머리 없는 나르케우스 안눌라리스들이 낙엽 더미에서 이미 죽었거나 여전히 꾸불꾸불 움직이고 있었습니다. 이런 일을 저지른 범인이 혹시 설치류가 아닐까 하는 생각이 들어 덫을 설치하고 그곳에 서식하는 쥐와 뒤쥐를 잡아봤지만, 그곳에서 잡은 설치류 가운데 나르케우스 안눌라리스의 머리만 먹어치우는 종은 없었습니다. 제가 잡은 설치류는 단 한 마리도 나르케우스 안눌라리스를 잡아먹지 않았습니다. 일단 공격을 하기는 했지만 나르케우스 안눌라리스가 화학물질을 분비하면 뒤로 물러납니다. 지금까지도 저는 로베스피에르가 어떤 동물인지 모릅니다. 분명히 설치류 가운데 한 종 같았지만 제 추론을 뒷받침할 증거는 없습니다. 가장 궁금했던 점은 로베스피에르가 태어날 때부터 나르케우스 안눌라리스 먹는 법을 알았는지, 아니면 경험을 통해서 터득했는지였습니다. 최근 몇 년 동안 그 계곡을 다시 찾아가보았지만, 여전히 흔적만 있을 뿐 로베스피에르는 찾아내지 못했습니다.

그보다 앞선 1959년에도 정체를 밝혀내지 못한 로베스피에르를 만난 적이 있습니다. 그 로베스피에르는 애리조나주에 있는 사우스웨스턴연구소를 처음 방문했을 때 발견했는데, 그때 벌인 수사 활동은 무위로 끝나버려 결국 포식자를 찾아낼 수 없었습니다.

그 당시는 제가 사막을, 그리고 그 사막에 사는 거저리속(屬)Eleodes 딱정벌레를 처음으로 알아가던 시기였습니다. 거저리속 딱정벌레는 2장에서 말씀드린 것처럼, 이타카로 가져와서 실험실에서 연구해보기도 했습니다. 그런데 이 딱정벌레는 누가 만지면 아주 독특한 행동을 취했습니다. 무슨 말인가 하면 앞발로 버티고 서서 뒤쪽을 위로 들어올리는, 다시 말해서 물구나무서기 같은 행동을 취했

(위) 자신을 방어하기 위해서 몸을 둥글게 말고 머리를 한가운데 파묻고 있는 노래기. 노래기가 이런 자세를 취하는 이유는 분비샘이 없는 머리와 머리 뒷부분 체절을 보호하기 위해서다. 분비샘이 없는 앞부분은, 화학물질이 분비되기 때문에 촉촉하게 젖어 있는 다른 체절과 달리 말라 있다.

(아래) 로베스피에르의 습격을 받은 노래기. 로베스피에르의 절묘한 식사 방식 때문에 머리가 사라진 나르케우스 안눌라리스(왼쪽). 로베스피에르에게 먹힌 나르케우스 안눌라리스의 앞부분(오른쪽).

습니다. 거저리속 딱정벌레는 모두 날지 못하는 야행성 곤충입니다. 밤이면 사막을 돌아다니며 식물을 먹고 낮이 되면 숨어 지냅니다. 그렇기 때문에 새벽이나 땅거미가 질 무렵에 사막에 나가면 먹이나 은신처를 찾기 위해서 돌아다니는 이 딱정벌레들을 볼 수 있습니다. 걸어가는 거저리속 딱정벌레를 콕 찌르면 즉시 가던 길을 멈추고 하늘을 향해 항문을 높이 쳐듭니다.

존 스타인벡의 『통조림공장 마을(Cannery Row)』을 보면 거저리속 딱정벌레의 그 같은 모습을 묘사한 장면이 나옵니다.

"애들은 왜 똥구멍을 저렇게 높이 쳐드는 걸까?"

헤이즐이 악취를 풍기는 벌레 한 마리를 뒤집어놓자 〔……〕 그 빛나는 검은색 딱정벌레는 다리를 미친 듯이 버둥거리며 똑바로 서려고 했다.

"대체 왜 그러는 거 같아?"

"기도하는 거 같은데."

닥의 대답이었다.

물론 거저리속 딱정벌레가 물구나무를 서는 이유는 자신을 방어하기 위해서입니다. 항문 쪽을 위로 들어올림으로써 자신을 공격하면 퀴논 물질을 발사하겠다는 경고를 보내는 셈입니다. 경고를 무시하고 계속해서 딱정벌레를 괴롭히면 딱정벌레는 악취가 나는 화학물질을 정말로 발사합니다. 2장에서도 설명했듯이, 거저리속 딱정벌레의 항문 부위에는 커다란 분비샘이 한 쌍 있습니다. 이 딱정벌레의 분비물은 웬만한 적은 다 쫓아버릴 수 있을 만큼 위력적입니다. 하지만 사막에는 거저리속 딱정벌레를 꼼짝 못 하게 하는 막강한 천적이 있었습니다.

애리조나 사막에 서식하는 거저리속 딱정벌레들은 거저리속 딱정벌레들이 흔히 그렇듯이 대부분 짙은 검은색이었습니다. 검은색 거저리속 딱정벌레의 색깔은 스스로를 광고하고 다니는 셈이었습니다. 딱정벌레들이 주로 활동하는 어스름한 태양빛 아래에서는 밝은 모래 색과 선명하게 대조를 이루기 때문에 눈에 잘 띕니다. 어스름한 태양빛이 비출 때는 색이 분명하게 구별되지 않기 때문에 오히려 검은색을 띤 물체가 훨씬 더 잘 보이는 법입니다.

애리조나 사막에는 거저리속 딱정벌레 말고도 검은색을 자랑하는 딱정벌레들이 더 있습니다. 검은색 딱정벌레들을 구별하기란 쉽지 않습니다. 구체적인 몸의 생김새나 크기, 반짝임은 다르지만 전체적인 생김새는 아주 비슷합니다. 애리조나 사막에 사는 딱정벌레들은 대부분 거저리속에 속하는 종으로, 한데 합쳐 보라거저리darkling beetle라고 부르기도 합니다. 거저리속 딱정벌레들은 대부분 사막에서 생활합니다. 아프리카에도 거저리속 딱정벌레와 비슷한 친척 종이 서식합니다.

사막을 걸어다니는 곤충이라면 맞수인 개미가 있게 마련이라 실험을 통해서 거저리속 딱정벌레들이 충분히 개미를 물리칠 수 있다는 사실을 확인했습니다. 물론 거저리속 딱정벌레들이 벤조퀴논 성분인 화학물질을 방어용 무기로 사용한다는 사실을 생각해보면 그리 놀랄 일도 아닙니다. 거저리속 딱정벌레를 개미집 입구 가까이 내려놓고 개미의 공격을 받은 딱정벌레가 어떤 식으로 분비물을 발사하는지 지켜보았습니다. 처음에는 한데 뭉쳐 공격을 가하던 개미들도 딱정벌레가 분비물을 발사하면 뿔뿔이 흩어졌습니다. 그런데 가끔 딱정벌레가 그 자리를 떠나가는 순간까지도 큰 턱으로 딱정벌레의 다리를 꽉 물고 있는 개미들이 있었습니다.

코넬대학에서 진행한 실험을 통해 개미들은 화학 공격을 가하는 먹이를 제압해야 할 때면 누구나 이런 식으로 매달려 죽을 때까지 버틸 수 있다는 사실을 알아냈습니다. 동료들이 떼로 몰려올 수 있는 입구 근처에서 만약 이런 희생적인 행동을 한다면 분명 개미 사회에는 이득일 터였습니다. 하지만 거저리속 딱정벌레에게는 이런 자살 특공대 개미가 떼로 달려들어 제압할 기회가 별로 없었습니다. 거저리속 딱정벌레는 개미들이 자살 특공대 식으로 떼로 달려오기 전에 모두 도망칠 수 있었기 때문입니다. 개미 사회에서는 그런 식으로 자신을 희생하는 일이 자주 있습니다. 야외에 나가 관찰하다 보면 머리만 있거나 몸까지 남아 있는 개미가 큰 턱으로 다른 곤충을 꽉 물고 있는 모습을 간혹 볼 수 있습니다. 건조 상태를 보면 죽은 지 상당한 시간이 흘렀다는 사실을 알 수 있습니다. 개미 머리를 매달고 다니는 곤충 가운데 거저리속 딱정벌레도 한 마리 보았습니다.

거저리속 딱정벌레를 먹는 포식자가 있다는 증거는 쉽게 찾을 수 있었습니다. 사막 여기저기에 거저리속 딱정벌레임이 분명한 사체가 남아 있었기 때문입니다. 보통 방패처럼 배를 완전히 덮고 있는 앞날개elytra와 앞날개로 완전히 덮여 있는 배의 끝부분, 그리고 다리의 일부가 남아 있었습니다. 가끔 거저리속 딱정벌레의 사체 일부가 각각 따로 발견될 때가 있었는데, 그 중에서도 가장 많이 발

자신이 공격한 딱정벌레의 다리에 달라붙어 있는 자살 특공
대 개미. 왼쪽 위에서 시계 방향으로 사막거저리인 엘레오
데스 론기콜리스, 쇠똥구리, 땅가뢰.

견되는 부분은 앞날개로, 아마도 바람에 날려 흩어지기 때문인 것 같았습니다. 앞날개의 가슴 부위에 마치 갉아먹은 것 같은 거친 자국이 난 것으로 보아 거저리속 딱정벌레를 그렇게 만든 범인은 설치류가 분명했습니다.

연구소에는 설치류를 잡을 수 있는 덫이 있었기 때문에 거저리속 딱정벌레의 앞날개가 많이 흩어져 있는 부근에 쥐덫을 설치해보기로 했습니다. 저야 설치류에 대해서는 무지했지만, 연구소에서 근무하는 분들이 그 지역에 주로 서식하는 설치류는 곤충을 아주 좋아하는 메뚜기쥐라는 사실을 알려주었습니다. 이 무시무시한 쥐의 학명은 오니코미스 토리두스$^{Onychomys\ torridus}$였습니다. 그리고 마침내 저는 메뚜기쥐를 잡을 수 있었습니다. 이 쥐는 명성에 걸맞은 식성을 보였을 뿐 아니라 제가 그렇게 찾고 싶었던 거저리속 딱정벌레의 살해범이기도 했습니다.

저는 사막에서 퍼온 모래를 우리에 깔고 메뚜기쥐를 집어넣었습니다. 쥐들은 새로운 보금자리에 금방 적응했습니다. 그런 다음 거저리속 딱정벌레가 아닌 다른 다양한 곤충들을 먹이로 주었습니다. 이 쥐들은 굉장한 식욕을 자랑하며 식사 때마다 중간 크기의 곤충을 10여 마리씩 먹어치웠습니다. 대체 그 많은 곤충이 다 어디로 들어가는지 신기할 뿐이었습니다. 그러고는 마침내 거저리속 딱정벌레를 쥐들에게 주었는데, 그 다음에 펼쳐진 광경은 정말 놀라웠습니다.

사막거저리(엘레오데스 론기콜리스)를 주자 메뚜기쥐는 앞발로 엘레오데스 론기콜리스를 움켜쥐더니 머리를 자신에게 향하게 한 뒤에 엘레오데스 론기콜리스의 꽁지부분을 모래 속에 박아 넣었습니다. 그런 다음 머리부터 가슴 방향으로 먹기 시작했습니다. 엘레오데스 론기콜리스가 화학물질을 발사하더라도 발사 부위가 모래 속에 파묻혀 있으니 아무 소용이 없었습니다. 오도독 깨물어 먹는 소리가 들렸습니다. 메뚜기쥐는 엘레오데스 론기콜리스를 움켜쥔 채 모래 속에 단단히 박고서는 절묘한 방법으로 배의 끝부분만 남겨놓고 먹어치웠습니다. 메뚜기쥐는 왜 엘레오데스 론기콜리스의 끝부분을 먹으면 안 되는지를 정확하게 아는 것 같았습니다. 메뚜기쥐가 식사를 끝내고 우리 한쪽으로 물러나자, 식사하던 자리에는 사막에서 본 것과 똑같은 엘레오데스 론기콜리스의 사체가 남았습니

(위) 엘레오데스 론기콜리스를 먹고 있는, 메뚜기쥐인 오니코미스 토리두스.
(아래) 사막에 있는 메뚜기쥐의 서식처에서 찾아낸 거저리속 딱정벌레의 잔재.

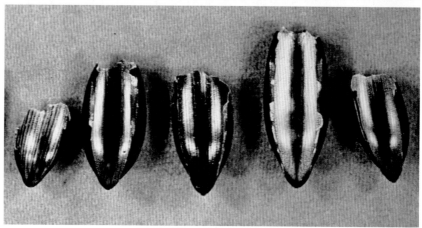

다. 남아 있는 사체를 현미경으로 들여다보자, 메뚜기쥐가 분비샘 바로 위까지 갉아먹었다는 사실을 알 수 있었습니다. 분비샘은 예상했던 것처럼 텅 비어 있었지만 전혀 찢어진 곳 없이 그대로 남아 있었습니다.

그때 저에게는 반사 하우징reflex housing이 장착된 라이카 카메라가 있었습니다. 사실 제 카메라가 아니라 정말 친절했던, 벤저민 데인이라는 학생이 빌려준

왼쪽은 엘레오데스 론기콜리스의 모습이며 오른쪽은 의태 종인 하늘소과 선인장장수하늘소의 모습이다.

것이기는 했지만 말입니다. 저는 실험하는 동안 계속해서 촬영을 했는데, 엘레오데스 론기콜리스를 먹으면서 아주 상냥한 눈으로 저를 쳐다보던 메뚜기쥐를 지금도 잊을 수가 없습니다.

엘레오데스 론기콜리스를 먹이로 받은 메뚜기쥐들의 행동은 모두 같았습니다. 메뚜기쥐들의 공격은 정말 빨랐기 때문에 엘레오데스 론기콜리스로서는 물구나무설 시간이 없었습니다. 엘레오데스 론기콜리스가 물구나무서는 모습은 정말 멋있었기 때문에 야외로 나가 비교적 큰 엘레오데스 론기콜리스를 비롯한 거저리속 딱정벌레들이 물구나무서는 모습을 사진에 담았습니다. 메뚜기쥐를 비롯한 포식자들은 거저리속 딱정벌레들이 물구나무서는 모습에 경계심을 느낄 것입니다. 그렇지 않다면 딱정벌레들이 그런 행동을 취할 리가 없습니다. 딱정벌레들의 물구나무서기는 설치류뿐만이 아니라 새나 스컹크 같은 포식자들에게도 위협적입니다.

물구나무서기가 효과적인 위협 수단이라는 증거가 있습니다. 거저리속 딱정벌레들과 함께 사막을 누비는 검은색 딱정벌레 가운데 방어용 분비샘이 없는데도 물구나무서는 종이 있습니다. 이 검은색 딱정벌레들의 목적은 물구나무섬으로써 자신도 화학 무기가 있는 거저리속 딱정벌레처럼 위장하려는 데 있습니다. 이런 모방자 가운데 가장 눈에 띄는 종은 날아다니지 못하며, 선인장을 먹는 딱정벌레인 하늘소과의 선인장장수하늘소(모네일레마 아프레숨*Moneilema appressum*, 영어명: longhorn cactus beetle)입니다. 이 딱정벌레는 필사적으로 거저리속 딱정벌레를 흉내 내려 합니다. 하늘소과 딱정벌레들의 특징은 긴 더듬이인데, 선인장장수하늘소도 예외가 아닙니다. 긴 더듬이를 보면 분명히 거저리속 딱정벌레가 아니라는 사실을 알 수 있을 텐데도, 포식자들은 선인장장수하늘소의 위장술에 깜빡 속아 넘어가고 맙니다.

포름산.

　■　**사람들은** 어디에나 있는 연약한 개미는 수많은 포식자들의 먹이임이 분명하다고 생각합니다. 하지만 사실 개미를 먹는 포식자는 그다지 많지 않습니다. 왜냐하면 개미는 강력한 화학 무기를 지니고 있어 개미를 먹으려면 정교한 기술이 필요하기 때문입니다.

개미 가운데 크게 번성하여 커다란 무리를 이루는 불개미아과 개미들을 포르미신formicine 개미라고 부릅니다. 포르미신 개미의 위장, 그러니까 배의 뒷부분에는 방어용이자 먹이를 제압하는 공격용 화학물질인 포름산이 가득 든 분비샘이 있습니다. 분비샘에 들어 있는 포름산은 농도 50퍼센트가 넘는 막강한 강산입니다. 따라서 포르미신 개미는 각각이 걸어다니는 가스총이라고 할 수 있습니다.

개미의 막강함은 그뿐만이 아닙니다. 개미는 사냥 기계이기도 합니다. 개미집 바깥에서 급하게 왔다 갔다 하는 개미들은 보통 개미 사회에서 가장 많은 수를 차지하는 일개미들로, 먹이를 모으고 보호하는 역할을 맡고 있습니다. 일개미들은 모두 알을 낳을 수 없고, 생식 기관이 없거나 있어도 흔적만 남아 있을 뿐입니다. 일개미들은 생식 기관이 없는 대신 포름산을 생산하는 분비샘이 있으며 위 역할을 하는 소화 기관이 아주 크게 부풀어 있습니다. 커다란 위 덕분에 일개미들은 자신이 먹을 음식보다 더 많은 먹이를 저장할 수 있습니다. 사실 먹이를 가지고 집으로 돌아온 일개미들은 위 속에 들어 있는 먹이를 역류시켜서 다른 개미에게 나누어줍니다. 이런 식으로 일개미들은 모아 온 먹이를 무리 전체와 함께 나누어

먹습니다. 따라서 일꾼으로 운명 지어진 개미들은 무리 전체를 위해서 언제 어느 때라도 상당한 양의 먹이를 뱉어낼 수 있는 일종의 식량 창고 역할을 합니다.

개미는 고체 상대인 먹이는 먹지 않습니다. 개미는 액체만을 삼킬 수 있습니다. 개미의 구기는 여과기처럼 되어 있기 때문에 아주 작은 조각이라도 남김없이 걸러내고 액체만 먹을 수 있습니다.

포식자에게 포르미신 개미 일꾼은 걸어다니는 가스총이라고 하더라도 내장에 음식물이 꽉 찬, 풍부한 영양분의 보고이기에 충분히 모험해볼 만한 가치가 있는 존재입니다. 영양분이 풍부한 포르미신 개미를 먹으려면 포름산을 피해 개미를 제압할 수 있는 능력이 필요합니다. 물론 자연계에는 그런 포식자들이 있습니다. 개미지옥이라고 하는 구덩이를 파놓고 개미를 잡아먹는, 일명 개미귀신이라고 하는 명주잠자리 유충도 바로 그런 포식자 가운데 하나입니다.

개미귀신은 풀잠자리목 가운데 아주 독특한 특징을 지니고 있는 명주잠자리과 (科)Myrmeleontidae에 속하는 명주잠자리들의 유충입니다. 명주잠자리 성충은 야행성으로 비행 속도가 느리고 몸이 연하기 때문에 아주 쉽게 포식자들의 표적이 됩니다. 하지만 성충의 생활사에 대해서는 거의 알려진 바가 없기 때문에 생존의 비밀에 대해서는 오직 추측만 있을 뿐입니다. 하지만 유충인 개미귀신의 생활사는 비교적 잘 알려져 있습니다.

개미귀신의 생활사를 제일 먼저 소개한 사람은 당시 가장 저명한 곤충 삽화가였던 아우구스트 요한 뢰젤 폰 로젠호프August Johann Roesel von Rosenhof로, 1774년에 발표한 논문을 통해 개미귀신이 깔때기처럼 생긴 함정을 만들어 먹이를 잡는 모습을 정확하고도 매혹적으로 설명해주었습니다.

개미귀신은 한자리에 꼼짝하지 않고 앉아서 먹이를 기다리는 사냥꾼입니다. 개미귀신은 모래에 깔때기처럼 함정을 파놓고 바닥으로 내려가 머리만 내놓은 채 모래 속에 숨어 있습니다. 깔때기 가장자리를 지나가던 작은 절지동물이 자칫 잘못해서 중심을 잃고 함정으로 떨어지는 순간이면 개미귀신의 턱이 어김없이 그 작은 희생자를 덥석 채 갑니다. 로젠호프는 개미귀신이 머리로 모래를 떠서

(왼쪽 위) 개미귀신이 파놓은 함정.
(오른쪽 위) 함정 바닥에서 큰 턱을 한껏 벌리고 있는 개미귀신의 머리.
(아래) 개미귀신에게 잡혀 모래 속으로 끌려 들어가는 개미.

뒤쪽으로 홱 집어던지는 모습을 자세히 묘사했습니다. 개미귀신은 함정이 적당한 깊이에 이를 때까지 쉬지 않고 모래를 파고 뒤로 던지는 행동을 반복한다고 합니다. 로젠호프는, 개미귀신은 함정에 빠진 먹잇감이 빠져나가려고 안간힘을 쓸 때도 모래를 던져 빠져나가지 못하도록 방해한다고 했습니다. 개미귀신은 어떤 방향으로도 모래를 정확하게 던질 수 있도록 자세를 잡고 앉아 있습니다. 모래 공격을 받은 곤충은 결국 개미지옥 속으로 미끄러져 개미귀신의 큰 턱에 잡히고 맙니다.

전 세계적으로 명주잠자리는 여러 종이 있지만 유충의 모습은 거의 비슷합니다. 칙칙한 회색을 띤 황갈색의 강인한 몸을 지닌 명주잠자리 유충은 머리에 달려 있는, 크고 무시무시한 턱 덕분에 쉽게 구별할 수 있습니다. 개미귀신의 큰 턱은 날카롭고 끝이 구부러져 있기 때문에 먹이의 몸에 깊게 찔러 넣을 수 있습니다. 개미귀신이 만든 함정에 미끄러져 들어간 곤충은 그 즉시 개미귀신의 큰 턱에 찔리고, 몸속으로 주입되는 소화 효소에 때문에 천천히 녹아들면서 죽게 됩니다. 몸속으로 들어간 소화효소가 먹이의 몸속을 녹여 먹기 쉬운 액체로 만들면, 개미귀신은 대롱처럼 속이 텅 빈 큰 턱으로 희생자의 체액을 빨아먹습니다. 개미귀신의 함정에 가장 많이 빠져 죽는 희생자는, 언급하지 않아도 개미라는 사실을 잘 알 것입니다.

제가 개미귀신에게 제일 처음 관심을 갖게 된 때는 1952년 에드워드 O. 윌슨과 함께 대륙 횡단 여행을 할 때였습니다. 한번은 애리조나주에 있는 한 길가에서 채집을 하고 있었는데, 그곳에는 여기저기 개미지옥이 패어 있었습니다. 지름이 1센티미터인 것에서부터 좀더 큰 것까지 수많은 개미지옥이 있었는데, 어떤 개미지옥들은 아주 밀접하게 모여 있었기 때문에 개미가 그곳을 어떻게 지나갈지 무척 궁금해졌습니다. 그 지역에는 개미들이 많았고, 개미가 빠져 허우적거리고 있는 개미지옥도 있었습니다. 그 개미는 개미지옥에서 빠져나오려고 안간힘을 썼지만 자기를 향해 모래를 던지는 개미귀신 때문에 자꾸 밑으로 떨어지고 있었습니다. 모래를 던지는 전략은 무척 유용했습니다. 모래더미는 개미를 맞추는 총알 역할뿐 아니라 산사태처럼 위에서 밑으로 쏟아져 내려 개미가 지상으로 올라가지 못하도록 덮치는 역할까지 하고 있었기 때문입니다. 개미귀신은 밑으로 굴러 내려온 모래를 다시 위로 집어던져 또다시 굴러 내려오게 했습니다. 개미는 어떻게 해서든지 개미지옥에서 빠져나오려고 안간힘을 쓰지만 미끄러져 내려오는 경사면에서 부질없는 노력만 하다가 결국 죽음을 맞이하고 말았습니다.

그날 개미를 여러 마리 잡아 개미귀신이 만들어놓은 함정에 던져 넣어보았습니다. 개미귀신과 개미의 사투를 지켜보는 동안 개미귀신이 모래를 아주 전략적으로 집어던진다는 사실을 알 수 있었습니다. 개미귀신이 먹잇감 있는 곳을 향해 정확하게 모래를 집어던지는 모습은 정말 혀를 내두를 정도였습니다. 개미귀신은 개미가 있는 지점을 정확하게 아는 것 같았습니다. 눈으로 보고 찾아내는 것이 아니었습니다. 개미귀신의 시력은 아주 나쁩니다. 개미귀신은 개미가 사투를 벌일 때 굴러 떨어지는 모래를 감지하고 먹잇감의 위치를 파악하는 것 같았습니다. 그래서 저는 한 가지 실험을 해보았습니다. 작은 막대기로 개미지옥의 경사진 부분을 건드리자 모래 알 몇 개가 밑으로 굴러 떨어졌습니다. 그러자 개미귀신은 그 즉시 머리를 위로 하고 모래 속으로 파고들더니 막대기가 있는 쪽을 향해 모래를 집어던지기 시작했습니다. 막대기로 경사면의 다른 쪽을 건드리자, 그 즉시 다시 자세를 가다듬고 막대기를 두드린 곳을 향해 모래를 집어던졌습니다. 개미귀신의 행동은 어딘지 모르게 꼭두각시와 비슷했습니다. 경사면의 어느 쪽을 두드리든지 간에 개미귀신이 던지는 모래가 날아왔습니다.

그러나 제가 발견한 사실이 전혀 새로울 게 없다는 것을 알게 되었습니다. 개미귀신에 대해서는 벌써 여러 명이 기록을 남긴 뒤였습니다. '도서관에서 보내는 5분이 연구실에서 몇 주를 구한다'는 말이 있는데 정말 새겨둘 말입니다. 저는 이말을 반대로 바꾸어 동물학자의 경우 '야외에서 보내는 몇 주가 도서관에서 몇 분을 구한다'는 말을 즐겨 하기는 하지만 사실 야외에서 한 발견이 '정말 위대한 발견이다'는 결론을 짓기 전에 반드시 이미 나와 있는 기록을 찾아볼 필요가 있습니다. 저보다 먼저 그 사실을 발견한 사람이 있다고 해도, 전에는 몰랐던 자연의 신비를 발견했다는 기쁨은 전혀 줄어들지 않는 법입니다. 훗날 제가 발견한 대발견이 사실은 대발견이 아니라, 누군가가 이미 발견한 사실을 재발견한 것일 뿐이라는 사실을 알게 되더라도 그 즐거움은 조금도 수그러지지 않습니다.

사실 저는 이미 오래전에 누군가가 발견했던 사실을 재발견한 경우가 셀 수 없이 많습니다. 하지만 제게는 이미 누군가가 그 사실을 발표했다는 실망감이 아니라 그런 발견을 했을 때 정말 기뻤다는 기억만이 남아 있습니다. 동물학자들이 모두 새로운 사실을 발견하는 개척자일 필요는 없습니다. 자신의 발견이 재발견일 뿐이더라도 궁금증을 유발하는 계기가 됩니다. 그래서 자연을 연구하는 일에는 실망이 들어올 자리가 없습니다.

그러나 인류가 자연에 대해서 알고 있는 내용은 모르는 내용에 비해 아주 작고 보잘것없는, 다시 말해서 새 발의 피일 뿐입니다. 에드워드 O. 윌슨과 함께 여행한 지 30년이 채 되지 않았을 때 저는 다시 개미귀신을 연구하기 시작했고 이번에는 아무도 발견하지 못했던 사실을 알아냈습니다.

플로리다에 있는 애크볼드연구소를 방문한 첫해에 그곳이 개미귀신의 천국이라는 사실을 알았습니다. 연구소 한쪽에 있는 모랫길은 걸리버 여행기에 나오는 소인국 사람들이 공중 폭격 연습이라도 한 것처럼 여기저기에 작은 개미지옥이 패어 있었습니다. 개미귀신이 좋은 애완동물이 된다는 사실도 그때 알았습니다. 개미귀신을 애완용으로 기르려면 커다란 상자에 모래를 채워 넣기만 하면 됩니다. 밤에 개미귀신이 판 개미지옥에 먹이만 넣어주면 자연 상태와 똑같은 방법으로 개미귀신은 먹이를 잡아먹고 자라납니다. 번데기가 만들어지면 얼마 안 되어 성충으로 깨어 나와 훨훨 날아가버리지만 말입니다. 한곳에 너무 많이 기르지만 않는다면 아무 문제 없습니다. 한 상자에 너무 많은 개미귀신을 같이 기르면 얼마 안 되어 몇 마리는 사라지고 남은 놈들은 아주 뚱뚱해진 모습을 보게 될 것입니다. 사실 개미귀신은 동족을 먹고도 양심의 가책을 전혀 느끼지 않는 친구들입니다.

개미귀신에게 포르미신 개미를 먹이로 주는 실험을 하는 동안 실험 장소에 코를 바짝 대고 있던 저는, 개미귀신은 개미가 포름산을 발사하기 전에 개미를 제압한다는 사실을 알아냈습니다. 제가 개미를 개미지옥에 던져 넣는 순간 개미귀신은 모래를 집어던졌고, 개미가 개미지옥 바닥에 닿는 순간 잽싸게 개미를 낚아챘습니다. 개미가 개미지옥에 빠지고 개미귀신에게 잡힐 때도, 개미귀신에게 잡혀 모래 속으로 끌려 들어갈 때도 포름산 냄새는 나지 않았습니다. 냄새를 맡으려고 거의 모래 속에 파묻힐 정도로 코를 바짝 들이대고 있었지만 포름산 냄새는 전혀 나지 않았습니다. 개미귀신은 먹이의 체액을 다 빨아먹으면 개미지옥 밖으로 버립니다. 그래서 저는 개미귀신이 던진 희생양을 해부해보았습니다. 개미귀신에게 먹힌 개미의 포름산 주머니는 하나도 손상되지 않은 채 그대로 있었습니다. 하지만 음식물이 가득 들어 있던 내장을 비롯해 다른 부위는 완전히 사라지고 없었습니다.

　그 뒤 몇 년 동안 개미귀신에 대한 연구를 전혀 진행하지 못하다가 대학원생 두 명이 열심히 돕겠다는 뜻을 밝힌 후에야 적극적으로 연구를 진행하게 되었습니다. 당시 하버드대학원생이며 유능한 행동생태학자였던 제프리 코너Jeffrey Conner는 정말 자립심이 강하며 현명하고 논리 정연하며, 여러 가지 결과를 도출해냈던 유능한 학자로 나중에 미시간주립대학 교수가 되었습니다. 또 한 명은 영국의 항구 도시인 다트머스에서 온 이안 볼드윈Ian Baldwin으로 화학자이자 타고난 동물학자이며 예리한 통찰력을 지닌 인물이었습니다. 현재 이안은 독일 예나에 있는 신 막스 플랑크 화학생태학연구소 소장으로 이름을 떨치고 있습니다. 두 사람 모두 정말 뛰어난 동물학자였고 성실한 동료였습니다.

　일단 우리는 실험실에 있는 모래 상자에 개미귀신을 집어넣고, 근처에 서식하던 호전적인 왕개미속(屬)Camponotus에 속하며 포름산을 분비하는 개미인 검붉은목수개미 무리를 그곳에 풀어놓았습니다. 실험을 시작하기 위해서 우리는 정교한 저울을 찾아다녔습니다. 수도 없이 반복해서 무게를 재야 한다는 사실을 알고 있었기 때문입니다.

　먼저 우리는 개미귀신이 개미를 먹은 후에 얼마나 무게가 늘어나는지 알고 싶었습니다. 그래서 다음과 같은 과정으로 무게를 재보았습니다. '무게를 잰 개미 스물다섯 마리에게 꿀을 잔뜩 먹이고 다시 무게를 잰다. 무게를 잰 개미귀신에게 꿀을 먹은 개미 스물네 마리를 먹이로 준 다음 다시 개미귀신의 무게를 잰다. 개미귀신이 먹고 버린 개미 사체의 무게를 잰다.' 스물네 마리를 개미귀신에게 먹이로 준 이유는 한 마리가 도망가버렸기 때문입니다.

　실험 결과를 가지고 계산기로 계산한 결과는 아주 흥미로웠습니다. 개미는 자기 몸무게의 거의 3분의 1에 해당하는 꿀을 먹었고 개미귀신에게 잡아먹힌 후에는 약 절반 정도인 20밀리그램이 줄어들었습니다. 그런데 개미귀신이 개미를 먹은 후에 늘어난 몸무게는 9밀리그램밖에 되지 않았습니다. 11밀리그램 정도 되

(왼쪽) 포름산을 발사하는 검붉은목수개미.
(오른쪽) 개미귀신에게 잡아먹히기 전과 후 검붉은목수개미. 당 성분이 가득 들어 있던 내장(cr) 내용물은 완전히 사라졌고 포름산(ac)은 그대로 남아 있다.

는 개미의 구성 성분이 잡아먹히는 동안 증발했거나 액체 상태로 유실됐다는 뜻이었습니다.

개미귀신에게 잡혀 있는 동안 개미가 포름산을 발사한 흔적은 없었습니다. 개미가 개미귀신의 큰 턱에서 벗어나려고 버둥거릴 때는 물론, 개미귀신에게 빨아먹힐 때도, 증발된 산과 만나면 하얀색으로 변하는 붉은색 페놀프탈레인 지시 종이를 아주 가까이 대봤지만 전혀 변화가 없었습니다.

그래서 이번에는 꿀에 붉은색 식용 색소를 탄 개미에게 먹인 다음에 그 개미를 개미귀신에게 먹이로 주었습니다. 그리고 개미귀신이 먹고 버린 사체를 절개해서 내장과 포름산 분비샘의 상태를 살펴보았습니다. 그 개미를 먹은 개미귀신도 해부해보았습니다. 개미귀신은 항문이 없습니다. 개미귀신의 내장은 끝이 막혀 있으며 용량도 엄청나게 큽니다. 개미귀신은 찌꺼기를 내장 속에 저장한 채, 번데기가 될 때까지 절대로 몸 바깥으로 방출하지 않습니다. 그렇게 함으로써 자신이 숨어 지낼 개미지옥을 깨끗하게 유지할 수 있습니다.

개미를 해부하자 내용물이 완전히 사라진 내장과 포름산이 그대로 남아 있는 포름산 분비샘의 상태를 확인할 수 있었습니다. 개미귀신의 내장에 가득한 붉은색 액체는 분명히 개미의 내장에서 빨아들인 꿀이었습니다. 그래서 다시 무게를 재보았습니다. 계산 결과는 무척 흥미로웠습니다. 개미귀신에게 잡히기 전 개미의 내장 속에는 꿀이 10밀리그램 들어 있었습니다. 하지만 개미귀신에게 잡아먹히고 난 후에 개미 내장 속에 남아 있는 내용물은 1밀리그램이 채 안 되었습니다. 개미귀신에게 잡아먹히기 전과 후 개미 내장 속 내용물의 무게 차이는 개미귀신의 몸무게 증가량과 거의 비슷했습니다. 이는 개미귀신의 가장 중요한 먹이가 개미 내장 속 내용물이라는 사실을 말해줍니다. 물론 개미귀신이 개미 내장 속 내용물만을 빨아먹는다는 뜻은 아닙니다. 개미의 근육이나 외골격을 제외한 다른 부위도 개미귀신의 먹이이기는 하지만, 개미귀신이 가장 많이 섭취하는 부위는 역시 개미의 내장입니다.

지금까지도 제가 풀지 못하고 있는 의문점은 '개미귀신이 어떻게 포름산 분비샘을 전혀 건드리지 않고 개미를 먹을 수 있는가'입니다. 개미귀신은 개미의 몸에 구멍을 뚫고 내장을 빨아먹습니다. 크고 바늘처럼 아주 뾰족한 턱으로 개미를 찔러 내부를 탐색하면서도 포름산 분비샘은 전혀 건드리지 않는다니, 정말 신기한 일이 아닐 수 없었습니다. 혹시 개미귀신은 분비샘을 둘러싸고 있는 막을 통해서 포름산의 존재를 알아채는 건 아닐까요? 개미귀신은 포름산을 아주 싫어했습니다. 개미귀신이 개미를 움켜쥐고 있을 때, 그 위에 포름산을 한 방울만 떨어뜨려도 그 즉시 개미를 놓고 모래 속으로 황급히 달아나버렸습니다.

하지만 개미가 개미귀신에게 끌려 들어가면서도 포름산을 발사하지 않는 이유

(왼쪽) 명주잠자리 유충(미르멜레온 카롤리누스 *Myrmeleon carolinus*).
(오른쪽) 내장과 붙어 있는 명주잠자리 유충의 머리. 개미를 먹기 전과 후의 모습이다. 내장에 붉은색 액체가 꽉 차 있는 것은 개미의 내장 내용물을 빨아먹었다는 증거다.

는 알아낼 수 있었습니다. 포름산을 발사하는 개미들은 대부분 무는 동작과 포름산을 발사하는 동작을 동시에 합니다. 포름산 발사 개미의 집을 무너뜨리려고 하면 개미들은 침입자를 향해 처음부터 포름산을 발사하지 않고 먼저 침입자를 물려고 덤벼듭니다. 개미들의 1차 무기는 무는 행동입니다. 개미들은 일단 큰 턱으로 침입자를 문 다음에 배를 밑으로 둥글게 말아 포름산을 발사합니다. 실험을 통해서 개미의 이런 습성을 자세히 관찰할 수 있었습니다. 핀셋으로 개미의 가슴을 잡으면 개미는 큰 턱을 사용할 수 없습니다. 이런 개미 밑에 지시 종이를 깔면 변화가 전혀 나타나지 않기 때문에, 개미는 큰 턱을 사용하지 않을 때 포름산도 검붉은목수개미의 방어 행동. 보통 개미는 무는 동작과 포름산을 발사하는 동작을 동시에 한다.

(위) 큰 턱으로 물면서 동시에 배를 안쪽으로 둥글게 말아 포름산을 분비하는 개미.

(왼쪽 아래) 큰 턱을 사용하지 못하게 하면서 핀셋으로 가슴을 잡자 포름산을 분비하지 않는다.

(오른쪽 아래) 고무줄 조각을 주자 큰 턱으로 조각을 무는 순간 포름산을 발사한다.

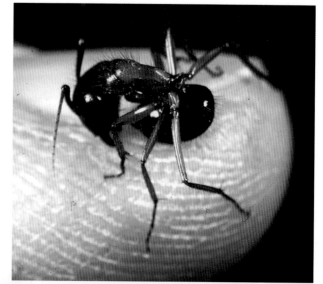

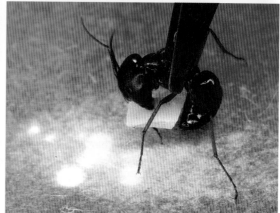

발사하지 않는다는 사실을 확인할 수 있었습니다. 하지만 고무줄을 정육면체 모양으로 잘라내 그 조각을 입 주위에 갖다 대자 개미는 그 즉시 고무 밴드 조각을 물더니 포름산을 발사했습니다. 포름산은 천천히 조직 속으로 침투하기 때문에 개미는 본능적으로 상처 부위나 피부가 벗겨진 부위에 포름산을 발사하도록 되어 있는 것 같았습니다. 포름산은 상처가 없는 부위보다는 상처가 난 부위에 더 큰 자극을 주기 때문에 일단 물어서 상처를 냄으로써 포름산의 효과를 극대화시키려는 것입니다.

따라서 개미귀신에게 잡아먹히는 개미가 포름산을 발사하지 않는 이유는 개미귀신을 물지 못했기 때문이라는 결론을 내릴 수 있었습니다. 개미귀신은 몸의 대부분을 모래 속에 파묻고 일부만 내놓고 있기 때문에 개미가 물 곳을 찾지 못해서 결과적으로는 포름산도 발사하지 못했던 것입니다. 문 다음에 포름산을 발사한다는 행동 본능이 다른 침입자들에게는 효과적인 방어 수단이었으나 개미귀신에게는 역효과를 내는 셈이었습니다.

로베스피에르는 낭비가 아주 심한 포식자입니다. 노래기의 화학물질을 건드리지 않기 위해서 아주 짧은 앞부분만 먹어치우고 나머지는 그대로 버리고 갑니다. 하지만 포식자의 입장에서도 대부분을 버리는 것보다는 노래기의 방어 물질을 쓸모없게 만들어버리고 전체를 다 먹는 편이 이득일 것입니다. 그렇다면 포름산 발사 개미를 먹는 개미귀신처럼 노래기가 화학물질을 분비하지 못하게 제압한 다음에 먹어치우는 포식자가 있을지도 모릅니다.

실제로 그런 포식자가 있다고 가정해봅시다. 그런 포식자는 쿼논 물질을 분비하는 노래기를 어떤 식으로 제압할까요? 2장에서도 설명했듯이 이 노래기들의 방어용 분비샘은 체절마다 한 쌍씩, 둥근 주머니 형태로 측면에 나란히 늘어서 있습니다. 이 분비샘들은 체절 측면 벽에 뚫려 있는 작은 구멍에 도관으로 연결되어 있습니다. 분비샘이 없는 부위는 몸의 앞 부분과 뒷부분의 몇몇 체절뿐입니다.

노래기가 방어 물질을 분비하는 방법은 아주 간단합니다. 평상시라면 분비공 바로 안쪽에 있는 도관이 용수철처럼 꺾인 상태로 있기 때문에 화학물질이 몸 밖으로 흘러나오지 않습니다. 노래기의 몸속에는 일종의 밸브 역할을 하는 근육이 있습니다. 이 근육은 용수철 같은 도관 벽에 붙어 체벽과 연결되어 있습니다. 분비주머니에는 압축근이 없기 때문에 그런 역할을 하는 장치가 따로 있어야 합니다. 분비주머니를 둘러싼 체액의 압력을 높이는 것이 가장 좋은 방법일 것입니다. 체액의 압력을 높이려면 몸을 구성하는 체절이 압축될 수 있도록, 체절을 연결하는 근육을 순간적으로 수축해야 합니다. 그리고 이와 함께 밸브를 조절하는

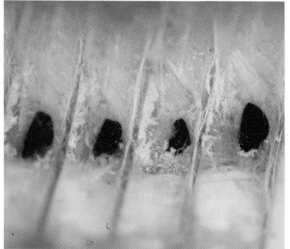

(왼쪽 위) 방어 자세를 취하고 있는 플로리다관목노래기.

(오른쪽 위) 노래기의 안쪽 체벽 모습. 근육 조직에 둘러싸여 있는, 검은색 분비물로 꽉 찬 분비샘이 보인다.

(아래) 분비샘 한 개를 확대한 사진. 분비샘을 둘러싸고 있던 근육 조직을 제거했다. 분비샘은 주머니와 도관과 도관의 구부러진 부위에 연결된 밸브 조절 근육으로 이루어져 있다. 이 근육이 수축하면 도관이 열려 화학물질이 분비된다.

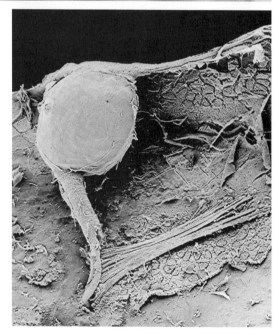

근육을 수축하면 발사가 이루어지는 것입니다. 또한 노래기의 분비샘은 다른 절지동물들이 흔히 그렇듯이 분비물이 내부로 새지 않도록 큐티클 층으로 싸여 있습니다.

따라서 노래기를 잡아먹으려는 포식자는 반드시 노래기가 근육을 수축하지 못하게 해야 합니다. 그러려면 체벽에 있는 근육은 물론, 밸브 조절 근육도 못 쓰게 만들어야 합니다. 또한 분비샘에서 화학물질을 분비하지 못하게 한 후에는 내부에 있는 분비샘을 건드리지 않고 노래기를 먹어치우는 기술이 있어야 합니다. 이 모든 과제를 완벽하게 수행해낼 포식자는 없을 것 같지만, 펜고디다이과Phengodidae에 속하는 딱정벌레 유충 가운데 이 모든 과제를 완벽하게 수행하고 노래기를 먹어치우는 녀석들이 있습니다. 펜고디다이과 딱정벌레는 넓은 지역에 걸쳐 서식하지만 그 수가 많지 않기 때문에 이 친구들을 연구하는 곤충학자도 많지 않습니다. 이 친구들은 정말 독특합니다. 펜고디다이과 딱정벌레 유충은 흥분하면 몸의 옆쪽에 늘어선 발광 기관에서 빛을 내는데, 그 모습이 마치 작은 기차처럼 보입니다. 날지 못하는 암컷은 페로몬을 방출해서 수컷들을 부릅니다. 그러면 수컷은 머리에 달린 가지처럼 생긴 커다란 더듬이로 페로몬을 감지하여 암컷이 있는 위치를 찾아냅니다. 또한 유충의 독특한 먹이 습성은 그 누구도 흉내 낼 수 없습니다.

D. L. 티먼D. L. Tiemann이 쓴 재미있는 논문을 읽다가 처음으로 펜고디다이과 딱정벌레에 대해서 알게 됐습니다. 티먼은 펜고디다이과 딱정벌레를 주로 연구하는 동물학자로서 펜고디다이과 딱정벌레가 노래기를 사냥하는 모습을 자세히 발표했습니다. 멋진 사진이 실려 있는 그의 논문은 제 구미와 딱 맞았습니다. 그 논문을 본 순간, 저도 그 유충을 연구해봐야겠다는 결심을 했습니다.

사실 티먼이 연구한 딱정벌레는 캘리포니아에서 서식하는 서부줄무늬개똥벌레(자르히피스 인테그리펜니스Zarhipis integripennis, 영어명: western banded glowworm)였지만 크게 문제될 일은 없었습니다. 티먼의 논문대로라면 펜고디다이과 딱정벌레 유충은 무엇이나 노래기를 잡아먹으니 굳이 자르히피스 인테그리펜니스를 가지고 연구할 필요는 없을 것 같았습니다. 그래서 저는 애크볼드연구소에서 곤충을 잡기 위해 파놓은 함정에 가끔 빠지는 또 다른 펜고디다이과 딱정벌레인 펜고데스 라티콜리스Phengodes laticollis 유충을 가지고 실험해보기로 했습니다. 곤충을 잡기 위해서 함정을 판다고 했지만, 사실 아주 간단한 장치입니다. 그저 땅속에 스프 통 같은 원통형 용기를 묻고 용기 구멍의 높이를 지면과 같이 평평하게 해놓으면 걸어다니는 절지동물을 잡을 수 있습니다. 특히 절지동물 가운데 낮에는 숨어 있기 때문에 여간해서는 잡을 수 없는 야행성 동물들을 잡을 때 이런 함정이 유용합니다. 과학자들은 이런 함정을 여러 개 묻어놓고 날이 밝으면 아침 일찍 정해진 시간에 나와서, 햇볕에 절지동물이 말라비틀어지기 전에 들여다봅니다. 매일 아침 일어나 간밤에 잡힌 동물들을 살펴보는 일은 언제나 신나지만 그 중에서도 진귀한 동물을 만나는 아침이면 정말 말할 수 없이 즐거워집니다. 펜고디다이과 딱정벌레도 쉽게 만날 수 없는 친구지만, 마크 데이럽과 데이럽의 조교인 페이지 마틴을 비롯한 여러 연구진이 파묻어놓은 함정에서는 여덟 마리나 잡을 수 있었습니다. 그 정도면 충분했습니다.

펜고데스 라티콜리스 유충의 서식처에서 잡히는 노래기는 플로리다관목노래기(플로리도볼루스 펜네리)였기 때문에 유충의 먹이가 될 노래기는 플로리도볼루스 펜네리임이 분명했습니다. 그래서 저는 커다란 플라스틱 케이지 여러 개에 펜고데스 라티콜리스 서식처의 흙을 담고 한 마리씩 집어넣은 다음에, 며칠 동안의 적응 기간을 거친 뒤 그 중 몇 마리에게 플로리도볼루스 펜네리를 먹이로 주었습니다. 그러자 티먼의 논문에 실린 일이 벌어졌습니다.

새로운 환경에 적응하는 동안에는 쥐 죽은 듯이 꼼짝도 않던 펜고데스 라티콜리스 유충은 노래기를 집어넣자마자 갑자기 활기를 띠며 움직이기 시작했습니다. 펜고데스 라티콜리스 유충이 근처에 있는 먹잇감을 감지하는 방법을 정확하게는 알지 못했지만, 어쩌면 화학물질을 감지하고 알아채는 건 아닐까 하는 생각이 들었습니다. 정확히 단정할 수는 없지만 펜고데스 라티콜리스 유충은 노래기를 만지지 않고도 감지해내는 것 같았습니다. 감지 방법이야 어찌되었든, 펜고데스 라티콜리스 유충은 노래기를 케이지에 넣자마자 재빨리 노래기가 있는 곳으로 기어갔습니다. 노래기에게 다가간 유충은 똬리를 틀고 방어 자세를 취한 노래기 위로 기어 올라가더니 노래기의 머리 아래 부분에 똬리를 틀고 노래기 몸에 바짝 달라붙었습니다. 펜고데스 라티콜리스 유충이 자신을 껴안는 순간에는 버티는 것 같았던 노래기가 몇 초도 되지 않아 갑자기 온몸에 힘이 빠지면서 흐느

적거렸습니다. 딱정벌레 유충이 날카로운 구기로 노래기의 첫 번째 다리 바로 앞에 있는 얇은 막을 찔렀기 때문은 아닐까 싶었지만 정확하게 어떤 일이 벌어졌는지는 알 수 없었습니다. 온몸에 힘이 빠지는 순간이 노래기가 죽어가는 순간 같았습니다. 힘이 빠진 노래기는 손으로도 똬리를 풀 수 있을 정도였고, 체절의 색깔도 눈에 띄게 빛을 잃어갔습니다. 노래기의 근육 힘은 아주 세기 때문에 살아 있는 노래기의 똬리는 절대로 손으로 풀 수 없습니다. 티먼은 펜고디다이과 딱정벌레가 노래기의 신경삭(神經索)nerve cord을 손상시켜 즉각적인 마비 현상을 일으킨다고 생각했습니다.

마비됐다 하더라도 노래기는 어느 정도 움직이기는 합니다. 몇 분 동안 계속해서 다리를 꿈틀거리지만 그 움직임은 무기력하고 전혀 힘이 들어가지 않습니다. 무엇보다도 놀라운 일은 공격을 받는데도 노래기가 화학물질을 분비하지 않는다는 사실입니다. 물론 일부 분비공에서는 화학물질을 소량 분비하기는 하지만, 보통 공격을 받은 플로리도볼루스 펜네리가 분비하는 양이라고 하기에는 턱없이 부족한 양입니다.

펜고데스 라티콜리스 유충은 노래기의 머리 아래 부분에 몸을 바짝 댄 상태로 둥글게 말고서는 몇 분 동안 꼼짝도 않고 버팁니다. 얼마나 자기 일에 열심인지, 핀셋으로 머리 부분을 찔러도 펜고데스 라티콜리스 유충은 꼼짝도 하지 않습니다. 펜고데스 라티콜리스 유충은 노래기가 똬리를 풀기 전까지는 구기를 노래기에게서 떼지 않을 속셈이 틀림없었습니다.

시간이 흘러 똬리를 푼 유충은 조금 특이한 행동을 합니다. 펜고데스 라티콜리스 유충은 노래기 옆에서 몇 센티미터 정도 떨어진 곳에 모래를 파고 스스로 몸을 묻습니다. 그렇게 몸을 감추고 한 시간 정도가 지나야 모래 속에서 기어나와 노래기를 먹습니다. 왜 유충은 즉시 노래기를 먹지 않고 시간을 두는 걸까요? 아마도 움직이지 못하는 노래기 몸에서 흘러나올지도 모를 퀴논 물질을 피하려고 그런 행동을 하는 건 아닐까 하는 생각이 들었습니다.

펜고데스 라티콜리스 유충은 노래기의 속만 파먹었습니다. 먼저 머리를 감싼

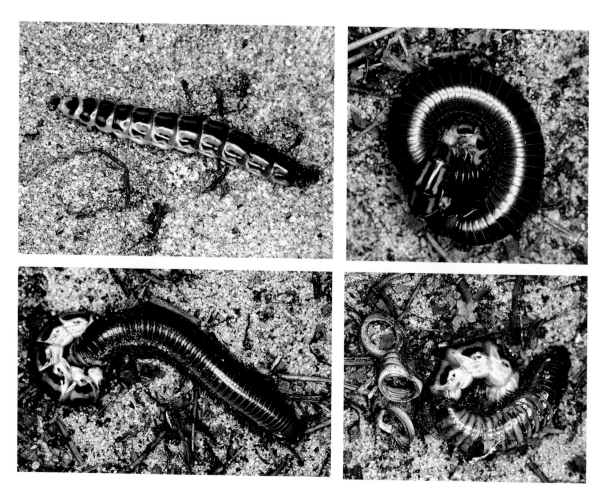

(왼쪽 위부터) 펜고데스 라
티콜리스 유충이 플로리도
볼루스 펜네리를 공격하는
과정.

외골격을 먹어치운 유충은 노래기의 몸속으로 파고 들어가면서 체절 마디마디 속에 들어 있는 내용물을 차례로 먹어갔습니다. 반쯤 먹힌 노래기의 내부는 모두 녹아 있었습니다. 이는 펜고데스 라티콜리스 유충이 노래기를 먹기 전에 소화 효소를 분비하여 미리 액체로 만든다는 뜻입니다. 노래기를 살펴본 후 다시 유충에게 돌려주자, 펜고데스 라티콜리스 유충은 돌려받은 먹이를 말끔히 먹어치웠습니다. 펜고데스 라티콜리스 유충이 노래기를 다 먹는 데는 거의 하루가 넘게 걸렸습니다.

펜고데스 라티콜리스 유충에게 먹힌 노래기의 둥근 체절은 쪼그라들었고 속이 텅 빈 껍데기만 남았습니다. 노래기를 먹은 유충은 몇 주 동안 먹이를 먹지 않아

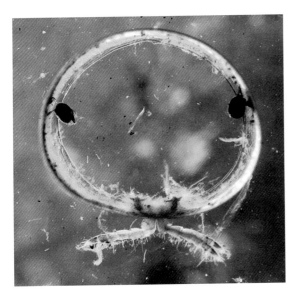

(왼쪽) 펜고데스 라티콜리스 유충이 먹고 남은 플로리도 볼루스 펜네리의 체절. 체절의 외골격 벽에 붙어 있는 분비샘은 녹지 않고 그대로 남아 있다.

(오른쪽) 체절 벽에 남아 있는 분비샘을 확대한 사진. 분비물이 도관 밖으로 흘러나오지 않았다는 사실을 확인할 수 있다.

도 충분히 버텼습니다. 식사를 끝내고 보금자리로 돌아온 유충은 또 다른 노래기가 들어와 다시 사냥에 나설 때까지 아주 쥐 죽은 듯이 조용하게 지냈습니다.

남아 있는 노래기의 외골격(껍데기)을 몇 개 잘라 물이 담긴 접시에 넣고 현미경으로 들여다보았습니다. 외골격 속에 들어 있던 부드러운 조직은 남김없이 사라지고 없었습니다. 내장 벽도 말끔히 사라졌으며 내장과 체벽 사이에 있던 모든 기관도 깨끗이 없어졌습니다. 외골격을 지탱하던 근육도 전혀 찾아볼 수 없었습니다. 그런데 신기하게도 방어 물질이 들어 있는 분비샘은 조금도 손상되지 않고 그대로 있었습니다. 노래기의 분비샘을 지탱하던 세포 조직이 모두 사라져버렸는데도 큐티클 층은 그대로 남아 분비샘을 감싸고 있었습니다. 도관 밸브에 연결되어 있던 근육도 모두 사라졌지만 도관 자체는 닫힌 채로 남아 분비물이 전혀 밖으로 새지 않았습니다. 노래기의 분비샘을 몇 개 골라 애슐라 애티갈에게 분석해달라고 부탁했습니다. 그 결과 텅 빈 외골격 속에 남아 있는 분비물의 성분 물질이 플로리도볼루스 펜네리를 자극했을 때 분비하는 성분 물질과 똑같다는 사실을 알아냈습니다. 이 같은 사실은 이미 펜고데스 라티콜리스 유충이 플로리도볼루스 펜네리를 공격할 때 예상했던 바지만, 공격을 받은 노래기가 방어 물질을 분비하지 않았다는 사실을 확인해준 셈입니다.

펜고데스 라티콜리스의 머리. 속이 텅 빈 낫처럼 생긴 큰 턱의 끝부분과 바닥 부분에 바늘구멍 같은 구멍이 있다. 큰 턱을 덮은 외골격을 벗겨낸 오른쪽 사진을 보면 큰 턱 밑에 뚫린 구멍이 보인다.

그렇다면 펜고데스 라티콜리스 유충이 어떤 식으로 노래기를 죽이는지 궁금했습니다. 그래서 유충이 노래기 몸에서 똬리를 풀고 물러나는 순간, 힘이 빠진 노래기를 가져와 해부해보았습니다. 그런데 노래기의 신경삭은 전혀 손상되지 않았습니다. 따라서 노래기의 신경삭을 절단했기 때문에 노래기가 힘을 쓰지 못한 것은 아니었습니다.

그래서 이번에는 유충의 구기를 자세히 살펴보기로 했습니다. 그런데 펜고데스 라티콜리스의 구기는 절단용이 아니라 찌르는 데 적합해 보였습니다. 바늘처럼 예리하게 생긴 큰 턱이 낫처럼 구부러져 있었으며 끝에 구멍이 나 있는 것으로 보아 속이 텅 비어 있음이 틀림없었습니다. 큰 턱은 노래기의 부드러운 조직을 빨아먹는 역할을 하는 것이 분명했습니다. 그런데 어쩌면 펜고데스 라티콜리스 유충의 큰 턱은 먹이를 빨아먹는 역할 말고도 먹이에게 치명상을 가하는 화학 물질을 주사하는 피하 주사 역할을 하는지도 모른다는 생각이 들었습니다. 왠지 펜고데스 라티콜리스 유충의 큰 턱은 독 분비샘과 연결되어 있을 것 같았기 때문에 머리를 해부해보기로 했습니다.

하지만 독 분비샘은 찾을 수 없었습니다. 마리아와 함께 주사 전자 현미경으로 유충의 머리를 살펴보았지만, 독을 분비하는 샘은 어디에도 없었습니다. 큰 턱의 구멍은 곧바로 구강으로 연결되어 있었습니다. 하지만 펜고데스 라티콜리스 유충에게 독 분비샘이 있을지도 모른다는 생각은 쉽게 지워지지 않았습니다.

그러다 문득, 내장에 가득 차 있는 액체를 들여다보던 저는 내장의 액체가 먹이를 죽이는 역할을 하지 않을까 하는 생각이 들었습니다. 펜고데스 라티콜리스 유충이 먹이의 몸속에 소화효소를 분비해서 녹여 먹는다는 사실은 이미 알고 있었지만 그때까지만 해도 소화효소를 포함하는 내장액 자체가 독약이 될지도 모른다는 생각은 해본 적이 없었습니다. 그래서 이번에는 펜고데스 라티콜리스 유충 두 마리를 골라 내장의 가운데 부분에 들어 있는 내장액을 뽑아내어 플로리도볼루스 펜네리의 머리 아래 부분 체절에 주입해보았습니다. 아무것도 섞이지 않은 내장액이 들어가자 그 즉시 노래기 두 마리는 펜고데스 라티콜리스 유충에게 잡혔을 때처럼 마비 증상을 보였습니다. 노래기들은 손으로 잡고 주사로 찌르려고 할 때는 방어액을 분비했지만, 일단 유충의 내장액이 몸속에 들어간 후에는 아무리 건드리고 찔러보아도 방어 물질을 분비하지 않았습니다.

이로써 내장액이 노래기를 죽이고 조직을 녹이는 유충의 무기라는 사실이 입증됐습니다. 유충의 무기는 아주 신속하게 작용하기 때문에 주입하는 즉시 노래기는 힘없이 죽어버리고 말았습니다. 그런데 왜 노래기는 공격 초기, 그러니까 유충이 자신의 몸에 똬리를 틀려고 할 때나 머리 아래 부분에 내장액을 주입하려고 큰 턱으로 찌르려 할 때 방어 물질을 분비하여 막지 않는 것일까요? 실험을 하는 동안 노래기가 자신을 공격하는 펜고데스 라티콜리스 유충에게 방어 물질을 분비하는 경우를 본 적이 없습니다. 하지만 그 이유에 대해서는 아직도 밝혀내지 못했습니다. 펜고데스 라티콜리스 유충에게는 공격하는 동안 노래기가 방어 물질을 분비하지 못하게 막는 수단이 분명히 있을 텐데 말입니다.

퀴논을 분비하는 노래기 말고도 펜고디다이과 딱정벌레들의 먹이가 더 있다는 사실은 널리 알려져 있지만 제가 직접 실험해본 경우는 얼마 되지 않습니다. 텍사스로 돌아간 후에 발견한 펜고디다이과 딱정벌레는 제 기억에 많이 남았습니다. 그 이유는 이 딱정벌레가 시안화수소산을 분비하는 띠노래기과 노래기를 잡아먹었기 때문입니다.

■ **식물을** 먹는 동물의 수가 다른 동물을 먹는 동물의 수보다 훨씬 많기 때문에 식물이 동물의 공격을 막는 무기를 갖추고 있다는 사실은 별로 놀라운 일이 아닙니다. 식물은 오랜 시간 동안 초식동물들을 막고자 진화 과정을 통해 가시나 화학물질을 방어 무기로 개발해왔습니다. 소나무과 식물을 자를 때 흘러나오는 송진이나 박하과 식물의 독특한 향기를 결정하는 테르페노이드, 담뱃잎을 씹을 때 나오는 니코틴 등은 모두 식물의 방어 물질입니다. 식물이 이런 방어 물질을 분비하기 시작하면 어떤 동물이든 식사를 그만두어야 합니다. 초식동물마다 먹는 식물의 종류가 다를 수밖에 없는 이유는 아마도 저마다 적응할 수 있는 식물의 방어 물질이 한정되어 있기 때문일 것입니다. 물론 초식동물 가운데 다양한 식물을 먹는 종도 있지만 대부분은 특정한 몇 가지만을 섭취할 수 있습니다.

인간이 먹는 식물의 종류도 매우 제한되어 있습니다. 수천 종이 넘는 식물 가운데 인류가 먹이로 선택한 식물 종은 극히 일부에 지나지 않습니다. 또한 우리가 먹는다 해도 독소가 없는 부위만 먹어야 하는 종도 있습니다. 대황의 경우 잎줄기만 먹고 잎 자체는 버려야 합니다. 대황의 잎에는 옥살산염oxalates이라고 하는 방어 물질이 들어 있기 때문입니다. 또한 쓴맛이 나는 알칼리성 물질과 농도 진한 즙을 먹지 않으려면 감귤류는 껍질을 벗기고 먹어야 합니다. 인간이 다른 동물들과 달리 음식을 조리해서 먹는 이유는 몸에 해로운 화학 성분을 제거하거나 변형하기 위해서입니다. 경작을 하는 이유도 마찬가지입니다. 몇몇 종을 선택하여 직접 기르는 이유는 먹을 수 있는 식물을 다량으로 생산하기 위해서이기도 하지만 안전하게 먹기 위해서이기도 합니다. 인류는 자연 상태에서라면 해로운 화학물질을 분비하는 식물을 개량하여, 독소를 완전히 없애거나 적어지게 바꾸어 먹습니다.

인간이 아닌 다른 동물들은 요리를 해먹을 수도 없고 품종을 개량할 수도 없습니다. 하지만 자신만의 독특한 전략으로 식물의 방어 물질을 이겨냅니다. 그 중의 한 예가 유액을 분비하는 식물을 먹는 곤충들입니다. 유액을 분비하는 식물은 상처가 난 부위에 끈적끈적하고 우유처럼 보이는 액체를 분비합니다.

유액을 분비하는 식물은 쉽게 볼 수 있습니다. 보통 유액 분비 식물, 즉 밀크위드milkweed라고 알려져 있는 아스클레피아데케아이과(科)^{Asclepiadeceae} 식물들이 그렇고 협죽도과(科)^{Apocynaceae}, 대극과(科)^{Euphorbiaceae}, 국화과(科)^{Asteraceae}, 파파야과(科)^{Caricaceae}, 뽕나무과(科)^{Moraceae} 식물들이 주로 유액을 방어 물질로 분비합니다. 이런 식물들의 유액은 보통 세포가 길게 늘어져서 만들어진 유관 속에 농축되어 있습니다. 유관은 양분과 물을 운반하는 체관과 목질부로 이루어진 잎맥을 따라 나란히 배열되어 있습니다. 따라서 잎을 꺾으면 잎맥에서 나오는 것처럼 보이는 유액은 사실 잎맥과 나란히 난 유관에서 나오는 것입니다.

하지만 처음부터 유액을 식물의 방어 물질로 생각했던 것은 아닙니다. 예를 들어, 유액 속에는 당이 들어 있기 때문에 식물이 영양분을 저장한 것이라고 생각한 사람들도 있었습니다. 하지만 일반적으로 유액은 맛이 지독한 데다 끈적끈적하기 때문에 점차 유액은 저장된 양분이 아니라 방어 물질이라는 생각이 널리 퍼져갔습니다. 그런 생각에 결정적인 단서를 제공한 사람은 1905년에 아주 기발한 실험을 진행한 독일 과학자 H. 크닙$^{H. Kniep}$이었습니다. 민달팽이가 유액을 분비하는 몇몇 대극과 식물을 절대로 먹지 않는다는 사실에 흥미를 느낀 크닙은 유액이 원인 물질인지도 모른다고 생각했습니다. 그래서 유액을 분비하는 대극과 식물의 잎을, 여러 차례 바늘로 찔러 유액이 흘러나오게 한 잎과 그대로 둔 잎으로 나누어 실험해보았습니다. 두 부류의 잎에 민달팽이를 올려놓자, 민달팽이들은 유액이 흘러나온 잎으로는 거의 가지 않고 유액이 없는 잎 쪽으로 몰려갔습니다. 크닙은 실험 결과에 크게 만족했습니다.

크닙의 실험은 그 명석한 결론으로 인해 화학생태학의 고전으로 자리 잡았습니다. 크닙은 미처 알지 못했지만, 알았다면 분명히 크게 기뻐했을 사실이 있습니다. 바로 그의 실험이 유액을 분비하는 식물을 먹고 사는 곤충들의 일상적인 먹이 습관을 알아보는 방법으로 활용된다는 점입니다. 제 연구실에서 함께 연구하던 대학생 데이비드 뒤수르$^{David Dussourd}$는 그 주제로 훌륭한 박사 학위 논문을 남겼으며, 센트럴아칸소대학에서 교편을 잡고 있는 지금까지도 계속해서 같

누구나 쉽게 할 수 있는 실험의 한 예. 왼쪽처럼 인도대마인 아포키눔 칸나비눔의 잎을 반으로 자르면 가장자리에 있는 유관에서 유액이 흘러나온다. 하지만 오른쪽처럼 가운데 주맥에 구멍을 뚫은 다음 잎을 반으로 자르면 주맥을 뚫은 부분에서만 유액이 나오고 가장자리 유관에서는 유액이 나오지 않는다.

은 주제를 연구하고 있습니다.

지금부터 유액을 분비하는 식물의 유액 분비를 차단하는 방법에 대해서 설명할 텐데, 이 방법은 정말 간단하기 때문에 여러분도 직접 실험해보셨으면 합니다. 이 실험은 흔히 볼 수 있는 유액 분비 식물인 아스클레피아스 시리아카*Asclepias syriaca*(학명을 그대로 일반명으로 사용하고 있음―옮긴이)나 아포키나케오우스속(屬)*Apocynaceous*인 인도대마(아포키눔 칸나비눔*Apocynum cannabinum*)만 있으면 언제라도 가능합니다. 필요한 도구라야 가위뿐입니다. 잎을 하나 골라 가운데 주맥과 수직이 되게 반으로 자른 다음, 잘라낸 잎은 그냥 땅바닥에 버립니다. 그러면 곧바로 잎맥, 정확히는 유관에서 유액이 흘러나오는 모습을 확인할 수 있습니다. 그 다음으로 할 일은 다른 잎을 골라 이번에는 잎 한가운데 있는 잎자루에서 주맥의 3분의 1 정도 되는 지점에 구멍을 뚫습니다. 구멍으로 유액이 나오는 모습이 보일 것입니다. 그런 다음 첫 번째 잎처럼 두 번째 잎도 주맥과 수직이 되게 반을 잘라냅니다. 그러면 유액이 주맥에 뚫린 구멍에서만 나온다는 사실을 확인할 수 있습니다. 잘려나간 가장자리에서는 유액이 전혀 흘러나오지 않

(위) 유액 분비 식물 잎에 뚫린 유관에서 나오는 유액 방울.
(아래 왼쪽) 이제 막 분비된 유액 방울을 입에 물고 있는, 붉은밀크위드딱정벌레인 테트라오페스 테트로프탈무스.
(아래 오른쪽) 말라버린 유액이 붉은밀크위드딱정벌레의 구기에 접착제처럼 붙어 있다.

습니다. 가운데 주맥에 뚫린 구멍으로 유액이 나오기 때문에 잎의 다른 부위로는 유액이 흘러가지 않아 그 부위는 무방비 상태가 되고 맙니다. 이런 유관 조직은 유액을 분비하는 식물의 맹점이라고 할 수 있습니다. 이런 약점을 이용하여 유액을 분비하는 식물을 먹어치우는 곤충이 분명히 있을 것입니다.

한여름에 미국 북동부 지역을 찾아가면 아스클레피아스 시리아카가 만개한 사이로 끝이 누군가에게 갉아먹힌 것처럼 둥그렇게 팬 잎들을 볼 수 있습니다. 그런 잎들은 영락없이 주맥에 구멍이 뚫려 있는데, 갉아먹힌 바로 밑에 그런 구멍이 뚫린 잎도 있습니다. 식물에 이런 상처를 낸 범인은 커다란 뿔이 특징인 하늘소과 딱정벌레로 테트라오페스 테트로프탈무스*Tetraopes tetrophthalmus*라는 아주 멋진 학명을 가지고 있습니다. 붉은밀크위드딱정벌레(테트라오페스 테트로프

탈무스, 영어명: red milkweed beetle)는 유액을 분비하는 식물을 가지고 한 간단한 실험에서, 앞서 우리가 두 번째 잎을 자를 때 그랬던 것처럼 주맥을 차단하는 방법으로 유액을 차단했습니다. 테트라오페스 테트로프탈무스는 주맥에 구멍을 뚫고 잎의 끝부분을 먹어치웁니다. 주맥이 잘리면 유액이 딱정벌레가 잎을 갉아먹는 곳까지 흘러가지 못합니다. 먼저 주맥을 확실하게 잘라놓으면 딱정벌레가 걱정할 일이 없습니다. 주맥을 자르는 순간 유액이 흘러나오지만 딱정벌레는 주기적으로 구기를 문질러 유액이 구기에 달라붙는 것을 막습니다. 유액은 딱정벌레를 꼼짝 못 하게 만들 힘이 있습니다. 만약 딱정벌레를 묶어놓고 유액을 구기에 떨어뜨리면 끈적끈적하면서도 단단하게 굳어 결국 구기를 움직일 수 없게 됩니다.

잎벌레과에 속하는 밀크위드잎딱정벌레(라비도메라 클리비콜리스*Labidomera clivicollis*, 영어명: milkweed leaf beetle)도 테트라오페스 테트로프탈무스와 비슷한 방법으로 유액을 분비하는 식물을 먹습니다. 테트라오페스 테트로프탈무스와 다른 점은 주맥을 뚫지 않고 주맥 옆으로 뻗어나간 잎맥을 뚫는다는 점입니다. 하지만 효과는 똑같습니다. 라비도메라 클리비콜리스는 일단 잎맥을 물어 유액이 흘러나오게 한 다음에 끝에서부터 구멍을 뚫은 방향으로 먹어나갑니다.

라비도메라 클리비콜리스가 특히 흥미로운 점은 유충도 성충과 똑같은 방법으로 잎을 먹는다는 사실입니다. 유충의 행동에 대해서는 몇 가지 풀리지 않는 의문이 있습니다. 사실 유충이 잎맥을 자르고 잎을 먹는 데는 상당한 시간이 걸립니다. 따라서 직접 잎맥을 자르는 것보다는 다른 유충이 잎맥을 잘라놓은 잎을 가로채는 편이 훨씬 더 수월할지도 모릅니다. 왠지 저는 라비도메라 클리비콜리스의 유충이 다른 동물이 잘라놓은 잎을 가로챌 것 같다는 생각이 들었고, 혈연관계가 있는 유충보다는 혈연관계가 없는 개체의 잎을 가로챌 것 같았습니다. 그리고 아직까지 확실한 증거는 찾아내지 못했지만 힘들게 잎맥을 잘라내야 하는

라비도메라 클리비콜리스가 잎맥을 자르고(위), 가장자리에서 잎맥을 자른 쪽을 향해 먹고 있다(왼쪽 아래).
(오른쪽 아래) 잎맥을 자르고 있는 라비도메라 클리비콜리스 유충.

성충들 사이에서도 똑같은 일이 벌어질 것 같았습니다.

나방과 나비의 유충 가운데 잎맥을 잘라 먹는 종이 여럿 있습니다. 카르데놀리드라는 방어용 스테로이드 물질을 분비하는 제왕나비와 여왕나비도 잎맥을 잘라먹는 유충 시기를 거칩니다. 이 나비들은 식물이 분비하는 유액을 다른 곳으로 흘려보내는 전략을 구사할 뿐 아니라 식물의 화학 무기에 내성을 갖추고 적극적으로 이용하는 책략가들입니다.

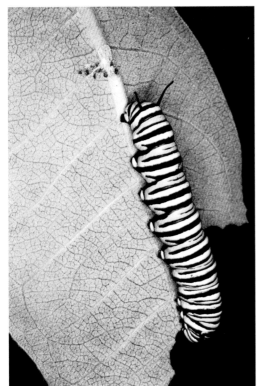

(왼쪽) 구기로 주맥에 구멍을 내고 잎을 먹고 있는 제왕나비(다나우스 플렉시푸스*Danaus plexippus*) 유충.
(오른쪽) 유액 분비 잎을 먹고 있는 여왕나비(다나우스 길리푸스*Danaus gilippus*) 유충. 위쪽에 있는 유충은 잎의 주맥에 구멍을 뚫고, 아래쪽에 있는 유충은 주맥에 구멍을 뚫은 후 먹고 있다. 두 잎 모두 주맥에 뚫린 구멍 때문에 힘없이 늘어져 있다.

    하지만 유액을 분비하는 식물들이 모두 쉽게 제압되는 것은 아닙니다. 유관 조직이 잎맥과 나란히 붙어 있으며, 주맥을 중심으로 가지처럼 뻗은 유관으로 유액이 흘러 들어가는 구조에서는 주맥을 자르면 더 이상 유액이 흐르지 않습니다. 그러나 파파야나무(카리카 파파야*Carica papaya*) 같은 식물의 잎맥은 고리 모양으로 되어 있기 때문에 잎맥을 몇 개 잘라내도 다른 유관을 통해서 유액이 흘러나옵니다. 이런 잎은 주맥을 잘라내는 것만으로는 부족합니다. 이런 잎을 먹으려면 마치 해자(垓字)를 파듯이 잎의 전면을 가로로 길게 파내야 합니다. 데이비드 뒤수르는 파파야뿔벌레(에린니이스 알로페*Erinnyis alope*, 영어명: papaya hornworm) 애벌레가 그런 식으로 잎에 홈을 내어 유액이 나오지 못하게 한 뒤에 파파야 잎을

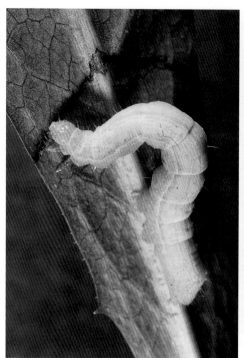

트리코플리시아 니 애벌레가 버드나무잎상추에 가로로 길게 홈을 파고(왼쪽) 홈 윗부분을 먹고 있다.

먹는 모습을 관찰했습니다. 대표적인 자벌레 나방인 트리코플리시아 니*Tri-choplysia ni*도 버드나무잎상추(락투카 살리그나*Lactuca saligna*, 영어명: willow-leaved lettuce)를 비슷한 방법으로 먹어치웁니다.

곤충과 먹이가 되는 식물 간의 상호 관계는 아주 복잡하며, 그 결과 곤충은 식물에, 식물은 곤충에 아주 다양한 방법으로 적응해나가면서 오랜 세월 동안 진화해왔습니다. 다시 말해서 식물과 곤충은 서로에게 영향을 미치며 공진화coevolutionary 해온 셈입니다. 곤충에게 잡아먹히지 않으려고 방어 전략을 구축하는 방향으로 진화한 식물 때문에 곤충들은 식물의 방어 전략을 물리치는 방향으로 진화해왔습니다. 유액을 분비하는 유관 조직을 만들어낸 식물과 유액을 다른 곳으로 흘려보내 식물을 먹는 곤충은 모두 공진화의 결과입니다. 잎맥을 고리 형태로 바꾼 잎이나 그 잎을 가로질러 홈을 파는 곤충의 먹이 습성도 초기 공진화 결과에서 한발 더 발전된 공진화 결과라고 할 수 있습니다.

모든 식물이 유액 분비 식물들처럼 눈에 보이는 방어 무기를 갖춘 것은 아닙니다. 대부분의 식물들은 눈에 보이지 않는 무기, 즉 조직 속에 독소나 불쾌한 맛을 내는 화학물질들을 저장하는 방법으로 스스로를 방어합니다. 하지만 동물들은 식물의 생화학 무기를 약화시킬 전략을 구사합니다. 동물들은 특수한 효소를 생산하여 식물의 독소를 해가 없는 혹은 해가 조금은 덜한 물질로 바꾸어버립니다. 동물들이 분비하는 효소 가운데 P450 효소는 비교적 잘 알려져 있습니다. 독이 있는 식물을 먹는 곤충들은 식물의 독소를 해독하려고 P450 효소를 다량으로 분비합니다. 또한 P450 효소는 인간과 곤충의 상호 관계에서도 중요한 역할을 합니다. 곤충을 화학물질로 제압하기가 어려운 것은 곤충들이 P450 효소를 지니고 있으며 수많은 방법으로 P450 효소를 이용하는 데도 어느 정도 원인이 있습니다.

지금까지는 방어 물질을 분비하지 못하게 하거나 그 부분을 제외하고 먹거나 흘려보내는 방법으로 자신이 먹는 유기체의 방어 물질을 조절하는 동물들에 대해서 설명했습니다. 그런데 동물 가운데 먹이의 독성에 완벽한 내성을 갖는 동물들이 있습니다. 그런 동물들은 먹이의 독소를 해독하거나 피하지 않고 자신이 필요하기 때문에 그대로 섭취하는 쪽을 택합니다. 그런 전략을 가장 효과적으로 구사하는 동물은 곤충으로, 곤충은 여러 가지 목적을 위해서 다른 종의 화학물질을 자신의 것으로 만들어버립니다. 곤충은 다른 종을 통해서 획득한 화학물질을 주로 방어용으로 활용합니다. 성능 좋은 방어용 화학물질을 만드는 일이 고농도로 화학물질을 축적해야 하는 힘든 일이라는 점을 감안해보면 확실히 효과적인 전략이 아닐 수 없습니다. 하지만 먹이를 통해서 획득한 화학물질을 방어용이 아닌 다른 목적으로 활용하기도 합니다. 사실 곤충들은 필요하다면 자연에 널린 모든 재료를 활용하여 원하는 바를 이루어냅니다. 바로 이 교활한 책략가들이 자연을 어떻게 활용하고 이용하는가가 8장의 주제입니다.

8. 기회 포착의 대가들
The Opportunists

말벌이 꽃을 나르지 않는다는 사실을 잘 알고 있었기 때문에 애리조나에서 꽃을 꽉 움켜쥐고 있는 나나니벌(암모필라*Ammophila*, 영어명: thread-wasted wasp)을 봤을 때는 적잖이 당황했습니다. 나나니벌은 말벌과의 아과인 스페키네아아과(亞科)Sphecinea에 속하는 말벌로 애벌레를 잡아먹고 산다고 알려져 있었기 때문입니다. 나나니벌은 독침으로 애벌레를 마비시킨 후 유충에게 먹이로 주려고 굴로 데려간다고 알려져 있습니다. 저도 나나니벌이 마비시킨 애벌레를 운반하는 모습, 밤이 되면 큰 턱으로 식물을 꽉 물고 잠을 자는 모습을 직접 사진 찍은 바 있습니다. 그런데 꽃을 운반하다니. 너무 놀란 저는 카메라를 움켜잡고, 굴로 들어가려고 땅바닥에 내려앉는 벌을 찍었습니다. 왼쪽 면에 보이는 사진이 바로 그때 찍은 것입니다. 그런데 사진기의 파인더를 통해 들여다본 모습은 제 생각과 달랐습니다. 사진 속 꽃은 사실 꽃이 아니라 꽃처럼 위장한 애벌레였습니다. 그때가 바로 진짜 꽃처럼 자신을 위장하는 독특한 습성을 지닌 신클로라속(屬)Synchlora 나방의 애벌레를 처음으로 발견한 순간이었습니다.

사실 신클로라속 나방의 애벌레는 여러 과학자들의 연구를 통해 잘 알려져 있었지만, 저는 그때 처음 보았습니다. 그래서 직접 그 애벌레를 찾아보기로 마음 먹었습니다. 꽃잎으로 위장한 것으로 보아 꽃을 뒤져보면 찾을 수 있을 것 같았지만, 정확하게 어떤 꽃을 살펴보아야 할지는 몰랐습니다. 결국 그 지역에 있는 노란색 꽃을 살펴보며 몇 시간을 헤맨 끝에 약간 성과를 거둘 수 있었습니다. 제가 찾아낸 신클로라속 나방의 애벌레들은 모두 꽃잎으로 몸을 치장하고 꽃 한가운데 앉아서 몸을 숨기고 있었습니다. 저라면 이 애벌레들을 절대로 먹잇감으로 택하지 않을 것 같았습니다. 찾아내는 과정이 너무나 힘들었기 때문입니다.

신클로라속 나방은 여러 종이 있는데 유충들은 모두 비슷한 전략을 구사합니다. 이 애벌레들을 처음 만난 곳은 애리조나였지만 플로리다는 물론 16제곱킬로미터 정도 되는 제 땅이 있는 이타카에서도 서식하고 있었습니다. 날이 갈수록 저는 신클로라속 나방의 애벌레를 찾아내는 전문가가 되어갔습니다. 신클로라속

(왼쪽) 큰 턱으로 식물을 꽉 문 상태로 자고 있는 나나니벌.

(오른쪽) 마비된 애벌레를 자신 의 굴로 데려가려는 나나니벌.

나방의 애벌레를 발견하면 가지를 꺾어 실내로 가져온 다음 물속에 넣어 꽃잎이 시들지 않게 했습니다. 그렇게 하면 신클로라속 나방의 애벌레가 꽃잎으로 자신 의 몸을 치장하고 생활하다가 번데기로 변해서 성충이 될 때까지 관찰할 수 있었 습니다. 몇 년에 걸쳐 신클로라속 나방 애벌레의 생활사를 관찰하고 그 모습을 사진에 담았습니다.

신클로라속 나방의 애벌레는 특히 국화과 식물을 좋아합니다. 신클로라속 나 방의 애벌레는 개망초(에리게론 필라델피쿠스*Erigeron philadelphicus*)나 흰도깨 비바늘(비덴스 필로사*Bidens pilosa*), 검은눈천인국(루드베키아 히르타*Rudbeckia hirta*) 같은 중심화disk flower에서도 찾을 수 있지만 미역취속 식물인 솔리다고속 (屬)Solidago 식물이나 캠포위드(헤테로테카 수박실라리스*Heterotheca subaxillaris*) 같은 불규칙 화서(화서는 꽃피는 식물에서 꽃이 피는 모습 혹은 순서를 뜻하는 용어로, 총상 화서나 수상 화서처럼 어떤 규칙을 찾을 수 있는 경우와 없는 경우가 있다. 없는 경 우를 불규칙 화서라 한다—옮긴이)로 된 꽃들을 더 좋아했습니다. 솔리다고속이나 캠포위드 같은 꽃으로 치장한 애벌레는 정말 찾아내기 어렵습니다. 핀셋으로 꽃 잎을 다 떼어내면 다른 자나방과 곤충처럼 그냥 평범한 자벌레처럼 보입니다. 하 지만 신클로라속 나방의 애벌레들은 벌거벗은 상태로 오래 있지 않습니다. 재빨

신클로리아속 나방 애벌레.

(위) 꽃으로 완벽하게 치장하고 있는 애벌레(화살표).

(아래 왼쪽) 꽃잎을 모두 빼앗겨 몸이 드러난 애벌레.

(아래 오른쪽) 다시 꽃잎으로 자신의 몸을 치장하고 있는 애벌레.

(왼쪽 위) 번데기가 될 장소를 찾고 있는 성숙한 신클로라속 나방의 애벌레. 애벌레 위에 무단 편승한 작은 가뢰과 딱정벌레 유충이 보인다.

(오른쪽 위) 신클로라속 나방의 번데기.

(아래) 마비된 신클로라속 나방의 애벌레를 뚫고 나오는 칼키도이다이과 말벌.

리 큰 턱으로 꽃잎을 정갈하게 잘라내서, 분비샘에서 나오는 끈적끈적한 실을 이용하여 등 위에 가지런하고도 조밀하게 붙여 몇 분 안에 다시 꽃잎으로 온몸을 덮어버립니다. 꽃잎을 몸에 붙이려면 어느 정도 시간이 소요되는데, 애벌레들은 모든 일을 제치고 먼저 꽃잎 옷부터 입습니다. 꽃잎으로 몸을 덮기 전에는 먹지도 않습니다. 등에 꽃병을 달고 다니는 게 아니기 때문에 시간이 지나면 꽃잎은 시들고 맙니다. 그래서 애벌레들은 정기적으로 새로운 꽃잎을 붙여 항상 싱싱한 상태로 유지합니다. 탈피를 하면서 껍질을 모두 벗어버려야 할 때도 탈피가 끝나자마자 꽃으로 몸을 단장하는 일부터 먼저 끝냅니다.

번데기 시기가 오면 애벌레는 고치를 지으려고 꽃에서 내려옵니다. 실험실에서 기른 애벌레들은 대부분 꽃대에서 번데기를 틀었습니다. 신클로라속 나방의 애벌레는 꽃을 붙일 때 사용하는 실을 그대로 사용하여 아주 부드러운 고치를 만듭니다. 번데기 상태일 때도 애벌레들은 고치에 꽃잎을 붙여놓습니다. 고치를 어디에 만드느냐가 위장술의 관건입니다. 번데기를 뚫고 나오는 성충은 아름다운 녹색 나방입니다. 성충의 색깔은 녹색으로 가득 찬 세상에서 훌륭한 보호색 역할을 해줍니다.

어떤 동물을 속이려고 신클로라속 나방의 애벌레가 그런 위장술을 활용하는지는 잘 몰랐지만 아마 주로 새나 파충류를 속이기 위함이 아닌가 싶었습니다. 사실 신클로라속 나방 애벌레의 위장술은 그리 효과적인 방법이 아닙니다. 나나니벌은 애벌레의 위장술에 전혀 속지 않았으며, 기생벌 가운데 애벌레의 위장술을 전혀 개의치 않는 종이 있었습니다. 실험실에서 기르던 신클로라속 나방의 애벌레 속에서 칼키도이다이과(科)^{Chalcidoidae} 말벌이 나오는 모습을 볼 수 있었는데, 이 말벌은 신클로라속 나방 애벌레의 가장 무서운 천적임이 분명했습니다. 종종 꽃 위에서 볼 수 있는 땅가뢰의 작은 유충인 트리안굴린^{triangulins}도 그런 곤충 가운데 하나라는 사실을 알고는 크게 놀랐습니다. 제가 찍은 사진 가운데 작은 땅가뢰 유충은 신클로라속 나방 애벌레의 꽃 장식 위에서 제 집이라도 되는 양 편안히 앉아 있었습니다.

신클로라속 나방의
성충.

    꽃을 모방하는 곤충은 드문 편이지만 그렇다고 신클로라속 나방의 애벌레가 유일한 곤충은 아닙니다. 예를 들어 연보라색 난초 꽃 위에 숨어서 먹이를 기다리는 말레이시아사마귀(히메노푸스 코로나투스*Hymenopus coronatus*)는 생김새나 색깔이 놀랍게도 난초 꽃과 비슷합니다. 또한 아프리카뿔매미과(科)Membracidae인 에티라이아 니그로킨크타*Etyraea nigrocincta*는 가지 끝에 여러 마리가 무리를 지어 모여 있는 모습이 마치 꽃처럼 보입니다. 하지만 신클로라속 나방의 애벌레처럼 꽃을 꺾어 자신을 치장하는 곤충은 그다지 많지 않습니다.

    말레이시아사마귀처럼 특정한 식물을 배경으로 삼아 자신을 숨기는 유기체는 아주 많습니다. 진화는 모방자를 끊임없이 만들어냈으며, 유기체는 다른 유기체를 모방함으로써 특별한 혜택을 누려왔음이 틀림없습니다. 낮에 몸을 쉬어야 할 때면 나무 밑동에 앉아 나무껍질 흉내를 내는 노린재(브로키메나 콰드리푸스툴라타*Brochymena quadripustulata*, 영어명: mornitoring moth)도 그런 유기체 가

위장술의 대가들. 왼쪽 위부터 시계 방향으로 파라멜리오이다이과(科)Paramelioidae 지의류처럼 위장하고 있는 플로리다나무껍질사마귀, 팔라폭시아 페아이 꽃에 앉아 있는 스키니아 글로리오사, 꽃밥 위에 앉아 거의 구분이 되지 않는 애벌레, 나무 밑동에 앉아 있는 브로키메나 콰드리푸스툴라타.

자나방과 다성에메랄드나방 애벌레의 위장술. 왼쪽은 가지처럼 위장한 모습이고 오른쪽은 잎처럼 위장한 모습이다.

운데 하나이며, 팔라폭시아 페아이*Palafoxia feayi*의 꽃과 색이 똑같은 날개로 꽃 위에 앉아 한낮의 휴식을 만끽하는 아름다운 꽃나방(스키니아 글로리오사*Schinia gloriosa*, 영어명: glorius flower moth)도 그런 모방자입니다. 수년 동안 그런 모 방자들을 찍기 위해 카메라를 들고 여기저기 돌아다녔지만 쉬운 일은 아니었습 니다. 난초 꽃 사이에 숨어 먹이를 기다리는 플로리다나무껍질사마귀(고나티스타 그리세아*Gonatista grisea*, 영어명: Florida bark mantis)는 거의 눈에 띄지 않습니 다. 샌드힐 로즈메리(케라티올라 에리코이데스 *Ceratiola ericoides*)만 먹는 시로미 과(科)Empetraceae의 다성에메랄드나방(네모리아 오우티나*Nemoria outina*, 영어 명: polyphenic emerald moth) 애벌레가 여름이면 잎을 흉내 내고 겨울이면 가 지를 흉내 내는 것도 자연을 모방하는 한 예입니다.

제가 아는 한 자연을 흉내 내는 모방자 가운데 가장 특이한 경우는 식물의 이 형성dimorphism(동일 식물에 두 가지 다른 형태의 꽃이나 잎이 생기는 현상—옮긴이) 을 흉내 내는 애벌레입니다. 당시에는 프린스턴대학원생이었고 지금은 와이오밍

대학에서 교편을 잡고 있는 에릭 그린Erik Green이 발견했습니다. 에릭이 찾아낸 네모리아 아리조나리아Nemoria arizonaria의 애벌레는 서식처에 따라 떡갈나무의 미상화catkin처럼 위장하기도 했고 작은 가지처럼 위장하기도 했습니다. 놀랍게도 네모리아 아리조나리아 애벌레의 모습을 결정하는 요인은 애벌레가 먹는 먹이였습니다. 미상화를 먹는 애벌레는 미상화처럼 변했고, 잎을 먹는 애벌레는 가지처럼 변했습니다.

■ 가시는 동물을 막기 위한 식물의 보편적인 방어 무기입니다. 그런데 식물의 가시가 동물을 이롭게 할 때도 있습니다. 동물들은 식물의 가시 사이로 숨어들어 잠깐 동안 몸을 숨기기도 하고 아예 보금자리를 마련하기도 합니다. 예를 들어 선인장굴뚝새(캄필로르힌쿠스 로룬네이카필루스Campylorbynchus lorunneicapillus)는 선인장에 둥지를 지음으로써 자신도 보호하고 새끼들도 안전하게 지킵니다. 애크볼드연구소에서 새로운 발견을 찾아 탐험하는 낮 시간에 종종 만나곤 했던 녹색아놀도마뱀(아놀리스 카롤리넨시스Anolis carolinensis)은 무척 즐거운 기억으로 남아 있습니다. 이 친구를 만나는 시간은 대부분 이른 아침으로, 언제나 똑같은 부채선인장속 선인장의 크고 뾰족한 가시 사이에 몸을 숨기고 일광욕을 하고 있었습니다. 사실 선인장은 녹색아놀도마뱀들이 주로 쉬는 장소가 아닙니다. 하지만 제가 만난 그 친구는 경험을 통해서 선인장 가시의 이점을 알게 된 것 같았습니다. 정말 현명한 전략이 아닐 수 없습니다.

애크볼드연구소에서는 허리노린재과에 속하는 잎발노린재(켈리니데아 비티게르Chelinidea vittiger, 영어명: leaf-footed bug)도 자주 볼 수 있는데, 이 친구들은 부채선인장속 선인장 위에서 일생을 보냅니다. 성충은 날개가 있기 때문에 짝짓기를 한다거나 너무 많은 켈리니데아 비티게르가 몰려 있어 조금 분산될 필요가 있을 때는 날아오르기도 하지만, 부채선인장속 선인장을 먹고 자라기 때문에 일생 동안 이 선인장에서 생활합니다. 부채선인장속 선인장에 있는 켈리니데아 비티게르는 신인장의 가시 때문에 손으로 집을 수 없습니다. 켈리니데아 비티게

촐라선인장 위에 지은 선인장굴뚝새의 둥지.

부채선인장속 선인장 가시 사이에서 쉬고 있는 녹색아놀도마뱀.

르 암컷은 가시에 알을 낳으며, 탈피하는 동안 선인장 가시를 꼭 잡고 있는 켈리니데아 비티게르도 쉽게 볼 수 있습니다. 성충들이 휴식을 취할 때도 가시에 매달립니다. 켈리니데아 비티게르가 서식처를 제공하는 선인장에게 피해를 입힌 경우는 한 번도 보지 못했습니다. 해충이 득실거리거나 벌레가 파먹은 자국이 있는 선인장은 보통 노화했기 때문입니다.

얼마 전에 애리조나에서 마리아와 저는 진짜 곤충 사냥꾼인, 가시로 덮인 식물에 흥미를 느꼈습니다. 그런 식물에게는 천적인 곤충이 없겠구나 하고 생각했지만 우리의 예상은 빗나갔습니다. 더구나 그 천적은 식물의 가시를 이용하기까지 했습니다.

자주 찾아가는, 포털 근처에 있는 애리조나 사막에서 발견한 멘트첼리아 푸밀라*Mentzelia pumila*(학명이 그대로 일반명으로 쓰임—옮긴이)는 국화과에 속하며 가

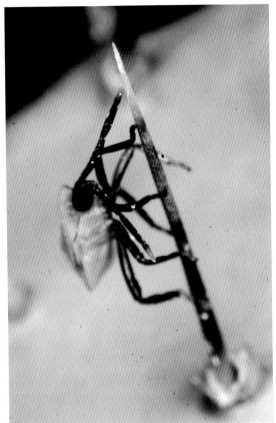

(왼쪽) 부채선인장속 선인장에 매달린 켈리니데아 비티게르. 이 노린재는 쉴 때나 알을 낳을 때 선인장의 가시에 매달린다.
(오른쪽) 알에서 부화되고 있는 유충들.

지가 무수히 많은 초본 식물입니다. 이 식물이 우리의 시선을 끈 이유는 첫째, 표면에 수없이 많은 곤충이 죽은 채로 붙어 있었기 때문입니다. 잎이며 줄기 할 것 없이 크고 작은 온갖 곤충이 붙어 있었습니다. 곤충들을 붙들고 있는 것은 식물의 표면에 난 모상체(毛狀體)trichome로, 모상체는 흔히 작은 털이나 가시로 되어 있지만 멘트첼리아 푸밀라의 모상체는 가공할 만큼 위력적이었습니다. 멘트첼리아 푸밀라의 모상체는 눈으로 보기 어려울 만큼 작았지만 고배율로 확대해서 보면 바늘처럼 생긴 돌기가 얼마나 위협적이고 무시무시한 무기인지 알 수 있습니다. 멘트첼리아 푸밀라의 모상체는 세 종류로 이루어져 있습니다. 가장 많은 수

멘트첼리아 푸밀라와 모상체.

(위 왼쪽) 멘트첼리아 푸밀라의 전체 모습. (위 오른쪽) 잎의 가장자리. (아래) 모상체의 세 가지 기본 유형.

를 차지하는 첫 번째 유형은 끝부분이 안쪽으로 구부러진 갈고리 모양인데, 갈고
리가 기둥에 나 있기도 합니다. 두 번째 유형은 첫 번째 유형보다 훨씬 더 조밀한
갈고리가 가득해 더 위협적으로 보입니다. 세 번째 유형은 크리스마스트리처럼
위로 갈수록 가늘어지며 끝이 뾰족하고 기둥은 갈고리로 둘러싸여 있습니다. 멘
트첼리아 푸밀라의 모상체는 아주 튼튼하기 때문에 잘 부러지지 않습니다. 모상
체들 때문에 멘트첼리아 푸밀라를 만지면 사포를 만지는 느낌이 듭니다.

　모상체에 잡힌 곤충은 여러 종류의 딱정벌레를 비롯하여 나방, 하루살이, 개
미, 벌, 파리, 멸구 등 헤아릴 수 없을 정도입니다. 대부분 멘트첼리아 푸밀라와
는 별 상관없이 살아가는 곤충들이기 때문에 우연히 근처를 지나가다가 모상체
에 걸린 게 분명했습니다. 아마 그 곤충들은 우연히 모상체에 내려앉았거나 날

(위) 멘트첼리아 푸밀라의 천적인 마크로시프홈 멘트첼리아이. 다리가 아주 가늘다.
(아래) 멘트첼리아 푸밀라에 걸려서 죽은 무당벌레. 진디는 멘트첼리아 푸밀라 덕분에 천적인 무당벌레의 공격을 피할 수 있다. 무당벌레가 죽으면 식물에 해를 입히는 진디는 잡아먹힐 위험이 줄어든다.

아가다가 부딪혀서 그런 운명을 맞이한 것 같았습니다. 마리아와 저는 멘트첼리아 푸밀라 한 그루당 몇 마리나 되는 곤충이 붙어 있는지 세어보았습니다. 우리가 세어본 열두 그루에는 평균 72마리가 매달려 있었습니다. 이 숫자에는 우리가 따로 센 무당벌레의 수는 포함되어 있지 않습니다. 그 이유는 다시 설명하겠습니다.

우리는 이제 막 곤충이 걸려든 잎들을 따와서 곤충이 모상체에서 벗어나려고 애쓰는 모습을 현미경으로 관찰해보았습니다. 모상체 몇 개가 곤충을 옭아매고 있었습니다. 모상체는 곤충의 다리와 구기, 더듬이, 날개에 박혀 있었고, 그 때문에 피를 흘리고 있는 곤충도 있었습니다. 모상체에서 벗어나 자유를 되찾은 곤충은 거의 없었습니다.

이런 무시무시한 무기를 지닌 식물을 먹는 천적이 있을성싶지는 않았지만, 어쨌든 확인은 해보아야 한다는 생각으로 일단 살펴보기로 했습니다. 그런데 진디 가운데 한 종이 멘트첼리아 푸밀라를 끊임없이 먹어치운다는 사실을 발견했습니다. 학명이 마크로시프훔 멘트첼리아이*Macrosyphum mentzeliae*라고 하는 이 진디는 오직 멘트첼리아 푸밀라에서만 발견됩니다. 멘트첼리아 푸밀라를 먹을 수 있도록 특별한 진화 과정을 거친 종이 틀림없었습니다.

분명히 상처를 입지 않도록 특수하게 진화된 다리나 기관이 있을 거라고 생각하고 마크로시프훔 멘트첼리아이를 자세히 살펴보았지만, 특별히 멘트첼리아 푸밀라에게 적합하도록 진화된 흔적은 찾을 수 없었습니다. 단지 마크로시프훔 멘트첼리아이의 다리는 모상체 사이에 딱 알맞게 들어갈 정도로 아주 가늘었는데 가끔씩 움직여야 할 필요가 있을 때는 그 가느다란 다리를 조심스럽게 움직였습니다. 가느다란 다리 말고는 특이한 구조나 행동을 찾아볼 수 없었습니다. 그런데도 마크로시프훔 멘트첼리아이는 다른 곤충들이 꼼짝도 못하고 묶여 있는 멘트첼리아 푸밀라 위를 자유롭게 걸어다니며 식사를 하고 있었습니다.

그런데 멘트첼리아 푸밀라와 마크로시프훔 멘트첼리아이의 관계는 생각했던 것보다 훨씬 더 복잡했습니다. 진디는 모상체를 피해 다닐 수 있을 뿐 아니라 모상체를 적극적으로 이용하기까지 했습니다. 진디에게 가장 무서운 천적은 보통 식물과 연합 작전을 펼치며 공격해 들어오는 무당벌레입니다. 그런데 멘트첼리아 푸밀라의 모상체는 무당벌레도 붙들어버리기 때문에 마크로시프훔 멘트첼리아이는 무당벌레의 날카로운 공격을 피할 수 있었습니다. 마크로시프훔 멘트첼리아이는 서식처의 방어 수단을 자신에게 유리하게 이용하는 듯했습니다.

멘트첼리아 푸밀라에서 볼 수 있는 무당벌레는 주로 히포다미아 콘베르겐스*Hippodamia convergens*였습니다. 성충이나 유충 할 것 없이 무당벌레는 대부분 멘트첼리아 푸밀라에 붙은 채로 죽어 있었지만 자유롭게 걸어다니는 개체도 있었습니다. 성충 가운데 마크로시프홈 멘트첼리아이를 잡아먹고 알까지 낳는 개체도 있었지만, 모상체에 찔려 죽어가는 개체도 있었습니다. 무당벌레 유충도 마찬가지였습니다. 마크로시프홈 멘트첼리아이 군락에 무사히 도착하는 개체도 있었지만 성충이나 유충에게 모상체는 분명히 버거운 장애물이었습니다. 멘트첼리아 푸밀라 스물세 그루에서 찾은 무당벌레 성충 100마리 가운데 80마리가 모상체에 달라붙어 있었습니다. 마크로시프홈 멘트첼리아이는 모상체에 전혀 영향을 받지 않았을 뿐 아니라 모상체를 적극적으로 이용하여 천적까지 물리치는, 진정한 승자가 틀림없었습니다. 멘트첼리아 푸밀라로서는 주요 천적 가운데 하나인 마크로시프홈 멘트첼리아이를 보호해주는 역할까지 하다니, 얼마간 손해를 본다는 생각이 들었습니다.

그런데 왜 그렇게 많은 곤충들이 멘트첼리아 푸밀라에 부딪혀 죽어가야만 하는 걸까요? 어쩌면 멘트첼리아 푸밀라는 죽은 곤충들 덕분에 이득을 얻는지도 몰랐습니다. 일단 모상체에 붙잡혀 죽은 곤충들은 썩어갈 테고, 썩은 곤충의 몸에서 떨어진 질소 성분이 땅속으로 스며들어가 비료 역할을 하는지도 모릅니다. 곤충의 몸에서 공급되는 질소의 양은 그다지 많지 않겠지만 사막처럼 척박한 토양에서는 무시할 수 없는 양일 것입니다. 플로리다주와 조지아주의 연안을 따라 펼쳐진 평원에는 월귤나무과(科)Ericaceae에 속하는 타르플라워(베파리아 라케모사Befaria racemosa)라는 토착 식물이 있는데, 이 식물도 곤충을 희생양으로 만들어 곤충의 몸에서 나오는 질소 성분을 흡수합니다. 타르플라워의 꽃봉오리, 줄기에서 멀리 떨어진 잎의 뒷면, 꽃잎 표면, 아직 덜 여문 열매에는 끈적끈적한 점액이 묻어 있는데 꿀벌처럼 강인한 곤충들도 이 점액에 달라붙습니다. 타르플라워의 점액은 초식 동물이나 꽃가루를 훔쳐가는 도적들을 막는 방어 수단이기도 하지만 경우에 따라서는 식충을 위한 무기가 되기도 합니다.

1960년대에 애리조나주 포털 근교의 크리크 캐니언에서 플라타너스나무를 살펴보던 제 눈에 4장에서도 설명한 바 있는, 잡동사니를 등에 짊어지고 다니는 풀잠자리과 유충이 플라타너스의 모상체를 짊어진 모습이 들어왔습니다. 학명이

타르플라워(베파리아 라케모사*Befaria racemosa*). 꽃봉오리의 바깥 면은 꽃받침 끝에서 분비하는 끈적끈적한 점성 물질로 덮여 있다. 실처럼 늘어지는 이 점성 물질에 고체 물질이 닿으면 착 달라붙어서 떨어지지 않는다. 타르플라워의 꽃봉오리에는 수백 마리가 넘는 곤충이 달라붙어 있는데 그 중에는 상당히 큰 곤충도 있다.

케라이오크리사 리네아티코르니스*Ceraeochrysa lineaticornis*라고 하는 이 곤충은 그 전부터 이미 알고 있었지만 성충이 아닌 유충을 본 것은 그때가 처음이었습니다. 플라타너스 잎에는, 특히 뒷면에는 모상체가 아주 빽빽하게 나 있습니다. 하지만 치명적인 무기는 아닙니다. 플라타너스의 모상체는 가지가 많고, 밑동 부분에 돌쩌귀가 달린 듯 돌아가는데, 곤충이 이동하거나 먹으려 할 때 방해하는 역

(왼쪽 위) 플라타너스 잎에 나는 모상체를 뒤집어쓰고 플라타너스 잎 위를 걷고 있는 풀잠자리과 유충(케라이오크리사 리네아티코르니스*Ceraeochrysa lineaticornis*).
(오른쪽 위) 사진에서 보듯이 플라타너스 잎의 모상체는 육식성 침노린재를 막아주는 방패 구실을 한다. 침노린재는 긴 주둥이로 유충을 찌르려고 하지만, 모상체 덮개가 워낙 두꺼워서 번번이 실패하고 만다.
(아래) 큰 턱으로 잎에 붙은 모상체를 떼어내 등 위에 붙이는 케라이오크리사 리네아티코르니스.

할을 합니다. 플라타너스의 모상체는 또한 잎 표면에 공기를 잡아둠으로써 수분이 기공을 통해 증발하는 작용의 속도를 늦추는 역할도 합니다. 케라이오크리사 리네아티코르니스 유충은 바로 이런 모상체의 밑동을 잘라 등에 붙이고 다녔습니다. 케라이오크리사 리네아티코르니스 유충이 모상체를 온통 뒤집어쓰면 완벽

방패벌레과 곤충인 코리투카 콘프라테르나(*Cory-thucha confraterna*)는 플라타너스나무의 해충으로, 풀잠자리과 유충인 케라이오크리사 리네아티코르니스가 가장 좋아하는 먹이.

하게 몸을 숨길 수 있기 때문에 마치 작은 솜뭉치가 걸어다니는 것처럼 보입니다. 모상체로 몸을 감싼 유충은 개미나 침노린재 같은 천적의 공격을 물리칠 수 있습니다. 유충 한 마리가 모상체 은폐물을 완벽하게 만들려면 잎 뒷면 두 장분의 모상체가 필요하며 시간도 오래 걸립니다. 그러나 케라이오크리사 리네아티코르니스 유충이 플라타너스의 방어 무기인 모상체를 뽑아 은폐물을 만든다고 해서 도둑질처럼 생각하면 안 됩니다. 케라이오크리사 리네아티코르니스 유충은 다른 풀잠자리과 유충들처럼 곤충을 잡아먹는 육식성 동물로, 주요 먹이는 플라타너스를 해치는 대표적인 해충인 노린재목 방패벌레과(科)^{Tingidae}의 방패벌레입니다. 따라서 케라이오크리사 리네아티코르니스 유충은 플라타너스에게 은혜를 갚는 셈입니다. 모상체를 가져가는 대신 해충을 잡아주니 말입니다.

내장액을 토해내고 있는, 동부큰메뚜기인 로말레아 구타타.

메뚜기는 아주 고약한 습성이 있는 곤충입니다. 잡히면 어김없이 토합니다. 토하지 않을 때가 한 번도 없습니다. 처음에는 방울로 떨어질 정도로 소량만 토해 내지만 오랫동안 놓지 않고 잡고 있으면 손이 다 젖을 정도로 많은 분비물을 토해 냅니다. 잎담배가 나는 곳에서 사는 아이들은 그 액체를 담배 주스라고 부릅니다.

몇 년 전에 애크볼드연구소에서 포티스 카파토스와 함께, 메뚜기가 음식물을 게워내는 이유는 섭취한 먹이 속에 들어 있던 유독한 화학물질을 방어용으로 사용하기 위해서라는 가설을 입증하고자 실험한 적이 있습니다. 식물 속에 다양한

2차 대사산물과 끔찍한 맛을 내거나 악취가 풍기는 방어용 독소가 가득 들어 있다는 사실은 이미 알고 있었지만 완벽한 안전장치란 어디에도 있을 수 없다는 것 역시 잘 알고 있었습니다. 식물의 방어 물질을 무력화시키는 초식동물은 항상 있게 마련이며, 동물들은 식물을 먹으려고 방어 물질에 내성을 갖추는 쪽으로 끊임없이 진화해왔습니다. 그러니 초식동물이 단순한 내성보다도 한 단계 더 발전된 전략을 구사하지 말라는 법은 어디에도 없습니다. 식물의 독성에 내성을 갖게 됨은 물론, 식물의 독성을 이용하여 스스로를 방어하는 초식동물이 있을지도 모르는 일입니다. 어쩌면 우리가 만난 메뚜기도 그런 동물일 것 같았습니다.

우리는 메뚜기가 토해내는 이유가 식물에서 흡수한 방어 물질을 이용하여 포식자들을 물리치기 위함이라고 생각했습니다. 플로리다에서 흔히 볼 수 있는 동부큰메뚜기(로말레아 구타타 *Romalea guttata*)를 실험 대상으로 삼기로 했습니다. 일단 로말레아 구타타를 잡아 토하게 한 후에 그 액체를 피펫으로 빨아들인 다음, 설탕물이 들어 있는 접시에 섞어 개미에게 주었습니다. 결과를 비교해보려고 다른 개미들에게 순수한 설탕물만 주었는데, 이들 대조군 개미는 아주 열심히 설탕물을 빨아먹었지만, 로말레아 구타타가 토한 용액을 섞은 설탕물을 받은 개미들은 접시를 거들떠보지도 않았습니다. 이로써 로말레아 구타타가 토해내는 음식이 곤충을 쫓는다는 사실이 밝혀졌습니다. 그래서 이번에는 로말레아 구타타 두 마리를 골라 한 마리에게는 자연 상태에서 주로 먹는 식물인 개회향풀(에우파토리움 카필리폴리움 *Eupatorium capillifolium*, 영어명: dog fennel)을 먹이고, 다른 한 마리에게는 시장에서 파는 냉동 상추를 먹인 다음에 똑같은 실험을 다시 해보았습니다. 먼저 우리는 두 식물의 즙을 추출하여 설탕물에 섞어서 개미에게 주었습니다. 개미는 에우파토리움 카필리폴리움이 섞인 설탕물은 먹지 않았습니다. 그 모습을 본 우리는 개미들이 에우파토리움 카필리폴리움을 먹은 로말레아 구타타가 토한 용액을 섞은 설탕물은 먹지 않으리라는 사실을 예측할 수 있었습니다. 실제로도 개미들은 먹지 않았습니다. 마찬가지로 상추를 먹은 로말레아 구타타가 토한 용액을 섞은 설탕물은 개미가 싫어하지 않을 것이라고 생각했는데 역시 그랬습니다. 이로써 로말레아 구타타는 유독한 식물을 먹고 토해 그 식물의 해로운 성분을 재이용한다는 사실을 입증한 셈입니다. 상추와 달리 에우파토리움 카필리폴리움에는 파이롤리지다인 알칼로이드pyrrolizidine alkaloid 같은 방어용 대사 물질이 들어 있기 때문에 우리가 세운 가설은 맞는 셈이었습니다. 하지만 로말레아 구타타가 토한 액체를 분석해보지 않았기 때문에 논문으로 발표하지는 않았습니다. 그리고 몇 년이 지난 후에 로말레아 구타타와는 전혀 다른, 침엽수를 먹는 잎벌의 유충이 자신을 보호하기 위해 토하는 것을 보고 그 토해낸 물질을 화학적으로 분석해보았습니다.

잎벌은 꿀벌이나 말벌, 개미 등이 속한 벌목(目) 곤충입니다. 벌목은 막시목이라고도 합니다. 잎벌은 벌목 가운데 원시 종(種)에 속합니다. 무리를 짓지 않고 독침도 없는 성충은 아주 연약한 곤충입니다. 하지만 유충은 방어 수단을 가지고 있습니다. 잎벌 유충 가운데에는 자신의 몸을 보송보송한 밀랍으로 감싸는 녀석도 있고, 끈적끈적한 점액으로 덮는 녀석도 있고, 독특한 자세를 취해 자신이 방어 분비샘을 가지고 있다는 사실을 과시하는 녀석도 있습니다. 그 중에서도 제 관심을 끈 녀석은 잡히면 토하는, 침엽수를 먹는 종이었습니다. 이타카에도 그런 잎벌 유충이 있습니다. 누런솔잎벌(네오디프리온 세르티페르Neodiprion sertifer)이라는 이 잎벌의 유충이 토해내는 액체는 사실 이 유충이 먹는 침엽수의 송진 같았습니다. 자신이 먹은 식물 속에 들어 있는 송진만 따로 걸러서 공격을 받을 때 토해내는 게 사실이라면 정말 흥미로운 일입니다. 누런솔잎벌 유충의 구토물은 끈적끈적하고 독특한 향기가 나는 것이 정말로 침엽수의 송진처럼 보였습니다.

누런솔잎벌은 미국에 들어온 외래종으로, 가장 좋아하는 서식처는 유럽소나무(피누스 실베스트리스Pinus sylvestris)입니다. 군락을 이루며 떼 지어 사는 누런솔잎벌 유충은 침엽수의 뾰족한 잎에 매달려 지냅니다. 공격을 받는다고 느끼면 이 유충은 아주 독특한 행동을 합니다. 몸의 앞부분을 완전히 뒤로 젖히고, 입에서 송진처럼 생긴 액체를 뱉어냅니다. 핀셋으로 몸을 찌르면 앞부분을 완전히 뒤로 젖혀 핀셋에 정확하게 구토물을 떨어뜨립니다. 유충의 반응은 정말 정확하고 신

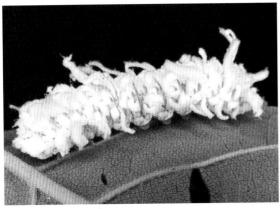

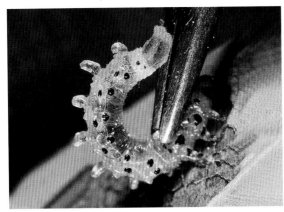

잎벌 유충.

(왼쪽 위) 왁스로 덮여 있는 털북숭이오리나무잎벌(에리오캄파 오바타*Eriocampa ovata*, 영어명: woolly alder sawfly).

(오른쪽 위) 점착성 물질로 덮여 있는 서양배나무잎벌(칼리로아 케라시*Caliroa cerasi*, 영어명: pear sawfly).

(아래) 분비샘이 있는 네마투스속(Nematus) 잎벌 유충. 네마투스속 유충은 공격을 받으면 꽁지를 둥그랗게 말아 일으켜서 배에 일렬로 늘어서 있는 분비샘을 뒤집어 보인다.

속해서, 찌른 부위가 뒤가 됐든 옆이 됐든 간에 조금도 빗나감 없이 핀셋이 있는 쪽에 정확하게 구기를 갖다 댑니다. 여러 과학자들의 연구를 통해 누런솔잎벌 유충의 구토물이 새나 기생성 포식자를 쫓아내는 방어 수단이라는 사실이 알려졌습니다. 대학원생이었던 주디 조네시Judy Johnessee와 짐 카렐과 함께 진행한 간단한 실험을 통해 누런솔잎벌 유충이 토해낸 액체가 개미와 늑대거미를 쫓는다는 사실을 알아냈습니다. 누런솔잎벌 유충의 구토물을 뒤집어쓴 개미와 늑대거미는 구토물을 닦아내려고 갖은 애를 써야 했습니다.

화학 실험을 도와준 사람은 제럴드의 연구실에 있던 로렌스 B. 헨드리Lawrence B. Hendry라는 학생입니다. 유충이 토해낸 액체를 분석한 결과, 모든 면에서 송진과 일치한다는 사실을 알아냈습니다. 유충이 토해낸 액체 속에는 송진의 끈적끈

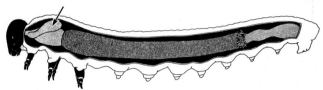
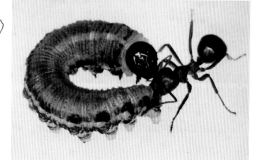

누런솔잎벌 유충.

(왼쪽 위) 유럽소나무에 모여 있는 유충들.

(오른쪽 위) 공격을 가하자 머리를 뒤로 완전히 젖힌 채 토하는 유충.

(왼쪽 아래) 유충의 소화관 해부도. 어두운 색으로 표시한 가운데 부분이 중장(midgut)이다. 앞쪽의 밝은 부분은 안쪽이 큐티클 층으로 싸여 있는 전장(foregut)이다. 전장에는 식도에 연결된 커다란 주머니가 있는데, 이곳에 송진을 저장한다. 그림의 화살표는 왼쪽 주머니를 가리킨다.

(오른쪽 아래) 개미가 공격을 가하자 머리를 완전히 뒤로 돌려 개미에게 송진을 토해내는 유충의 모습.

적한 특징을 결정하는, 송진산$^{resin\ acid}$이라는 일종의 카르복시산이 들어 있었고 송진 특유의 냄새가 나게 하는, 간단한 이소페노이드^{isopenoid}인 알파 피넨이나 베타 피넨 같은 화학물질이 들어 있었습니다. 유충이 토해낸 액체는 분명히 소나무 잎과 가지에 들어 있는 송진이었습니다. 잎과 가지에서 분비되는 송진은 구조적으로 조금 다른데 유충의 구토물에는 두 가지 송진이 모두 들어 있었습니다. 유

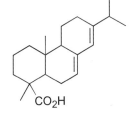

이소페노이드인 알파 피넨(왼쪽)과 베타 피넨 (가운데). 오른쪽은 아비에트산(abietic acid).

CO_2H

 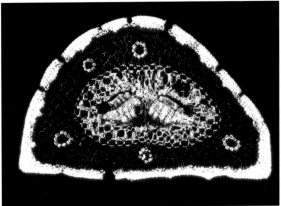

(왼쪽) 송진관이 흐르는 소나무 잎의 단면. 송진이 흘러나오는 모습이 보인다.

(오른쪽) 소나무 잎의 횡단면 모습. 송진을 운반하는 모세관 다섯 개가 보인다.

충의 먹이 습성을 자세히 관찰해본 결과 유충은 잎뿐만이 아니라, 가지의 송진을 운반하는 가지 송진관이 퍼져 있는 잎자루fascicle까지 먹어치우고 있었습니다.

유충을 해부하자, 식도 옆에 붙어 있는 주머니에 저장된 송진이 보였습니다. 송진이 저장된 주머니는 아주 컸기 때문에 쉽게 떼어내서 용매에 담글 수 있었습니다. 주머니 속에 들어 있는 용액은 분명히 잎과 가지에서 분비된 송진의 혼합물이었습니다. 고체 물질이 전혀 없는 주머니 속에는 송진 외에 어떠한 식물 성분도 없었습니다. 또한 소화관에 들어 있는 식물의 잔해나 유충의 배설물에도 피넨이나 송진산 같은 송진 성분이 전혀 없었습니다. 유충이 어떤 방법을 사용하여 먹이에서 송진만을 분리해내어 식도에 연결된 주머니로 보내는지는 알 수 없었지만, 그 기술은 완벽해 보였습니다.

식도에 연결된 주머니는 소화관의 일부인 전장에 속한 부분으로, 발생 초기에 체벽이 몸속으로 꺼져 들어가 만들어졌기 때문에 내벽이 큐티클 층으로 싸여 있습니다. 사실 곤충의 전장은 내벽이 모두 큐티클 층으로 되어 있지만, 누런솔잎벌의 경우는 좀더 특별한 의미를 지니고 있습니다. 전장이 부풀어올라 만들어진 송진 주머니의 내벽이 큐티클 층으로 싸여 있기 때문에 송진의 피해를 입지 않고 안전하게 저장할 수 있습니다. 사실 누런솔잎벌 유충은 송진을 삼키지 않습니다. 일단 소화관에서 송진을 분리해내면, 위험한 송진이 민감한 다른 조직에 닿지 않도록 소화관과 떨어져 고립되어 있는 주머니 속에 집어넣고 저장합니다. 유충은 송진을 방어 목적으로만 사용합니다. 유충을 굶기면 내장은 텅 비게 되지만, 주머니 속에 들어 있는 송진은 그대로 남습니다.

누런솔잎벌은 유충 시기가 끝나도 송진을 계속 이용합니다. 한여름이 되면 유충은 땅으로 내려와 고치를 틉니다. 고치 속에서 번데기로 변하지 않고 유충 상태로 몇 주 동안 지내는데, 그 사이에 고치를 건드리거나 찢으면 구기를 돌려 고치를 뚫고 들어온 물체를 향해 송진을 뱉어냅니다. 누런솔잎벌 유충이 송진을 완전히 뱉어내는 순간은 유충으로서 마지막 탈피를 할 때입니다. 몸속에 들어 있던 송진은 전장을 감싸고 있던 큐티클 층에 그대로 싸인 채 밖으로 나옵니다.

호주에도 유칼립투스 오일을 이용해 자신을 방어하는 잎벌이 있습니다. 식도에 연결된 주머니가 한 개만 있는 것으로 보아 누런솔잎벌이나 그의 친척종과는 전혀 다른 방법으로 방어 전략을 개발해온 것이 분명하지만, 송진을 먹는 잎벌과 똑같은 방법으로 식물의 오일을 이용합니다. 이 잎벌은 유칼립투스 잎을 먹을 때 그 속에 들어 있는 오일을 식도에 연결된 주머니에 저장했다가 공격을 받으면 토해내는 전략을 구사합니다. 호주 사람들은 이 유충을 '침 뱉는 벌레'라는 뜻으로 스핏파이어spitfire(사전적인 뜻으로는 '화를 잘 내는 사람', '성난 고양이'이지만, spit의 의미 가운데 '곤충이 내뿜는 거품 혹은 침'이라는 뜻이 있으며 fire에는 '발사하다'는 뜻이 있기 때문에 '침 뱉는 벌레'라고 번역했다—옮긴이)라고 부르는데, 정말 딱 들어맞는 이름입니다. 유칼립투스 오일은 포식자를 막아주는 역할을 하지만 빅스 베이포럽Vick's VapoRub(막힌 코를 뚫어주고 충혈을 없애주는 약 이름—옮긴이)과 똑같은 냄새가 나기 때문에, 충혈 완화용 흡입제로 사용한다고 해도 전혀 놀라지 않을 것 같습니다. 호주잎벌이 유칼립투스 잎에서 오일만 분리하는 기술은 정말

호주잎벌.

(왼쪽) 이제 막 태어난 유충을 보호하고 있는 프세우도페르가(*Pseudoperga*) 어미 잎벌. 어미는 새끼들이 오일
주머니를 가득 채울 때까지 떠나지 않고 새끼들을 보호한다.

(오른쪽) 한데 모여 있는 호주잎벌(프세우도페르가 구에리니*Pseudoperga guerini*, 영어명: Austrian sawfly)
유충들. 한꺼번에 유칼립투스 오일을 토해내고 있다.

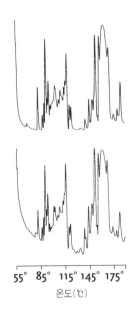

55° 85° 115° 145° 175°

온도(℃)

(왼쪽) 다 자란 유칼립투스고엽잎벌 유충
과 꽉 차 있는 유칼립투스 오일 주머니.

(오른쪽) 유칼립투스 잎에서 추출한 오일
(위)과 유칼립투스 잎을 먹고 자라는 잎벌
유충이 토해낸 오일(아래)을 기체 크로마
토그램으로 분석한 결과. 그래프의 정점이
완전히 일치하는 것으로 보아 두 오일은
동일한 화학물질로 이루어져 있음을 알 수
있다.

탁월합니다. 잎벌의 주머니에 있는 오일과 유칼립투스 잎에서 추출한 오일을 기체 크로마토그램으로 비교해보니 완전히 일치했습니다.

이 잎벌은 1972년부터 1973년까지 호주에 머물 때, 토머스 벨라스Thomas Bellas와 패트리스 모로Patrice Morrow와 함께 연구했습니다. 이 잎벌의 유충은 먹지 않고 쉬는 낮에는 보통 여러 마리가 한데 모여 있었습니다. 한데 모여 있던 잎벌 유충들은 공격을 받으면 한꺼번에 입에서 액체를 토해냈으며, 어떤 종은 한데 모여 있던 유충들이 일제히 꼬리를 탁탁 쳐서 토해낸 액체를 등에 묻혔습니다. 막 깨어난 유충이 오일 주머니에 유칼립투스 오일을 가득 채우려면 며칠 정도 시간이 걸립니다. 따라서 유충들이 깨어난 후 며칠 동안 어미가 그 곁을 떠나지 않고 유충을 공격하는 대상을 물거나 다리로 쳐가며 보호하는 종도 있습니다.

호주잎벌들의 오일 주머니는 매우 크다고 생각했습니다. 다 자란 유칼립투스 고엽잎벌(페르가 아피니스Perga affinis, 영어명: Eucalypt-defoliating sawfly) 유충의 경우 오일 주머니가 전체 무게의 20퍼센트를 차지했습니다.

호주에 사는 잎벌들도 고치를 지을 때 오일을 사용했지만, 누런솔잎벌과는 사용방법이 전혀 달랐습니다. 호주잎벌들은 오일과 배설물을 함께 섞어 고치 벽에 발랐습니다. 그 결과 호주잎벌들은 화학 무기 속에 완전히 몸을 숨길 수 있었습니다. 잎벌의 고치는 처음에는 유칼립투스 오일 냄새로 천적을 막았고, 시간이 흐른 뒤에는 단단하게 굳어진 배설물 덕분에 보호받을 수 있었습니다.

최초인지는 모르겠지만, 18세기에 스웨덴의 곤충학자 칼 드 기어Karl De Geer가 남긴 문서는 곤충이 식물의 수지resin를 이용한다는 사실을 기록한 것으로는 매우 이른 시기의 문서입니다. 칼 드 기어는 곤충을 묘사한 그림을 많이 남겨 유명해진 사람입니다. 1928년 모티머 디마레스트 레오나드Mortimer Demarest Leonard가 출판한 『뉴욕에 서식하는 곤충 일람표(A List of the Insects of New York)』를 넘겨보기만 해도 칼 드 기어의 이름을 쉽게 찾을 수 있습니다. 모티머의 책에는 칼 드 기어가 1776년에 출판한 논문 일곱 권에 실려 있던 바퀴와 여치, 귀뚜라미 그림 등등이 그대로 실려 있습니다. 수많은 삽화와 주석이 달린 칼 드 기어의 논문은, 그 시절에는 거의 하지 않았던 실험을 근거로 한 사실들을 기술하고 있습니다. 칼 드 기어의 실험은 스케치를 하는 동안 갑자기 진행되는 경우가 대부분이었지만, 실험 방법은 아주 명석하며 논리적이었고 절차 또한 정밀했습니다. 논문 1권을 보면 유충일 때 소나무 송진으로 만든 벌레혹gall 속에 사는 작은 나방에 대해서 설명한 부분이 나옵니다. 이 나방은 잎말이나방과(科)Tortricidae에 속하는 소나무송진벌레혹나방(페트로바 레시넬라*Petrova resinella*, 영어명: pine resin gall moth)이 분명해 보입니다. 페트로바속(屬)Petrova을 예전에는 에비트리아속(屬)Evitria이라고 했습니다.

칼 드 기어는 이 나방의 유충이 소나무의 작은 가지에 긴 홈을 내고, 이 홈에서 흘러나오는 송진을 이용하여 이글루처럼 생긴 벌레혹을 만드는 과정을 자세히 기술했습니다. 칼 드 기어는 이 유충이 그 벌레혹 안에 들어가 몸을 보호하는데, 벌레혹의 외피를 배설물로 덮어둔다고 했습니다. 그 당시는 송진관과 관다발의 차이가 밝혀지기 전이기 때문에 칼 드 기어가 송진을 식물의 영양분이라고 잘못 생각했던 것도 무리는 아닙니다. 그러나 칼 드 기어는 송진에 특별한 화학적 특성이 있다는 사실을 알아냈기 때문에, 이 작은 나방이 송진에 완전히 내성을 지닌 것을 의아하게 여겼습니다. 칼 드 기어는 침엽수의 송진에서는 곤충을 쫓는 데 쓰는 테레빈유 냄새가 나는데 어째서 나방은 송진 속에서 살 수 있는지 궁금해했습니다.

그래서 칼 드 기어는 먼저 벌레혹의 구성 성분이 송진인지부터 다시 확인해보기로 했습니다. 벌레혹을 알코올에 녹이자 테레빈유 냄새가 났고, 불을 붙이자 보통 니스의 재료로 사용하는, 천연 수액인 송진을 불에 태울 때 나는 유향 냄새가 났습니다.

칼 드 기어는 또 한 가지 실험을 해보았습니다. 그는 테레빈유에 담가둔 종이에 유충을 올려놓았습니다. 페트로바 레시넬라 유충은 아무렇지도 않은 듯이 종이 위를 슬금슬금 기어다녔고 기름에 푹 절었는데도 죽지 않았습니다. 하지만 대조

칼 드 기어가 그린, 페트로바 레시넬라 유충이 만든 벌레혹.

아래 사진은 절개하기 전과 후의 벌레혹. 절개한 벌레혹 속에 유충의 모습이 보인다.

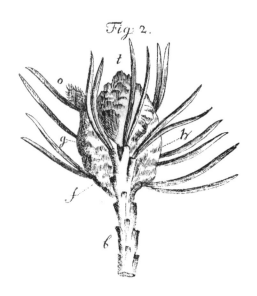

실험을 하기 위해서 같은 처리를 한 종이에 올려놓은 불나방과(科)^{Arctiidae} 유충은 계속해서 종이 밖으로 벗어나려고 했기 때문에 손으로 꽉 잡고 있어야 했습니다. 결국 불나방과 유충은 약해질 대로 약해져 4분도 되지 않아 죽고 말았습니다.

칼 드 기어는 페트로바 레시넬라 유충 세 마리를 테레빈유에 담근 종이가 들어 있는 단지에 넣고 뚜껑을 닫아놓았습니다. 세 마리 모두 처음에는 잘 견뎠지만 기름을 너무 많이 부었기 때문에 결국 숨을 쉬지 못해 죽고 말았습니다. 유충이 익사하는 모습을 보고, 이번에는 익사하지 않을 정도로 기름을 먹인 종이를 깔고 유충을 집어넣은 다음 뚜껑을 닫아놓자, 이틀 동안 살아 있었습니다. 테레빈유의 증기만 맡도록 벌레혹 일부를 집어넣고 뚜껑을 닫은 단지에 있던 유충은 더 오랫동안 살았습니다. 비교해보기 위해서 같은 처리를 한 단지에 집어넣은 부드러운 녹색 애벌레는 2분 만에 죽었고, 파리는 30분 만에 죽어버렸습니다.

실험을 끝낸 칼 드 기어는 액체 테레빈유는 물론 기체 테레빈유도 페트로바 레시넬라 유충에게는 해가 되지 않는다는 간단명료한 결론을 내렸습니다. 그 이유에 대해서는 '페트로바 레시넬라 유충의 몸 구조가 다른 곤충들과는 다르기 때문'이라고 하면서, 아마 호흡기관이 다를 것이라고 가정했습니다. 하지만 '유충의 기관과 기공이 너무 작아 자세히 알아볼 수 없었다'며 아쉬워했습니다. 비록 칼 드 기어는 자신의 추측을 확인하고자 좀더 정교한 후속 실험을 진행하지 않았고, 다른 곤충들과 비교해보지도 않았지만, 그의 논문은 생물의 특정한 먹이 분화^{food specialization}라는 개념과 독성이 있는 식물을 먹고 사는 초식동물의 내성이라는 주제를 제기함으로써 한 세기가 흐른 후에 다시 그 주제로 연구할 수 있는 동기를 마련해주었습니다. 칼 드 기어는 곤충학가로 후대에 이름을 남겼지만, 사실 실험 연구 분야의 선구자이기도 했습니다.

기록조차 남지 않은 먼 옛날부터 인류는 온갖 색에 대한 강렬한 욕구를 품고 있었고, 그 욕구를 충족시켜 줄 염료와 안료를 발견하는 특별한 감각을 선보여왔습니다. 인간은 온갖 색조를 사용하여 예술품을 만들고 교회를 장식하고 자신의 몸을 치장했으며 옷감을 물들였습니다. 인공 염료가 만들어지기 전에 인간은 자연에서 색을 빌려 왔습니다. 철이나 구리 같은 토양 속 물질도 염료 재료가 되었으며 수없이 많은 식물의 색도 재료가 되었습니다. 동물에게서 염료 재료를 얻는 경우는 드물었지만, 동물에게서 얻을 수 있는 선명한 빨간색은 더없이 소중한 염료였습니다. 피의 색이며 불의 색이고 태양의 색이기도 한 빨간색은 색 가운데 으뜸으로 여겨지고 통치권의 상징으로 채택되는 경우가 많았습니다. 따라서 붉은색 염료의 재료가 되는 동물, 그 중에서도 외국에서 들여와야 하는 동물은 중요한 상품으로 취급되어 소중히 다루어졌고, 어마어마한 양이 배에 실려 전 세계로 퍼져나갔습니다. 거의 300년 동안 진홍색 코치닐cochineal 염료를 만드는 재료였던 연지벌레(다크틸로피우스 코쿠스 *Dactylopius coccus*)도 그런 동물 가운데 하나입니다.

연지벌레Cochineal는 노린재목 밀깍지벌레과(科)Coccidae에 속하는 곤충으로 주로 가시가 많은 부채선인장에 모여 삽니다. 연지벌레는 왁스 가루와 명주실이 엉켜 보슬보슬한 솜뭉치 같은 은폐물을 등에 얹고 다닙니다. 솜뭉치 같은 은폐물을 등에 얹고 한데 모여 살기 때문에 연지벌레를 찾는 일은 그리 어렵지 않습니다. 막 태어난 어린 개체와 수컷은 솜뭉치를 이고 다니지 않습니다. 솜뭉치를 이고 다니는 암컷은 수컷보다 크며 수컷과 달리 날지 못합니다. 포도알처럼 생겼고 크기는 월귤(북반구 온대 북부 이북의 고산지역에서 자생하며 높이가 8~20cm인 상록 소관목으로, 6월에 꽃을 피우며 열매는 날로 먹거나 술을 만들어 먹고 잎은 약재로 사용함―옮긴이)의 반만 합니다. 흔히 코치닐색이라고 하는 붉은색 염료는 연지벌레를 으깼을 때 나오는 즙을 뜻합니다.

코치닐색은 에스파냐 사람들이 도착하기 전부터 신대륙에서 널리 쓰이던 염료입니다. 1519년 멕시코에 도착하여 아스텍인들이 붉은색 염료를 아주 많이 사용한다는 사실을 확인한 에스파냐인 정복자 에르난 코르테스Hernán Cortés는 화려한 몬테수마(제9대 아스텍 황제, 에르난과 얽힌 황금 이야기로 유명한 왕―옮긴이)의 의상을 보고 완전히 넋을 잃고 말았습니다. 에르난은 가까스로 아스텍 사람들이 빨간색을 내는 염료의 재료를 몇 자루 구해서 에스파냐로 보냈습니다. 에스파냐에 도착한 염료는 그 즉시 대성공을 거두었고 관련 산업이 융성하기 시작했습니다. 1600년이 되자, 코치닐 염료는 멕시코의 주요 수출품 가운데 하나로 자리 잡았으며 당시 현금과 똑같이 취급되던 금과 은에 이어 세 번째로 귀중하게 여기는 상품이 되었습니다. 코치닐 염료의 쓰임새는 갈수록 늘어 17세기와 18세기에도 대규모로 거래되었습니다. 1758년부터 1780년까지 오악사카 한 지역에서 거래된 코치닐 염료의 양은 해마다 평균 4억 5000킬로그램이 넘었습니다.

식민지 산업으로 코치닐을 경작하는 일은 대부분 토착민들을 활용해야 하는 아주 이례적인 사업이었습니다. 이는 소규모 경작을 의미했으며 부의 순수한 분배를 의미했습니다. 코치닐을 생산한다는 의미는 부채선인장을 길러 어린 연지벌레를 풀어놓고 성충으로 자라 솜뭉치를 만들 때까지 기다려야 한다는 뜻이었습니다. 다 자란 암컷은 햇볕이나 여러 가지 수단을 이용해서 말린 다음, 상업용으로 팔 수 있도록 가공해야 했습니다. 아메리카 원주민들은 연지벌레를 기르는 전문가들이었습니다. 아메리카 원주민들은 쓰레기나 나무를 태운 재에 선인장을 심고 잡초가 자라지 않도록 잘 관리했습니다. 연지벌레를 키우는 일은 흔히 가업으로 이어졌고, 선인장에 붙어 있는 연지벌레를 빗자루로 털어내는 일은 보통 여성들의 몫이었습니다.

에스파냐에서는 코치닐 염료의 생산 과정을 철저히 비밀에 부치고 코치닐 염료 판매를 독점했습니다. 살아 있는 연지벌레는 엄격하게 수출을 통제했으며 코치닐의 재료가 곤충이라는 사실도 비밀로 했습니다. 그 때문에 유럽의 몇몇 지역에서는 코치닐의 원료가 식물이라는 말이 떠돌았을 정도입니다. 여러 가지 추측을 잠재운 사람은 코치닐을 현미경으로 살펴보고 재료의 정체를 밝혀낸 안톤 반 레벤후크Antonin van Leewenhoek였습니다.

끈질긴 노력 끝에 결국 프랑스는 자국에 연지벌레 농장을 세우는 데 성공했고, 1800년대 중반에는 알제에 연지벌레 농장이 들어섰습니다. 카나리아 제도에도 연지벌레 농장이 세워졌는데, 카나리아 제도는 얼마 못 가 코치닐 염료의 주요

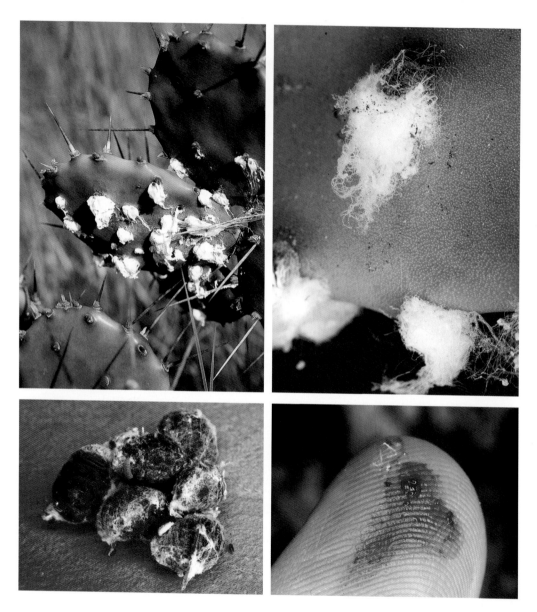

연지벌레(다크틸로피우스 코쿠스).

(왼쪽 위) 부채선인장에 모여 있는 연지벌레.
(오른쪽 위) 왁스와 명주실로 만든 솜뭉치를 쓰고 있는 연지벌레 암컷.
(왼쪽 아래) 솜뭉치를 빼앗긴 채 한데 모여 있는 연지벌레 암컷들.
(오른쪽 아래) 암컷 연지벌레를 으깬 자국.

수출지가 되었습니다. 1831년에 카나리아 제도에서 생산된 코치닐 염료는 4킬
로그램이었습니다. 하지만 1850년에 생산한 염료의 양은 40만 킬로그램에 달했
습니다.

코치닐 염료의 화학 조성을 밝혀내는 데는 오랜 시간이 걸렸습니다. 현재 우리
는 코치닐 염료가 카민산$^{carminic\ acid}$이라는 안트라퀴논^{anthraquinone}으로 이루어
졌다는 사실을 알고 있습니다. 코치닐 염료의 구성 성분이 밝혀진 것은 1818년
이지만 정확한 구조는 1959년이 되어서야 비로소 밝혀졌습니다.

1800년대 중반에 코치닐 염료는 중대한 전환점을 맞이했습니다. 그 무렵 처음
으로 아닐린 염료$^{aniline\ dye}$가 합성됐는데, 이는 공장에서 다양한 색깔 염료를 손
쉽게 만들 수 있다는 사실을 의미했기 때문에 대단한 반향을 불러일으켰습니다.
곧 유기화학$^{organic\ chemistry}$이라는 학문이 도래했고, 이는 곧 색채 혁명이 일어나
고 있음을 의미했습니다. 아닐린 염료의 탄생은 코치닐 염료 산업에 커다란 타격
을 주었습니다. 아직까지도 코치닐 염료를 이용해서 옷감이나 식품에 색깔을 입
히는 지역이 있긴 하지만, 분명히 코치닐 염료 산업은 아닐린 염료가 등장하고
몇 년 안 되어 완전히 사양길에 접어들어, 현재 연지벌레의 생산량은 전성기와

카민산.

비교해본다면 한 줌밖에 안 되는 규모로 전락하고 말았습니다.

그러나 연지벌레를 발견하고 사육하고 제품화하여 다양하게 응용한 역사는 북아메리카 대륙의 역사와 떼려야 뗄 수 없는 관계입니다. 연지벌레에서 추출한 코치닐 염료는 분명히 제일 처음 만들어진 미국 국기에 붉은 줄을 채웠을 것이며, 독립전쟁 때 영국 군인들이 입고 온 군복을 물들였을 것입니다. 사실 연지벌레는 독립전쟁의 도화선 역할도 했습니다. 미국 상인들은 에스파냐나 에스파냐의 식민지에서 코치닐 염료를 직접 사들일 수 있게 되자, 코치닐 염료를 사려면 더 많은 돈을 내라고 요구하는 영국인 중간 상인의 요구를 거절했습니다. 코치닐 염료에 얽힌 이야기는 인지세나 차에 붙은 관세와 달리 세간에 널리 알려지지 않았지만 말입니다. 또한 코치닐 염료는 정치적인 문제도 일으켰습니다.

처음 코치닐 염료를 알게 됐을 때 제 흥미를 끈 점은 그 기능이었습니다. 도대체 카민산은 어떤 역할을 하는 물질일까요? 카민산도 안트라퀴논의 일종이니, 안트라퀴논이 흔히 그렇듯이 방어 물질일지도 모릅니다. 하지만 카민산의 역할에 대해서 연구한 문서는 어디에서도 찾아 볼 수 없었습니다. 몇 세기에 걸쳐 그렇게 많이 사용한 천연 물질인데도 기능에 대해서 연구한 예가 없다니, 정말 이상한 일이었습니다.

카민산은 시중에서 얼마든지 구입할 수 있기 때문에 개미에게 실험해보려고 몇 밀리그램 사왔습니다. 함께 실험한 사람은 거미의 하얀 띠를 연구할 때 아주 즐거운 마음으로 도와준 스티븐 노위키였습니다. 당시 우리가 머문 곳은 개미를 미끼로 유혹하는 실험을 진행하던 애크볼드연구소였습니다. 우리 두 사람은 설탕물을 이용하여 실험에 쓸 일개미를 불러 모았습니다. 그렇게 해서 잡은 개미에게 카민산이 든 설탕 용액을 주자, 개미는 먹지 않고 피했습니다. 이번에는 사각

카민산이 들어 있는 설탕물 쪽으로는 가지 않고 순수한 설탕물 쪽으로만 모여드는 개미. 어두운 곳에서 실험해도 마찬가지 결과가 나오는 것으로 보아 카민산의 색 때문에 개미가 피하는 것이 아니라는 사실을 확인할 수 있다.

형 플라스틱 쟁반에 가장자리에 실험 용액을 가득 담은 원뿔형 용기 여덟 개를 놓아서 주었습니다. 그 중 용기 네 개에는 수크로오스(자당) 용액을 담고, 나머지 용기 네 개에는 카민산을 섞은 수크로오스 용액을 담았습니다. 그런 다음 두 부류의 용기를 찾아가는 개미의 수를 세고 방문 횟수의 차이로 카민산의 억제력을 추정해보았습니다. 카민산을 다양한 농도로 실험해본 결과, 연지벌레 속에 포함된 카민산과 거의 비슷한 농도인 10^{-1}M(몰) 이상일 때 개미가 전혀 접근하지 않는다는 사실을 알아냈습니다. 어쩌면 카민산의 붉은색이 개미를 막는지도 모르기 때문에 이번에는 어두운 곳에서 같은 실험을 반복해보았지만 결과는 마찬가지였습니다. 실험 결과 카민산은 개미를 쫓는 물질이 맞았습니다. 전혀 생각지도 못한 장소에서 찾아낸 증거도 이 같은 사실을 뒷받침해주었습니다.

플로리다에는 부채선인장속 선인장이 아주 많습니다. 애크볼드연구소에 있는 선인장에서도 수많은 연지벌레 무리를 볼 수 있습니다. 그런데 연지벌레 무리를 관찰하던 중, 연지벌레를 먹고 사는 애벌레가 있다는 사실을 알았습니다. 이 포식자를 알게 된 해는 1979년으로, 나방의 유충인 이 애벌레는 정확히 그때보다 100년 전에 유명한 코넬대학의 곤충학자 존 헨리 콤스톡John Henry Comstock이 기술한 바 있었습니다. 오직 연지벌레만을 먹고 사는 이 나방에게 존 헨리 콤스

톡 교수는 라이틸리아 코키디보라*Laetilia coccidivora*라는 학명을 붙였습니다. 라이틸리아 코키디보라는 정말 흥미로운 동물입니다. 연지벌레를 먹도록 진화해온 이 나방은 카민산에 끄떡없을 뿐 아니라 스스로를 방어하는 데 카민산을 이용하기까지 했습니다. 이 같은 사실은 라이틸리아 코키디보라가 진화적 기회주의자evolutionary opportunist라는 사실과 카민산이 효과적인 방어 무기라는 사실을 함께 말해줍니다.

라이틸리아 코키디보라는 소화 기관에 들어 있는 카민산을 토해내서 활용합니다. 라이틸리아 코키디보라는 연지벌레 무리 속에 살면서 탈피할 때를 빼면 계속해서 먹기만 하기 때문에 배를 굶는 일은 없습니다. 라이틸리아 코키디보라 애벌레의 커다란 소화 기관에는 끈적거리며 카민산이 들어 있는 연지벌레 체액이 늘 있습니다.

라이틸리아 코키디보라 유충은 누런솔잎벌 유충과 마찬가지로 필요한 순간에 정확히 필요한 곳에 내장액을 떨어뜨립니다. 핀셋으로 유충을 건드리면 그 즉시 머리를 돌려 핀셋에 내장액을 토해냅니다. 개미를 만나면 더 멋진 광경이 펼쳐집니다. 개미가 행군하는 근처에 유충을 내려놓으면 개미는 곧바로 공격에 들어가지만, 유충이 내장액을 토해내면 곧바로 공격을 멈추고 황급히 도망칩니다. 내장액을 뒤집어쓴 채 바닥에 몸을 붙이고 질질 끌면서 도망가기 때문에 개미가 지나간 자리에는 붉은 자국이 남습니다.

개똥벌레를 연구할 때 도와준 적이 있는 마이클 괴츠 덕분에 라이틸리아 코키디보라가 토해낸 내장액 속에 들어 있는 카민산의 농도를 측정할 수 있었습니다. 라이틸리아 코키디보라의 내장액에 있는 카민산의 농도는 연지벌레 몸속에 있는 카민산보다 2.7퍼센트 정도 더 진했습니다. 라이틸리아 코키디보라는 카민산을 몸속으로 흡수하지 않았습니다. 카민산은 유충의 내장액에만 있고 번데기나 성충의 몸속에는 없었습니다. 라이틸리아 코키디보라 유충은 연지벌레 무리가 모여 있는 곳에서 번데기를 틀었는데, 결과적으로는 몸을 숨기는 데 그만이었습니다. 라이틸리아 코키디보라 성충은 우아하고 아름다운, 전형적인 명나방

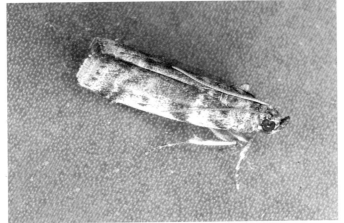

라이틸리아 코키디보라.

(위) 성충 나방.
(아래 왼쪽) 핀셋으로 찌르자 내장액을 토해내는 유충.
(아래 오른쪽) 라이틸리아 코키디보라 유충을 공격했다가 유충이 내뱉은 내장액을 뒤집어쓰고 도망가는 개미가 남긴 붉은색 자국.

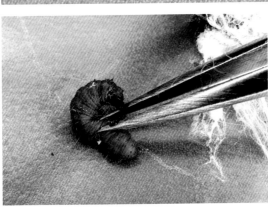

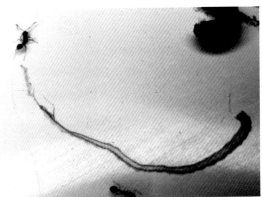

과 나방입니다.

애리조나에 있는 연지벌레 서식처를 알려준 롤프 치글러Rolf Ziegler와 코넬대학의 E. R. 호이베크E. R. Hoebecke, J. L. 매코믹J. L. McCormick 같은 여러 사람의 도움을 받아, 연지벌레를 먹는 또 다른 포식자인 무당벌레과 콩잎무당벌레(히페라스피스 트리푸르카타*Hyperaspis trifurcata*, 영어명: bean leaf beetle) 유충과 레우코피스속(屬)Leucopis이지만 아직 종명이 결정되지 않은 카마이미이다이과(科)Chamaemyiidae 파리를 연구해볼 수 있었습니다. 둘 다 유충일 때는 연지벌레를 먹고 얻은 카민산을 방어용으로 사용했지만, 토해내는 방법을 쓰지는 않았습니다.

히페라스피스 트리푸르카타 유충은 공격을 받으면 피가 흘러나왔습니다. 유충

연지벌레를 먹는, 다른 두 유충.

왼쪽은 카마이미이다이과에 속하는 파리 유충(레우코피스속)이고 오른쪽은 무당벌레과의 콩잎무당벌레 유충(히페라스피스 트리푸르카타)이다. 파리의 체벽 안쪽에 있는, 배설 기관인 말피기관이 붉은색을 띠고 있다.

의 출혈은 전형적인 반사 출혈이었습니다. 그런데 유난히 선명한 유충의 피 속에는 카민산이 들어 있었습니다. 피 속에 들어 있는 카민산의 농도는 개체에 따라 달랐지만 평균적으로 1.7퍼센트나 되었습니다. 연지벌레 성충 암컷과 비슷한 농도입니다. 피 속에 카민산이 들어 있다면, 보통 소화 기관의 중간에 위치하기 때문에 중장이라고 부르는 소화 흡수 담당 기관에서 카민산을 흡수했다는 뜻입니다. 곤충의 혈액은 체강을 가득 채우고 있는 액체를 말합니다. 체강 속에 들어 있는 혈액으로 녹아들었음이 분명한 카민산은 방어할 필요가 생길 때까지 그곳에 머뭅니다. 반사 출혈은 유충의 몸 표면 어느 부위에서나 일어날 수 있습니다. 개미가 공격을 가할 때 반사 출혈을 일으킨 히페라스피스 트리푸르카타 유충은 모두 상처 없이 살아남았습니다.

레우코피스속 파리 유충도 개미의 공격을 피해 살아남았지만, 이 유충은 다른 두 유충과 달리 배설물을 이용했습니다. 공격을 받은 레우코피스속 파리 유충은 항문임이 분명한 부위에서 빨간색 액체를 분비했습니다. 유충을 해부하자 직장 부분에 방어용 분비액이 가득 든 주머니가 있었습니다. 그러나 카민산이 곧바로 이 주머니에 저장되는 것은 아니었습니다. 일단 중장에서 흡수된 카민산은 배설 기관인 말피기관을 거쳐 저장 주머니로 이동했습니다. 레우코피스속 파리 유충의 말피기관은 언제나 붉은색을 띠는데, 이는 말피기관에도 카민산이 저장된다는 것을 말해줍니다.

라이틸리아 코키디보라 유충과 히페라스피스 트리푸르카타 유충, 레우코피스

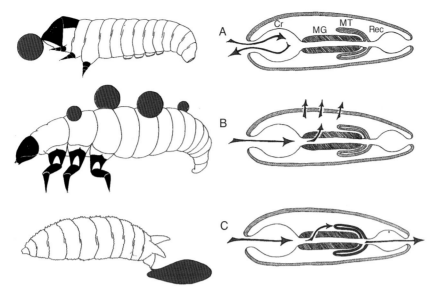

연지벌레를 먹는 유충 세 마리의 방어 전략.
오른쪽은 카민산이 체내로 들어가서 방어 시에 분비되는 과정을 그렸으며, 왼쪽은 카민산을 분비하는 방법을 묘사했다.

(A) 라이틸리아 코키디보라 유충.
(B) 히페라스피스 트리푸르카타 유충.
(C) 레우코피스속 파리 유충.

Cr=소화 기관
MG=중장
MT=말피기관
Rec=직장

속 파리 유충은 곤충마다 얼마든지 다양한 기회주의 전략을 구사할 수 있음을 보여주는 좋은 예입니다. 진화적으로 세 곤충은 모두 같은 목적을 가지고 있습니다. 이들 세 곤충은 자신만의 방법으로 먹이가 구축한 방어 전략을 한방에 무너뜨리고 먹이의 방어 물질을 자신의 방어 물질로 활용하는, 기회 포착 능력이 뛰어난 곤충들입니다. 모두 자신을 방어하기 위해 카민산을 이용하지만, 이용 방법은 세 종이 모두 다릅니다. 한 종은 입으로 뱉어내고, 한 종은 항문으로 뱉어내며, 또 다른 한 종은 출혈을 일으킴으로써 각자의 목적을 달성합니다.

9. 사랑의 묘약

The Love Potion

1893년, 그다지 유명하지 않았던 프랑스 의학 잡지 『군 의약학 자료집(Archives de Médecine et de pharmacie Militaires)』에 아주 기가 막힌 논문 한 편이 실렸습니다. 논문의 저자는 그보다 몇 년 전인 1869년에 북부 알제리로 진격하는 프랑스군과 함께 생활하면서 아주 신기한 의료 사고들을 목격한 J. 메니에르J. Meynier라는 의사였습니다.

때는 5월이었고, 메니에르는 새로운 기지 수립을 도우라는 명령을 받고 며칠 동안 시디벨아베스Sidi-bel-Abbés에서 산악 지대로 행군해야 했던 '아프리카의 사냥꾼Chasseurs d'Afrique' 이라는 부대에 소속되어 있었습니다. 그런데 행군 중 잠시 머무른 한곳에서 아픔을 호소하는 군인들이 무더기로 나왔던 것 같습니다. 메니에르는 통증을 호소한 군인들이 정확히 몇 명인지는 밝히지 않고 그저 '아주 많은 수였다' 라고만 기록했는데, 모두 같은 증상을 보였다고 합니다. 배가 아프고 입이 마르고 갈증이 나며 소변이 자주 마렵지만, 소변을 볼 때마다 통증이 찾아오고 몸이 허약해져가며 맥박이 줄어들고 혈압이 낮아지고 체온이 떨어지며 구역질이 나고 불안이 엄습해 온다고 했습니다. 이 정도 증상뿐이라면 만성적인 불안감 때문이라고 진단할 수도 있겠지만 군인들은 또 다른 증상도 함께 호소했습니다.

메니에르의 기술에 따르면 군인들은 모두 érections douloureuses et pro-longées, 즉 발기가 고통스럽게 오랫동안 지속되는 증상으로 고생했습니다. 이 같은 증상은 메니에르를 아주 당혹스럽게 했겠지만, 현명한 메니에르는 결국 원인을 찾아냈습니다. 1800년대는 비아그라가 나오기 전이지만 그 시대에도 발기를 지속시키는 물질은 있었습니다. 당시 의사들은 칸다리딘cantharidin이라는 화합물에 대해서 알고 있었습니다. 이 물질은 발기를 유발하는 특성이 있었기 때문에 종종 치료 목적으로 사용되고는 했습니다.

칸다리딘은 다른 말로 스패니시플라이spanishfly라고도 했습니다. 물론 가뢰과 곤충인 스패니시플라이(청가뢰)와는 전혀 상관이 없는 물질이고, 이베리아 반도

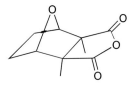

칸다리딘.

에서 처음 발견된 물질도 아니지만 말입니다. 하지만 칸다리딘은 가뢰과 딱정벌레의 몸에서 추출한 약이었고, 메니에르도 그 사실을 잘 알고 있었습니다. 이리저리 고민하던 메니에르는 군인들이 칸다리딘을 먹었기 때문에 그 같은 증상을 보인다고 생각하고, 뭔가 특이한 것을 먹지 않았는지 물어보았습니다. 메니에르의 생각은 적중했습니다. 범인은 바로 개구리grenouilles였습니다. 프랑스 사람들은 개구리 다리를 아주 좋아합니다. 프랑스 군인들은 휴식시간이면 근처에 있는 강가로 뛰어들어 미식가의 입맛을 충족시켜줄 개구리를 잡아서 요리해 먹고는 했습니다.

하지만 개구리 다리를 먹었다고 칸다리딘에 중독되다니, 조금 이상하다고 생각한 메니에르는 직접 조사해보기로 했습니다. 강가로 내려간 메니에르의 눈에 수많은 개구리들이, 역시 아주 많이 있는 딱정벌레를 잡아먹는 모습이 들어왔습니다. 메니에르는 그 딱정벌레들이 가뢰과 딱정벌레가 틀림없다고 생각했습니다. 가뢰과 딱정벌레를 먹은 개구리의 몸속에 칸다리딘이 쌓여 개구리 자체가 칸다리딘 운반체가 되고, 그 결과 개구리를 먹은 알제리 주재 프랑스 군인들이 종종 칸다리딘 중독 증상을 보이는 것이라고 말입니다. 또한 메니에르는, 통증을 호소하던 군인들의 증상은 어느 정도 시간이 흐르면 사라진다고 했습니다.

인류가 칸다리딘을 사용한 역사는 아주 오래되었으며 때로는 아주 고약한 목적을 위해서 사용했습니다. 칸다리딘이라는 화합물은 아주 기가 막힌 독약입니다. 100밀리그램이라는 아주 적은 양만 있어도 인간에게는 아주 치명적인 반응을 일으킬 수 있습니다. 가뢰과 딱정벌레 한 마리 속에는 밀리그램 단위로 칸다리딘이 있기 때문에 몇 마리만 먹어도 치명적일 수 있습니다. 칸다리딘을 섭취하면 발기 현상이 일어나기 때문에 일부 지역에서는 최음제로 잘못 알려져 남용되기도 했습니다. 현재 칸다리딘은 사랑의 묘약이 아니라는 사실이 알려져 있지만, 예전에는 프랑스를 비롯한 여러 나라에서 칸다리딘 환약을 사랑의 알약pastilles galantes으로 생각하고 복용했습니다.

칸다리딘 중독 사례는 얼마든지 찾을 수 있습니다. 고대에 루크레티우스는 칸

가뢰과 딱정벌레들. 왼쪽 위부터 시계 방향으로 네모그나타속(Nemognatha) 딱정벌레, 멜로에 레비스(*Meloe levis*), 조니티스속(Zonitis) 딱정벌레, 메게타 옵타타(*Megeta optata*).

다리딘 중독으로 사망했다고 알려져 있습니다. 마르키 드 사드가 마르세유에서 성매매 여성들을 죽이려고 칸다리딘을 사용했다는 무시무시한 이야기도 전해져 내려옵니다. 과거에는 의학적인 목적으로도 칸다리딘을 광범위하게 사용했습니다. 고대 그리스의 히포크라테스도 칸다리딘에 대해서 기술했고, 프리드리히 대제 시절에는 결핵과 광견병 치료에 이용했습니다. 칸다리딘은 1810년에 분리해

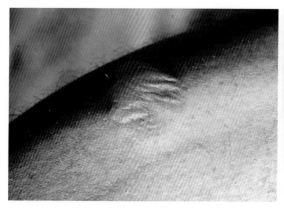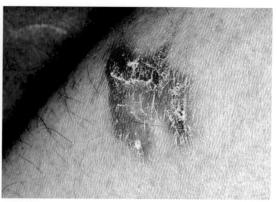

가뢰과 딱정벌레의 피 때문에 생긴 물집. 왼쪽은 피를 바르고 두 시간이 지난 후의 모습이며 오른쪽은 2주가 지난 후의 모습이다.

내는 데 성공했으며 원자 구조는 1941년에 밝혀졌고 1953년에 드디어 합성에 성공했습니다.

칸다리딘은 국소적으로도 작용합니다. 피부에 칸다리딘을 바르면 커다란 물집이 생깁니다. 옛날에는 만성 질환을 치료하고자 칸다리딘을 발라 물집을 생기게 하는 경우가 많았습니다. 그리고 지금도 일부 지역에서는 가뢰과 딱정벌레인 땅가뢰를 말려서 빻은 가루를 최음제라는 명목으로 거래하며 칸다리딘으로 만든 의학 약품에 대해 특허를 신청하고 있습니다. 경제적인 측면에서 봤을 때는 칸다리딘이 말에게 커다란 피해를 준다는 점이 문제가 되는데, 가뢰과 딱정벌레에게 오염된 건초를 먹은 말이 감염될 수 있기 때문입니다. 경주용 말이 수백만 달러가 넘는다는 점을 생각해보면 우수한 말을 보호하고자 막대한 돈을 들여 연구하는 것은 너무나 당연한 일입니다.

플로리다와 애리조나는 가뢰과 딱정벌레의 주요 서식지이기 때문에 두 주에서 여러 종의 가뢰과 동물들을 만날 수 있었습니다. 저는 가뢰과 딱정벌레를 만졌을 때 물집이 생기지 않았기 때문에 칸다리딘에 내성이 있다는 사실을 알았습니다. 사실 정확하게 말하면 물집이 생기지 않은 곳은 비교적 피부가 두꺼운 손가락뿐이었지만 말입니다. 그 전부터 가뢰과 딱정벌레의 혈액 속에 칸다리딘이 있다는 사실은 알고 있었지만, 이 딱정벌레들이 반사 출혈을 한다는 것은 경험을 통해서 알아낸 사실입니다. 그래서 이번에는 좀더 부드러운 피부에는 어떤 일이 벌어지는지 알아보려고 팔뚝 안쪽에 있는 부드러운 살에 직접 발라보았습니다. 그것이

가뢰과 딱정벌레의 피를 실험할 목적으로 저를 실험 재료로 쓴 마지막 실험이었습니다. 딱정벌레의 피를 바른 피부에는 끔찍한 물집이 생겨서 치료하는 데 몇 주나 걸렸기 때문입니다.

칸다리닌이 물집을 생기게 한다거나 신진 대사를 지연시키는 이유는 어쩌면 방어용 화학물질이기 때문인지도 모릅니다. 가뢰과 딱정벌레가 칸다리닌을 분비하는 데는 분명히 무슨 이유가 있을 터였습니다. 즉각적인 효과를 낼 수 있도록 칸다리닌은 맛이 끔찍하다거나 뭔가 다른 특징이 있을지도 모릅니다. 칸다리딘의 맛을 알아보려고 직접 먹어볼까 하는 생각도 잠시 했지만 아무래도 érections douloureuses—고통스러운 발기 지속 현상—이 걱정되었기 때문에 먹는 일은 자제하기로 했습니다.

칸다리딘이 유발하는 증상 가운데 복통처럼 몸 전체에 나타나는 증상은 아주 빨리 시작된다는 명백한 증거가 있기 때문에 가뢰과 딱정벌레를 공격하는 포식자도 즉각적인 고통을 느낄지도 모른다는 생각이 들었습니다. 하지만 그런 식으로 즉각적인 고통을 느끼려면 포식자가 딱정벌레를 완전히 삼켜야만 할 것입니다. 가뢰과 딱정벌레들은 주로 모여 살기 때문에 한 마리가 희생됨으로써 그 딱정벌레의 친족들이 혜택을 받는 일도 있을 수 있습니다. 하지만 제가 알기로 가뢰과 딱정벌레는 가까운 혈연관계가 있는 친족끼리 모여서 무리를 짓지는 않습니다. 친족들에게 이익이 돌아가지 않는 것이 확실하다면, 무엇 때문에 가뢰과 딱정벌레들은 그런 식으로 자살 전략을 발전시켰을까요?

척추동물에게 작용하는 칸다리딘의 효과에 대해서도 아직 풀어야 할 숙제가 많습니다. 한 가지 분명한 점은 척추동물 가운데 칸다리딘에 내성을 지닌 동물이 있다는 점입니다. 알제리에 사는 개구리도 그 중 하나입니다.

■ **칸다리딘이** 절지동물에게 어떤 작용을 하는지 좀더 정확하게 알아보기로 했습니다. 가뢰과 딱정벌레들이 반사 출혈을 한다는 사실을 알았을 때는 그 전부터 다른 곤충들도 반사 출혈을 한다는 사실을 알고 있었기 때문에 방어용으로 피를

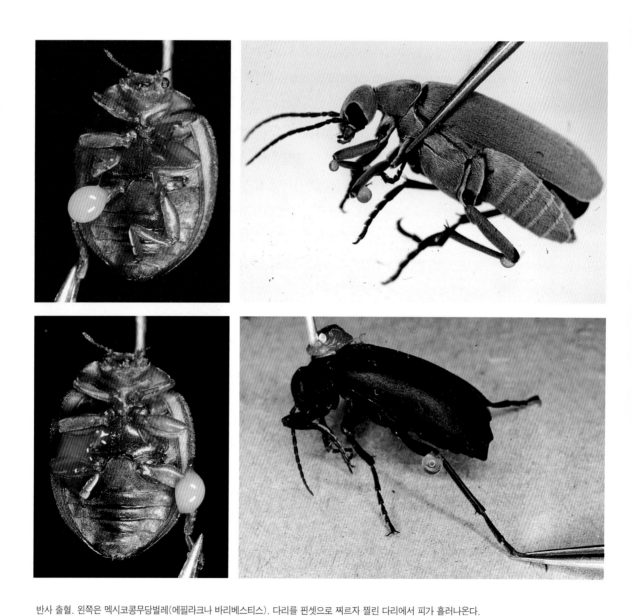

반사 출혈. 왼쪽은 멕시코콩무당벌레(에필라크나 바리베스티스). 다리를 핀셋으로 찌르자 찔린 다리에서 피가 흘러나온다.

오른쪽 위는 에피카우타속(Epicauta) 땅가뢰다. 등을 집자 모든 다리에서 출혈이 일어났다.

오른쪽 아래의 딱정벌레는 미국회색가뢰(에피카우타 이마쿨라타 *Epicauta immaculata*, 영어명: USA ashgray blister beetle)로, 다리 하나를 집자 바로 그 다리에서 출혈이 일어났다.

흘린다는 사실에 매우 흥미를 느끼던 때였습니다. 이미 저의 첫 번째 학생이었던 조지 하프와 함께 무당벌레과 곤충인 멕시코콩무당벌레(에필라크나 바리베스티스 *Epilachna varivestis*, 영어명: Mexican bean beetle)의 반사 출혈에 대한 논문을 발표한 바 있었습니다. 에필라크나 바리베스티스는 다리의 무릎에 해당하는 관절에서 반사 출혈이 일어나는데 필요한 다리에서만 선택적으로 피를 흘렸습니다. 한 다리에서만 반사 출혈을 일으킬 수도 있었고 동시에 여러 다리에서 반사 출혈이 일어나게 할 수도 있었습니다.

반사 출혈을 보려고 다리를 직접 건드릴 필요는 없었습니다. 몸의 어느 부위를 건드려도 가장 가까이 있는 다리에서 반사 출혈이 일어났습니다. 에필라크나 바리베스티스의 반사 출혈 기작은 정확한 양만 방출하도록 되어 있기 때문에 아주 작은 포식자가 다가와 몸의 일부를 공격할 때도 피를 몇 방울 흘려 쫓아버릴 수 있었습니다. 그런 식으로 피를 적은 양만 방출할 수 있는 이유는 에필라크나 바리베스티스의 방어 기작이 곤충을 주요 표적으로 하기 때문인 듯했습니다.

언제나 그렇듯이 제일가는 포식자는 개미였기 때문에 저와 조지는 에필라크나 바리베스티스를 개미가 있는 곳에 놓아보았습니다. 개미가 공격을 가하자 에필라크나 바리베스티스는 개미가 문 다리에서만 정확하게 피를 흘렸습니다. 에필라크나 바리베스티스의 피는 그 즉시 개미를 쫓아냈습니다. 훗날 제럴드의 연구진은 에필라크나 바리베스티스의 피 속에 트로판 알칼로이드tropane alkaloid의 일종인 유포코시닌euphococcinine이 있다는 사실을 밝혀냈습니다. 에필라크나 바리베스티스의 피는 개미의 구기에 묻어 딱딱하게 굳어지고 접착제처럼 엉겨붙는 물리적인 방어 수단이기도 했습니다.

에필라크나 바리베스티스에 대한 생각이 들자, 땅가뢰도 그런 식으로 다리에서 출혈이 일어나는지 궁금했기 때문에 직접 알아보기로 했습니다. 재미있는 사실은 가뢰과 딱정벌레들도 다리의 관절에서 출혈이 일어났다는 점입니다. 넓적한 핀셋으로 몸 전체를 잡으면 모든 다리에서, 심지어는 목 부위에서도 출혈이 일어났고, 다리 한 개만 잡으면 그 다리에서만 출혈이 일어났습니다. 가뢰과 딱

칸다리딘 생물학적정량. 칸다리딘 용액을 구기에 바르자 모래에 구기를 묻고 닦아내려고 애쓰는, 딱정벌레과 딱정벌레인 칼로소마 프로미넨스.

정벌레들은 모두 국부적인 공격을 물리칠 수 있었습니다. 가뢰과 딱정벌레를 공격한 개미들은 칸다리딘이 들어 있는 피 때문에 모두 뒤로 물러났습니다. 하지만 그때까지의 실험 방법은 아주 조악했기 때문에 좀더 정밀하게 실험할 필요가 있었습니다. 그래서 뛰어난 실험가인 짐 카렐이 우리 실험에 참가하여 칸다리딘에 대해서 연구하고 그 결과를 논문으로 발표하기로 했습니다. 현재 짐은 미주리대학에서 상을 받은 교육자이며, 스패니시플라이 분야의 세계적인 권위자가 되었습니다.

짐은 칸다리딘의 농도를 각각 다르게 만든 설탕물을 개미에게 준 후, 개미가 먹는 비율을 측정해보는 실험을 고안했습니다. 실험에 이용된 개미는 실험실에서 사육하던 종으로, 정해진 시간이 되면 개미집 근처에 있는 받침대 위에 놓아둔 먹이를 먹도록 길들여진 친구들이었습니다. 끝이 막힌 유리로 된 모세관에 설탕물을 담아 개미에게 주었는데, 모세관을 비스듬하게 세워놓았기 때문에 개미가 설탕물을 먹으면 자동적으로 없어진 양만큼 흘러내려 왔습니다. 개미가 먹은 양을 바로바로 측정하기 위해서 눈금이 새겨진 모세관으로 실험을 진행했습니다. 그 결과 개미가 칸다리딘에 아주 민감하다는 사실을 알 수 있었습니다. 개미는 칸다리딘이 아주 적은 양인 10^{-5}M만 있어도 설탕물을 먹지 않았습니다. 가뢰과 딱정벌레의 혈액 속에는 그보다 100배는 더 많은 칸다리딘이 있습니다.

딱정벌레과 딱정벌레인 칼로소마 프로미넨스*Calosoma prominens*도 칸다리딘에 거부 반응을 보였습니다. 그 전에도 칼로소마 프로미넨스를 연구한 적이 있었는데, 이 친구는 독소가 구기에 묻으면 아주 독특한 방법으로 독소를 제거했습니다. 땅 속에 머리를 묻는 방법으로 말입니다. 딱정벌레과 딱정벌레들은 육식성이기 때문에 먹이가 내뿜는 방어용 화학물질이 구기에 묻는 경우가 많습니다. 그러니 모래를 휴지처럼 이용하는 것도 당연합니다. 실험을 하기 위해서 칸다리딘 용액에 적신 붓을 칼로소마 프로미넨스의 구기에 가까이 가져갔습니다. 붓을 물면 칼로소마 프로미넨스를 모래 위에 놓아주었습니다. 그러자 칼로소마 프로미넨스는 구기를 모래에 파묻고 구기에 묻은 용액을 닦아내려고 했습니다. 칼로소마 프로미넨스에게 영향을 미친 칸다리딘의 양도 10^{-5}M 정도밖에 안 되었습니다.

그리고 시간이 어느 정도 흐른 후에, 또다시 사람들의 도움을 받아 이번에는 다른 포식자를 가지고 가뢰과 딱정벌레의 방어 능력을 실험해보았습니다. 이번 실험에 이용된 포식자들은 네 가지 거미였는데 그 중에 세 종류, 그러니까 거미줄을 짓는 거미인 미국무당거미(네필라 클라비페스)와 가시무당거미(가스테라칸타 칸크리포르미스*Gasteracantha cancriformis*, 영어명: spiny orb weaver), 초록스라소니거미(페우케티아 비리단스*Peucetia viridans*, 영어명: lynx spider)는 딱정벌레를 거부했지만, 거미줄을 짓는 거미 가운데 아르기오페 플로리다는 가뢰과 딱정벌레를 잡아먹었습니다. 네필라 클라비페스가 좋아하는 밀웜에 칸다리딘 용액을 묻혀주자, 네필라 클라비페스는 밀웜을 먹지 않고 뱉어냈습니다.

한번은 아주 운이 좋게도 이스라엘에서 온 조류학자인 레우벤 요세프Reuven Yosef와 함께 연구할 기회가 있었습니다. 당시 레우벤은 애크볼드연구소에서 북미물때까치(라니우스 루도비키아누스*Lanius ludovicianus*)와 연구소에서 기르던 몇몇 새들을 연구하고 있었습니다. 가뢰과 딱정벌레와 서식처를 공유하는 북미물때까치들은 모두 가뢰과 딱정벌레를 먹지 않았습니다.

그러다 불현듯 연구실에서도 그르누에 신드롬Grenouilles syndrome(개구리 신드롬)에 대해서 연구해봐야겠다는 생각이 들었습니다. 그렇다고 개구리 뒷다리를 먹어봐야겠다고 생각한 것은 아니고, 칸다리딘을 먹은 개구리 몸속에 칸다리딘이 그대로 남아 있는지를 확인해보려는 것이었습니다.

개구리에게 칸다리딘을 먹이는 일은 전혀 어렵지 않았습니다. 우리는 시중에서 파는 표범개구리(라나 피피엔스Rana pipiens)를 사와서 실험실 환경에 되도록 빨리 적응하게 했습니다. 표범개구리에게 가뢰과 딱정벌레를 주자 이 개구리들은 주저 없이 날름 받아먹었습니다. 고체 칸다리딘을 묻힌 밀웜도 거부하지 않고 잘 받아먹었습니다. 며칠 후에 표범개구리 피부 표면을 덮고 있는 점액과 배설물을 채취해서 분석해보자 칸다리딘이 검출됐습니다. 표범개구리를 몇 마리 희생시켜 체액의 성분을 분석한 시료에서도 칸다리딘이 검출됐습니다. 분석 결과가 의미하는 바는 분명했습니다. 첫째, 표범개구리는 칸다리딘에 전혀 해를 입지 않는 완전한 내성을 지니고 있었으며 둘째, 배설 작용을 통해서 칸다리딘을 몸 밖으로 배출하지 않고 몸속에 흡수했습니다. 표범개구리가 먹은 칸다리딘은 내부 기관과 피부에 축적됐으며, 그 때문에 표범개구리를 먹은 사람은 병에 걸렸습니다. 하지만 표범개구리 몸속에 쌓인 칸다리딘의 독성은 그다지 오래가지 않았습니다. 특히 잘라낸 표본을 분석한 결과, 표범개구리가 칸다리딘을 몸속에 품고 있는 시간은 그리 길지 않음을 알 수 있었습니다. 표범개구리가 칸다리딘을 몸속에 간직하는 시간은 보통 며칠뿐이며 지속적으로 피부를 통해 밖으로 배출하고 있었습니다. 따라서 표범개구리를 먹으려면 잡은 즉시 요리하지 말고 칸다리딘이 몸 밖으로 배출될 때까지 가둬두었다가 잡아먹어야 합니다. 하지만 굳이 표범개구리를 잡아먹을 필요가 있을까요? 사람들까지 공격하지 않아도 자연에서 표범개구리의 삶은 그리 쉽지 않은데 말입니다.

실험 결과를 보고서, 그렇다면 표범개구리가 칸다리딘을 몸속에 품고 있음으로써 어떤 이익을 얻으며, 만약 몸속에 칸다리딘이 없다면 어떤 일이 생기는지 알아봐야겠다는 생각이 들었습니다. 그래서 칸다리딘을 먹은 표범개구리에게 거

머리를 붙여보았습니다. 거머리는 칸다리딘을 먹은 표범개구리나 먹지 않은 표범개구리 모두에게서 비슷한 양만큼 피를 빨아먹었습니다.

당시 친한 친구였던, 미시간대학의 교수이자 파충류 전문 동물학자인 칼 갠스 Carl Gans의 도움으로 칸다리딘을 먹은 표범개구리를 아메리카물뱀(네로디아 시페 돈Nerodia sipedon)에게 선보일 기회를 얻었습니다. 실험에 참가한 아메리카물 뱀 네 마리는 칸다리딘을 먹은 표범개구리를 거절하지 않고 받아먹었으며, 10일 동안 관찰해봤지만 잡아먹은 표범개구리 때문에 탈이 나지는 않았습니다.

그런데 그보다 몇 년 전에 친절한 독일인 동료 미카엘 보프레Michael Boppré에 게서 나이저 강(북서아프리카를 흘러서 기니만에 다다르는 강—옮긴이)에 면한 베냉 북부 지역을 방문한 손님들이 개구리 신드롬을 일으킨 적이 있다는 사실을 전해 들었습니다. 그런데 이 방문객들의 병을 유발한 동물은 개구리가 아니라 뾰족날 개기러기(플레크트로프테루스 감비엔시스Plectropterus gambiensis)였습니다.

여러 가지 증거로 비추어볼 때, 가뢰과 딱정벌레의 방어 물질에는 분명히 복잡한 특성이 있었습니다. 칸다리딘은 어떤 포식자에게는 병을 일으켰습니다. 그러나 어떤 포식자에게는 아무렇지도 않은 물질이어서, 분명 중요한 방어 수단이기는 했지만 완벽한 방어 수단은 아니었습니다. 칸다리딘도 다른 방어 물질들처럼 완벽한 무기는 아니었던 셈입니다. 언제나 그렇지는 않지만, 진화는 문제를 부분적으로만 해결하는 경우가 많습니다.

그런데 칸다리딘에게는 특별한 사연이 더 있었습니다. 가뢰과 딱정벌레라면 암수 모두 칸다리딘을 지니고 있지만, 암수 모두가 칸다리딘 합성을 할 필요는 없다고 알려져 있었습니다. 종에 따라서는 수컷만 칸다리딘을 합성하고, 암컷은 짝짓기를 할 때 정낭에 들어 있는 칸다리딘을 넘겨받는 경우도 있습니다. 이런 사실을 제일 먼저 알아낸 사람은 스위스 과학자들입니다. 칸다리딘은 메발론산mevalonic acid이라는 작은 분자가 벽돌처럼 쌓여 합성됩니다. 방사성동위원소가 들어 있는 메발론산을 섭취할 경우 수컷은 방사성동위원소가 들어 있는 칸다리딘을 합성하지만 암컷은 그렇지 않습니다. 하지만 방사성동위원소가 들어 있는 칸다리딘을 몸속에 지니고 있는 수컷과 교미한 암컷의 몸속에서는 방사성동위원소가 들어 있는 칸다리딘을 검출할 수 있습니다. 한 가지 재미있는 사실은 짐 카렐이 우리 연구소에 있을 때 밝혀낸 내용으로, 암컷의 몸속으로 들어간 칸다리딘은 알에게 전해져 알을 보호하는 역할도 했습니다.

마지막으로 우리는 칸다리디필리아^{cantharidiphilia}라는, 문자 그대로 '칸다리딘에 대한 사랑'을 발산하는 기막힌 광경을 목격했습니다. 어떤 곤충에게는 독약인 칸다리딘이 어떤 곤충에게는 매혹적인 유혹 물질이었습니다. 칸다리디필리아 현상은 오래전부터 알려져 있었지만 자세한 연구는 비교적 최근에 시작됐습니다. 사람들에게 흥분을 유발하는 최음제라고 잘못 알려졌던 칸다리딘은 곤충들 사이에서도 칸다리딘 중독 현상을 일으키고 있었습니다.

■ **칸다리디필리아를** 언급한 기록은 아주 많습니다. 유리 단지에 고체 칸다리딘을 넣고 문 밖에 내놓으면 얼마 안 돼 곤충들이 날아들기 시작합니다. 일단 단지에 들어간 곤충이 다시 나올 수 없게 단지아가리를 만들어놓으면, 칸다리딘에 이끌려온 곤충의 수와 종류를 파악할 수 있습니다. 단지에 갇히는 곤충의 종류는 매우 다양합니다. 보통 단지를 놓아둔 지역에 따라 종류가 다르겠지만, 대부분 딱정벌레목, 파리목, 노린재목, 벌목 곤충들이 잡힙니다.

칸다리디필리아를 언급한 논문 가운데 특히 저의 관심을 끌었던 논문은 1937년 독일에서 출판된 「곤충들의 독약이자 유인 물질인 칸다리딘(Cantharidin als Gift und Anlockungsmittel für Insekten)」이었습니다. 이 흥미로운 논문은 칸다리디필리아에 대해서 자세하게 다루었습니다. 굴지의 주식회사인 셰링 칼바움 AG의 직원이었던 칼 괴르니츠^{Karl Görnitz}는 새로운 살충제를 개발할 신물질을 찾아내라는 지시에 고체 칸다리딘을 찾아냈습니다. 괴르니츠가 찾아낸 새로운 물질은 나비목 해충을 비롯한 몇몇 곤충들에게 치명적이었습니다. 괴르니츠의 발견은 그것만으로도 충분히 의의가 있었지만 그도 미처 상상하지 못했던 기이한 현상, 즉 칸다리딘이 아주 강력한 유인 물질이라는 사실도 함께 알아내는 계기가 되었습니다.

　괴르니츠가 곤충을 유인하는 칸다리딘의 특성을 처음 목격한 곳은 온실이었습니다. 당시 괴르니츠는 칸다리딘의 방어 능력을 알아보려고 자주달개비속(屬)Tradescantia 식물에 칸다리딘을 뿌려놓았는데, 칸다리딘은 식물을 지켜주기는커녕 곤충을 끌어들였습니다. 자주달개비속 식물을 좋아하는 꽃파리과(科)Anthomyiidae 파리와 뿔벌레과(科)Anthicidae 딱정벌레들은 식물 주위에도 날아들었지만, 칸다리딘이 유인 물질인지 알아보고자 며칠 동안 고체 칸다리딘을 담아둔 접시에도 날아들었습니다. 칸다리딘이 담긴 접시에는 각종 작은 벌레들과 고치벌과(科)Braconidae에 속하는 벌들도 날아왔습니다.

　독일의 여러 지방을 돌아다니며 칸다리딘이 담긴 접시로 실험을 진행한 괴르니츠는 칸다리린이 있는 곳이라면 항상 찾아오는 곤충이 네 종이라는 사실을 알고 한껏 고무되었습니다. 그는 칸다리딘의 "어마어마한 유인 능력"에 관해 쓴 부분에서, 1934년 여름 자동차를 타고 여행을 다니다가 수영도 하고 곤충을 유인하는 실험도 하기 위해서 머문 베를린 남쪽 호숫가에서 경험한 일을 적었습니다. 당시 괴르니츠는 병에 칸다리딘을 넣고 그 병을 다른 짐과 함께 가방에 넣고 다녔습니다. 그런데 그만 병에서 칸다리딘이 흘러나와 옷이며 침낭이며 할 것 없이 여기저기 묻어버리고 말았습니다. 그 결과 괴르니츠가 가는 곳마다 곤충들이 무더기로 따라다녔습니다.

　차 문을 닫고 운전하다가 잠시 쉬려고 밖으로 나오는 순간이면 어김없이 딱정벌레와 파리들이 괴르니츠를 향해 달려들었습니다. 코르크로 막아놓은 칸다리딘 병을 바닥에 내려놓으면 그 즉시 딱정벌레들이 마치 포도송이처럼 엉켜서 코르크 마개 주위로 몰려들었습니다.

　F. 페이F. Fey라는 과학자는 칸다리딘의 영향 범위를 알고 싶었습니다. 그래서 베를린 호숫가에서 바람이 불어오는 방향으로 500미터 떨어진 곳까지 구명부표 몇 개를 설치하고 그 속에 칸다리딘이 든 접시를 올려놓았습니다. 꽃파리과 파리들은 보통 호숫가에서 200미터 정도 떨어진 구명부표까지 날아갔는데, 그 중에

한 종은 훨씬 더 멀리 있는 구명부표까지 날아갔습니다. 각 접시당 0.4밀리그램이 안 되는 칸다리딘이 들어 있었다는 점을 생각해보면 정말 놀라운 일입니다.

괴르니츠의 논문에서 무엇보다 신기했던 점은 칸다리딘에 이끌려서 모여든 곤충의 암수 성비였습니다. 괴르니츠가 열네 곳을 돌아다니면서 채집한 뿔벌레과 딱정벌레는 모두 693마리였는데 그 중에 642마리가 수컷이었습니다. 괴르니츠는 이 같은 현상을 수수께끼라는 뜻으로 레첼Rätsel이라고 불렀는데 그 말에 저도 동의합니다. 괴르니츠는 뿔벌레과 딱정벌레 수컷이 실제로 유인 접시에 놓인 칸다리딘을 먹는 모습을 관찰했지만 왜 그 수컷들이 유인 물질을 먹는지에 대해서는 밝혀내지 못했습니다. 그 부분을 읽던 저는 직접 그 의문점을 해결해봐야겠다고 생각했습니다. 애크볼드연구소에는 뿔벌레과 딱정벌레가 아주 많았기 때문에 연구에 어려움은 없었습니다. 다만 뿔벌레과 딱정벌레들이 아주 작기 때문에 노려보다시피 해야 했지요. 어쨌든 일단 고체 칸다리딘을 사와서 곤충을 잡을 덫을 만들었습니다. 하지만 플로리다에 갈 때까지 참을 수 없었던 저는 이타카에서도 칸다리딘 덫을 몇 개 설치했습니다. 그 결과 놀랍게도 제가 소유한 숲에서도 칸다리딘을 좋아하는 곤충을 잡을 수 있었습니다. 하지만 무엇보다도 즐거웠던 사실은 제가 잡은 곤충 가운데 실험을 할 수 있을 정도로 크면서 칸다리딘을 먹기까지 하는 종이 있었다는 점입니다. 게다가 이 친구들은 모두 제가 절실히도 찾고 싶어했던 해답을 제공해줄 수컷들이었습니다.

저를 그렇게도 즐겁게 했던 주인공은 바로 홍날개과(科)Pyrochroidae 딱정벌레인 화색(火色)딱정벌레(네오피로크로아 플라벨라타Neopyrochroa flabellata, 영어명: fire-colored beetle)로, 이 친구들은 칸다리딘 덫에 걸린 적이 없는 친구들이라고 생각했습니다. 하지만 제 생각과는 달랐습니다. 당시 미시간대학의 대학원생이자 현재 위스콘신대학에서 곤충학을 가르치고 있는 대니얼 영Daniel Young은 네오피로크로아 플라벨라타가 이미 잘 알려져 있는 칸다리디필레('칸다리딘을 사랑하는 자'라는 뜻—옮긴이)라는 사실을 알아냈습니다. 대니얼도 왜 이 종의 수컷이 칸다리딘을 사랑하는지는 몰랐기 때문에 우리는 함께 연구를 진행하기로 했습니다. 대니얼이 설치한 칸다리딘 덫은 제가 이타카에 설치한 덫보다 훨씬 더 많은 곤충을 잡아들였으며 연구 진행에 가장 중요한 역할을 했습니다. 대니얼은 유충을 찾아내는 방법을 알고 있었기 때문에 연구실에서 기른 성충의 짝짓기 모습도 관찰할 수 있었습니다. 아마도 여러분은 '왜 짝짓기 하는 모습까지 관찰해야 하는가' 하고 의아해하실지도 모르겠습니다. 짝짓기 모습을 알아보아야겠다고 생각한 이유는 칸다리딘이 네오피로크로아 플라벨라타의 성생활에 빠져서는 안 될 역할을 한다고 생각했기 때문입니다.

■ **우리에게는** 덫을 설치해 잡은 네오피로크로아 플라벨라타 수컷과 번데기를 뚫고 나왔기 때문에 칸다리딘이 없는 수컷과 암컷이 있었습니다. 네오피로크로아 플라벨라타의 체내 구성 성분을 분석해본 결과, 네오피로크로아 플라벨라타는 자체적으로 칸다리딘을 합성할 능력이 없다는 사실을 알아냈습니다. 네오피로크로아 플라벨라타는 항상 칸다리딘에 굶주려 있었습니다. 수컷에게 칸다리딘 몇 마이크로그램 정도가 담긴 접시를 갖다 대면 더듬이를 심하게 흔들면서 접시를 향해 달려와 하나도 남기지 않고 허겁지겁 먹어치웠습니다. 네오피로크로아 플라벨라타 수컷이 먹는 칸다리딘의 양은 정말 대단했습니다. 보통 한번에 50마이크로그램 정도를 먹어치웠고, 며칠 동안 몇 번이나 같은 양을 먹어치웠습니다. 네오피로크로아 플라벨라타 수컷이 먹는 칸다리딘의 양은 자기 몸무게의 1퍼센트에 해당했습니다. 수컷이 이렇게 많은 양을 섭취하는 이유는 자신을 위해 영양분을 획득할 뿐 아니라 암컷에게 줄 선물을 저장해야 하기 때문임이 틀림없었습니다.

네오피로크로아 플라벨라타의 짝짓기를 유도하는 과정은 아주 간단했습니다. 이 친구들은 암수 모두 부끄러움이라고는 전혀 없이, 페트리 접시에 올려놓자마자 짝짓기에 돌입하는 경우가 태반이었습니다. 먼저 행동을 개시하는 쪽은 수컷이었습니다. 암컷이 보이자 곧바로 다가간 수컷은 마치 선이라도 보이려는 듯이 암컷과 얼굴을 맞대고 들여다보았습니다. 그런 다음 벌어지는 일은 정말 놀라웠

네오피로크로아 플라벨라타 수컷.

(왼쪽 위) 고체 칸다리딘을 먹고 있는 수컷.
(오른쪽 위) 머리를 확대해보면 분비샘이 있는 홈이 보인다.
(왼쪽 아래) 가느다란 핀으로 분비샘이 있는 홈에서 분비물을 뽑아내고 있다.
(오른쪽 아래) 칸다리딘을 먹은 수컷의 분비물에 들어 있는 칸다리딘 결정(편광 사진).

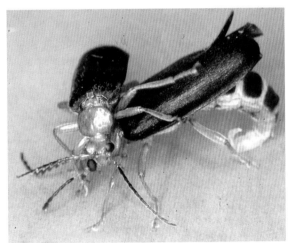

네오피로크로아 플라벨라타의 짝짓기 모습.

(왼쪽 위) 분비샘을 보여주고 있는 쪽이 수컷.
(오른쪽 위) 오른쪽에서 분비물을 맛보고 있는 암컷.
(왼쪽 아래) 짝짓기를 하고 있는 암컷과 수컷.
(오른쪽 아래) 수컷이 올라가려고 하자 배를 동그랗게 안으로 말아 넣어 수컷이 생식기를 삽입하지 못하게 막는 암컷.

습니다. 암컷과 수컷은 둘 다 하늘 높이 몸을 치켜들고 서서 수컷이 맨 앞다리와 중간 다리로 암컷의 옆구리를 잡는 동안, 암컷은 수컷의 머리를 단단히 붙잡았습니다. 수컷의 머리는 네오피로크로아 플라벨라타의 짝짓기 의식에 딱 맞게 생겼습니다. 수컷의 머리 앞부분에는 도끼로 찍힌 것처럼 깊은 홈이 파여 있습니다. 플레어스커트의 끝자락처럼 생긴 홈의 양쪽 끝에 암컷의 구기가 정확하게 들어맞습니다. 암수가 착 달라붙어서 오랫동안 같은 자세를 유지하는 동안 암컷은 수컷의 홈 속에 구기를 박고 연신 무엇인가를 빨아먹듯이 입을 오물거립니다. 마침내 시간이 흘러 암컷이 수컷의 머리를 놓아주면 서로 간에 화기애애한 분위기가 흐르며 수컷이 암컷 위로 올라가 교미를 시작합니다. 이때 암컷의 자세는 완전히 수동적으로 되어, 올라타서 교미하려는 수컷을 그대로 받아들입니다. 네오피로크로아 플라벨라타의 교미 시간은 보통 몇 분 정도로, 수컷이 올라타 삽입하면 몇 분 동안 가만히 움직이지 않고 있습니다. 시간이 흘러 수컷이 암컷의 몸에서 내려와 완전히 축 늘어지면 암컷이 몸을 움직여 걸어갑니다. 그러고는 두 마리는 각자가 갈 길로 헤어집니다.

네오피로크로아 플라벨라타의 교미가 언제나 그런 식으로 수월하게 진행되는 것은 아닙니다. 만약 수컷에게 칸다리딘이 없다면 교미는 실패로 끝납니다. 수컷과 머리를 맞대고 있던 암컷은 곧 머리를 떼고는 가버립니다. 수컷이 계속해서 교미를 하려고 고집을 피우면 생식기가 있는 끝부분을 둥글게 말아 수컷이 삽입할 수 없게 합니다. 그렇다면 암컷은 어떤 방법으로 수컷의 칸다리딘을 감지할까요? 수컷의 머리에 있는 홈을 살펴보자 그 해답을 찾을 수 있었습니다. 수컷의 홈은 분비샘으로, 수컷이 먹은 칸다리딘이 그 홈을 타고 나왔습니다. 암컷이 수컷의 머리를 잡고 구기를 홈에 집어넣는 이유는 바로 그곳에서 분비되는 칸다리딘을 먹기 위해서였습니다. 그 속에 칸다리딘이 있으면 암컷은 수컷을 받아들였고, 칸다리딘이 없으면 거절했던 것입니다.

네오피로크로아 플라벨라타의 교미 장면을 비디오로 찍은 다음, 비디오를 분석해 도표를 작성해보자 놀라운 그림이 나왔습니다. 도표는 네오피로크로아 플라벨라타의 행동을 모식화한 순서도입니다. 교미 시에 일어나는 행동을 기록하기 위해서 화살표로 다음에 일어난 행동을 표시했고, 화살표의 넓이로 그 행동이 일어난 빈도를 표시했습니다. 따라서 화살표가 진하면 진할수록 가장 많이 일어난 연속 행동입니다. 430쪽에 있는 순서도를 보면 칸다리딘을 먹은 수컷과 암컷이 만났을 경우, 암컷과 수컷이 만나고, 수컷이 머리를 보여주고, 암컷이 분비선에서 나오는 분비물을 먹고, 수컷이 올라타고, 교미가 일어나는 과정에서 벗어나는 경우가 거의 없습니다. 수컷 스물한 마리 가운데 스무 마리가 그런 과정을 거쳐 교미에 성공했습니다.

그러나 칸다리딘을 먹지 않은 수컷들은 스물네 마리 가운데 단 세 마리만이 교미에 성공했습니다(순서도 참고). 아주 작은 페트리 접시에서 실험을 진행했기 때문에 암컷과 수컷은 자주 마주쳤지만 교미는 하지 않았습니다. 암컷과 수컷이 더듬이를 맞대기는 했지만, 그 이상 진전되지는 않았습니다. 간혹 수컷이 암컷 위에 올라타는 경우도 있었지만 교미에 성공하지 못했습니다. 교미에 성공한 세 마리의 경우도 암컷은 수컷이 생식기를 삽입하지 못하게 했지만 소용이 없었던 경우입니다. 이 경우에는 암컷이 수컷의 머리를 살펴본 후에, 분비물을 받아먹는 동작이 거의 일어나지 않았습니다. 분비물을 받아먹지 않은 암컷은 교미에도 응하지 않았습니다. 분비물을 받아먹는 동작을 하더라도 그 시간은 아주 짧았습니다. 칸다리딘을 먹은 수컷을 만난 경우 25초 정도 동안 분비물을 받아먹는 데 비해, 칸다리딘을 먹지 않은 수컷하고는 5초 정도만 머리를 맞대고 있었습니다.

네오피로크로아 플라벨라타 수컷의 분비샘에서 분비되는 물질은 끈적끈적한 반고체 상태입니다. 수컷의 분비물은 핀으로 쉽게 분석할 수 있었습니다. 칸다리딘을 먹은 수컷의 분비물에 있는 칸다리딘의 양은 17퍼센트로, 거의 포화 상태에 가까운 농도로 들어 있었습니다. 수컷의 분비물을 편광 현미경으로 들여다보자 아주 많은 결정이 보였습니다. 네오피로크로아 플라벨라타 수컷이 섭취한 칸다리딘의 농도는 아주 진했지만, 교미 시에 암컷에게 전해준 칸다리딘의 양은 자신이 섭취한 양과 비교해보면 아주 적은 1.5마이크로그램에 그쳤습니다. 그 정도

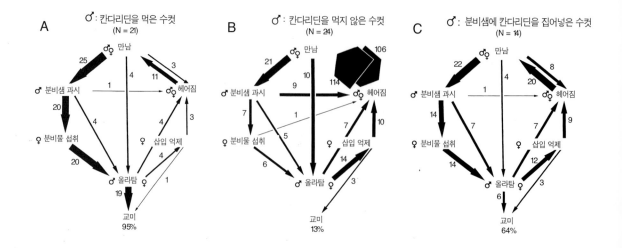

양만 선사해도 암컷은 수컷을 받아들여주었습니다.

암컷이 수컷의 분비샘에서 나오는 칸다리딘 때문에 교미를 허락하는지 분명하게 알아보고자 이번에는 칸다리딘을 전혀 먹지 않은 수컷의 홈에 칸다리딘을 집어넣고 실험해보았습니다. 수컷의 분비샘이 있는 홈에 칸다리딘을 집어넣는 방법은 아주 간단했습니다. 칸다리딘 결정을 핀에 묻혀 홈에 집어넣으면 됩니다. 이렇게 처리한 수컷을 암컷 앞에 놓자 칸다리딘을 먹은 수컷의 경우와 똑같은 일이 벌어졌습니다(순서도 참고). 서로 얼굴을 맞댄 수컷과 암컷은 곧바로 칸다리딘을 먹는 의식을 거쳐 수컷이 올라타고 교미 과정을 진행했습니다. 전체 수컷 열네 마리 가운데 아홉 마리가 의식을 통과했습니다. 암컷이 열네 마리의 분비물을 먹는 시간은 18초로 칸다리딘을 먹지 않은 수컷을 상대할 때보다는 훨씬 길었으며 칸다리딘을 먹은 수컷들을 대할 때와는 거의 비슷했습니다.

그런데 네오피로크로아 플라벨라타 수컷은 섭취한 칸다리딘을 모두 어떻게 사용할까요? 교미 시에 분비샘으로 암컷에게 주는 양은 먹은 양에 비해서 아주 적습니다. 실험을 통해 수컷은 사실 아주 많은 양을 암컷에게 주지만, 조건이 있음이 밝혀졌습니다. 수컷은 자신의 알을 낳을 암컷에게만 칸다리딘을 주었습니다. 따라서 머리에 있는 분비샘으로 맛보게 하는 칸다리딘은 자신에게 더 많은 칸다리딘이 있음을 알리는 수단일 뿐이었습니다. 머리 위에 있는 분비샘을 암컷에게 보임으로써 수컷은 "나를 받아들여주세요. 그러면 더 큰 선물을 주겠어요. 하지만

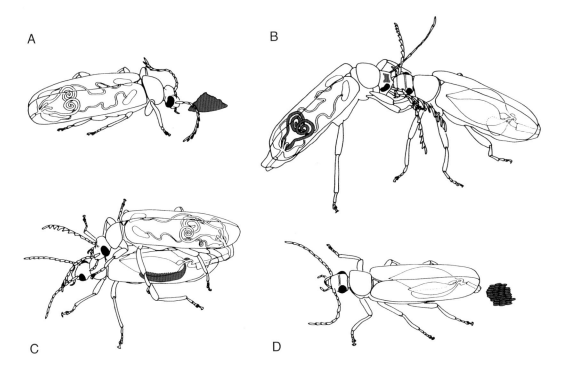

칸다리딘을 이용하는 네오피로크로아 플라벨라타. 칸다리딘을 발견한 수컷(A)은 칸다리딘을 먹은 후 일부는 머리에 있는 분비샘에 저장하고 나머지는 생식 기관에 있는 커다란 보조생식선에 저장한다. 암컷은 교미 시에 수컷의 머리에 있는 분비샘에서 나오는 분비물을 먹는다(B). 그러면 수컷은 교미를 시도한다. 수컷은 암컷의 몸에 사정할 때 보조생식선에 들어 있던 칸다리딘을 암컷의 수정낭에 넣어준다(C). 암컷이 정자를 저장하는 수정낭에 받은 칸다리딘은 알을 낳을 때 알에게 넘겨진다(D).

그러려면 내 정자를 받아서 당신 아기들의 아빠가 될 기회를 주셔야 해요"라고 말하는 셈이었습니다. 암컷의 생식기에 정낭을 밀어 넣을 때에야 비로소 수컷은 보조생식선accessory gland(부속샘이라고도 함—옮긴이)에 저장되어 있던 큰 선물을 암컷에게 전해줍니다. 분비샘이 꽉 찬 수컷에게만 암컷이 생식을 허락하는 것은 수컷의 머리에 있는 분비물의 양으로 수컷이 지니고 있는 실제 칸다리딘의 양을 측정하기 때문입니다. 암컷이 정해놓은 규칙은 이렇습니다. "분비샘이 꽉 찬 수컷만 받아들이겠다. 그런 수컷을 못 만나면, 당연히 수정을 포기한다."

칸다리딘을 먹은 수컷의 몸을 해부, 그 속에 들어 있는 칸다리딘의 양을 측정하고, 교미를 끝낸 수컷의 몸을 해부하여 칸다리딘의 양을 측정해보았습니다. 칸다리딘을 먹은 후 몸속에 축적된 양과 교미를 끝낸 후에 몸속에서 사라진 양을 보려는 것입니다. 그 결과 칸다리딘을 먹은 직후에는 머리에 있는 분비샘과 생식 기관에 있는 보조생식선에 칸다리딘이 꽉 찬다는 사실을 알아냈습니다. 머리에 있는 분비샘이 어떤 역할을 하는지는 이미 살펴보았습니다. 보조생식선에 꽉 찬 칸다리딘은 교미 때 수컷이 칸다리딘을 다량 암컷에게 전해줄 것이라는 우리의 추측을 확증해주었습니다.

네오피로크로아 플라벨라타 수컷의 생식 기관은 딱정벌레목 곤충들의 생식 기관과 거의 비슷했습니다. 정자는 정소testes 한 쌍에서 만들어져 저정낭seminal vesicles 한 쌍 속에 저장되어 있다가 사정관ejaculatory duct을 통해서 밖으로 나옵니다. 사정관의 꼭대기 부위에는 보조생식선 두 쌍이 연결되어 있는데, 한 쌍은 크고 한 쌍은 작습니다. 교미하기 전에는 이들 보조생식선에 물질이 꽉 차 있습니다. 하지만 교미가 끝난 후에는 투명하게 변하며 그 속에 들어 있던 칸다리딘은 말끔히 빠져나가고 없습니다.

칸다리딘을 먹지 않고 아직 정자를 받지 않은 암컷이 교미를 하면 수정낭spermatheca이 꽉 차는데, 수정낭 속에 들어간 칸다리딘의 양은 수컷의 몸속에서 사라진 칸다리딘의 양과 거의 비슷합니다.

완벽한 결론을 내리려면 여러 차례에 걸쳐 교미 전후의 네오피로크로아 플라벨라타를 해부하여 그 속에 들어 있는 칸다리딘을 비교해보아야 했습니다. 항상 그랬던 것처럼 대단히 운이 좋은 우리는 제럴드 연구실에 있는 화학자의 도움을 받을 수 있었습니다. 이번에는 브래디 로치Brady Roach가 며칠에 걸쳐 필요할 때마다 화학 성분을 분석해주었습니다. 마법사처럼 기계를 자유자재로 다루는 브래디는 현재 산업연구소에서 근무하고 있으며 이타카에 살면서 지금까지 저와 친한 친구 사이로 지내고 있습니다.

네오피로크로아 플라벨라타 암컷이 낳은 알을 분석해보자 암컷처럼 알도 칸다리딘을 나누어 받는다는 사실이 밝혀졌습니다. 게다가 알은 무당벌레과 딱정벌레를 물리치는 능력까지 지니고 있었습니다. 알이 전해 받은 칸다리딘이 그런 작용을 하는 것이 분명했습니다. 칸다리딘을 먹은 수컷의 알들이 칸다리딘을 먹지

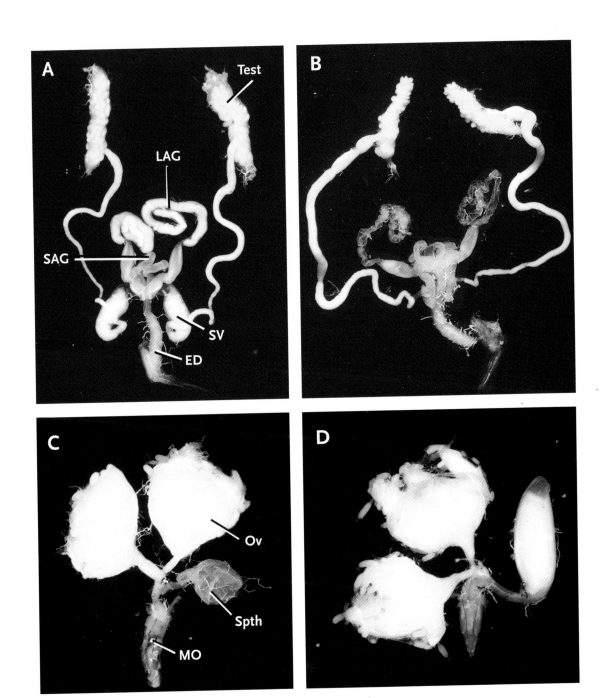

네오피로크로아 플라벨라타의 생식기관.

A: 교미 전 수컷의 생식 기관. (Test: 정소, SV: 저정낭, SAG: 작은 보조생식선, LAG: 큰 보조생식선, ED: 사정관)

B: 교미 후 수컷의 생식 기관. 저정낭과 큰 보조생식선이 텅 비어 있다.

C: 교미 전 암컷. (Ov: 난소, MO: 정중 난관median oviduct, Spth: 수정낭)

D: 교미 후 암컷. 수정낭이 꽉 차 있다.

죽은 가뢰과 딱정벌레(네오피로크로아속) 주위로 몰려든 뿔벌레과 딱정벌레들(노톡수스속Notoxus). 뿔벌레과 딱정벌레들은 가뢰과 딱정벌레 표면에 묻은 칸다리딘 때문에 접근하지 못하고 있다.

않은 수컷의 알보다 훨씬 더 강인했습니다.

실험 결과를 숫자로 정리하면 이렇습니다. 네오피로크로아 플라벨라타 수컷이 먹은 칸다리딘의 양은 70마이크로그램입니다. 수컷은 훗날 알에게 칸다리딘을 전해줄 암컷에게 40마이크로그램을 선물로 줍니다. 선물을 받은 암컷은 알 한 개당 0.02마이크로그램을 선물로 줍니다. 암컷이 알을 낳을 때 전해준 칸다리딘의 양은 총 13마이크로그램으로, 자신이 받은 칸다리딘의 30퍼센트에 해당하는 양이었습니다. 네오피로크로아 플라벨라타의 세계에서는 수컷부터 시작하여 암컷을 거쳐 알에게까지 칸다리딘이 매우 효율적으로 전달되는 셈이었습니다.

하지만 한 가지 꼭 풀고 싶었던 의문점이 남아 있습니다. 도대체 네오피로크로아 플라벨라타 수컷은, 아니 모든 칸다리디필레들은 칸다리딘을 어떻게 얻을까요? 물론 가뢰과나 오이도메리다이과(科)Oedomeridae 딱정벌레들을 잡아먹으면 되겠지만 칸다리디필레들이 충분히 먹고도 남을 만큼 가뢰과나 오이도메리다이과 딱정벌레가 많은지는 의문입니다. 가뢰과나 오이도메리다이과 딱정벌레는 알로 태어나는 순간부터 칸다리딘을 제공해줄 수 있는 공급원이기는 하지만, 이들

두 가지 딱정벌레들에서만 칸다리딘을 얻을 수 있는지는 확실하지 않습니다. 게다가 칸다리디필레들도 일단 칸다리딘을 먹으면 그 자신이 칸다리딘 공급원이 될 텐데, 이들이 먹이사슬에서 칸다리딘 공급원 역할을 한다는 이야기는 아직까지 나오지 않고 있습니다. 이런 의문점에 대한 정확한 해답이 무엇이든 스스로 칸다리딘을 생산하는 생산자와 밀접하게 연결된 삶을 사는 칸다리디필레들이 분명히 있습니다. 예를 들어 가뢰과 딱정벌레들의 서식처에서는 뿔벌레과 딱정벌레들을 자주 볼 수 있습니다. 위대한 곤충학자 토머스 세이Thomas Say는 1827년에 홍날개과의 페딜루스속(屬)Pedilus 딱정벌레가 가뢰과 딱정벌레 위에 앉아 있는 모습을 발견했습니다. "이 딱정벌레들은 땅 위에서 쉬고 있는 짧은날개가뢰(멜로에 안구스티콜리스Meloe angusticollis, 영어명: short-winged blister beetle, oil beetle) 옆구리에 바싹 달라붙어 있었습니다. 가뢰는 이 불청객들의 무게가 조금도 버겁지 않은 것처럼 보였습니다."

수컷이 먹은 칸다리딘이 암컷을 통해 알에게 전달되는 경우는 또 있습니다. 독일의 콘라트 데트너Konrad Dettner와 그의 연구진은 아주 작은 뿔벌레과 딱정벌레를 연구했는데 이 딱정벌레들도 네오피로크로아 플라벨라타와 비슷한 방법으로 칸다리딘을 이용했습니다. 하지만 이야기는 이것으로 끝나지 않습니다. 자손을 보호하려고 외인성 화학물질을 손에 넣고 교미 시에 유혹 물질로 사용하는 수컷은 또 있습니다. 10장에서는 이런 곤충들에 대한 이야기를 하려고 합니다.

10. 성공의 달콤한 향기

The Sweet Smell
of Success

나방의 날개를 덮은 인분은 거미줄에 달라붙지 않게 하는 역할을 해주지만 그것만으로 완벽한 방어 수단이라고는 할 수 없습니다. 거미줄에 걸린 나방에 반응하는 거미의 속도가 워낙 빠르기 때문에, 나방은 미처 달아나기 전에 잡아먹히는 경우가 많이 있습니다. 게다가 나방만을 전문으로 잡아먹는 거미들도 있습니다. 예를 들어 길고 수직으로 세워진 촘촘한 그물 사다리처럼 생긴 스콜로데루스 코르다투스*Scoloderus cordatus*의 거미집은 거미줄에 걸려 푸드덕거리는 나방이 거미가 기다리고 있는 밑쪽으로 떨어지게 만듭니다. 거미집을 짓지 않고 거미줄을 이용하여 볼라(올가미의 일종으로, 끈 양쪽에 구슬이 달려 있어 상대방의 다리를 얽어매어 쓰러지게 하는 도구—옮긴이)를 만드는 거미의 전략은 더 놀랍습니다. 이 거미를 볼라스거미bolas spider라고 하는데, 짧은 거미줄에 끈적끈적한 액체 방울을 매달아 먹이를 잡기 때문에 붙여진 이름입니다. 볼라스거미는 다리 하나로 볼라가 움직이지 않게 가만히 붙잡고 있습니다. 그러다 사정거리 안으로 나방이 들어오면 볼라를 휙 돌려 나방을 잡은 다음, 즉시 물어 죽이려고 가슴 쪽으로 끌어당깁니다. 오랫동안 왜 볼라스거미가 거미줄을 그렇게 짧게 만드는지 궁금하던 차에 이 거미가 특정 종의 수컷만을 잡아먹는다는 사실이 밝혀졌습니다. 수컷만 잡아먹는다는 사실은 볼라스거미가 나방 암컷을 흉내 내는지도 모른다는 추측을 불러일으켰습니다. 수컷을 끌어들이려고 암컷의 성호르몬을 모방한 물질을 방출할지도 모른다는 추측 말입니다. 이 의문에 해답을 제공해준 사람은 여러 명이지만 그 중에서도 저명한 거미 학자인 빌리암 에버하르트William Eberhard와 마르크 스토베Mark Stowe, 선구적인 화학생태학자 아메스 툼린손James Tumlinson을 꼽을 수 있습니다.

인분이 거미에게 완벽한 방어수단이 되지 못하며, 어떤 경우에는 전혀 도움이 되지 않는다는 사실은 나방이 누구도 상상하지 못한, 한 차원 높은 방어 수단을 개발해냈을지도 모른다는 생각이 들게 합니다. 어쨌든 자연은 언제나 당면한 문제에 또 다른 해결책을 제시해주니까 말입니다. 몇 년 전에 나방이 거미에게서 빠져나갈 수단으로 스스로 맛이 없게 하는 전략을 택했다는 사실을 알아냈습니다. 거미가 먹지 못하는 화학물질을 지닌 나방들은 무사히 빠져나갈 수 있었습니다. 지금이야 수많은 나방들이 그런 식으로 거미줄에서 빠져나간다는 사실을 알고 있지만, 나방의 새로운 전략을 알게 된 계기는 나방 한 마리가 거미줄에 걸려 있는데도 거미가 접근하지 않아 무사히 빠져나가는 모습을 본 일이었습니다. 저에게 제일 처음 그 사실을 알게 해준 나방은 심홍색얼룩보행자나방(우테테이사 오르나트릭스)이었습니다. 저와 연구진은 이 나방을 연구하면서 곤충의 생존에 관한 생각을 완전히 바꾸게 되었습니다. 나방이 방어 전략으로 맛이 없게 하는 방법을 택했다는 사실은 나방의 생활사는 물론 교미 신호, 유전적인 고지와 위상 성취, 부모로서 지는 의무량 등에 관한 기존 학설을 뒤흔드는 것이었습니다. 우테테이사 오르나트릭스에게 생존이란 화학 용어로 쓰인 모든 규칙을 총망라하는 일처럼 보였습니다. 지난 30여 년 동안 우테테이사 오르나트릭스를 실험실에서 관찰하면서 생존 규칙을 밝혀내려고 애썼지만 아직까지 모든 의문점을 다 풀지는 못했습니다.

우테테이사 오르나트릭스를 처음 만났을 때는 1966년으로 채집차 플로리다에 갔을 때였습니다. 사실 저에게 우테테이사 오르나트릭스는 친숙한 나방이었습니다. 우테테이사 오르나트릭스는 검은색과 주황색 사이로 흰색과 분홍색이 아름답게 수놓인 날개를 지닌 나방으로, 밤은 물론 낮에도 볼 수 있는 종이었습니다. 제 의견을 물으신다면, 이 나방은 분명히 맛이 없다고 대답할 것입니다. 그렇지 않다면 그렇게 화려한 색상을 띠고 있을 리도 없고 감히 낮에 날아다닐 리도 없으니까 말입니다. 나방의 실체를 이미 짐작했지만, 그래도 거미가 나방을 먹지 않고 놓아주는 장면을 보자 정말 놀랐습니다. 거미줄에 걸린 우테테이사 오르나트릭스는 거미줄에 걸리면 보통 파닥거리는 다른 나방들과 달리 그 즉시 동작을 멈추고 가만히 있었습니다. 그러자 거미가 곧장 달려와 우테테이사 오르나트릭스를 잠깐 살펴보더니 나방을 물지 않고 도리어 거미줄을 뜯어 나방을 풀어주었습니다. 거미는 아주 조직적으로 독니fang와 촉모palps(독니 바로 뒤

(왼쪽) 스콜로데루스 코르다투스의 사다리 거미줄.
(오른쪽) 볼라스거미인 마스토포라 비사카타(*Mastophora bisaccata*).

에 있는 첫 번째 부속지[보통 감각 기능을 하나 다른 기능으로 쓰일 때도 있다]―옮긴이)와 다리를 사용하여, 나방이 거미줄에서 벗어날 때까지 나방의 몸에 붙은 거미줄을 잘라냈습니다. 밑으로 떨어진 나방은 땅에 닿기 전에 날개를 펴고 자유롭게 날아가버렸습니다.

혹시 식욕이 없어서 나방을 놓아준 건 아닐까 하는 생각이 들었기 때문에 나방이 날아가자마자 딱정벌레를 거미집에 얹어보았습니다. 거미는 딱정벌레를 맛있게 먹어치웠습니다. 그래서 이번에는 우테테이사 오르나트릭스를 10여 마리 잡아 미국무당거미(네필라 클라비페스)의 거미집에 한 마리씩 올려보았습니다. 수컷이나 암컷 할 것 없이 우테테이사 오르나트릭스는 단 한 마리도 빠짐없이 거미

우테테이사 오르나트릭스를 공격하고 있는 네필라 클라비페스. 거미줄에 걸린 우테테이사 오르나트릭스가 거미줄에서 꼼짝도 하지 않고 있다(왼쪽 위). 네필라 클라비페스가 우테테이사 오르나트릭스에게 다가와 살펴본다(오른쪽 위). 먹잇감이 아니라고 판단한 네필라 클라비페스가 거미줄을 끊고 있다(왼쪽 아래). 결국 우테테이사 오르나트릭스는 자유를 되찾았다(오른쪽 아래).

줄에서 벗어났습니다. 네필라 클라비페스는 우테테이사 오르나트릭스가 아닌 다른 곤충들을 올려놓았을 때는 어김없이 잡아먹었기 때문에 배가 불러서 우테테이사 오르나트릭스를 놓아준 것은 아니었습니다. 그렇다고 네필라 클라비페스가 우테테이사 오르나트릭스를 만지지도 않은 것은 아니었습니다. 네필라 클라비페스는 모두 우테테이사 오르나트릭스를 직접 만져본 다음에 놓아주었습니다. 따라서 냄새 때문에 풀어주는 것도 아니었습니다.

우테테이사 오르나트릭스는 공격을 받으면 아주 독특한 행동을 취했는데, 그런 행동을 취하는 것만으로도 충분히 방어 효과가 있을 듯했습니다. 우테테이사 오르나트릭스는 암컷이나 수컷 할 것 없이 약하게 쥐거나 건드리기만 해도 머리 바로 뒤쪽에 있는 가슴의 가장자리 양쪽에서 거품이 부글부글 끓어오릅니다. 이 액체는 보통 앞쪽에서 불쑥 나오지만 옆쪽에서 함께 나올 때도 있습니다. 이 액체를 가져다 현미경으로 들여다보니 나방의 체액, 그러니까 혈액에 들어 있는 세포와 동일한 세포가 보였습니다. 거품을 뿜어냄으로써 우테테이사 오르나트릭스는 내부도 외부에서 보는 것처럼 맛이 없음을 드러내는 셈이었습니다.

거미와 함께 한 실험에서도 나방이 거품을 분비하는 경우가 있었지만 언제나 그렇지는 않았습니다. 따라서 꼭 나방의 혈액을 봐야 그 독성을 알 수 있는 것은 아니라는 사실을 알 수 있었습니다. 사실 거미가 나방을 건드리는 경우는 별로 없었습니다. 실험에 참가한 거미 가운데 나방의 날개만 건드려보고는 곧바로 거미줄에서 풀어주는 녀석들도 있었습니다. 그 모습을 지켜보던 저는 '복장 도착자 실험'이라는 새로운 실험을 고안했습니다. 일단 거미가 잡아먹는 나방을 골라 우테테이사 오르나트릭스의 날개를 씌운 다음, 네필라 클라비페스에게 주었습니다. 결과는 놀라웠습니다. 날개를 씌운 방법은 그저 나방의 날개를 잘라내고 자른 부위에 엘머사에서 나온 물풀을 바른 다음 우테테이사 오르나트릭스의 날개를 붙이는 것이었습니다. 우테테이사 오르나트릭스의 날개를 입은 밤나방과 나방과 재주나방과 나방은 네필라 클라비페스가 좋아하는 먹이였음에도, 네필라 클라비페스는 날개를 건드려보고는 곧바로 거미줄을 잘라 나방을 풀어주었습니

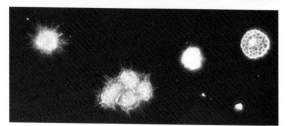

(위) 우테테이사 오르나트릭스 암컷(왼쪽)과 수컷(오른쪽).

(왼쪽 아래) 유충의 먹이인 스무스 래틀포드(크로탈라리아 무크로나타*Crotalaria mucronata*. 중국에서는 황야백합이라고 함) 위에 앉아 있는 우테테이사 오르나트릭스.

(오른쪽 가운데) 귀찮게 하자 거품을 분비하는 우테테이사 오르나트릭스.

(오른쪽 아래) 거품 속의 세포. 우테테이사 오르나트릭스의 혈액과 거품에 같은 세포가 들어 있다는 사실은 이 거품이 혈액과 공기로 이루어졌다는 생각을 뒷받침한다.

다. 우테테이사 오르나트릭스의 몸을 조금이라도 건드려본 네필라 클라비페스는 예외 없이 우테테이사 오르나트릭스를 뒤집어쓰고 있는 나방을 풀어주었습니다. 이 같은 사실은 네필라 클라비페스가 우테테이사 오르나트릭스의 날개뿐 아니라 모든 부위를 다 싫어한다는 뜻이었습니다. 우테테이사 오르나트릭스의 날개를 붙인 나방 가운데 일부는 부위에 따라 다른 취급을 받았습니다. 네필라 클라비페스는 복장 도착자 나방의 몸은 먹고, 나방의 몸에 붙어 있는 우테테이사 오르나트릭스의 날개는 먹지 않고 거미줄에서 잘라버렸습니다.

곤충들이 먹이를 통해 섭취한 물질을 방어 물질로 활용한다는 사실은 제왕나비를 연구한 고전 자료를 통해서 누구나 알고 있습니다. 특히 링컨 브라워Lincoln Brower와 그의 연구진이 제왕나비를 이용해 증명해낸 것처럼 새들이 싫어하는 나비의 두 가지 독성 스테로이드 물질(강심 배당체cardiac와 시안화 배당체)은 애벌레가 먹는 유액 분비 식물에서 얻습니다. 여러 가지 정황을 볼 때 우테테이사 오르나트릭스도 제왕나비처럼 먹이를 통해 방어 물질을 얻고 있음이 분명한 듯했습니다. 우테테이사 오르나트릭스 애벌레의 주식은 사람들이 주로 먹는 완두와 대두가 속한 콩과(科)Fabaceae 식물(협과Legume family—꼬투리라는 뜻—라고도 함) 가운데 활나물속(屬)Crotalaria 식물을 주로 먹습니다. 하지만 사람들은 활나물속 식물을 먹지 않습니다. 왜 그런지는 이유가 있습니다. 활나물속 식물에는 파이롤리지다인 알칼로이드라는 물질이 들어 있는데 이 알칼로이드 성분은 독성이 아주 강합니다. 가축이 활나물속 식물을 먹으면 죽고 맙니다. 그러니 파이롤리지다인 알칼로이드에 대한 연구가 아주 많이 진행되었고, 포유류에 미치는 독성에 대해서 잘 알려져 있는 것도 놀랄 일은 아닙니다.

그렇다면 파이롤리지다인 알칼로이드가 거미의 손아귀에서 우테테이사 오르나트릭스를 구해주는 일등 공신일지도 모릅니다. 어찌된 일인지는 모르지만, 우테테이사 오르나트릭스는 파이롤리지다인 알칼로이드에 내성이 있기 때문에 유충이 파이롤리지다인 알칼로이드가 들어 있는 식물을 먹어도 끄떡없는지도 모릅니다. 또한 제왕나비가 방어 물질을 그대로 간직하는 것처럼 우테테이사 오르나

파이롤리지다인 알칼로이드 물질들.
모노크로탈린(왼쪽)과 우사라민(오른쪽).

트릭스는 성충으로 변태한 후에도 계속해서 파이롤리지다인 알칼로이드를 몸속에 지니고 있는지도 모릅니다.

파이롤리지다인 알칼로이드를 분석하려면 시간이 많이 걸리지만 대부분 아주 정확한 결과가 나옵니다. 이번에도 제럴드 연구진의 도움을 받았습니다. 그 중에서도 특히 로버트 K. 밴더 미어Robert K. Vander Meer, 카렐 우비크Karel Ubik, 제임스 레시James Resch, 고(故) 칼 하비스Carl Harvis의 도움을 받아 성충 우테테이사 오르나트릭스의 몸속에 파이롤리지다인 알칼로이드가 있다는 사실을 확인했습니다. 야외로 나가서 잡아온 우테테이사 오르나트릭스 성충의 몸속에는 파이롤리지다인 알칼로이드가 각각 다른 정도로 들어 있었는데 모두 대단히 많은 양이었습니다. 우테테이사 오르나트릭스 성충의 몸속에 있는 파이롤리지다인 알칼로이드의 양은 평균 0.7밀리그램으로 전체 몸무게의 0.4퍼센트에 해당하는 양이었습니다.

그렇다고 하더라도 파이롤리지다인 알칼로이드가 방어 물질이라는 사실을 입증할 방법을 찾아내는 일은 전혀 다른 일이었습니다. 그러려면 거미가 파이롤리지다인 알칼로이드를 먹지 않은 우테테이사 오르나트릭스를 잡아먹는지 확인해야 했습니다. 하지만 파이롤리지다인 알칼로이드를 먹지 않은 우테테이사 오르나트릭스를 구할 수나 있을까요? 특정한 동물이 먹지 않는 먹이를 억지로 먹여 기를 수는 없다는 생각에 파이롤리지다인 알칼로이드를 먹지 않은 우테테이사 오르나트릭스를 찾아낼 가능성은 없다고 믿었습니다. 그러나 이런 제 생각은 잘못된 것이었습니다. 과학자들은 우테테이사 오르나트릭스가 아닌 다른 애벌레들이 먹는 먹이로 우테테이사 오르나트릭스를 기를 수 있다는 사실을, 그것도 아주 잘 기를 수 있다는 사실을 입증해 보였습니다. 그 중에서도 활나물속 식물을 대체할 가장 좋은 먹이는 파이롤리지다인 알칼로이드가 전혀 들어 있지 않은 얼룩콩pinto bean이었습니다. 얼룩콩을 먹이로 주는 경우는 얼룩콩 식사 혹은 짧게 줄여서 '마이너스 식사'라고 불렀습니다. 또한 자연 상태와 비슷한 조건을 만들어주기 위해서 일부 우테테이사 오르나트릭스는 대용식을 먹여 길렀습니다. 대용식은 '플러스 식사'라고 불렀는데 그 이유는 우테테이사 오르나트릭스의 자연 먹이인 크로탈라리아 스펙타빌리스*Crotalaria spectabilis*의 씨앗이 섞여 있었기 때문입니다. 얼룩콩의 10퍼센트에 해당하는 크로탈라리아 스펙타빌리스의 씨앗을 첨가했다는 사실만 빼면 마이너스 식사와 플러스 식사의 다른 점은 없었습니다.

당시 우리 연구실에 있었던 윌리엄 코너와 카렌 힉스와 함께 마이너스 식사와 플러스 식사를 한 나방을 네필라 클라비페스에게 먹이로 주는 실험을 진행했습니다. 물론 그 전에 제럴드의 연구진이 파이롤리지다인 알칼로이드가 없는 마이너스 식사를 한 나방의 몸속에는 파이롤리지다인 알칼로이드가 전혀 없다는 사실을 확인해주었습니다. 반대로 파이롤리지다인 알칼로이드가 들어 있는 플러스 식사를 한 나방의 몸속에는 평균 0.6밀리그램 정도 되는 파이롤리지다인 알칼로이드가 있다는 사실도 확인해주었습니다. 따라서 실험실에서 사육한 나방이기는 했지만 플러스 식사를 한 나방들은 자연 상태에서 볼 수 있는 우테테이사 오르나트릭스와 화학적으로 거의 비슷한 조건을 갖춘 셈이었습니다. 게다가 생긴 모습도 비슷했습니다. 플러스 식사로 기른 나방은 야외에서 채집해온 우테테이사 오르나트릭스와 생김새도 똑같았습니다.

실험 결과는 예상했던 대로였습니다. 네필라 클라비페스는 플러스 식사를 한 나방은 한 마리도 먹지 않은 반면 마이너스 식사를 한 나방은 모두 잡아먹었습니다. 마이너스 식사를 한 나방은 자신이 화학적으로 무방비상태라는 점을 깨닫지 못하는 듯했습니다. 네필라 클라비페스가 다가와 살펴볼 때도 수동적인 자세를 취했고 물려고 덤벼들 때도 저항하지 않았습니다. 네필라 클라비페스가 몸을 탐색하거나 물려고 할 때 거품을 분비하는 나방도 있었지만, 네필라 클라비페스를

(왼쪽) 네필라 클라비페스에게 먹이로 준 우테테이사 오르나트릭스. 왼쪽은 네필라 클라비페스가 전혀 건드리지 않은 우테테이사 오르나트릭스로 파이롤리지다인 알칼로이드가 들어 있는 활나물속 식물인 스무스 래틀포드, 곧 크로탈라리아 무크로나타를 먹고 자랐고, 오른쪽 표본은 마이너스 식사를 하고 자란 우테테이사 오르나트릭스로 딱딱한 부분을 제외한 대부분이 먹히고 말았다.
(오른쪽) 마이너스 식사를 하고 있는 우테테이사 오르나트릭스 유충.

물리치지는 못했습니다.

거미가 나방을 거부하는 이유가 파이롤리지다인 알칼로이드라는 점을 분명하게 확인하고자 한 가지 실험을 더 해보기로 했습니다. 우리는 네필라 클라비페스에게 거미가 좋아하는 밀웜을 주되, 파이롤리지다인 알칼로이드를 묻힌 밀웜과 묻히지 않은 밀웜을 주었습니다. 그때 우리가 가지고 있던 파이롤리지다인 알칼로이드는 고체 형태로, 활나물속 식물에 있다고 알려져 있는 모노크로탈린 monocrotaline이었습니다. 일단 모노크로탈린을 녹인 용액을 만들어 밀웜에 바른 다음, 용매가 증발한 후에 네필라 클라비페스에게 주었습니다. 네필라 클라비페스는 모노크로탈린을 묻힌 밀웜보다 묻히지 않은 밀웜을 더 좋아했습니다. 모노크로탈린을 많이 묻힌 실험군 밀웜은 용매만 묻힌 대조군 밀웜보다 훨씬 더 많이 살아남았습니다.

우테테이사 오르나트릭스와 활나물속 식물은 아주 긴밀한 관계를 유지합니다.

크로탈라리아 무크로나타. 왼쪽 위부터 시계 방향으로 다 자란 식물, 꽃차례(inflorescence), 익은 꼬투리, 완전히 자란 꼬투리.

자연 상태에서 우테테이사 오르나트릭스 유충은 활나물속 식물만 먹으며 현재까지 알려진 바로는 우테테이사 오르나트릭스 성충 암컷은 활나물속 식물 위에만 알을 낳는다고 합니다. 애크볼드연구소와 그 주위에 서식하는 우테테이사 오르나트릭스는 두 가지 활나물속 식물—크로탈라리아 무크로나타*Crotalaria mucronata*와 크로탈라리아 스펙타빌리스—과 밀접한 관련을 맺고 있습니다. 두 식물에 있는 주요 파이롤리지다인 알칼로이드는 조금 다릅니다. 크로탈라리아 스펙타빌리스 속에 있는 파이롤리지다인 알칼로이드는 대부분 모노크로탈린이고, 크로탈라리아 무크로나타에 많이 들어 있는 파이롤리지다인 알칼로이드는 우사라민usaramine입니다. 애크볼드연구소에서 채집한 우테테이사 오르나트릭스 속에는 주로 우사라민이 들어 있었는데, 이는 크로탈라리아 무크로나타가 그 지역에 살고 있는 우테테이사 오르나트릭스의 주식이라는 뜻입니다. 우리는 야외로 나가 진행한 연구를 통해 이 같은 사실을 확실히 알 수 있었습니다. 우테테이사 오르나트릭스 유충은 대부분 크로탈라리아 무크로나타 위에서 발견됐는데, 분명 애크볼드연구소 근처에서는 크로탈라리아 무크로나타가 우세종의 위치를 차지한 듯했습니다.

우테테이사 오르나트릭스가 한 장소에 낳는 알의 개수는 다양합니다. 평균적으로 우테테이사 오르나트릭스는 한곳에 스무 알을 낳습니다. 지금까지 관찰한 알 무리 가운데 최고로 많은 수는 정확히 100개였고 가장 적은 수는 한 개만 있는 경우였습니다. 알을 낳은 후 4, 5일 정도면 애벌레가 부화하는데 보통 한꺼번에 모든 애벌레가 알을 뚫고 나옵니다.

알에서 나온 애벌레는 처음에는 식물의 잎을 주로 먹지만 조금 자라면 종자를 주로 먹습니다. 다른 협과 식물들처럼 활나물속 식물의 종자도 꼬투리 속에 있는데, 우테테이사 오르나트릭스 유충은 꼬투리 벽을 씹어 둥근 구멍을 내고 그 속에 들어가 종자를 먹습니다. 꼬투리에 나 있는 구멍은 유충의 소행이 분명하기 때문에 유충을 잡으려면 구멍이 뚫린 꼬투리를 살펴보면 되겠다고 생각했지만 그다지 효과를 보지는 못했습니다. 구멍이 뚫린 꼬투리를 갈라보면 속은 텅 비고

심홍색얼룩보행자나방인 우테테이사 오르나트릭스.

(왼쪽 위) 교미하는 모습. (오른쪽 위) 알.
(왼쪽 아래) 밖으로 나오려고 알을 씹어 먹는 애벌레.
(오른쪽 아래) 잠시 후 알에서 완전히 빠져나온 애벌레.

오래전에 유충이 다녀간 흔적만 남아 있는 경우가 대부분이었습니다.

우테테이사 오르나트릭스가 모여 사는 집단의 규모도 다양합니다. 아주 많이 몰려 있을 경우에는 그 수가 너무 많아 식물에 막대한 해를 미칠 정도입니다. 아주 많이 몰려 살다 보면 제한된 자원을 놓고 서로 치열하게 경쟁할 수밖에 없습니다. 경쟁을 하다 보면 분명히 승자와 패자가 갈릴 것이며 패자는 종자가 아닌 잎을 먹으며 연명할 수밖에 없을 것입니다. 윌리엄 코너가 잎만 먹고 사는 유충을 조사해봤는데, 그런 유충의 몸속에는 파이롤리지다인 알칼로이드의 양이 아주 조금밖에 없었습니다. 따라서 종자 경쟁에서 밀려난 패자들은 포식자들을 물리칠 방어 물질을 많이 획득할 수 없기 때문에 아주 위험한 처지에 놓이고 맙니다. 꼬투리는 아무리 크다 하더라도 애벌레 한 마리당 한 개밖에 차지하지 못하는 듯합니다. 우테테이사 오르나트릭스 유충이 경쟁해야 할 상대는 유충들만이 아닙니다. 협과 식물을 주로 먹으며 사람들에게는 해충으로 알려져 있는 팥알락명나방(에티엘라 친케넬라*Etiella zinckenella*)이라는 경쾌한 이름이 있는 명나방과 나방도 활나물속 식물을 먹고 꼬투리 속에 들어가 생활합니다. 팥알락명나방은 아주 많은 수가 한데 모여 살기 때문에 활나물속 식물의 꼬투리도 아주 많이 차지합니다. 팥알락명나방과 우테테이사 오르나트릭스가 한곳에 모여 사는 경우는 거의 보지 못했기 때문에 팥알락명나방이 우테테이사 오르나트릭스의 가장 심각한 경쟁자는 아닐까 하는 생각이 들었습니다. 한 가지 덧붙이자면 팥알락명나방은 파이롤리지다인 알칼로이드를 몸속에 축적하지 않습니다. 팥알락명나방의 몸속에는 파이롤리지다인 알칼로이드가 없기 때문에 네필라 클라비페스가 먹을 수 있습니다.

우테테이사 오르나트릭스 유충은 번데기로 변할 때 먹이 식물의 곁을 떠납니다. 애크볼드연구소에서는 우테테이사 오르나트릭스 유충들이 근처에 있는 소나무로 기어가서 소나무 껍질 사이로 들어가 번데기로 변하거나, 소나무가 없다면 관목이나 초목 위에 올라가 번데기를 튼 모습을 흔히 볼 수 있습니다.

활나물속 식물은 한데 모여서 자라는 관목입니다. 몇 년 동안 사람의 어깨 높이까지 곧게 자라다가 어느 날 완전히 사라져버리기도 하고 시간이 조금 흐르면 불현듯 다시 자라기 시작합니다. 크로탈라리아 무크로나타는 자연적으로 불이 난 지역에서 다시 소생하는 특성이 있습니다.

우테테이사 오르나트릭스는 성충이 된 후에도 활나물속 식물과 밀접한 관련을

우테테이사 오르나트릭스.

(왼쪽 위) 반쯤 자란 유충. (오른쪽 위) 구멍을 내려고 크로탈라리아 무크로나타 꼬투리를 씹고 있는, 거의 다 자란 유충.
(왼쪽 아래) 꼬투리 속에 들어가 종자를 먹고 있는 유충. (오른쪽 아래) 슬래시소나무의 줄기 껍질 속에 번데기를 튼 모습.

맺으며 생활합니다. 구애를 할 때도 활나물속 식물 사이에서 합니다. 만약 여러분이 플로리다에서 우테테이사 오르나트릭스를 잡고 싶다면 일단 비포장 시골길을 달려가다가 활나물속 식물이 만발한 지역에 차를 세우면 됩니다. 활나물속 식물이 만발한 곳이라면 늘 우테테이사 오르나트릭스가 있습니다. 추운 겨울이 끝난 직후인 초봄에는 채집 여행을 떠나지 않는 편이 좋습니다. 우테테이사 오르나트릭스가 추운 겨울을 견뎌낼 정도로 강인하지는 않기 때문입니다. 하지만 우테테이사 오르나트릭스가 어느 지역에서 일단 사라졌다가도 머지않아 다시 찾아든다는 사실은 우테테이사 오르나트릭스 성충이 멀리 흩어져 사는 습성이 있음을 말해줍니다.

마리아와 제가 우테테이사 오르나트릭스 유충을 가지고 실험해본 결과 유충도 성충처럼 파이롤리지다인 알칼로이드를 방어 무기로 활용하고 있었습니다. 이 실험에 이용된 포식자는 늑대거미였습니다. 야외에서 잡아온 유충과 플러스 식사를 하고 자란 유충은 거미에게서 무사히 빠져나왔지만, 마이너스 식사를 하고 자란 유충은 모두 잡아먹혔습니다. 플라스틱 상자에 모래를 넣고 실험실에서 기른 거미와 밖에서 잡아온 거미로 실험을 했습니다. 밤에 전방 조명등을 쓰고, 모래가 깔린 소방 도로로 나온 우리는 거미의 눈에서 반사되는 안광을 보고 늑대거미과(科)Lycosidae 거미들의 위치를 확인할 수 있었습니다. 먹이를 기다리던 늑대거미들은 수백 마리가 넘었기 때문에 그저 유충을 거미줄에 살포시 올려놓는 것으로 실험 준비는 끝났습니다. 재빨리 유충에게 덤벼든 늑대거미는 몇 초도 안 되어 파이롤리지다인 알칼로이드가 들어 있는 유충을 모두 놓아주었습니다. 우테테이사 오르나트릭스 성충으로 한 실험도 마찬가지였습니다. 늑대거미는 파이롤리지다인 알칼로이드가 들어 있는 성충은 모두 놓아주었습니다.

그 실험을 하기 전에 우테테이사 오르나트릭스의 알 속에 파이롤리지다인 알칼로이드가 들어 있는지를 먼저 확인해보았는데, 알 속에도 파이롤리지다인 알칼로이드가 있었습니다. 분명히 어미에게서 전해 받았을 텐데, 문제는 파이롤리지다인 알칼로이드가 알을 충분히 보호해줄 수 있는가였습니다. 실험의 귀재이며 정말 놀라울 정도로 따뜻한 성품을 지닌, 캐나다에서 온 생물학자 제임스 헤어는 렙토토락스 론기스피노수스*Leptothorax longispinosus*라는 개미를 이용한 포식 실험에서 렙토토락스 론기스피노수스가 파이롤리지다인 알칼로이드를 싫어하며, 파이롤리지다인 알칼로이드가 든 알도 먹지 않는다는 사실을 밝혀냈습니다. 이번에도 개미가 싫어하는 물질이 파이롤리지다인 알칼로이드라는 사실을 분명히 확인하고자 대조 실험을 해보았습니다. 마이너스 식사를 하고 자란 우테테이사 오르나트릭스 암컷은 파이롤리지다인 알칼로이드가 없는 알을 낳는데, 이 알은 모두 개미에게 잡아먹혔습니다. 그런데 제임스는 한 가지 재미있는 사실을 더 알아냈습니다. 플러스 식사를 한 암컷이 낳은 알을 건드린 개미는 그 후로도 아주 오랫동안 우테테이사 오르나트릭스의 알이라면 무조건 거부한다는 사실을 말입니다. 알 속에 파이롤리지다인 알칼로이드가 있느냐 없느냐는 문제되지 않았습니다. 나쁜 경험을 한 개미 가운데 거의 한 달이 지난 후에도 여전히 우테테이사 오르나트릭스의 알을 거부하는 개미도 있었습니다. 그러고 보면 개미의 지적 능력도 무조건 무시할 일이 아닙니다.

가끔 활나물속 식물 위에서 풀잠자리과 유충이 황급히 달려가는 모습을 볼 수 있는데, 이 작고 다재다능한 포식자가 우테테이사 오르나트릭스 알의 천적이라는 사실을 감안하면 아주 당연한 일입니다. 풀잠자리 유충은 생명력이 아주 강하며 엄청난 대식가입니다. 풀잠자리 유충을 페트리 접시에 가둬놓고 하루나 이틀 굶긴 뒤에 우테테이사 오르나트릭스의 알을 주면, 한 마리가 무려 서른 개 넘게 알을 먹어치웠습니다. 풀잠자리 유충은 모여 있는 알을 모두 먹어치울 수 있는 대식가들이었습니다.

우리는 녹색풀잠자리(케라이오크리사 쿠바나) 유충을 몇 마리 잡아와, 어떤 식으로 알을 먹는지 알아보려고 우테테이사 오르나트릭스의 알을 먹이로 주었습니다. 알을 보자 케라이오크리사 쿠바나 유충은 낫처럼 생겼으며 대롱처럼 구멍이 뚫려 있는 큰 턱을 알 속에 박아 넣더니 쭉쭉 빨아먹었습니다. 먹지 않는 알에는 일단 큰 턱을 박아 넣었다가 곧 빼냈습니다. 가끔 찔러보지도 않고 먹지 않는 알도 있었지만 대부분은 일단 찔러보기는 했습니다. 케라이오크리사 쿠바나 유충은 알의 내부를 맛본 다음에 먹어도 되는지를 결정하는 것 같았습니다.

그래서 이번에는 각각 마이너스 식사와 플러스 식사를 한 우테테이사 오르나트릭스의 알 열 개씩을 주고 결과를 살펴보았습니다. 케라이오크리사 쿠바나 유충은 마이너스 식사를 한 우테테이사 오르나트릭스의 알은 모두 먹어치웠지만 플러스 식사를 한 것의 알은 한 개도 먹지 않았습니다. 플러스 식사를 한 우테테이사 오르나트릭스의 알도 일단 버리기 전에 찔러보기는 했지만 빨아먹지는 않았습니다. 그런데 한 가지 재미있는 점은 케라이오크리사 쿠바나 유충이 한곳에 모여 있는 알을 포기하기 전에 일단 찔러보는 알의 개수가 평균 2.4개라는 사실입니다. 케라이오크리사 쿠바나 유충의 큰 턱에 찔린 알은 당연히 죽고 말겠지만 전체 알의 개수로 봤을 때 그 정도는 아주 적은 양이라고 할 수 있습니다. 이는 플러스 식사를 한 우테테이사 오르나트릭스의 알이라면 열 개 가운데 예닐곱 개는 살아남는다는 의미였습니다.

그래서 이번에는 활나물속 식물에서 채집해온 우테테이사 오르나트릭스의 알을 케라이오크리사 쿠바나 유충에게 먹이로 주었습니다. 우리가 채집해온 알 무리는 적게는 한 개에서 많게는 54개로 이루어져 있었습니다. 스물네 무리 가운데 세 무리의 알은 먹을 수 있는 알로 판명됐기 때문에 거의 대부분 먹히고 말았습니다. 나머지 스물한 무리는 몇몇 알을 점검해보더니 먹지 않고 그대로 내버려두었습니다. 케라이오크리사 쿠바나 유충이 무리당 찔러본 알은 평균 2.3개로 실험실에서 나온 결과와 거의 비슷했습니다. 이는 케라이오크리사 쿠바나 유충이 알 무리의 규모가 아니라 질을 평가한다는 사실을 의미했습니다. 케라이오크리사 쿠바나 유충은 많이 모여 있는 알 무리나 적게 모여 있는 알 무리 모두에게 비슷한 수를 시험해보았습니다. 케라이오크리사 쿠바나 유충이 공격할 경우 좀더 많은 알이 살아남으려면 많은 수가 한데 모여 있는 편이 유리합니다.

여러분도 이미 예상했겠지만, 케라이오크리사 쿠바나 유충이 무작위로 알을 선택해서 맛을 본다는 사실로 미루어볼 때, 무리 지어 있는 알들 속에는 파이롤리지다인 알칼로이드가 각각 동일한 양으로 들어 있어야 할 것입니다. 만약 알 속에 있는 파이롤리지다인 알칼로이드의 양이 제각각이라면 케라이오크리사 쿠바나 유충은 모두 찔러본 다음에 먹을 수 있는 알만 골라 먹을지도 모릅니다. 제 럴드의 연구실에 있던 에바 베네딕트Eva Benedict가 알을 한 개씩 전부 분석하는 까다로운 일을 맡아주었기 때문에, 한데 모여 있는 알들의 파이롤리지다인 알칼 로이드 함유량이 거의 비슷하다는 사실을 확인했습니다. 또한 에바의 연구 결과 를 통해서, 알 무리마다 그 속에 있는 파이롤리지다인 알칼로이드의 양이 다르다 는 사실도 알아냈습니다. 에바는 채집해온 알 무리 열다섯 개를 검사했는데, 각 무리마다 많게는 한 알당 1.5밀리그램씩 들어 있는 경우도 있었고, 적게는 아예 없는 무리도 있었습니다. 저는 이미 케라이오크리사 쿠바나 유충이 채집해 온 알 무리를 먹어치우는 경우를 본 적이 있었기 때문에 에바의 실험 결과에 크게 놀라 지는 않았습니다.

또한 실험실에서 마이너스 식사와 플러스 식사 과정을 거쳐 낳은 알들을 야외 에서 자라고 있는 활나물속 식물에 놓아보기도 했습니다. 예상했듯이 플러스 식 사를 한 우테테이사 오르나트릭스의 알이 마이너스 식사를 한 우테테이사 오르 나트릭스의 알보다 더 많이 살아남았습니다. 모두 스물여섯 무리였던 마이너스 식사 쪽 알들은 케라이오크리사 쿠바나 유충에게 다 잡아먹히고 말았습니다. 마 이너스 식사를 한 우테테이사 오르나트릭스의 알에는 케라이오크리사 쿠바나 유 충이 남기고 간 큰 턱 구멍이 뚫려 있었고, 내용물은 완전히 사라지고 없었습니 다. 하지만 플러스 식사를 한 우테테이사 오르나트릭스의 알 무리 스물여섯 개는 그 중에 한 무리, 그러니까 약 4퍼센트에 해당하는 무리만이 케라이오크리사 쿠 바나 유충의 먹이가 되었습니다.

새들도 우테테이사 오르나트릭스를 먹지 않았습니다. 애크볼드연구소에서 성 충 우테테이사 오르나트릭스를 덤불어치에게 먹이로 주었는데, 덤불어치는 이 곤충을 보자마자 피해버렸습니다. 실험은 밖에서 진행했는데, 새가 플라스틱 용 기에서 먹이를 꺼내 먹도록 길들이는 일은 어렵지 않았습니다. 그저 용기 아가리와 땅바닥이 수평을 이루도록 모래를 파고 용기를 묻어두면 새들이 날아와 그 속에 있는 먹이를 먹었습니다. 용기에는 우테테이사 오르나트릭스 성충과 밀웜, 여러 조각으로 자른 땅콩 조각, 이렇게 세 가지 먹이를 넣어두었습니다. 우테테이사 오르나트릭스가 날아가지 못하도록 앞날개의 앞쪽 끝을 조금 잘라두는 일도 잊지 않았습니다. 덤불어치들은 곧바로 용기로 날아와 밀웜과 땅콩 조각을 먹었지만 우테테이사 오르나트릭스는 아예 건드리지도 않았습니다. 어린 덤불어치 암컷이 우테테이사 오르나트릭스를 부리로 들어 올린 적이 있었지만 먹지는 않았습니다. 연구소에 있던 다른 과학자들도 덤불어치들을 이용한 실험을 자주 해보았기 때문에 덤불어치들은 모두 다리에 색깔 있는 띠를 두르고 있어서 쉽게 구별할 수 있었습니다. 다리에 두른 띠를 보고 우테테이사 오르나트릭스를 무는 새는 모두 어린 암컷이라는 사실을 알 수 있었습니다. 그런데 덤불어치들은 마이너스 식사를 한 우테테이사 오르나트릭스도 전혀 건드리지 않았기 때문에 우테테이사 오르나트릭스를 먹지 않는 이유가 파이롤리지다인 알칼로이드 때문인지는 확인할 수 없었습니다. 이후로 후속 실험을 진행하지 않았기 때문에, 덤불어치들이 이미 전부터 우테테이사 오르나트릭스를 먹어본 적이 있고 파이롤리지다인 알칼로이드 탓에 입맛을 버린 적이 있어 우테테이사 오르나트릭스라면 무조건 피한다는 결론을 내릴 수는 없었습니다.

　파이롤리지다인 알칼로이드를 전혀 개의치 않는 포식자들도 있습니다. 예를 들어 실험실에서 기르던 미국두꺼비는 우테테이사 오르나트릭스를 먹어도 아무 이상이 없었습니다. 그런데 아무도 예상하지 못했던, 우테테이사 오르나트릭스의 잠재적인 천적은 우테테이사 오르나트릭스 자신들이었습니다. 우테테이사 오르나트릭스 유충은 파이롤리지다인 알칼로이드라면 사족을 못 쓰는 대식가입니다. 유충들은 파이롤리지다인 알칼로이드가 묻어 있다면 거름종이나 한천 할 것 없이 무조건 씹어먹는 탐식가들입니다. 그런데 유충이 이렇게 파이롤리지다인 알칼로이드를 탐하는 경우는 자신의 몸속에 파이롤리지다인 알칼로이드가 전혀 없는 경우, 그러니까 마이너스 식사를 하면서 자란 경우뿐이었습니다. 유충의 이

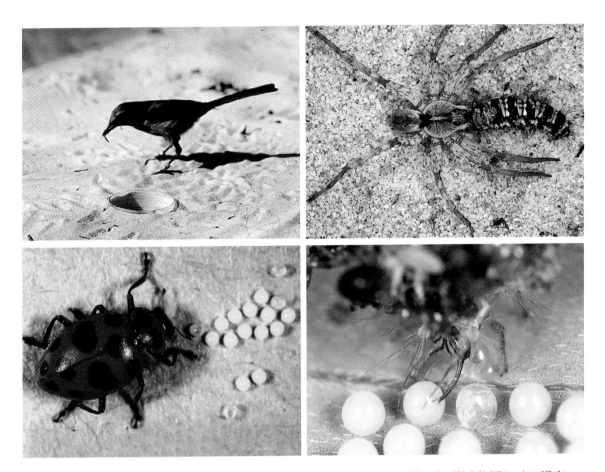

(왼쪽 위) 우테테이사 오르나트릭스를 비롯해 다양한 먹이가 담긴 플라스틱 용기에서 먹이를 골라먹고 있는 덤불어치(아펠로코마 코에룰레스켄스*Aphelocoma coerulescens*). 먹이 용기는 모래 속에 묻혀 있다. 부리로 물고 있는 먹이는 우테테이사 오르나트릭스를 닮은 밀웜이다.
(오른쪽 위) 독소가 없는 우테테이사 오르나트릭스 유충을 먹고 있는 늑대거미과 거미.
(왼쪽 아래) 우테테이사 오르나트릭스 알을 먹고 있는, 무당벌레과 곤충인 십이점박이무당벌레(콜레오메길라 마쿨라타*Coleomegilla maculata*).
(오른쪽 아래) 우테테이사 오르나트릭스 알을 먹고 있는 케라이오크리사 쿠바나 유충. 케라이오크리사 쿠바나 유충은 속이 비고 낫처럼 생긴 큰 턱을 알에 찔러 넣은 후에 내용물을 빨아먹는다. 알 두 개는 이미 완전히 빨아먹히고 말았다.

런 성향을 정밀하게 연구해준 사람은 당시 학부생으로 연구에 참가했던 잭 프레스먼Jack Pressman과 대학원생이자 뛰어난 기생충학자였던 커트 블랭케스푸어 Curt Blankespoor였습니다.

독일에서 온 프란츠 보그너Franz Bogner 박사는 마이너스 식사를 하는 우테테이사 오르나트릭스 유충이 파이롤리지다인 알칼로이드를 얻고자 동족상잔의 비극도 마다하지 않는다는 사실을 밝혀냈습니다. 오랫동안 파이롤리지다인 알칼로이드를 먹지 못한 유충은 파이롤리지다인 알칼로이드 공급원이 될 수 있는 종족의 알이나 번데기를 먹어치웠습니다. 물론 파이롤리지다인 알칼로이드가 없을 때는 먹지 않았습니다. 화학 성분을 분석해본 결과 동족을 잡아먹는 유충이 화학적으로 보상받는다는 사실을 알 수 있었습니다. 동족을 먹은 유충의 몸에서 파이롤리지다인 알칼로이드가 발견됐기 때문입니다.

그렇다면 자연 상태에서도 동족을 잡아먹는 일이 발생하는지 의문스러웠습니다. 종자 경쟁에서 패배하여 파이롤리지다인 알칼로이드를 획득하지 못한 유충들이 방어 물질을 얻으려고 동족을 잡아먹을지도 모를 일이기 때문입니다. 마리아와 저는 보그너의 도움을 받아 마이너스 식사를 한 우테테이사 오르나트릭스가 낳은 알과 플러스 식사를 한 우테테이사 오르나트릭스가 낳은 알을 모두 137개 활나물속 식물에 올려놓고 정기적으로 찾아가, 유충이 파이롤리지다인 알칼로이드가 들어 있는 알을 먹어치우는 경우를 네 차례 목격했습니다. 따라서 자연 상태에서도 동족을 먹는 일이 벌어질 수도 있다는 결론을 내렸습니다.

번데기를 활나물속 식물에 올려놓고 진행한 실험에서도 파이롤리지다인 알칼로이드가 들어 있는 번데기를 먹는 유충을 목격할 수 있었지만, 자연 상태에서 그런 일이 벌어지는 경우는 매우 드뭅니다. 번데기가 될 무렵이면 유충이 먹이 식물을 떠나기 때문입니다. 우테테이사 오르나트릭스의 유충이 번데기로 변하기 전에 먹이 식물을 떠나는 이유는 동족에게 죽음을 당하지 않기 위해서인지도 모릅니다.

제임스 헤어와 저는 우테테이사 오르나트릭스 유충이 자신과 혈연적으로 먼 개체의 알을 공격하고 먹어치우는 것인지 궁금했습니다. 하지만 실험 결과 유충은 그런 구별을 전혀 하지 않았습니다. 알에서 막 나온 유충이 아직 깨지 않은 알을 먹는지가 특히 궁금했지만 그런 일은 벌어지지 않았습니다. 무엇보다도 한데 모여 있는 알들은 동시에 부화하기 때문에 형제를 잡아먹을 기회 자체가 적은 데다 막 태어난 유충에게는 알을 공격하는 경향이 없는 것처럼 보였습니다.

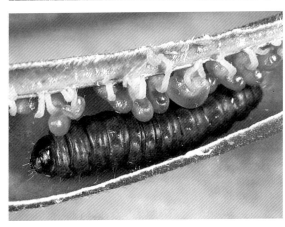

(왼쪽 위) 우테테이사 오르나트릭스의 알을 깨고 나오는, 톨레네무스속(Tolenemus) 기생벌.

(오른쪽 위) 미생물에 감염되어 죽은 우테테이사 오르나트릭스 유충.

(왼쪽 가운데) 파이롤리지다인 알칼로이드가 들어 있는 알을 먹어치우는 마이너스 식사 쪽 유충.

(오른쪽 가운데) 파이롤리지다인 알칼로이드가 들어 있는 번데기를 먹어치우는 마이너스 식사 쪽 유충.

(왼쪽 아래) 크로탈라리아 무크로나타의 꼬투리를 먹고 있는 팥알락명나방.

(오른쪽 아래) 팥알락명나방 성충.

우테테이사 오르나트릭스 알의 방어 물질에 전혀 영향을 받지 않는 천적은 또 있었습니다. 병원성균류pathogenic fungi와 기생벌parasitoid wasp(기생봉이라고도 함—옮긴이)이 그 주인공들입니다. 플로리다대학에서 온 연구원 그레고리 스토리Gregory Storey는 파이롤리지다인 알칼로이드가 있어도 곤충 병원성 곰팡이인 보베리아Beauveria나 파이켈리오미케스Paeceliomyces 같은 균류에 감염되면 소용없다는 사실을 밝혀냈습니다. 기생벌의 존재는 야외에서 채집해 온 우테테이사 오르나트릭스 알에서, 나와야 할 애벌레가 아니라 작은 고치벌brachonid wasp이 나오는 모습을 보고 알았습니다. 야외에서도 우테테이사 오르나트릭스 알 속에 자신의 알을 낳는 기생벌을 보는 일이 종종 있습니다. 어찌나 열심히 자신의 일에 몰두하는지, 알이 놓여 있는 잎을 그대로 잘라 와서 실험실에서 사진을 찍어도 될 정도입니다. 우테테이사 오르나트릭스의 번데기도 기생충들의 주요 표적입니다. 번데기를 뚫고 나오는 기생충은 주로 기생파리과 파리 네 종과 칼리키디다이과(科)Chalicididae 기생벌 한 종, 코르손쿠스속(屬)Corsoncus 맵시벌과(科)ichneumonidae의 종명이 밝혀지지 않은 한 종이었습니다.

■ **실험실에서** 우테테이사 오르나트릭스를 기르는 일은 나방에 대한 지식을 넓힌다는 의미이기도 했습니다. 섭취한 방어 물질에 대한 연구란 정말 감질 나는 주제입니다. 하지만 연구하기 어려운 제왕나비와 달리 우리가 기르는 작은 나방은 대체 먹이를 구하기도 쉽고 파이롤리지다인 알칼로이드를 빼거나 첨가하기도 쉬웠기 때문에 연구를 훨씬 수월하게 진행할 수 있었습니다. 저는 우테테이사 오르나트릭스의 유충들이 파이롤리지다인 알칼로이드를 얻기 위해서 활나물속 식물의 종자를 놓고 어떤 경쟁을 벌이는지 궁금했지만, 연구원 가운데 저와 관심이 일치한 사람은 없었습니다. 그러던 차에 나방의 생식사(史)에 아주 관심이 많았던 윌리엄 코너가 교미 방법을 한번 연구해보자고 제안했습니다. 하지만 나방의 교미에 대해서는 이미 많은 사람들이 연구하고 있었기 때문에 윌리엄에게 정말 나방의 교미를 연구하고 싶냐고 물어봤던 기억이 납니다. 윌리엄이 계속해서 그

렇게 하고 싶다고 주장했기 때문에 결국 나방의 교미를 연구해보기로 했습니다. 당시 윌리엄은 아주 뛰어난 연구 성과를 기록하고 있었습니다. 윌리엄은 제임스 트루먼James Truman, H. 프레더릭 니지호우트H. Frederick Nijhout 같은 위대한 곤충학계의 스타들을 낳았으며 노트르담대학의 전설인 조지 크레이그George Craig 연구실에서 모기를 연구했습니다. 저는 윌리엄이 선택한 연구 주제의 중요성에 대해서 한 번도 의심을 품지 않았습니다.

일반적으로 나방은 땅거미가 질 때 구애를 시작하는데, 한곳에 머물러 있는 암컷들이 발산하는 화학적 유혹 물질에 수컷들이 이끌려 날아듭니다. 암수 모두 날아다니는 상태라면 냄새만으로 서로를 찾아내는 일이 쉽지는 않을 것입니다. 물론 정지된 냄새를 찾는 일도 쉬운 일은 아니지만 말입니다. 나방 가운데 교미의 신호인 화학물질을 방출하는 쪽은 암컷입니다. 특별한 목적을 위해서 암컷이 방출하는 화학물질을 페로몬이라고 하는데, 페로몬은 같은 종끼리 신호를 주고받는 의사 전달 수단입니다.

윌리엄이 제일 처음 진행한 실험은 한 번도 짝짓기를 해본 경험이 없는 우테테이사 오르나트릭스 암컷을 작은 방충망에 넣고, 애크볼드연구소 안에 있는 크로탈라리아 무크로나타 숲에 놓아두는 일이었습니다. 암컷이 있는 방충망 옆 아주 가까이에서 수컷의 접근 경로를 지켜보던 윌리엄은 수컷이 날아오는 시간이 항상 해가 진 후 한 시간에서 한 시간 30분 사이라는 사실을 알게 되었습니다. 야외로 나가, 상자에 있는 암컷을 찾아 날아오는 수컷을 관찰하던 저는 아주 놀라운 광경을 목격했습니다. 수컷들은 바람이 불어가는 방향에서 정확하게 시간을 지키고 정확한 공중 궤도를 그리며 날아왔습니다. 비록 대기의 난기류에 영향을 받아 구혼자를 향해 날아오는 길이 조금은 어긋날 수도 있었지만, 수컷들이 정해진 길을 고수하며 날아오는 모습은 기가 막힐 정도였습니다.

암컷이 방출하는 페로몬의 특성을 밝히고자 기초적인 실험을 몇 가지 해보기로 했습니다. 먼저 짝짓기를 한 번도 해본 적이 없는 우테테이사 오르나트릭스 암컷 몇 마리를 유리 상자에 넣고, 상자를 통과한 공기가 화학물질 흡수제가 있

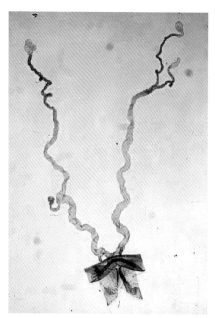

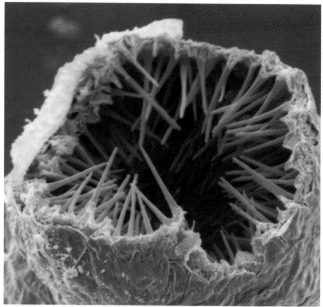

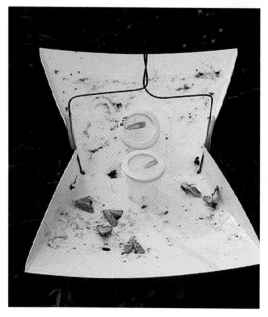

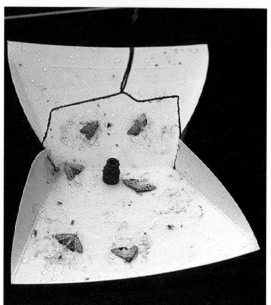

(왼쪽 위) 분비공이 있는 배의 끝부분을 잘라 꺼낸 우테테이사 오르나트릭스 암컷의 페로몬 분비샘 두 개.

(오른쪽 위) 암컷의 페로몬 분비샘 내부 모습.

(왼쪽 아래) 곤충을 유인하는 장치. 우테테이사 오르나트릭스 암컷 두 마리가 있는 용기와 끈적끈적한 바닥으로 이루어졌다. 유혹 물질을 따라 찾아온 수컷 여러 마리가 끈적끈적한 표면에 달라붙어 있다.

(오른쪽 아래) 왼쪽과 똑같은 곤충 유인 장치지만 이번에는 가운데 있는 고무컵에 트리엔을 집어넣었다.

는 통로로 흘러들게 했습니다. 용매로 흡수제에 스며든 화학물질을 추출하여 기체 크로마토그래피로 성분 물질을 분류해낸 후, 각 성분 물질의 촉각전도electroantennogram 반응을 알아보았습니다. EAG 기술이라고 알려져 있는 촉각전도 기술이란 곤충의 더듬이 신경을 자극하는 화학물질을 감지해내는, 아주 간단한 실험입니다. 더듬이는 곤충의 코 역할을 하는, 화학물질을 감지하는 기관입니다. 곤충의 더듬이에 전극을 연결하면 더듬이를 자극하는 화학물질이 아무리 소량 있어도 자극을 감지해냅니다. 암컷이 뿜어낸 화학물질을 추출해낸 시료들을 수컷의 더듬이에 바르자 한 가지 물질에 아주 강한 반응을 나타냈는데, 제럴드의 연구진은 이 물질이 불포화 탄화수소인 Z,Z,Z-3,6,9-헤네이코사트리엔heneicosatriene이라고 알려주었습니다. 우리는 이 긴 화학명을 가진 물질을 간단하게 줄여서 부르기로 했습니다. 그럴만한 이유가 있습니다. 보통 이중 결합이 세 개 있는 불포화 탄화수소를 트리엔triene이라고 부릅니다. 그래서 우리도 이 물질을 트리엔이라고 부르기로 했습니다. 제럴드의 연구진은 우리의 트리엔을 합성해냈습니다.

합성한 트리엔은 EAG 실험에서 수컷의 더듬이 신경에 강한 반응을 유발했고, 야외 실험에서도 수컷들을 끌어 모았습니다. 우리는 칸막이 상자에 접착제를 발라 곤충을 잡는 장치를 만들고, 그 한가운데에 합성한 트리엔을 넣은 고무컵을 올려놓아 활나물속 식물들이 서식하는 곳에 갖다 놓았습니다. 합성한 트리엔에 이끌려 칸막이 상자로 찾아온 수컷들이 접착제에 달라붙었습니다. 똑같은 장치에 짝짓기를 한 적 없는 암컷을 놓아두었을 때도 수컷들이 날아와 달라붙었습니다.

우리가 찾아낸 화학물질은 암컷이 방출하는 유인 물질이 분명했지만, 나중에 안 바로는 우테테이사 오르나트릭스 암컷의 유인 물질 속에 우리가 발견한 트리엔과는 조금 다른, 그러니까 이중 결합이 두 개나 네 개인 불포화 탄화수소가 들어 있는 경우도 있습니다. 이중 결합이 두 개인 불포화 탄화수소는 디엔diene, 네 개인 불포화 탄화수소는 테트라엔tetraene이라고 합니다. 디엔과 테트라엔이 우테테이사 오르나트릭스 암컷의 페로몬에 항상 있는 것도 아니고, 이 두 물질이 페

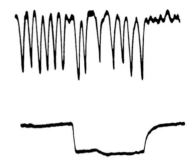

냄새를 발산하는 암컷(위)과 트리엔 샘플에 반응하는 우테테이사 오르나트릭스 수컷의 촉각전도(EAG) 결과. 기준선에서 아래쪽으로 굴절한 것은 더듬이 신경이 자극을 감지했음을 의미한다.

로몬에 들어 있을 경우 유인 물질의 성능이 향상되는지도 분명하지 않지만, 어쨌든 EAG 실험에서 두 물질 모두 더듬이 신경을 아주 크게 자극하기는 했습니다.

유인 물질인 페로몬을 분비하는 분비샘은 비교적 쉽게 찾아낼 수 있었습니다. 관처럼 생긴 분비샘과 연결된 분비공 두 개는 모두 배의 끝부분에 나 있습니다. 실제로는 복잡하게 돌돌 말려 있지만 462쪽에 실은 사진은 사진을 찍으려고 일부러 활짝 펼쳐놓은 모습입니다.

윌리엄은 암컷이 냄새를 발산할 때, 그러니까 수컷을 불러들일 때는 일정한 속도로 배 끝을 부르르 떤다는 사실을 알아냈습니다. 암컷은 배의 마지막 체절 두 개를 부르르 떨었습니다. 이들 체절 사이의 얇은 막에 분비공이 있기 때문에 부르르 떠는 순간 페로몬이 방출됩니다. 우테테이사 오르나트릭스 암컷이 배 끝에 있는 체절을 움직이는 주기는 1초당 한두 번으로 사람의 심장 박동 주기와 비슷했습니다. 왜 암컷이 일정한 주기로 배 끝을 움직이는지 진지하게 고민한 끝에 어쩌면 암컷은 진동 형태로 화학물질을 방출하는지도 모른다고 추측했습니다. 공기 속으로 퍼져나가는 화학 신호 물질이 주기를 떨 수도 있다는 사실은 그때까지 학계에 보고된 적이 없었기 때문에 우리는 무척 흥분했습니다.

어느 날 아침, 만면에 웃음을 띤 윌리엄이 저를 맞으면서 짤막하게 내뱉던 말을 정말 잊을 수가 없습니다. 그때 윌리엄은 "페로몬은 진동이 맞아. 내가 확인했어"라고 했습니다. 윌리엄은 암컷을 몇 마리 골라 EAG 장비에서 몇 센티미터 떨어진 곳에 놓고 바람이 부는 쪽으로 장비를 놓았습니다. 날아오는 암컷의 페로몬을 감지한 더듬이 신경의 전자 반응은 분명히 배 끝을 일정한 속도로 움직이는

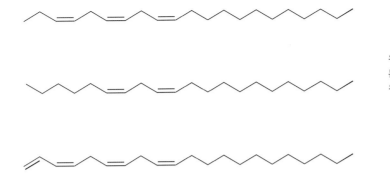

우테테이사 오르나트릭스 암컷의 페로몬 속에 들어 있는 세 가지 유인 물질. 위부터 트리엔, 디엔, 테트라엔.

암컷의 방출 주기와 정확하게 맞아떨어지는, 아름다운 진동 형태를 띠고 있었습니다. 이런 실험 결과는 암컷의 페로몬이 비연속적으로 방출된다는 분명한 증거였습니다. 트리엔을 묻힌 거름종이를 암컷 대신 놓고 진행한 대조 실험에서는 더듬이 자극 반응이 연속적으로 나타났습니다.

우테테이사 오르나트릭스 암컷의 분비샘은 조금 특별한 모양입니다. 일단 압축근이 없고 분비 세포만 있습니다. 분비샘 안쪽에 가시 모양 돌기가 있어 어느 정도 압력을 가하고 있습니다. 안쪽 표면은 전체적으로 분비물이 얇은 층의 형태로 감싸고 있지만 나머지는 공기가 가득 차 있을 뿐입니다.

실제로 분비샘이 어떤 식으로 분비물을 방출하는지는 그저 추정할 수밖에 없습니다. 하지만 분비샘이 관으로 되어 있고 어느 정도 압력을 받고 있으며 내부의 돌기 때문에 탄력적으로 늘어난다는 사실을 생각해보면, 폐처럼 기계적으로 공기를 뿜어내는지도 모릅니다. 그래서 우리는 우테테이사 오르나트릭스 암컷이 주기적으로 페로몬을 방출하는 이유는 배 끝에 있는 혈관의 압력이 주기적으로 바뀌기 때문이라는 결론을 내렸습니다. 암컷의 배 끝이 위아래로 움직일 때 혈관의 압력이 변하고, 그 결과 분비샘 내부의 압력이 증가했다가 감소하는 과정이 반복되면서 페로몬이 방출된다고 말입니다. 분비샘 내부의 압력이 낮아지면 바깥 공기가 분비샘 안으로 들어와 페로몬이 묻어 있는 내벽과 만나고, 곧 이어 내부 압력이 증가하면 페로몬 증기를 머금은 공기가 밖으로 밀려 나가면서 페로몬이 방출됩니다. 공기가 들어오고 나가는 과정이 주기적으로 반복된다면 페로몬도 주기적으로 방출될 수밖에 없습니다. 페로몬이 주기적으로 방출된다면 분비

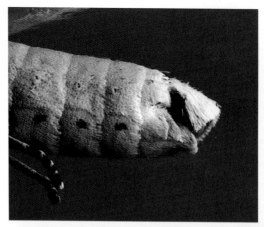
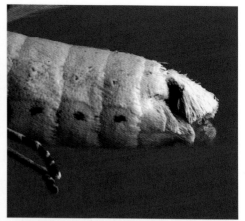

(위) 주기적으로 페로몬을 방출하는 우테테이사 오르나트릭스 암컷의 배 끝부분. 오른쪽 사진에서처럼 암컷의 페로몬은 배 끝에 있는 돌기가 주기적으로 나오는 과정을 통해서 방출된다. 돌기가 배 끝으로 튀어나올 때마다 분비공이 열린다.

(아래) 우테테이사 오르나트릭스 암컷이 페로몬을 방출하는 과정을 흉내 낸 모의실험. 화학 신호 전달 물질이 공기 중으로 주기적으로 퍼져나가는 모습을 보여준다. 왼쪽에 보이는 유리 모세관에서 1초당 2회 간격으로 뿜어져 나오는 티타늄 테트라클로라이드가 공기 중으로 퍼져나가고 있다. 풍속은 약 초속 11센티미터. 사진에서 보는 것처럼 모세관에서 나온 화학물질은 60센티미터 정도 나아갈 때까지도 일정한 모양을 유지한다.

샘 내벽을 감싸고 있는 휘발성 페로몬의 양이 아주 많을 것입니다. 또한 압력이 낮은 동안에도 자체 내 탄성력으로 다시 팽창될 가능성이 있는 것입니다.

　우테테이사 오르나트릭스 암컷이 주기적으로 페로몬을 방출한다면 그 페로몬의 주기는 종마다 다르지 않을까 하는 생각이 들었습니다. 다시 말해서 수컷은 암컷이 방출하는 페로몬의 화학 성분뿐 아니라 페로몬이 방출되는 주기도 감지하고 같은 종을 분간해내는 것은 아닐까요. 하지만 공기의 난기류 현상 때문에 화학 전달 물질이 머나먼 거리까지 한데 뭉쳐서 퍼져나갈 수 없어서, 먼 거리에서 주기를 정확하게 감지해내는 일은 불가능해 보였습니다. 실제로 눈에 보이는 화학물질인 티타늄 테트라클로라이드titanium tetrachloride를 이용하여 공기 중으로 화학물질이 주기적으로 퍼져나가게 한 모의 실험에서도, 바람이 그다지 세게 불지 않았는데도 화학물질은 방출된 곳에서 1미터 이상 떨어지면 주기성을 유지하지 못하고 퍼져버렸습니다.

그렇다면 우테테이사 오르나트릭스 암컷이 비연속적으로 페로몬을 방출하는 이유는 자신이 있는 위치를 수컷이 좀더 쉽게 찾을 수 있도록 방향을 알려주기 위해서는 아닐까요? 처음에 암컷의 향기를 감지한 수컷은 무조건 바람이 불어오는 방향을 향해서 날아갈 것입니다. 그러다 짙은 농도로 주기적으로 방출되는 페로몬을 감지하면 암컷이 가까이 있다는 사실을 알게 되고, 다른 곳으로 지나치는 일 없이 암컷을 정확하게 찾아내는지도 모릅니다. 하지만 이런 가설을 뒷받침해 줄 증거는 찾지 못했습니다.

페로몬을 비연속적으로 방출하는 암나방은 우테테이사 오르나트릭스 암컷 말고도 또 있습니다. 암나방이 방출하는 페로몬 주기는 거의 비슷하기 때문에 페로몬 주기로 종을 구별한다는 가설은 틀린 셈입니다. 암나방이 페로몬을 비연속적으로 방출하는 이유를 설명하는 가설 가운데 가장 그럴듯한 것은 방출하는 페로몬의 양을 아끼기 위해서라는 설명입니다. 아시다시피 페로몬을 생산하는 일은 많은 비용이 듭니다. 하지만 비연속적으로 페로몬을 방출하는 일도 쉬운 일은 아닙니다. 암나방들이 근육을 움직이는 데 드는 비용이 페로몬을 조금씩 주기적으로 방출하는 비용보다 적게 든다고 판단할 근거를 밝힐 수 있다면 무척 흥미로울 것입니다. 하지만 우리는 이 문제를 연구하지 않기로 했습니다. 우리가 좀더 연구해보기로 결정한 주제는 암나방을 만난 수나방의 행동이었습니다. 나방의 교미는 서로 만나자마자 진행되는, 간단한 일이 아니었습니다. 우테테이사 오르나트릭스들은 교미를 하기 전에 한참 동안 서로 정담을 나누었습니다. 빌과 저는 이 독특한 행동을 연구하기로 했습니다.

■ **애크볼드연구소에서** 윌리엄 코너는 반(半)자연 상태에서 우테테이사 오르나트릭스가 짝짓기 하는 모습을 비디오로 촬영했습니다. 페로몬을 방출하는 암컷을 한곳에 고정시켜 놓고 수컷들을 풀어준 다음, 암컷을 향해 날아오는 수컷의 모습을 비디오카메라로 촬영했습니다. 일반 상점에서 밤에 몰래 들어오는 침입자를 잡으려고 설치하는 감시 카메라와 똑같은 종류인, 적외선을 감지하는 특수 카메라로 우테테이사 오르나트릭스가 주로 짝짓기 하는 어스름녘부터 완전히 어두워질 때까지 촬영을 진행했습니다.

실험을 위해서 암컷의 마음을 달랜 후에 비디오카메라 바로 앞에 똑바로 세워 둔 철사에 올려놓았습니다. 암컷의 마음을 달래는 방법은 연하게 불린 신선한 활나물속 식물의 잎을 암컷이 매달려 있을 철사에 문질러두는 것이었습니다. 미리 활나물속 식물을 문질러놓은 철사에 올려두는 이유는 마치 진짜 서식처에 있는 것처럼 편안함을 느끼면서 수컷을 불러들이게 하기 위해서였습니다. 수컷은 암컷이 매달려 있는 곳에서 2미터 떨어진 곳에 한꺼번에 풀어주었습니다. 우리는 암컷이 있는 장소에서 몇 미터 정도 떨어진 곳에 설치한 비디오 모니터와 비디오테이프레코더로 그 장면을 기록했습니다.

야외에서 잡은 '정상적인' 우테테이사 오르나트릭스를 이용한 실험은 성공할 확률이 높았습니다. 열 번 일어난 구애 과정이 모두 짝짓기로 이어졌으며 우리는 카메라로 그 장면을 무사히 필름에 담았습니다. 우테테이사 오르나트릭스의 구애는 모두 특별한 과정을 거쳤습니다. 일단 바람이 불어가는 방향에서 날아온 수컷이 암컷에게 다가갑니다. 암컷의 옆을 배회하던 수컷은 더듬이와 다리로 암컷을 건드립니다. 그러다 갑자기 수컷이 배를 구부리고 암컷에게 배 끝을 찔러 넣으려 합니다. 수컷은 3분의 1초도 안 되는 짧은 순간에 이 모든 일을 해치웁니다. 그러면 암컷은 날개를 활짝 펴서 배를 드러내 보입니다. 수컷이 암컷의 옆쪽에 내려앉고 생식기가 맞물리면서 짝짓기가 성사됩니다.

우리는 교미 과정 중에서도 수컷들이 교미하기 전에 항상 잠깐 동안 배 끝을 암컷에게 갖다 대는 이유가 무엇인지 궁금했습니다. 비디오테이프의 해상도가 낮아 정확하게는 알 수 없었지만, 수컷은 배 끝에 있는 어떤 기관을 뒤집은 다음에 암컷에게 갖다 대는 것처럼 보였습니다. 일반 조명 아래 실험실에서 똑같은 실험을 해본 결과, 수컷이 뒤집는 기관에 붓처럼 생긴 구조물이 있는 듯했습니다. 수컷이 뒤집는 기관을 정확하게 사진에 담으려고 갖은 애를 다 쓴 끝에 결국 그 작은 기관의 사진을 찍을 수 있었습니다. 배 끝을 들이민다는 행위는 사실 뒤집을 수 있는 붓을 가지고 암컷을 쓰다듬는 행위였습니다. 우테테이사 오르나트릭스 수컷이 지니고 있는 붓은 인분이 변한 작은 타래로, 이미 과학자들 사이에서는 잘 알려져 있는 기관이었습니다. 훨씬 전에 발견되었으며 복수로는 코레마타coremata, 단수로는 코레마corema라고 하는 이 기관의 이름은 발향총corema
(나방의 부속 교접 기관으로, 배의 일곱 번째와 여덟 번째 체절 위에 한 쌍 있는 지지선—옮긴이)입니다. 우테테이사속(屬)Utetheisa 나방 가운데 발향총에 분비샘이 있어서 파이롤리지다인 알칼로이드에서 유도된 물질로 추정되는 하이드록시다나이달hydroxydanaidal을 분비하는 종도 있다고 합니다. 하지만 하이드록시다나이달을 분비하는 역할을 비롯해 구체적인 발향총의 기능에 대해서는 그때까지 알려진 바가 없었습니다.

발향총은 쉽게 떼어낼 수 있습니다. 그저 수컷의 배를 살짝 움켜잡으면 수컷이 발향총을 뒤집어 보이는데, 이때 미세 가위microscissor로 돌출된 부위를 잘라내면 됩니다. 발향총을 잘라내도 수컷은 살 수 있지만 암컷의 선택을 받는 '경우의 수'가 줄어들기는 했습니다. 빌이 발향총을 떼어낸 수컷 열한 마리의 교미 과정을 비디오에 담았는데, 그 중 다섯 마리가 교미에 실패했습니다. 발향총을 제거했다고 해서 암컷의 주의를 끌지 못한다거나 일반적인 상황이라면 발향총을 뒤집은 다음에 하는 행위인 배 끝을 밀어 넣는 행동을 하지 못하는 것도 아닌데 암컷들은 발향총을 떼어낸 수컷에게는 관심을 적게 보였습니다. 암컷들은 날개를 활짝 펴서 배를 드러내 보이고 싶어하지 않았으며, 심지어 철사 기둥의 반대쪽으로 자리를 옮겨 수컷에게서 벗어나려고 한 암컷도 있었습니다. 암컷이 발향총을 떼어낸 수컷을 거절하는 이유는 수술 후 찾아오는 부작용 때문일 리가 없었습니

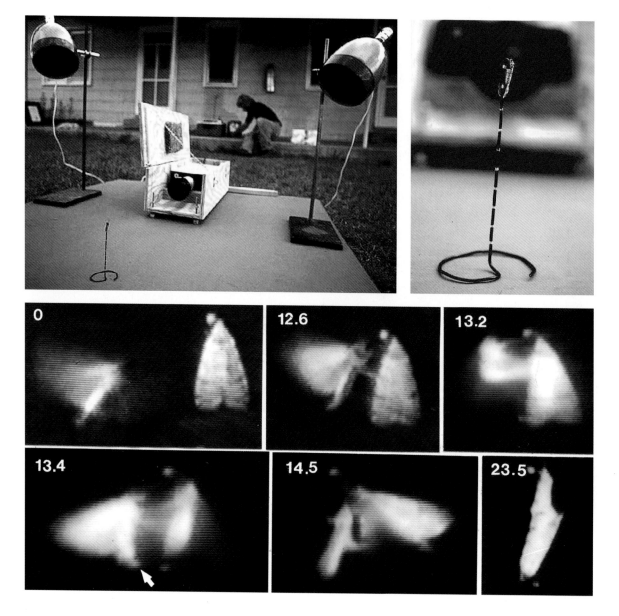

(왼쪽 위) 우테테이사 오르나트릭스의 짝짓기 과정을 찍으려고 설치해놓은 촬영 장비. 비디오카메라가 들어 있는 상자 앞쪽에 철사로 만들어놓은 기둥에 암컷이 있다. 조명을 위해서 적외선 등을 두 개 설치했으며 뒤쪽에 비디오 모니터가 보인다. 촬영 장비를 설명하고자 낮에 찍은 사진을 실었다.

(오른쪽 위) 철사로 만든 기둥에 있는 암컷을 가까이에서 찍은 사진.

(아래) 곧바로 비디오 모니터로 전송된 짝짓기 진행 과정. 위의 숫자는 촬영이 시작된 후부터 경과된 시간을 초 단위로 표시한다.

0초: 바람이 불어가는 방향에서 수컷이 암컷을 향해 날아왔다. 12.6초: 수컷이 암컷을 건드려본다. 13.2초: 배 끝에 있는 기관을 뒤집은 후에 배 끝을 구부려 암컷에게 갖다 대는 수컷. 13.4초: 배 끝을 다시 똑바로 세웠지만 뒤집은 기관(화살표)은 그대로다. 14.5초: 수컷이 생식기를 암컷에게 갖다 대고 있다. 23.5초: 드디어 교미에 성공했다.

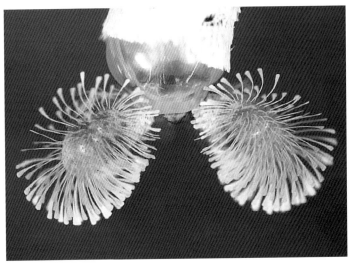

(왼쪽 위) 교미 때 뒤집은 발향총을 암컷에게 대고 문지르는 우테테이사 오르나트릭스 수컷.
(오른쪽 위) 발향총을 뒤집은 모습. 촘촘하게 나 있는 털은 인분이 변한 것이다.
(왼쪽 아래) 발향총에 난 털 세 가닥을 확대한 사진. 가운데가 비어 있는 모습을 확인할 수 있다.
(오른쪽 아래) 발향총의 인분 표면을 확대한 사진. 인분의 공동(空洞)에서 흘러나온다고 알려져 있는 하이드록시다나이달의 배출 구멍으로 보이는 작은 구멍들이 보인다.

다. 똑같이 수술을 했지만 이번에는 발향총이 아니라 발향총에 나 있는 인분을 제거한 모조군sham-operated 수컷들은 아홉 마리 가운데 여덟 마리가 교미에 성공하여, 발향총을 제거하지 않은 정상적인 수컷들과 비슷한 교미 성공률을 보였습니다.

하이드록시다나이달.

우리가 실험 중인 우테테이사 오르나트릭스의 발향총에서 하이드록시다나이달, 즉 앞으로 HD라고 부를 화학물질이 생산된다는 소식이 제럴드의 실험실로부터 날아들었습니다. 게다가 마이너스 식사를 하고 자라 파이롤리지다인 알칼로이드를 먹지 못한 수컷의 발향총에서는 HD가 생산되지 않는다는 사실을 확인했기 때문에 파이롤리지다인 알칼로이드가 HD의 원료라는 심증을 굳혔습니다.

윌리엄은 즉시 마이너스 식사를 한 우테테이사 오르나트릭스로 교미 실험을 했습니다. 발향총은 있지만 HD가 없는 수컷의 생식 성공률을 알아보기 위해서였습니다. 마이너스 식사를 한 수컷은 발향총을 떼어낸 수컷과 비슷한 생식 성공률을 나타냈습니다. 마이너스 식사를 한 수컷들은 암컷이 날개를 활짝 펴도록 유도하지 못했으며 달아나게 만드는 경우도 있었기 때문에 스물여덟 마리 가운데 일곱 마리가 교미에 실패, 정상적인 수컷보다 저조한 성공률을 기록했습니다.

간단한 추가 실험을 통해서 HD가 신호 물질이라는, 다시 말해서 페로몬 역할을 한다는 사실을 밝혀냈습니다. 실험실에서 진행한 실험에서 암컷들은 HD를 생산하는 발향총을 갖다 댈 때 날개를 더 잘 폈습니다. 특정한 부위를 발향총으로 여러 차례 문지르는 방법으로 암컷을 자극했습니다. 수컷의 몸에서 떼어낸 다음, 공기를 불어 넣어 뒤집은 발향총을 사용했습니다. 마이너스 식사를 한 수컷의 몸에서 떼어낸 발향총보다는 야외에서 잡은 수컷의 발향총이 더 효과적이었습니다. 또한 마이너스 식사를 한 수컷의 발향총에 HD를 묻힌 경우에는 정상적인 수컷의 발향총과 비슷한 결과가 나왔습니다. 이로서 HD가 암컷의 마음을 열도록 도와주는 물질이라는 사실이 입증된 셈입니다.

해부학적으로 방향총은 그 안에 인분이 가득 들어 있는 아주 얇은 주머니입니다. 교미 때에는 완전히 뒤집어지고 그 결과, 속에 들어 있던 인분이 활짝 펼쳐집니다. 이 인분을 얇은 지질층이 덮고 있는데, 이 지질이 바로 HD입니다. 아마 이 지질은 인분 밑에 있는 분비 세포에서 생산되는 듯했습니다. 속이 텅 빈 인분에는 미세한 구멍이 아주 많이 나 있습니다. 인분의 공동 속으로 분비된 HD가 인분에 나 있는 미세한 구멍을 통해 흘러나오는 것이 분명했습니다. 발향총은 항상 젖어 있기 때문에 언제라도 사용할 수 있었습니다.

발향총이 페로몬을 전달한다는 점은 밝혀냈지만 대체 무슨 말을 하기 위한 페로몬인지는 알 수 없었습니다. HD는 그저 수컷이 자신의 도착을 알리는 수단일 뿐일까요? 그러니까 HD는 "당신이 불러서 여기 내가 왔어요. 그러니 날개를 펼치고 우리 사랑을 나눕시다" 하고 알리는 수단일 뿐일까요? 아니면 무언가 특별한 말을 전달하는 복잡한 신호일까요? 처음에는 잊어버리고 있었지만, 결코 뇌리에서 지워지지 않는 생각이 있습니다. 카멜 근처에 있는 캘리포니아 해안에서 해달을 지켜보았을 때 불현듯 떠오른 생각입니다.

처음 야외로 나가 우테테이사 오르나트릭스의 화학물질을 연구했을 때 개체마다 들어 있는 파이롤리지다인 알칼로이드의 양이 천차만별이라는 사실을 알았습니다. 왜 그런지는 정확히 몰랐지만 먹이 식물을 통해 파이롤리지다인 알칼로이드를 획득하는 능력이 유충마다 다르기 때문에 그렇다고 추정했습니다. 분명히 종자 경쟁의 결과라고 말입니다. 유충 가운데 훨씬 더 배짱이 좋은 녀석들이 있어 종자가 있는 곳을 찾아내고 획득하는 능력이 남다를지도 모르고, 파이롤리지다인 알칼로이드의 체내 흡수율이 원인일 수도 있습니다. 그런데 유충의 종자 획득 능력은 유전으로 결정되는 형질일지도 모릅니다. 만약 종자 획득 능력도 유전되는 형질이라면 HD가 그 능력을 입증하는, 다시 말해서 수컷의 경쟁력을 입증하는 신호 물질일지도 모릅니다. HD가 파이롤리지다인 알칼로이드로 만든다는 사실을 생각해보면, 수컷은 암컷에게 자신이 파이롤리지다인 알칼로이드를 많이 가지고 있고 파이롤리지다인 알칼로이드 획득 경쟁에서 높은 순위를 차지했다고 알려주는 수단으로 HD를 활용하는 것도 같습니다. 파이롤리지다인 알칼로이드를 획득하는 능력이 유전되는 형질이 분명하다면 암컷은 분명히 능력을 확실하게 보여주는 수컷을 선택할 것입니다. 성공을 자랑하는 달콤한 향기를 뿜어내는 수컷을 말입니다.

교미 결과를 발표한 논문에서는 이 같은 추측을 더하지도 빼지도 않고, 추측 그대로 실었습니다.

■ **수컷이** 자신의 능력을 입증해 보이는 수단으로 HD를 사용하며, 파이롤리지다인 알칼로이드 보유 상태가 파이롤리지다인 알칼로이드 획득 능력을 반영하는 것이 분명하다면 수컷의 두 가지 양적 관계에 대한 의문이 생깁니다. 첫째로 유충이 섭취한 파이롤리지다인 알칼로이드의 양과 내장에서 흡수된 뒤 성충이 될 때까지 저장하고 있는 파이롤리지다인 알칼로이드의 양적 관계에 관한 의문이며, 둘째로, 섭취한 파이롤리지다인 알칼로이드의 양과 발향총에서 생산된 HD의 양적 관계에 대한 의문입니다.

실험 결과 의문을 품었던 두 가지 양적 관계는 모두 비례 관계로 판명되었습니다. 활나물속 식물의 종자를 주식으로 한 우테테이사 오르나트릭스 유충, 다시 말해서 파이롤리지다인 알칼로이드가 많이 든 먹이를 먹은 유충의 경우, 종자를 더 많이 먹은 유충의 몸속에 더 많은 파이롤리지다인 알칼로이드가 저장되어 있었습니다. 또한 파이롤리지다인 알칼로이드를 더 많이 저장한 유충이 HD도 더 많이 생산했습니다.

당시 대학원에 다니며 시맥을 자른 곤충을 연구하던 데이비드 뒤수르가 우테테이사 오르나트릭스의 알 속에 있는 방어 물질을 연구해보고 싶다고 했습니다. 그리고 머지않아 우테테이사 오르나트릭스 알의 방어 물질은 데이비드의 주요 연구 과제가 되었습니다. 데이비드는 마이너스 식사를 한 우테테이사 오르나트릭스 암컷도 파이롤리지다인 알칼로이드가 들어 있는 알을 낳는다는 사실을 알아냈습니다. 정말 이상한 일이었지만, 왜 그런지는 알 수 있을 것 같았습니다. 파이롤리지다인 알칼로이드가 들어 있는 알을 낳은 암컷의 교미 상대는 모두 플러스 식사를 한 수컷들이었습니다. 플러스 식사를 한 수컷들이 암컷에게 정자가 들어 있는 정포spermatophore를 넘겨줄 때 파이롤리지다인 알칼로이드를 함께 전해주고, 암컷이 그 중 일부를 알에 전해주는 것이 분명했습니다. 암컷이 항상 수컷에게서 받은 파이롤리지다인 알칼로이드만을 알에게 전해주는 것은 아닙니다. 자연 상태에서 다양한 방법으로 파이롤리지다인 알칼로이드를 섭취한 암컷이라면 자신이 섭취한 파이롤리지다인 알칼로이드도 함께 전해주기 때문에, 이런 암컷이 낳은 알은 부모 모두에게서 방어 물질을 전해 받습니다.

그래서 이번에는 암수가 알에게 전해주는 파이롤리지다인 알칼로이드의 양을 측정해보기로 했습니다. 일단 암컷에게는 파이롤리지다인 알칼로이드 가운데 모노크로탈린를 먹게 하고 수컷에게는 우사라민을 먹게 한 후에 교미시켜 낳은 알을 제럴드의 연구실에서 분석해보았습니다. 알 속에는 모노크로탈린이 더 많았기 때문에 암컷이 주요 증여자라는 사실을 확인할 수 있었지만, 우사라민의 양도 전체 파이롤리지다인 알칼로이드의 3분의 1은 되었기 때문에 수컷의 기증도 무시할 수 없는 양이었습니다. 무당벌레를 이용한 포식자 실험에서는 커다란 차이가 없었습니다. 파이롤리지다인 알칼로이드가 있는 수컷이 파이롤리지다인 알칼로이드가 없는 암컷과 교미하여 낳은 알은 파이롤리지다인 알칼로이드가 전혀 없는 부모가 교미하여 낳은 알보다 적게 잡아먹혔습니다.

결국 우리는 HD의 역할에 대해서 조금 생각을 바꿀 필요가 있었습니다. HD는 수컷의 몸속에 파이롤리지다인 알칼로이드가 많이 들어 있음을 입증해주는 수단이자 우수한 유전 형질을 지니고 있다는 신호인 동시에 혼례 선물이기도 했습니다. HD를 이용하여 수컷은 자신이 교미에 필요한 파이롤리지다인 알칼로이드를 많이 가지고 있다는 사실을 알리고, 암컷은 실제로 보이는 증거를 바탕으로 교미 상대를 선택하는 셈입니다. 그래서 이번에는 수컷의 파이롤리지다인 알칼로이드 기여 정도, 다시 말해서 수컷이 암컷에게 전해주는 파이롤리지다인 알칼로이드의 양은 수컷의 몸속에 저장되어 있는 양과 비례하다는 가설을 세우고 그 증거를 찾아보았습니다. 발향총에서 생산하는 HD의 농도는 수컷의 몸속에 들어 있는 파이롤리지다인 알칼로이드의 양을 반영합니다. 따라서 HD의 농도는 수컷이 선물할 수 있는 파이롤리지다인 알칼로이드의 양을 재는 척도가 분명했습니다.

또 한 가지 궁금했던 점은 수컷이 주는 혼례 선물이 암컷에게도 이익이 되는가였습니다. 늑대거미를 이용한 포식 실험을 통해서 공격에 취약한 마이너스 식사를 한 암컷이 플러스 식사를 한 수컷과 교미하면 이득을 얻는다는 사실을 확인했습니다. 이 실험은 이타카에서 교미시킨 우테테이사 오르나트릭스 암컷을 애크볼드연구소로 보내서 늑대거미에게 먹이로 주는 방식으로 진행했습니다. 교미를 끝낸 암컷을 특급 우편으로 플로리다로 보내면 최대한 교미를 끝낸 시간과 가까운 시간에 실험을 할 수 있겠다고 생각했지만, 암컷을 특급 우편으로 보내는 일은 생각처럼 쉬운 일이 아니었습니다. 플로리다에 우편물이 도착할 무렵이면 이미 암컷의 상태가 실험을 할 수 없는 상태로 변했기 때문입니다. 결국 실제로 늑대거미 포식 실험은 교미가 끝나자마자 거미에게 먹이로 줄 수 있는 장소인 이타카로 돌아온 후에야 끝났습니다. 수컷과 교미를 끝내고 5분 정도밖에 안 된 암컷은 거미에게 잡아먹히지 않았습니다. 마이너스 식사를 한 암컷의 몸속에 모노크로탈린을 교미 시 선물로 받는 양과 비슷한 양으로 주입하고 5분 내에 늑대거미에게 주자, 거미는 암컷을 놓아주었습니다. 이 같은 사실은 우테테이사 오르나트릭스 암컷이 파이롤리지다인 알칼로이드를 선물 받은 즉시 활용한다는 사실을 의미합니다. 또한 파이롤리지다인 알칼로이드를 선물 받은 암컷은 오랫동안 자신을 보호할 수 있었습니다. 심지어는 아주 나이 든 우테테이사 오르나트릭스 암컷도 파이롤리지다인 알칼로이드를 선물받은 날부터 18일이 지난 후에 늑대거미에게 주었을 때 살아남았을 정도입니다.

우테테이사 오르나트릭스가 성충으로 살아가는 기간은 약 3주입니다. 교미를 끝낸 암컷은 알을 낳을 때 파이롤리지다인 알칼로이드를 알에게 나누어주지만 그렇다고 자신을 방어할 화학물질을 완전히 다 건네주지는 않습니다. 암컷은 항상 자신을 위해서 파이롤리지다인 알칼로이드를 상당량 남겨둠으로써 알뿐만 아니라 알을 운반하는 자신도 보호했습니다. 미국무당거미인 네필라 클라비페스를 이용한 포식 실험에서도 수컷의 방어 물질을 전해 받은 우테테이사 오르나트릭스 암컷은 무사히 살아남았습니다.

실험실에서는 상황을 조작—마이너스 식사를 시킴—했지만 자연 상태에서 완전히 파이롤리지다인 알칼로이드가 없는 암컷은 거의 찾아볼 수 없을 것입니다. 분명히 자연 속에 사는 우테테이사 오르나트릭스 암컷의 몸속에는 아무리 적은 양이라도 자신이 직접 섭취한 파이롤리지다인 알칼로이드가 들어 있을 것입니다. 하지만 그 양은 천차만별로, 종자가 아니라 잎을 주로 먹고 자란 유충이라면 아주 적은 양이 들어 있을 게 분명합니다. 따라서 수컷이 전해주는 파이롤리지다인 알칼로이드의 양은 분명히 중요한 의미를 띨 터입니다. 좀더 안정을 보장해주는 보험 같은 역할을 해줄 테니 말입니다.

암컷이 받는 선물을 연구하면서 다시 한 번 에스파냐어로 말할 수 있는 기회가 생겨 무척 즐거웠습니다. 더구나 에스파냐어 가운데 아주 독특한 우루과이식 에스파냐어를 사용할 수 있었기 때문에 훨씬 더 즐거웠습니다. 당시 대학원생 가운데 우루과이에서 온 카르멘 로시니Carmen Rossini와 안드레스 곤살레스가 있었는데, 두 사람은 부부로 화학과 생물학을 전공했으며 우테테이사 오르나트릭스를 연구하는 일에 푹 빠져 지냈습니다. 두 사람은 정말 멋진 동료였습니다. 학비와 양육비를 지원받아 생활했던 두 사람은 딸 파울리타와 함께 현재 우루과이로 돌아가 새로 박사 학위를 받았으며, 몬테비데오 교육원에 화학생태학 과목을 개설하기 위해서 노력하고 있습니다. 실험실에 젊은 우루과이 학자들이 들어왔다는 사실이 저에게는 커다란 의미가 있었습니다. 무엇보다도 두 사람은 과정을 마치면 다시 우루과이로 돌아가 열악한 연구 환경을 개선하려는 의지를 지닌 청년들이었기 때문에 더욱 의미가 컸습니다. 우루과이는 제2차 세계대전 당시 우리 가족이 머문 곳이며 곤충의 세계로 저를 인도한 곳이기도 했습니다. 카르멘과 안드레스는 우루과이의 기억을 불러일으켜주었고 우루과이에 대한 고마움을 상기시켜주었습니다.

우테테이사 오르나트릭스 수컷이 교미를 끝내면 전체 몸무게의 10퍼센트가 줄어듭니다. 반대로 암컷의 몸무게는 줄어든 수컷의 몸무게만큼 늘어납니다. 교미는 아홉 시간 이상 걸립니다. 그 시간 동안 수컷은 암컷에게 정포를 건네주는데 정포의 무게는 교미가 끝난 뒤 수컷의 몸에서 줄어든 무게와 일치합니다. 그렇다면 정자와 파이롤리지다인 알칼로이드의 무게를 합치면 정포의 무게가 나올까요? 아니 그렇지 않습니다. 정포에 가장 많이 들어 있는 물질은 다른 나비목 곤충들처럼 영양분입니다. 우테테이사 오르나트릭스 수컷의 정포에 들어 있는 영양분의 화학 성분을 분석해보지는 않았지만 암컷이 이 영양분을 활용한다는 증거는 찾았습니다. 우테테이사 오르나트릭스와 친구가 된 뒤에 박사 학위를 받은 크레이그 라무니언Craig LaMunyon은 두 번째 교미에 성공한 우테테이사 오르나트릭스 암컷이 그렇지 않은 암컷보다 15퍼센트가량 더 많은 알을 낳는다는 사실을 알아냈습니다. 사실 우테테이사 오르나트릭스 암컷은 여러 수컷과 교미하는 특성이 있는데 교미한 횟수만큼 낳는 알의 수도 늘어납니다. 이는 우테테이사 오르나트릭스 암컷이 교미를 통해 정자와 파이롤리지다인 알칼로이드는 물론 알을 더 만들 수 있는 영양분도 함께 획득한다는 사실을 의미합니다.

암컷의 교미 횟수는 정확하게 셀 수 있습니다. 왜냐하면 암컷이 받은 정포가 수정되기 위해서 터지더라도 좁고 구부러진 자루인 콜라colla는 그대로 남기 때문입니다. 암컷이 몇 마리나 되는 수컷과 교미를 했는지 알아보고 싶다면, 암컷이 정포를 받아들이는 활액낭(滑液囊)bursa을 절개하여 그 속에 들어 있는 콜라의 수만 세어보면 됩니다. 다른 과학자들이 발표한 논문을 참고하면 암컷들은 일생 동안 네다섯 마리 정도 되는 수컷들과 교미한다고 합니다. 하지만 그보다 더 많을 수도 있습니다. 애크볼드연구소에서 찾아낸 암컷들의 몸속에는 평균 열한 개 정도 되는 콜라가 들어 있었고 스물세 개나 들어 있는 암컷도 있었습니다.

교미를 자주 함으로써 암컷은 알을 만들 영양분과 알을 보호할 파이롤리지다인 알칼로이드를 좀더 많이 얻을 수 있습니다. 그런데 암컷이 다양한 수컷의 정자를 얻는다고 해서 모든 정자를 다 알로 만들지는 않는다는 증거가 있습니다. 크레이그는 정밀한 방법으로 자손의 생화학적 형질을 조사하여 수정에 이용된 수컷의 정자를 지워나가는 방법으로, 수컷 두 마리와 교미한 암컷이 그 중 한 마리의 정자만 수정했다는 사실을 밝혀냈습니다. 또한 크레이그는 암컷이 수정에 사용하는 정자는 교미 순서와는 전혀 상관이 없다는 사실도 함께 밝혀냈습니다. 암컷이 자기 새끼들의 아버지를 결정하는 기준은 정포의 크기였습니다. 교미한 수컷 가운데 좀더 커다란 정포를 전해준 수컷의 정자가 더 유리한 위치를 차지했습니다. 어떻게 해서 나중에 교미한 수컷도 공평한 기회를 갖게 되는지는 잘 모

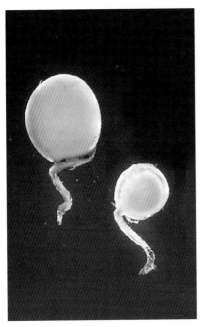

(왼쪽) 우테테이사 오르나트릭스의 정포. 정포의 크기는 천차만별이다.

(가운데와 오른쪽) 정자를 저장하는 암컷의 활액낭과 활액낭에서 꺼낸 콜라 스무 개.

르지만, 왜 암컷이 좀더 큰 정포에 들어 있는 정자를 택하는지는 알 것 같습니다. 하지만 한 암컷 속에 들어간 정자들이 어떤 경쟁을 통해서 살아남는지는 정확하게 모릅니다. 서로 다른 유전 형질을 가진 수컷들이 암컷의 몸속에서 직접 경쟁을 벌이는 걸까요? 아니면 암컷이 직접 수정할 정자를 골라내는 걸까요? 크레이그는 생식공 내부에 암컷이 선호하는 정자를 골라내는 역할을 하는 근육이 존재한다고 가정하고, 암컷을 마취시켜 모든 근육을 움직이지 못하게 해보았습니다. 그러자 정자 선택 과정이 일어나지 않았습니다. 정자가 어떤 식으로 선택되는지는 별개로 하더라도, 큰 정포를 만들어 암컷의 선택을 받는 수컷이 그렇지 못한 수컷보다 몸집이 크다는 사실은 분명합니다. 몸집이 큰 우테테이사 오르나트릭스 수컷의 몸속에는 파이롤리지다인 알칼로이드가 더 많이 들어 있을 것이고, 이는 파이롤리지다인 알칼로이드를 기증할 수 있는 능력과 발향총에서 HD를 생산하는 능력이 더 뛰어나다는 것을 의미합니다. 암컷은 HD의 농도가 진한 수컷을 선호하기 때문에 암컷의 선택을 받는 수컷은 몸집이 큰 쪽일 수밖에 없습니다. 한 발 더 나아가 추측해본다면, 정포의 크기가 크다는 것은 그 속에 들어 있는 영양분의 양도 많다는 뜻입니다. 따라서 몸집이 큰 수컷의 정포는 그만큼 더 많은 영양분을 암컷에게 전해준다라고 할 수 있습니다. 따라서 몸집이 큰 수컷들이 선택받는 이유는 좀더 많은 파이롤리지다인 알칼로이드와 영양분을 암컷에게 전해줄 수 있기 때문이라고 추측할 수 있습니다. 그렇다면 몸집이 큰 것이 좀더 우수한 유전자를 지니고 있다는 신호가 되는지가 의문으로 남습니다. 만약 몸의 크기가 유전되는 형질이라면 이 물음에 대한 답은 '그렇다'가 될 것입니다.

실제로도 물음에 대한 답은 '그렇다'가 맞았습니다. 우테테이사 오르나트릭스에게 완전히 매료된 비크람 이옌가르Vikram Iyengar라는 학생이 교미를 하는 수컷과 암컷의 크기를 재고 부모의 크기와 자손의 크기를 비교하는 정교한 실험을 통해서, 자손의 크기는 부모의 크기와 관계가 있는 유전 형질이라는 사실을 밝혀냈습니다.

따라서 암컷이 몸집이 큰 수컷과 교미한다면 이는 곧 태어날 자손의 몸집이 클 것이고 그만큼 적응력도 강하리라는 것을 의미합니다. 별도로 진행한 실험을 통해 입증했듯이, 큰 수컷 덕분에 큰 개체로 태어난 수컷은 교미에 성공할 확률이 높을 것이며, 큰 개체로 태어난 암컷은 좀더 많은 알을 낳을 것입니다. 비크람은 자신이 교미 과정을 통제한 부모가 낳은 자손의 적응도를 조사하여, 자손들이 누릴 것으로 예측한 이익이 사실임을 밝혀냈습니다. 커다란 수컷 혹은 암컷의 자손들은 교미 성공률이 높았고 뛰어난 다산 능력을 보였습니다.

그런데 비크람은 우테테이사 오르나트릭스 암컷이 수컷을 선택하는 기준은 HD 하나뿐이라는 사실을 밝혀냈습니다. 무슨 말인가 하면, 암컷이 수컷을 판단하는 근거는 수컷의 크기도 아니고 수컷에게 있는 파이롤리지다인 알칼로이드의 양도 아닌, HD의 농도 하나라는 뜻입니다. 우테테이사 오르나트릭스 암컷은 수컷들에게 HD가 없을 경우, 수컷의 크기나 파이롤리지다인 알칼로이드의 양이 적고 많음을 구별하지 못했습니다. 반대로 구애하는 수컷 가운데 HD가 있는 수컷이 한 마리뿐이라면 그 수컷의 몸집이나 파이롤리지다인 알칼로이드의 양은 문제 삼지 않았습니다. 또한 암컷은 수컷이 생산하는 HD의 양을 구별할 수 있다는 사실도 비크람은 알아냈습니다. 결국 수컷의 페로몬은 화학적 척도임이 분명했습니다.

우테테이사 오르나트릭스의 신비한 생식 전략을 어느 정도 알게 됐다고 느꼈지만 아직까지 밝혀내지 못한 의문점이 아주 많습니다. 우테테이사 오르나트릭스 암컷이 수컷의 페로몬 냄새를 맡고 배우자를 선택하는 것은 분명합니다. 암컷은 좀더 강한 냄새를 풍기는 수컷을 선택함으로써 자신이 낳는 알의 개수를 늘리고 자신의 방어력도 키우며, 알의 방어력과 우수한 형질을 지닌 자손을 낳을 확률도 높입니다. 우리는 수컷에 대해서도 좀더 많이 연구하고 싶었습니다. 수컷은 얼마나 자주 교미를 하며 짝짓기를 할 암컷을 어떤 기준으로 선택하는지 궁금했습니다. 이미 예상했던 것처럼 수컷들도 여러 암컷과 교미한다는 증거를 찾아냈을 뿐 아니라 자신을 받아들이는 암컷이라면 무조건 교미를 한다는 사실도 알아냈습니다. '폭풍이 불면 아무 항구나 정박한다' 가 우테테이사 오르나트릭스 수컷의 신조 같았습니다. 그런데 만약 몸속에 들어 있는 파이롤리지다인 알칼로이드의 양이 적으면 수컷은 어떻게 행동할까요? 혹시 HD의 양을 부풀려 암컷을 속이지는 않을까요? 이런 의문에 대해 분명한 해답은 찾지 못했지만 우테테이사 오르나트릭스 수컷이 닥치는 대로 교미를 하는 진정한 바다 사나이임은 분명했습니다.

우리는 모두 우테테이사 오르나트릭스에게 매혹됐습니다. 우테테이사 오르나트릭스는 전에는 한 번도 상상하지 못했던 곤충의 복잡한 생활사를 조금은 알게 해주었습니다. 우테테이사 오르나트릭스는 우리에게 연구 과제를 던져주었으며 그에 대한 해답을 제시해줌으로써 대학원생 다섯 명에게 박사 학위를 안겨주었습니다. 또한 우테테이사 오르나트릭스처럼 수컷이 암컷에게 주는 선물로 평가받고 교미에 성공하게 하는 생식 전략을 펴는 다른 곤충들을 연구할 계기도 마련해주었습니다. 9장에서 본 네오피로크로아속(屬)의 교미 전략도 그런 예 가운데하나입니다. 물론 네오피로크로아속에게는 네오피로크로아속만의 이야기가 있었지만 말입니다.

■ **불나방과** 나방들은 흔히 화려한 색깔을 띠고 있지만 그 중에서도 주황색몸 벌나방(코스모소마 미로도라*Cosmosoma myrodora*, 영어명: scarlet-bodied wasp moth)은 특히 더 아름답습니다. 윌리엄 코너는 학생인 루스 보아다^{Ruth Boada}와 함께 애크볼드연구소와 현재 그가 재직하는 노스캐럴라이나 윈스턴살렘의 웨이크포레스트대학 연구실에서 코스모소마 미로도라를 연구했습니다. 빌은 플로리다에서 채집하던 중에 코스모소마 미로도라를 발견하고, 실험실에서 기르는 데 성공하여 지금은 자신의 실험실에서 이 나방의 교미 과정을 연구하고 있습니다.

코스모소마 미로도라는 우테테이사 오르나트릭스처럼 파이롤리지다인 알칼로이드를 방어 물질로 사용하지만 먹이 식물을 통해 방어 물질을 섭취하지는 않습니다. 코스모소마 미로도라의 주식으로 국화과 식물인 미카니아 스칸덴스*Mikania scandens*에는 파이롤리지다인 알칼로이드가 전혀 없습니다. 코스모소마 미로도라의 경우 파이롤리지다인 알칼로이드를 섭취하는 개체는 수컷뿐으로, 그것도 성충이 되어서야 섭취합니다. 수컷이 파이롤리지다인 알칼로이드를 얻는 식물은 국화과 식물인 개회향풀로, 코스모소마 미로도라 수컷은 개회향풀의 표면에 뭉쳐 있는 액체를 주둥이^{proboscis}로 핥아먹습니다. 수컷을 잡으려면 늙어서 조직 밖으로 파이롤리지다인 알칼로이드 액체가 흘러나와 있는 개회향풀만 준비하면 됩니다. 실험실에서 기른 코스모소마 미로도라 수컷들은 파이롤리지다인 알칼로이드 고체도 열심히 먹어치웠습니다.

윌리엄은 미국무당거미(네필라 클라비페스) 포식 실험을 통해 거미가 파이롤리지다인 알칼로이드를 먹은 코스모소마 미로도라 수컷을 먹지 않는다는 사실을 알아냈습니다. 파이롤리지다인 알칼로이드를 먹지 않은 수컷은 모두 잡아먹혔지만 파이롤리지다인 알칼로이드를 먹은 것은 모두 거미줄에서 풀려났습니다. 우테테이사 오르나트릭스와 똑같은 경우가 관찰되다니, 정말 놀라웠습니다.

코스모소마 미로도라 수컷도 암컷에게 파이롤리지다인 알칼로이드를 나누어 주었는데, 그 방법이 무척 독특했습니다. 수컷을 뒤집어 다리가 있는 쪽에서 배를 보면 평상시에는 보이지 않는 커다란 주머니가 한 쌍 있는데, 그 속에는 큐티

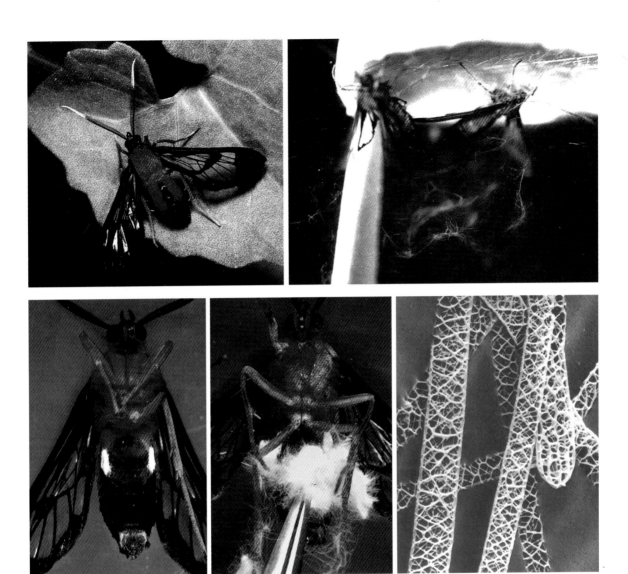

(왼쪽 위) 유충의 먹이 식물인 미카니아 스칸덴스에 앉아 있는 코스모소마 미로도라.

(오른쪽 위) 통풍관에서 찍은 코스모소마 미로도라의 구애 장면. 왼쪽에 있는 수컷이 구름처럼 보이는 면모(綿毛)를 내뿜고 있다.

(아래 왼쪽) 배 쪽에서 본 수컷의 모습. 하얗게 표시된 곳 사이에 있는 부분이 배주머니를 덮은 뚜껑이다.

(아래 가운데) 같은 수컷의 모습. 핀셋으로 배주머니를 건드리자 면모를 뿜어내고 있다.

(아래 오른쪽) 면모 가닥을 확대한 사진.

클로 된 미세한 섬유가 마치 솜뭉치처럼 뭉쳐 있습니다. 수천 개가 넘는 미세 섬유가 꽉 차 있기 때문에 주머니는 볼록하게 튀어나와 있습니다. 윌리엄과 함께 연구를 진행한, 제럴드 연구실의 프랑크 슈뢰더Frank Schroeder는 코스모소마 미로도라 수컷이 파이롤리지다인 알칼로이드를 먹으면, 빌이 '면모flocculent'라고 이름 붙인 그 미세 섬유가 파이롤리지다인 알칼로이드에 완전히 잠긴다는 사실을 알아냈습니다. 코스모소마 미로도라 수컷은 면모를 발사하는 능력이 있는데, 교미 때에 암컷을 향해 직접, 그것도 아주 폭발적으로 발사합니다. 마치 수컷이 암컷을 치장해주는 듯 보입니다. 수컷은 암컷이 아주 가까이 올 때까지 기다렸다가 암컷이 내뿜는 페로몬이 느껴질 정도가 되면 면모를 발사합니다. 마치 암컷을 꾸며주려는 것처럼 보이지만 사실은 방어 수단을 선물하는 것입니다. 면모를 뒤집어쓴 암컷은 파이롤리지다인 알칼로이드 외투를 입은 셈이 되어 네필라 클라비페스의 공격을 피할 수 있었습니다. 코스모소마 미로도라 암컷은 교미하기 전에는 거미에게 잡아먹히지만 파이롤리지다인 알칼로이드를 먹은 수컷과 교미하면 파이롤리지다인 알칼로이드가 묻은 면모를 뒤집어쓰게 되어 잡아먹힐 확률이 훨씬 줄어듭니다.

또한 코스모소마 미로도라 암컷은 수컷의 정포 속에 들어 있는 파이롤리지다인 알칼로이드도 함께 받기 때문에 자신의 알에게 파이롤리지다인 알칼로이드를 전해줄 수 있습니다.

코스모소마 미로도라 수컷 외에는 구애 선물로 면모를 사용하는 곤충을 더 발견하지 못했습니다. 또한 면모가 코스모소마 미로도라의 신호 전달 수단이라는 확실한 증거도 찾아내지 못했습니다. 암컷이 면모에 묻은 파이롤리지다인 알칼로이드의 양으로 수컷의 가치를 평가한다는 분명한 증거도 찾아내지 못했습니다. 물론 코스모소마 미로도라 암컷은 면모에 묻은 파이롤리지다인 알칼로이드의 양으로 수컷이 전해줄 정포의 질을 판단하여 배우자를 고르리라고 생각되지만 말입니다.

고배율로 관찰했을 때 코스모소마 미로도라의 면모는 정말 놀라울 정도로 아름다웠습니다. 인분이 변해 생겨난 면모는 가볍고 유연했으며 튼튼했습니다. 면모는 원통형이라기보다는 조금 평평한 편으로 조각 같은 무늬가 있었습니다. 면모의 무늬에는 증발 표면을 넓혀 파이롤리지다인 알칼로이드를 넓게 퍼뜨리는 특별한 기능이 있는지도 모릅니다.

■ **나비목** 곤충 가운데 파이롤리지다인 알칼로이드를 정포에 넣어 암컷에게 선사하는 곤충은 불나방과뿐 아니라 왕나비아과(亞科)Danainae에 속하는 나비들도 있습니다. 그 중에 하나가 제왕나비의 가까운 친척이자 유액 분비 식물을 먹는 여왕나비(다나우스 길리푸스*Danaus gilippus*)입니다.

몇 년 전 우테테이사 오르나트릭스를 본격적으로 연구하기 전에 우리 연구진 가운데 여왕나비를 연구한 사람들이 있었습니다. 그 덕분에 우리는 곤충이 파이롤리지다인 알칼로이드를 방어 물질로 사용한다는 사실을 알게 되었습니다. 1966년에 제왕나비의 세계적인 권위자이며 여왕나비의 신비한 교미 모습을 영화로 제작한 링컨 브라워가 우리 연구실로 찾아왔습니다. 여왕나비는 낮에 교미를 합니다. 여왕나비 암컷과 수컷은 흔히 나비들이 그렇듯이 화학적인 유인 물질을 사용하지 않고 비행 중에 눈으로 서로를 확인한 다음 교미를 시작합니다. 하지만 수컷이 일단 암컷을 발견하고 가까이 다가가면 화학물질이 중요한 역할을 하기 시작합니다. 암컷의 주위를 날아다니던 수컷은 배의 끝부분을 뒤집어 우테테이사 오르나트릭스의 발향총과 비슷하게 생겼지만 전혀 다른 기관에서 진화한, 붓처럼 생긴 발향총을 밖으로 내놓습니다. 링컨은 우리에게 여왕나비의 발향총에 대해서 연구해보라면서 성적이 우수한 대학생 토머스 플리스케Thomas Pliske를 연구진의 일원으로 추천했습니다. 우리는 링컨의 조언을 받아들였고, 제럴드 연구실에서 토머스의 도움을 받아 여왕나비의 발향총이 수컷을 받아들이게 하는 결정적인 역할을 한다는 사실을 알아냈습니다. 또한 제럴드의 연구진은 여왕나비의 발향총에 분비샘이 있으며 파이롤리지다인 알칼로이드와 구조가 아주 유사한 다나이돈danaidone이라는 물질을 생산한다는 사실도 밝혀냈습니다. 호주

다나이돈.

과학자 J. A. 에드거J. A. Edgar와 그의 동료들은 여왕나비의 가까운 친척종이 파이롤리지다인 알칼로이드를 섭취해 다나이돈으로 합성한다는 사실을 밝혀냈습니다. 따라서 여왕나비의 다나이돈도 파이롤리지다인 알칼로이드를 이용해서 합성된 것이 분명했습니다. 지금은 여왕나비 수컷이 코스모소마 미로도라처럼 파이롤리지다인 알칼로이드가 들어 있는 식물의 표면에 생긴 물질을 빨아먹는 방법으로 파이롤리지다인 알칼로이드를 섭취한다는 사실을 알고 있습니다. 플리스케는 다나이돈이 수컷의 교미 성공률을 높인다는 사실을 밝혀냈습니다. 다나이돈이 없는 수컷은 교미에 성공할 확률이 더 낮았으며 발향총에 다나이돈을 묻혀주면 성공률이 훨씬 높아졌습니다.

여왕나미의 교미 전략이 우테테이사 오르나트릭스의 경우와 너무도 비슷해 여태까지 본 것만도 충분히 놀라웠지만, 놀라운 점이 또 있었습니다. 그 연구를 진행할 때도 대학원에 있었던 데이비드 뒤수르는 여왕나비 수컷이 교미할 때 암컷에게 파이롤리지다인 알칼로이드를 선물로 주고, 암컷이 다시 그것을 알에게 전해준다는 사실을 밝혀냈습니다. 그런데 선물로 주는 양이 아주 놀라웠습니다. 수컷은 자신이 섭취한 파이롤리지다인 알칼로이드 가운데 60퍼센트를 암컷에게 전해주었으며 암컷은 자신이 받은 파이롤리지다인 알칼로이드 가운데 90퍼센트를 알에게 주었습니다.

여러 암컷과 짝짓기를 하는 수컷과 자손을 낳고자 자신을 광고하는 전략을 구사하는 암컷들을 연구하다 보면 기본 전략이 모두 비슷하다고 느껴집니다. 화색딱정벌레(네오피로크로아 플라벨라타)나 우테테이사 오르나트릭스, 여왕나비의 교미 선물은 이미 입증된 예이며, 수컷이 교미 전에 자신이 보유한 방어 물질을 선보임으로써 정포를 통해 더 많은 방어 물질을 줄 수 있다고 선전하는 곤충은 생각보다 훨씬 많습니다. 수많은 곤충들이 같은 전략을 구사하는 것으로 보아, 구애 선물은 칸다리딘이나 파이롤리지다인 알칼로이드 말고도 또 있을 것입니다. 곤충의 정포는 곤충들이 방어 물질을 선물하는 데 쓰는 가장 중요한 포장지입니다. 그런데 이제부터 설명할 내용처럼 방어 물질의 공급원이 꼭 유기체일 필

여왕나비(다나우스 길리푸스).

(왼쪽 위) 교미를 하는 모습.
(오른쪽 위) 모노크로탈린 결정을 먹고 있는 수컷.
(왼쪽 아래) 수컷이 드러내 보인 발향총.
(오른쪽 아래) 발향총의 섬유를 자세히 들여다본 모습. 아주 작은 입자로 뒤덮여 있다. 이 입자는 다나이돈으로, 교미할 때 암컷의 더듬이와 그 밖의 표면에 묻는다.

요는 없습니다. 무기물도 방어 물질의 공급원이 될 수 있습니다.

■ **진흙**을 반죽하는 나비, 즉 퍼들링을 하는 나비를 한 번이라도 본 적이 있는 사람이라면 그 장면을 쉽게 잊지 못할 것입니다. 나비가 진흙을 반죽하는 장면은 나비가 아주 많은 열대 지역에서는 쉽게 볼 수 있으며 온대 지방에서도 볼 수 있습니다. 퍼들링이란 나비들이 모여서 흙 속에 녹아 있는 수분을 섭취하는 행동입니다. 일반적으로 나비들은 수천 마리가 한꺼번에 몰려와 수분을 섭취합니다. 천연 색색의 나비들이 한데 모여 수분을 섭취하는 광경은 마치 보석으로 장식한 카펫이 깔려 있는 듯이 보입니다. 퍼들링은 주로 호숫가나 시냇가에서 벌어지지만 말 그대로 진흙 웅덩이에서 벌어지는 경우도 있습니다. 저는 우루과이와 파나마 등지에서 퍼들링 광경을 목격했으며 가장 멋있었던 것은 애리조나 사막에서 주로 흰나비과 나비들이 모여서 연출한 장면이었습니다. 이타카 근교 시골에서도 규모는 작고 보통 한 종만 모여 있기는 하지만 퍼들링 장면을 볼 수 있습니다. 잘 알려져 있지는 않아도 나방도 퍼들링을 한다고 합니다. 사실 일반인들은 야행성인 나방은 그다지 신경 쓰지 않습니다. 동물학자들도 주로 낮에 나방을 채집하기 때문에 나방의 행동 방식에 대해서는 그다지 정보가 많지 않지만, 밤에 전방 조명등을 쓰고 나방을 채집하는 사람들은 나방이 퍼들링 하는 장면을 목격하기도 합니다. 나방이나 나비 같은 나비목 곤충들은 빨대처럼 생긴 긴 주둥이로 과즙이나 영양분을 빨아먹습니다. 먹이를 먹지 않을 때 주둥이는 돌돌 말려 들어가 있기 때문에 눈에 띄지 않습니다. 퍼들링을 할 때면 주둥이를 쫙 펴고 젖은 토양이나 물속에 깊게 찔러 넣습니다.

그런데 가장 흥미롭고 기가 막힌 퍼들링을 관찰하게 되는 순간은 수컷들이 퍼들링을 할 때입니다. 수컷이 독특한 행동을 하는 이유가 분명 있을 텐데, 그때까지만 해도 밝혀진 바가 없었습니다. 하지만 수컷이 암컷에게 정자를 줄 때 선물을 함께 전해주기도 한다는 사실을 알고 있었기 때문에, 수컷의 퍼들링은 어쩌면 암컷에게 선물로 줄 무언가를 섭취하기 위해서가 아닐까 싶었습니다. 그래서 퍼들링을 다음 연구 과제로 정하면 좋겠다는 생각했는데 정말 신기하게도 나비에 대한 열정을 불태우던 대학원생 한 명이 우리 연구실로 왔습니다. 스콧 스메들리는 정말 나비를 사랑하는 사람입니다. 스콧은 나비를 침으로 찔러놓고 관찰하는 법이 없습니다. 스콧은 항상 살아 있는 나비를 연구합니다. 그런 그가 퍼들링에 관심을 보였습니다. 나비목 곤충들이 퍼들링 하는 이유를 설명하는 가설 가운데 가장 유력한 설은 흙 속에 녹아 있는 염분, 그 중에서도 특히 나트륨 이온을 섭취하기 위해서라는 것이며, 몇몇 나비 종의 경우 혈액 속에 나트륨 이온이 사라지면 나트륨 이온이 들어 있는 먹이를 걸신들린 듯이 먹어치운다는 실험 결과도 나와 있습니다. 게다가 팔랑나비 가운데 교미를 끝낸 수컷의 몸속에서는 나트륨 이온이 사라지며 반대로 암컷의 나트륨 농도는 증가한다는 연구 결과도 보고된 바 있습니다. 하지만 퍼들링이 나트륨을 섭취하기 위해서라는 분명한 증거는 없었으며, 교미 때에 암컷이 나트륨 이온을 선물로 받는다는 증거도 없었습니다.

전 세계적으로 나비목 곤충은 12만 종이 넘습니다. 스콧은 그 중에 한 종을 집중적으로 연구해보기로 했습니다. 여러 문서를 꼼꼼하게 살펴본 스콧은 흙 속에 들어 있는 수분을 아주 좋아하는 재주나방과 나방인 글루피시아 셉텐트리오니스 Gluphisia septentrionis(콜로라도에 서식하는, 물을 많이 먹는 나방으로 알려져 있으며 아직 일반명은 정해지지 않았다―옮긴이)를 연구 주제로 택했습니다. 스콧은 자신의 결정을 후회할 일이 없었습니다. 글루피시아 셉텐트리오니스는 정말 물을 많이 마시는 나방으로 훌륭한 연구 동료였습니다. 연구에 필요한 개체 수를 확보하는 일이 어렵기는 했지만 글루피시아 셉텐트리오니스는 언제나 우리가 원하는 대로 행동해주었고, 찾고자 하는 의문점에 해답을 알려주었습니다.

글루피시아 셉텐트리오니스 수컷은 실험실에 오자마자 물을 마시기 시작했습니다. 실험 준비는 그저 플라스틱 그릇에 진흙을 넣고 글루피시아 셉텐트리오니스 수컷을 한 마리씩 넣으면 끝났습니다. 수분을 빨아먹도록 유도해야 했지만, 글루피시아 셉텐트리오니스 수컷은 일단 진흙에 닿으면 그 즉시 수분을 빨아먹기 시작했습니다. 길게는 두 시간 동안 한 번도 쉬지 않고 열심히 몸속으로 수분을 빨아들입니다. 그 때문에 항문에서는 계속해서 배설물이 뿜어져 나오는데 1분당 20번 정도 분출되며 0.4미터 정도까지 날아갑니다. 야외에서 글루피시아 셉텐트리오니스 수컷이 퍼들링 하는 모습은 정말 장관입니다. 평균적으로 글루피시아 셉텐트리오니스 수컷은 한 번에 14밀리리터 정도 되는 수분을 마시는데 이는 전체 몸무게의 12퍼센트에 해당하는 양입니다. 글루피시아 셉텐트리오니스 수컷이 모두 38.4밀리리터에 해당하는 배설물을 분출하는 데 걸린 시간은 3.5시간이었으며 배설물을 분출한 횟수는 4.325번이었습니다. 이는 80밀리그램밖에 안 되는 글루피시아 셉텐트리오니스 수컷이 몸무게의 600배에 해당하는 배설물을 분비했다는 뜻입니다. 사람으로 친다면 1초당 3.8리터의 속도로 모두 4만 5500리터나 되는 소변을 본 셈입니다.

스콧은 글루피시아 셉텐트리오니스 수컷이 수분을 섭취하기 전후에 나트륨 용도를 측정하여, 수컷이 실제로 섭취하는 물질은 나트륨 이온이라는 사실을 밝혀냈습니다. 스콧은 아주 교묘한 방법으로 자연 상태에서 채집한 액체로 이 같은 사실을 입증해 보였습니다. 펜실베이니아의 시골 길가에서 퍼들링 하고 있는 글루피시아 셉텐트리오니스 수컷을 발견한 스콧은 나방이 퍼들링 하는 진흙탕물을 채취하고, 나방의 항문에 용기를 갖다 대어 배설물을 받아다가 서로 비교해보았습니다. 실험 결과는 의심할 여지가 없었습니다. 글루피시아 셉텐트리오니스 수컷의 항문에서 분출되는 액체 속에는 나트륨 이온이 없었습니다.

좀더 분명한 증거를 얻기 위해서 이번에는 글루피시아 셉텐트리오니스 수컷의 몸을 조사해보기로 했습니다. 퍼들링을 하지 않은 수컷의 몸속에 있는 나트륨 이온의 양은 평균 2.3밀리그램이었습니다. 그러나 퍼들링을 한 수컷의 몸속에는 17밀리그램이 들어 있었습니다. 당연한 말이겠지만, 수컷이 퍼들링 하는 시간은 흡수하는 물속에 들어 있는 나트륨 이온 농도에 따라 달라졌습니다. 나트륨 농도가 0.1밀리몰 정도로 높은 염분 용액을 먹을 때는 한 시간 정도 걸렸으며 0.01밀리몰 이하로 낮은 염분 용액을 먹을 때는 두 시간이 넘게 걸렸습니다.

글루피시아 셉텐트리오니스는 빠르게 수분을 흡수하고자 특별한 장치를 만들

퍼들링을 하고 있는 큰표범나비(아그라울리스 바닐라이 *Agraulis vanillae*). 실처럼 가느다란 주둥이가 보인다.

었습니다. 전형적인 나비목 곤충의 길고 가느다란 주둥이 대신에 가운데 긴 홈이 패고 부리처럼 구부러진 주둥이가 그것입니다. 큰 홈으로 아주 빨리 먹이를 삼킬 수 있는, 이 놀라운 주둥이에는 깍지 낀 손가락 같은 돌기가 무수히 나 있어 입자로 된 물질을 걸러냅니다. 게다가 글루피시아 셉텐트리오니스 수컷의 내장은 아주 독특합니다. 나트륨 이온을 흡수하는 후장hindgut의 앞쪽은 암컷의 후장 앞쪽보다 더 길고 넓으며 주름도 훨씬 많습니다. 따라서 수컷은 나트륨 이온을 훨씬 더 많이 흡수할 수 있습니다.

그렇다면 글루피시아 셉텐트리오니스 수컷이 나트륨 이온 섭취에 그렇게 열을 올리는 이유는 무엇일까요? 어쩌면 방어 물질을 섭취하기 위해서인지도 모릅니다. 글루피시아 셉텐트리오니스 유충은 다른 나무들보다 훨씬 더 나트륨이 적게 들어 있는 사시나무(포풀루스 트레물로이데스*Populus tremuloides*)를 먹고 자랍니다. 말린 사시나무 속에 들어 있는 나트륨 농도는 2.9ppm입니다.

따라서 수컷의 나트륨 이온을 나누어 받아야 하는 암컷에게는 배우자 선택 조건이 나트륨 농도일 수밖에 없습니다. 스콧은 아주 정확한 방법을 이용하여 수컷이 암컷에게 정자를 줄 때 나트륨 이온도 함께 준다는 사실을 밝혀냈습니다. 게

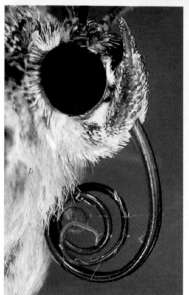
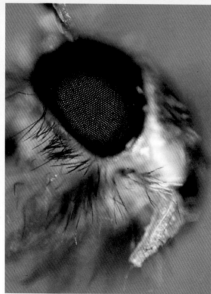
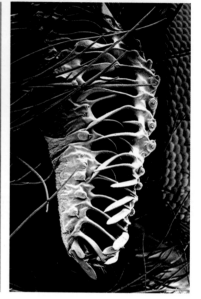

(위) 퍼들링 하는 동안 항문에서 배설물을 뿜어내는 글루피시아 셉텐트리오니스 수컷.
(아래 왼쪽) 정확한 종이 밝혀지지 않은 어떤 나비의 머리 모습. 말린 주둥이는 나비목 곤충의 특징이다.
(아래 가운데) 글루피시아 셉텐트리오니스 수컷의 머리. 다른 나비목 곤충과 달리 짧은 부리처럼 생긴 주둥이가 보인다.
(아래 오른쪽) 글루피시아 셉텐트리오니스 수컷의 주둥이를 확대한 사진. 갈라진 틈으로 액체를 빨아들인다. 가운데 깍지 낀 듯이 보이는 구조물은 필요 없는 입자를 걸러주는 역할을 한다.

다가 암컷은 자신이 받은 나트륨 이온을 자손의 결점을 보완하는 데도 이용했습니다. 글루피시아 셉텐트리오니스 암컷은 자신의 알을 소금으로 무장시켰습니다. 나트륨 이온 17마이크로그램을 섭취한 수컷은 그 중 10마이크로그램을 암컷에게 선물로 주고, 암컷은 5마이크로그램을 알에게 주었습니다. 따라서 수컷이 섭취한 양의 약 3분의 1이 자손에게 전해진 셈입니다. 글루피시아 셉텐트리오니스의 정포는 훌륭한 나트륨 이온 운반체였습니다. 정포의 무게는 글루피시아 셉텐트리오니스 수컷 무게의 9퍼센트에 불과하지만, 운반하는 나트륨 이온은 수컷의 몸속에 들어 있는 나트륨의 절반에 해당하는 양이었습니다.

그렇다면 글루피시아 셉텐트리오니스 수컷도 은밀한 유혹의 세레나데를 부르는 것일까요? 다시 말해서 교미를 하는 동안 글루피시아 셉텐트리오니스 암컷은 수컷이 지닌 나트륨 이온의 농도를 사전에 파악하는 것은 아닐까요? 지금까지 연구한 바로는 그렇지 않았습니다. 퍼들링을 끝낸 수컷이 자신의 몸속에 들어 있는 나트륨 이온의 양을 알린다거나 알릴 능력이 있다는 증거는 찾지 못했습니다.

에필로그
Epilogue

가끔 발견의 비결이 있는가 하는 질문을 받고는 하는데, 그저 시간이 날 때마다 여기저기 돌아다닌다는 것 말고는 특별한 비결이 없기에 대답하기가 좀 난감합니다. 어렸을 때부터 무슨 일이 일어나고 있는지 알아내려면, 그러니까 자연이 품고 있는 비밀을 발견하는 로또에 당첨되려면 수도 없이 많은 로또를 사야 한다는 사실을 알고 있었습니다. 그래서 저는 아주 어렸을 때부터 자연의 비밀을 엿듣고 싶다는 목적으로 언제 어느 때나 기회가 찾아올 때마다 거니는 습관을 갖게 되었습니다. 자연을 연구하는 사람들은 누구나 저처럼 호기심을 품고 새로운 발견을 소망하며 새로운 장소를 찾아가 걷고 또 걷습니다. 언뜻 보면 그런 식으로 돌아다니는 일이 무슨 소득이 있겠는가 싶을 것입니다. 하지만 오늘 목격한 광경이 이미 알고 있는 사실이더라도 기억 속에 저장한 채 꺼내지 않았던 사실을 다시 한 번 상기시켜준다는 것만으로도 충분히 의미가 있습니다. 새로운 기억과 과거의 기억이 상호 작용을 일으키려면 만반의 준비를 갖추어야 합니다. 새로운 정보는 아무리 하찮고 작은 것이라 할지라도 기억의 산에 더해지는 티끌과 같은 역할을 해줍니다. 점묘화 화가가 한 점 한 점 찍어 작품을 만들 듯이 기억 속에 찍어나가는 자연의 모습도 언젠가는 구체적이고 뚜렷한 입체 형상으로 만들어집니다.

물론 자신이 발견한 여러 가지 사실을 재조직하여 뚜렷한 형상으로 탄생시키는 능력은 모든 사람에게 주어지지 않습니다. 언젠가 애크볼드연구소에서 주변을 탐사하며 연구하는 과정이 포함된 '탐험과 발견과 탐구'라는 강의를 한 적이 있습니다. 학생들 모두 아주 뛰어나고 자연에 대한 호기심이 대단했지만, 밥 실버글리드Bob Silberglied나 이안 볼드윈, 포티스 카파토스, 마크 데이럽처럼 각각의 발견을 조합하여 커다란 그림을 완성할 능력을 지닌 사람은 그다지 많지 않습니다. 저는 운이 아주 좋은 편이어서 자연이 저에게 그 모습을 드러낼 때가 종종 있습니다. 지금도 저는 거미가 거미줄을 잘라 우테테이사 오르나트릭스를 놓아주던 모습이나 진디의 털을 잔뜩 뒤집어쓴 녹색풀잠자리(크리소파 슬로소나이 *Chrysopa slossonae*) 유충을 발견했을 때, 꽃을 운반하는 나나니벌을 처음 발견

세 배 확대한 민달팽이와 여섯 배 확대한 민달팽이 알.

했을 때를 생생하게 기억하며 앞으로도 자연이 만들어가는 위대한 업적을 엿볼 수 있기를 간절히 소망하고 있습니다. 자연이 펼쳐놓은 서식지로 돌아가고 또 돌아갈 때 느낄 수 있는 즐거움 가운데 하나는 좀더 넓은 심상을 지닐 수 있다는 점입니다. 집처럼 편안한 감정을 느낄 수 없는 곳에서는 지식의 축적도 새롭게 떠오르는 것도 날카로운 깨달음도 있을 수 없습니다. 자연 속에서 집에 온 것 같은 편안함을 느끼지 못하는 학자라면 자연이 품고 있는 비밀도 발견할 수 없는 법입니다.

자연 속에서 거닐다 저의 호기심을 자극하는 것을 발견하면, 그 발견이 동물이나 식물의 모습이든 독특한 행동 방식이든 간에 항상 네 가지 질문을 해봅니다. 첫째, 생김새가 독특한가, 행동 방식이 독특한가를 스스로에게 물어봅니다. 둘째, 기능은 어떠한가를 물어봅니다. 다시 말해서 진화 적응도는 어느 정도인가를 생각해본다는 뜻입니다. 제가 가장 중요하게 생각하는 것은 적응력입니다. 이 두 질문이 끝나야 다음 질문을 합니다. 생김새나 행동 방식이 현재와 달랐다면 어떻게 됐을까? 다시 말해서 독특한 생김새거나 행동을 한다는 것은 특별한 목적을 이루기 위해서가 아닐까 하는 질문입니다. 그러고 나서 마지막으로 기원에 관한 두 가지 질문을 해봅니다. 독특한 특성은 발생학적으로 어떤 과정을 통해 발현한 것일까? 또한 궁극적으로는, 그 특성이 다음 세대로 전달되는 형질로 자리 잡은 것은 어떠한 진화 과정을 거쳤기 때문일까? 이런 질문을 통해서 저는 발견의 본질을 파악할 수 있습니다.

제가 새로운 발견을 할 수 있었던 이유는 단지 운이 좋았던 덕분이라고 생각하기 때문에 언제나 문제에 접근할 때는 되도록 논리적일 것, 다시 말해서 생물학적으로 합리성을 띠어야 한다고 봅니다. 최근에 경험한 몇 가지 예를 들으면 무슨 말인지 아실 것입니다.

저는 민달팽이를 좋아합니다. 척박한 환경에서도 꿋꿋하게 살아남는 친구들이니 그럴 수밖에 없습니다. 대부분 흙 속에서 생활하는 민달팽이들은 언제나 아슬아슬한 위험에 노출되어 있습니다. 천적만 해도 위험천만한 녀석들이 아주 많습니다. 민달팽이들은 개미, 딱정벌레과 딱정벌레, 지네, 거미 같은 천적들에게 언제나 둘러싸여 있습니다. 따라서 젤라틴처럼 말랑말랑하고 움직이지도 못하는 민달팽이 알이 무사히 살아남는다는 사실은 무엇보다도 신기했습니다. 민달팽이 알이 무사히 살아남을 수 있는 이유는 방어용 화학물질이 들어 있기 때문일까요? 저는 화학생태학자로서 그 의문점을 풀기 위해서 실험해보고 싶었고, 결국 제럴드 연구실에 있는 뛰어난 화학자인 프랑크 슈뢰더를 설득해 함께 연구하기로 했습니다. 프랑크를 설득하는 일은 어렵지 않았습니다. 그리고 제 생각은 맞아떨어졌습니다. 민달팽이 가운데 한 종의 알을 연구해본 결과, 알 속에는 흥미롭게도 폴리옥시저네이티드 제라닐게라니올 유도체polyoxygenated geranylgeraniol derivative의 일종인 새로운 이소프레노이드 화합물이 있어 곤충을 쫓는 역할을 한다는 사실을 확인할 수 있었습니다. 그 이소프레노이드 화합물은 우리가 처음 발견한 신물질이었기 때문에 친한 친구이자 비범한 동물학자인 미리엄 로스차일드의 이름을 따서 미리아민miriamin이라고 이름 지었습니다. 미리엄은 민달팽이가 생산하는 물질에 자신의 이름을 붙였다는 사실을 조금도 꺼리지 않고 아주 기쁘게 받아들여주었습니다.

생물학적 합리성을 생각하니 민달팽이도 방어 수단이 있을지 모른다는 속삭임이 들렸습니다. 그 소리에 귀 기울여 개미로 실험해본 결과 민달팽이가 개미를 물리칠 수 있다는 사실을 알아냈습니다. 민달팽이가 방어 수단을 가지고 있다는 미리아민.

사실은 간단한 실험을 해보면 알 수 있습니다. 먼저 민달팽이를 찾아서 이쑤시개로 살짝 찔러봅니다. 소나무 잎이나 잎자루로 찔러보아도 됩니다. 찌른 다음에 가만히 있으면 아무 일도 벌어지지 않습니다. 하지만 이쑤시개를 살짝 흔들면 접착제 같은 물질을 분비하기 시작합니다. 이쑤시개를 찌른 곳과 아주 가까운 곳에서 분비하기 때문에 이쑤시개 끝에 고무처럼 질긴 물질이 달라붙습니다. 민달팽이의 방어 전략은 천적이 체벽을 찌르지 못하게 하기 때문에 아주 효과적입니다. 민달팽이를 물려던 개미는 말 그대로 주둥이가 완전히 달라붙고 말았습니다. 개미는 구기에 접착제를 묻힌 채 뒤로 물러나야 했습니다.

　민달팽이가 어떤 방법으로 그 같은 전략을 구사하는지는 모르겠지만 응고제나 교차 결합을 하는 거대 분자가 있음이 분명합니다. 대니얼 애네샌슬리와 저는 민달팽이에게 약한 전기 자극을 가해서, 민달팽이가 자극을 받으면 그로부터 몇 분의 1초 안에 응고제를 분비한다는 사실을 알아냈습니다. 이는 개미가 물려고 민달팽이 위로 올라오는 시간보다 짧은 시간입니다. 또한 어떤 민달팽이 종은 특별히 구분된 외피 세포에서 결정체가 들어 있는 접착성 물질을 분비하기 때문에 분비물이 흘러나오는 모습을 확인할 수도 있습니다. 하지만 접착 원리가 분자 단계에서 어떤 식으로 진행되는지 아직까지 밝혀내지 못했습니다.

　흙에서 사는 동물 가운데 접착성 물질을 방어 수단으로 활용하는 동물이 아주 많습니다. 생물학적 합리성은 이런 동물들이 충분히 연구 가치가 있다는 점을 일깨워주며 방어 전략뿐 아니라 특성과 생김새도 함께 파악해야 한다고 일러줍니다.

　운이 아니라 논리를 근거로, 독특한 분비물을 생산하는 딱정벌레 번데기를 발견한 적도 있습니다. 번데기 시기는 곤충의 인생에서 가장 취약한 시기라고 할

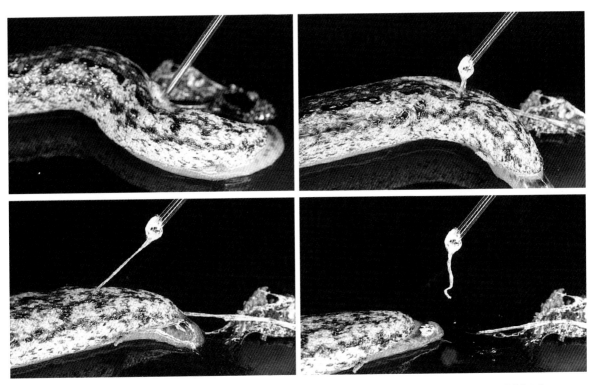

민달팽이가 분비하는 접착성 물질. 유리 막대로 민달팽이 등을 찌른 다음 살짝 흔들자 접착성 물질이 뭉치기 시작한다. 민달팽이의 몸에서 떼어낸 유리 막대 끝에 민달팽이의 분비물이 덩어리진 채 딸려나온다.

민달팽이를 물려고 했던 거미가 황급히 뒤로 물러나고 있다. 거미의 구기에 민달팽이가 분비한 접착성 물질이 달라붙어 엿처럼 길게 늘어났다.

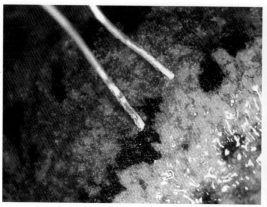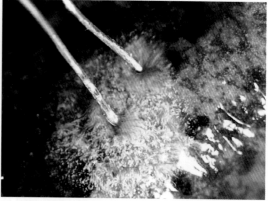

캘리포니아외투민달팽이(필로미쿠스 카롤리니아누스*Philomycus carolinianus*, 영어명: California mantleslug)의 접착성 물질 분비를 유도하는 전기 자극 실험. 외피 세포의 하얀 결정이 점착성 물질 속으로 분비되면 응고 현상이 일어나기 시작한다. 오른쪽 사진에서 보이는 것처럼 전극을 두 개 갖다 대자 세포에서 하얀 물질이 분비되었다.

수 있습니다. 날 수도 없고 걸을 수도 없기 때문에 쉽게 잡아먹힐 수 있는 존재입니다. 따라서 당연히 번데기는 방어 수단을 지니고 있습니다. 곤충 가운데에는 번데기로 변할 때 땅속으로 들어가 몸을 숨기는 종도 있고 변장을 하는 종도 있으며 고치를 만드는 종도 있습니다. 번데기 상태에서는 자신을 방어하는 수단으로 구기를 사용할 수 없기 때문에 배나 가슴에 큰 턱과 비슷한 장치를 만들어놓습니다. 이 큰 턱과 비슷한 장치는 포식자가 번데기를 건드리면 움직여 포식자를 막는 역할을 합니다. 딱정벌레 가운데 번데기에 이런 큰 턱처럼 생긴 장치를 둔 종이 많은데, 생김새가 모두 다르다는 사실로 미루어볼 때 기원을 달리하여 각각 독립적으로 진화했음이 분명합니다.

  몇 년 전, 무당벌레과 딱정벌레 한 종을 발견한 저는 이 친구들의 방어 수단에 관심을 갖게 되었습니다. 제 관심을 끈 시기는 번데기 시기였습니다. 화려한 색채를 띤 번데기가 쉽게 눈에 띄는 식물에 턱 하니 올라가 있는 모습은 "어서 와서 날 잡아잡수" 하고 소리치는 것처럼 보였습니다. 그래서 저는 붓을 들고 개미가 공격하는 것처럼 그 번데기를 톡톡 건드려보았습니다. 그런데 이 번데기는 붓으로 건드릴 때마다 복부 뒤에 있는 장치로 물려는 듯이 덤벼들었습니다. 홈 네 개로 이루어진, 번데기의 무는 장치는 평상시에는 번데기가 반대 방향으로 구부러져 있기 때문에 마치 입을 벌린 것처럼 열려 있습니다. 그러나 건드리는 순간 번

사우스캐럴라이나나방(우로두스 파르불라 *Urodus parvula*, 영어명: South Carolina moth)의 번데기. 번데기를 둘러싼 고치는 아주 성기기는 하지만 포식자를 피하는 수단임은 틀림 없다.

데기가 똑바로 서고 열려 있던 홈은 즉시 닫혀버립니다. 이번에는 개미 한 마리가 공격하는 것처럼 꾸며서 머리카락 한 가닥으로 번데기를 건드려보았습니다. 개미로 가장한 머리카락이 닿자마자 번데기가 벌떡 서더니 머리카락을 덥석 물어버렸습니다. 개미 머리카락은 꼼짝없이 잡히고 말았습니다.

무당벌레과 딱정벌레의 큰 턱처럼 생긴 장치로 실험을 하고 있자니 무는 장치가 없었던 것 같은 다른 무당벌레과 딱정벌레가 생각났습니다. 멕시코콩무당벌레(에필라크나 바리베스티스)는 흔히 해충으로 알려져 있는데, 카렌 힉스와 제가

(왼쪽) 페인트 칠할 때 쓰는 귀얄의 가느다란 털로 칠성무당벌레(키클로네다 산귀네아 *Cycloneda sanguinea*)의 번데기를 자극했다. 큰 턱처럼 생긴 장치는 평상시에 화살표가 가리키는 것처럼 벌어져 있다. 털로 큰 턱처럼 생긴 부분을 건드리자 번데기가 벌떡 서면서 털을 물어버렸다.

(오른쪽 위) 등 쪽에서 본 멕시코콩무당벌레(에필라크나 바리베스티스). 표면에 액체를 분비하는 강모가 많이 보인다.

(오른쪽 아래) 멕시코콩무당벌레 번데기의 분비 강모를 확대한 모습.

제럴드 연구진의 도움을 받아 성충이 되면 혈액 속에 있는 화학물질을 방어 수단으로 활용한다는 사실을 밝혀낸 종입니다. 에필라크나 바리베스티스 성충에 있는 화학물질 가운데 하나가 바로 진귀한 트로판 알칼로이드로 거미를 쫓는 역할을 합니다. 우리는 이 같은 사실을 논문으로 발표했습니다. 에필라크나 바리베스티스의 번데기를 살펴보자 무는 장치가 없었습니다. 에필라크나 바리베스티스 번데기는 방어할 필요가 없기 때문에 무는 장치를 만들지 않았던 것일까요? 아마 그렇지는 않을 것입니다. 에필라크나 바리베스티스의 번데기는 다른 무당벌레과 딱정벌레들처럼 눈에 잘 띄는 곳에 있으며, 무당벌레를 공격하는 모든 천적들의 공격을 받을 가능성이 있습니다. 따라서 저는 에필라크나 바리베스티스 번데기에게도 분명히 방어 수단이 있다고 생각했습니다.

에필라크나 바리베스티스 번데기를 자세히 들여다보자 아주 작은 강모가 많이 있었는데 가느다란 강모 끝에는 분비물 방울이 맺혀 있었습니다. 에필라크나 바리베스티스 번데기의 강모는 일종의 분비샘이었던 셈입니다. 강모는 옆과 뒤쪽에 빽빽하게 나 있어 번데기를 건드리는 천적은 누구나 할 것 없이 강모를 건드리게 됩니다. 강모는 정말 흥미로운 방어 장치였습니다. 스콧 스메들리와 함께 진행한 실험을 통해서 강모가 개미를 효과적으로 물리치는 방어 수단임을 입증해냈습니다. 강모를 건드린 개미는 분비물을 씻어내려고 갖은 애를 써야 했습니다. 에필라크나속(屬)Epilachna의 다른 곤충들, 즉 호박무당벌레(에필라크나 보레알리스*Epilachna borealis*, 영어명: squash beetle) 같은 곤충들은 모두 분비물이 나오는 강모가 있으며 가까운 친척인 무당벌레과 수브코키넬라속(屬)Subcoccinella 곤충들도 마찬가지입니다. 그런데 강모에서 분비하는 화학물질도 매우 흥미로웠습니다.

강모에서 분비하는 화학물질을 가느다란 모세관으로 한 방울씩 담기만 하면 됐기 때문에 세 종(種)의 분비물을 채집하는 일은 어렵지 않았습니다. 제럴드 연구실에서 가장 유능한 연구원인 케빈 매코믹Kevin McCormic, 프랑크 슈뢰더, 애슐라 애티갈이 강모에서 분비하는 화학물질을 밝혀냈습니다. 분비물의 강모가 분

아자마크롤리데(왼쪽)와
폴리아자마크롤리데(오른쪽).

비하는 혼합물 속에는 그때까지 알려지지 않았던 화학물질이 포함되어 있었는데, 우리는 이 물질을 아자마크롤리데azamacrolide라고 부르기로 했습니다. 무당벌레과 곤충들은 이 간단한 전구체를 이용해서 고리 구조로 된 다양한 폴리아자마크롤리데를 만들어내었습니다. 이 신물질이 곤충을 물리치는 역할을 하는지 달리 더 적합한 기능이 있는지는 시간이 말해줄 것입니다. 제가 이 번데기에 대해서 말씀드리는 이유는 생물학적 합리성 덕분에 새로운 사실을 발견한 예를 들뿐 아니라, 곤충의 세계에서는 화학물질을 방어 수단으로 활용하는 방법이 아주 효과적임을 설명하고 싶어서입니다.

아직까지 발견하지 못한 자연 현상이 남아 있느냐고 묻는 분들이 있고, 앞으로도 인류가 자연에 대한 호기심을 품을 것 같으냐고 묻는 분들도 있습니다. 이 두 가지 다른 질문에 대해 첫 번째 질문은 자신 있게 대답할 수 있습니다. 자연이 품은 근사한 모습을 발견할 기회는 아주 많이 남았다고 생각합니다. 그렇지 않겠습니까? 현재 나와 있는 기술 장비를 이용하면 생물체를 구성하는 유기 조직을 모두 관찰할 수 있고, 다양한 배경 지식을 지닌 사람들이 자연을 관찰하고자 계속해서 탐험가의 대열에 들어서는데 말입니다. 한번 생각해보세요. 아직 연구가 진행 중인 종은 말할 것도 없고 발견조차 되지 않은 생물종도 어마어마하게 많습니다. 지금까지 밝혀낸 생물종은 150만 종으로, 일반적으로 과학자들이 지구상에 존재한다고 추정하는 종수의 반에도 훨씬 못 미칩니다. 이 같은 사실이 의미하는 바를 생각해봅시다. 아직도 우리가 발견해주기를 기다리는 생물체가 수백만 종이 넘는 것입니다. 그런 생물체 하나하나가 독특한 행동 방식을 가지고 독특한 교미 습관과 천적 관계를 갖추었을 테고, 그 생명체를 괴롭히는 특정한 병원체와 공생 관계에 있는 생물들이 있을 것입니다. 앞으로 펼쳐질 몇십 년간 우리가 밝혀내야 할 생물체의 구조와 생리 작용, 기능, 새로운 화학물질들은 무궁무진합니다. 이제 자연은 역사적으로 발견의 황금시대에 접어들 것입니다. 황금시대가 찬란한 번성의 장이 되느냐 마느냐는 인류가 자연을 어떻게 보존하고 간직하느냐에 달려 있습니다.

그렇다면 인간은 계속해서 자연에 대한 호기심을 품고 탐험을 해나갈까요? 언제까지나 자연의 역사를 알고 싶다는 열정으로 새로운 발견을 찾아나설까요? 이 질문에는 분명히 이렇다 할 만한 대답을 할 수가 없지만 호기심이 사라져버린 세상은 생각만으로도 마음이 아픕니다. 호기심이 없고 발견에 대한 열정이 없다면 자연은 지속될 수 없습니다. 또한 자연이 없다면 호기심은 사라지고 말 것입니다. 자연이 사라지는 최악의 상황이 벌어진다면 어떻게 될까요? 자연이 없다면 우리가 무슨 수로 외부 세계를 인지할 수 있겠습니까? 촉각이나 시각이나 청각이 무슨 소용이 있겠습니까? 기억 속에 남은 수많은 정보는 사라지고 풀지 못한 신비는 영원히 그대로 남고 말 것입니다.

하지만 저는 호기심이 사라지는 일은 결코 없으리라고 생각합니다. 지식을 향한 욕구는 인간의 기본 욕구이며 자연은 항상 우리에게 풀어야 할 숙제를 내줍니다. 더 풀어야 할 숙제가 없을 정도로 인류가 많은 지식을 쌓는 순간이 찾아올까요? 아마도 인류가 지속되는 한 계속해서 그런 날이 오리라는 소망을 품은 채 살아가야 할지도 모릅니다. 그리고 이런 소망은 모든 생물학자들이 지구상에서 함께 살아가는 생물체를 연구하게 하는 동기로 작용할지도 모릅니다.

곤충을 사랑하는 일이 세상을 바꿀 수 있을까요? 단언은 할 수는 없지만 저는 그렇다고 믿습니다.

감사말

언제나 저와 함께 모험을 해준 아내 마리아에게 말로 다할 수 없을 만큼 감사합니다. 마리아의 학문적인 도움과 늘 쾌활한 태도는 채집 여행 내내 저를 즐겁게 해주었고, 뛰어난 직관력은 문제 해결의 열쇠를 제공해주었습니다. 마리아의 격려가 아니었다면 이 책은 세상에 나오지 못했을 것입니다.

자연을 사랑하고 언제나 아빠의 '동물원'에 기꺼이 참여하여 도와준 사랑하는 아이들, 이본느와 비비안, 크리스티나에게도 고맙다는 말을 전하고 싶습니다.

수년 동안 제 연구실을 거쳐 간 수많은 대학원생과 박사 학위를 받은 동료들, 대학생들의 도움이 없었다면 이 책에 실린 연구들은 진행할 수 없었을 것입니다. 부득이하게 이들이 진행한 연구 업적을 상세하게 이야기하지 못한 경우도 있지만 이들에게서 받은 도움은 본문에서 빠짐없이 말씀드리려고 노력했습니다.

또한 제럴드 메인왈드와 그의 연구진도 저와 긴밀한 동반자 관계를 맺어왔습니다. 이분들의 헌신적인 도움이 없었다면 이 책의 핵심 내용이라고 할 수 있는 화학물질들의 실체를 밝혀내지 못했을 것입니다. 함께 연구를 진행하는 동안 제럴드의 우정과 뛰어난 과학적 판단력이 제게는 정말 큰 기쁨이었습니다.

진심으로 곤충과 자연을 사랑하는 에드워드 O. 윌슨에게도 매우 각별히 감사를 표해야 합니다. 에드워드가 보여준 영원한 우정과 과학자로서 지니는 영감과 목표, 그리고 가능성이 고맙습니다.

저는 오랫동안 뛰어난 기술자와 비서의 도움을 받을 수 있었던 행운아입니다. 카렌 힉스와 지금은 세상을 떠난 로잘린드 앨솝은 뛰어난 능력을 발휘해 그들이 연구실에 있다는 사실 자체가 축복이었습니다. 루스 로버츠Ruth Roberts와 캐럴 카우츠Carol Kautz는 전에는 비서였지만 지금은 둘도 없는 친구가 되었지요. 유능한 재니스 스트로프Janis Strope는 매사에 정신없는 제가 제대로 해낼 수 있도록 완벽한 관리 능력으로 현재 연구실을 꾸리고 있습니다. 곤충을 돌보는 일을 맡아 곤충들이 우리 연구실을 자연 상태로 느낄 수 있도록 하는 재니스 슐레진저Janice Schlesinger에게도 신세를 지고 있습니다.

그 밖에도 고마운 사람이 많습니다. 현재 대학원에 재학 중인 알렉스 베제리데스Alex Bezzerides, 린 플레처Lynn Fletcher, 재키 그랜트Jackie Grant, 빅 아옌가Vick Iyengar, 조시 라다우Josh Ladau, 섀넌 올슨Shannon Olsson과 본문에서도 자주 언급했던 대니얼 애네샌슬리, 마크 데이럽, 다비드 리트슈바거David Liittschwager, 수전 미들턴Susan Middleton, 찰스 피어먼Charles Pearman, 프랑크 슈뢰더, 캐럴 스키너Carol Skinner도 그렇습니다. 특히 제럴드 메인왈드는 화학 성분을 분석해야 할 때마다 도와주었습니다. 절친한 네 친구, 메이 베렌바움May Berenbaum, 헬렌 기라델라Helen Ghiradella, 존 힐데브란트John Hildebrand, 멜로디 지글러Melody Siegler는 정말 친절하게도 원고를 모두 읽고 적절한 비평을 해주었습니다. 이들의 비평 덕분에 사실을 바로잡고 올바른 판단을 내릴 수 있었습니다. 친구이자 동료인 리하르트 호이베크는 곤충에 대한 정보를 많이 제공해주고 본문에 실린 곤충들을 검증해주었습니다.

오랜 세월 동안 저를 격려해준 많은 친구들, 다이앤 애커먼Diane Ackerman, 크레이그 아들러, 나탈리 앤지어Natalie Angier, 이안 볼드윈Ian Baldwin, 마이클 빈Michael Bean, 메이 베렌바움, 론 부커Ron Booker, 지금은 세상을 떠난 세 사람 윌리엄 L. 브라운 주니어William L. Brown Jr.와 프랭크 M. 카펜터Frank M. Carpenter, 몬트 카지어, 그리고 케네스 크리스티안센과 윌리엄 E. 코너, 데일 코슨Dale Corson, 세상을 떠난 빈센트 데디어Vincent Dethier, 그리고 마크 데이럽, 재러드 다이아몬드Jared Diamond, 파울 에를리히Paul Ehrlich와 그의 아내 안네Anne, 세상을 떠난 하워드 E. 에반스Howard E. Evans, 투리드 포르시데Turid Forsythe, 로드리고 가메스Rodrigo Gámez, 칼 갠스, 존 힐데브란트, 세상을 떠난 하워드 힌턴Howard Hinton, 로알드 호프만Roald Hoffmann, 베르톨트 횔도블러Berthold Hölldobler, 댄 얀젠Dan Janzen, 포티스 카파토스, 로잘린드 라스커Rosalind Lasker, 존 로John Law, E. 고트 린슬리E. Gort Linsley, 시몬 레빈Simon Levin, 마틴 린다워Martin Lindauer, 톰 러브조이Tom Jovejoy, 후베르트 마르클Hubert Markl, 미치 마스터스Mitch Masters, 노먼 마이어스Norman Myers, 피터 나린스Peter Narins, 리처드 D. 오브라이언Richard D. O'Brien, 윌리엄 프로빈William Provine, 피터 라벤Peter Raven, 지금은 세상을 떠난 케네스 뢰더Kenneth Roeder, 벤델 룈로프Wendell Roelofs, 루이스 로스Louis Roth, 미리엄 로스차일드, 세상을 떠난 칼 사강Carl Sagan, 로버트 E. 실버글리드Robert E. Silberglied, 앤디 시나워Andy Sinauer, 노엘 스나이더Noel Snyder, 세상을 떠난 에이드리언 에스알비Adrian Srb, 애셔 트리트Asher Treat, 아리 반 틴호벤Ari van Tienhoven, 찰스 윌컷, 뤼디거 베너Rüdiger Wehner, 데이브 윌코브David Wilcove, 마지막으로 이제는 볼 수 없는 캐럴 M. 윌리엄스에게 감사의 말을 전합니다.

코넬에서 보낸 45년은 정말 수많은 지인을 사귄, 행복한 시간이었습니다. 셀 수 없이 많은 코넬 사람들, 대학 직원들과 신경생물학·행동학과의 동료들, 생물학 개론과 동물행동학, 화학생태학, 화학통신학, 곤충학 강의를 들어준 수천여 학생들에게도, 즐거운 나날을 선사해주어 감사하다는 말을 전하고 싶습니다.

코넬대학 도서관과 그 직원들, 코넬식물원, 존슨박물관, 조류실험실, 대학사진관의 모든 직원들도 한없는 호의를 베풀어주었습니다. 언론에 종사하는 제 친구 로저 세겔켄Roger Segelken에게도 감사의 말을 전합니다. 로저는 유명하지도 않은 제가 언론에 논문을 발표할 수 있도록 물심양면으로 도와주었습니다.

지난 44년 동안 미국국립보건원은 계속해서 연구비를 지원해주었습니다. 1959년 애리조나에 있는 포털에서 연구비 신청이 통과됐다는 국립보건원의 전화를 처음 받았을 때 얼마나 놀랐는지 모릅니다. 그 후 5년 간격으로 변함없이 연구비를 지원받은 사실은 정말이지 믿기지 않을 정도로 놀라운 일입니다. 또한 수년 동안 연구비를 지원해주고 있는 랄로재단the Lalor Foundation과 국립과학재단the National Science Foundation, 시그마 XI 재단도 잊어버려서는 안 될 고마운 곳입니다. 존슨앤존슨사도 최근 몇 년 동안 제가 화학생태학을 연구할 수 있도록 특별한 지원을 해주었습니다.

그 동안 연구의 전 과정이나 일부 과정을 꾸준히 촬영해왔는데, 그에 관해 고마워해야 할 연출자와 촬영감독이 많이 생겼습니다. 1983년 〈비밀 무기(Secret Weapons)〉를 찍은 런던 BBC의 캐럴린 위버Caroline Weaver와 로저 잭먼Rodger Jackman, 1981년 〈자연 엿보기(Nature Watch)〉를 찍은 런던 ATV네트워크의 로빈 브라운Robin Brown, 1992년 〈지배 계급(The Ruling Class)〉을 찍은 피츠버그 WQED의 존 루빈John Rubin, 1990년 〈이타카의 벌레 사나이(The Bugman of Ithaca)〉를 찍은 토론토 CBC의 데이비드 스즈키David Suzuki, 비슈누 마더Vishnu Mathur, 루돌프 코바닉Rudolf Kovanic, 1996년에 런던 BBC에 방영하고자 〈딱정벌레 마니아(Beetlemania)〉를 찍은 그린 엄브렐러Green Umbrella의 닉 업턴Nick Upton, 케빈 플레이Kevin Flay, 1997년부터 2000년까지 〈곤충 이야기(Bug Stories)〉를 찍은 토론토 디스커버리 채널의 낸시 블록Nancy Block, 1997년 런던 BBC를 위해 〈세계 7대 불가사의(Seven Wonders of the World)〉를 찍은 크리스토퍼 사익스 프로덕션의 크리스토퍼 사익스Christopher Sykes와 그의 아내 로테Lotte에게 감사의 말을 전합니다.

저는 무엇보다도 플로리다 관목숲의 숨겨진 가치를 발견한 후 연구하고 보존하고자 애크볼드연구소를 세운 고(故) 리처드 애크볼드에게 무한한 빚을 지고 있습니다. 그 동안 애크볼드연구소를 지켜준 연구소장 제임스 레인James Layne, 짐 울프Jim Wolfe, 존 피츠패트릭John Fitzpatrick에게도 그러하며, 현재 연구소장인 힐러리 스웨인Hilary Swain과 애크볼드연구소를 탐험가들의 천국이자 자연보호주의자들에게 영감을 주는 근사한 장소로 만들어준 수석 연구원 마크 데이럽, 프레드 로러Fred Lohrer, 에릭 멘지스Eric Menges에게도 마찬가지입니다.

또한 동물학자가 되고 싶은 어린 소년에게 따뜻한 사랑을 주신, 돌아가신 부모님과 누이에게도 꼭 고마운 마음을 전하고 싶습니다. 이분들은 제가 아무리 방을 어지럽혀도, 조그만 곤충을 끊임없이 집으로 가져와도 전혀 싫은 내색을 하지 않으셨습니다. 제게는 곤충이 학교 수업보다도 훨씬 더 중요하고 흥미로운 존재였습니다. 제가 음악을 사랑하게 된 것도 바로 가족 덕분입니다. 우리 가족은 모두 음악을 사랑했습니다. 피아노를 잘 치셨던 아버지 덕분에 저는 건반 연주를 배울 수 있었습니다. 피아노를 치다가 마리아를 만났고, 우리는 야외로 여행을 나갈 때면 언제나 전자 피아노를 가져갔습니다. 야외에서 둘이 함께했던 연주는 잊을 수가 없습니다. 그 동안 저는 실내악 연주를 해왔지만, 사실 과학자 중에 음악을 하는 사람들은 저 말고도 많습니다. 옐레 아테마Jelle Atema, 헬렌 기라델라, 제인 휴스턴Jane Houston, 제럴드 메인왈드, 노엘 스나이더와 함께 연주했던 밤들은 잊지 못할 추억입니다.

출판을 위해서 여러모로 애써주신 하버드대학출판부 여러분께, 함께 일하게 되어 얼마나 기뻤는지 말씀드리고 싶습니다. 과학·의학 분야 편집장 마이클 피셔의 격려와 협조에 힘입은 바 크고, 사라 데이비스는 많은 편의를 봐주었습니다. 책을 디자인해준 애너메리 와이, 출판 과정을 총괄 감독한 데이비드 포스도 제 인사를 받아야 합니다. 유능한 편집자로 소문난 낸시 클레멘트는 전체 원고를 편집하면서 매번 예리한 판단력과 적절한 배치 능력을 발휘했습니다.

책 앞에 인용할 문구를 찾아달라는 부탁에 마틴 리스의 멋진 글귀를 소개해준 친구 제임스 매콘키James McConkey에게도 감사합니다.

옮긴이의 말

다리가 부러진 채 나무 위로 올라가려고 애쓰던 그 친구를 발견하고 집으로 데려온 건, 손자들에게 좋은 학습 기회가 되겠다고 생각한 친정아버지였습니다. 그 친구는 톱사슴벌레였습니다. 근사하게 생긴 뿔로 보아 수컷임이 틀림없었습니다.

처음 그 친구를 봤을 때는 그저 안쓰러웠습니다. 다리도 세 개나 잘리고 더듬이도 한쪽이 부러져 있었으니까요. 한동안 그 친구를 보면서 고민했습니다. 다시 놓아줘야 하지 않을까? 놓아주면 곧 죽을 텐데, 그래도 사는 날까지는 잘 살다 가게 며칠이 됐든 몇 주가 됐든 보살펴야 하는 게 아닐까? 결국 수컷인데도 '미미'라는 이름까지 붙여주며 관심을 보인 가은이 때문에 집에서 키우기로 했습니다. 본심은 '곧 죽을 테니 며칠만 두자'였지만요. 마트에 가서 톱밥과 곤충용 젤리를 사왔습니다. 언제 죽을지 몰라 집을 사거나 나무를 사다 넣어주기는 그래서, 작은 그릇에 톱밥을 깔고 젤리를 놓고 미미를 넣었습니다.

하루 이틀 지나자 미미가 톱밥을 동그랗게 쌓기 시작했습니다. 그릇에서 빠져나오려고 톱밥을 쌓는 것이 분명했습니다. 넓은 대자연에서 마음껏 뛰어다니다 좁은 그릇에 있으려니 답답하겠지만 모두 다 저를 위함인데 그것도 모르다니. 곤충의 어리석음에 기가 막혔지만, 이왕 돌봐주기로 한 것 좀더 편하게 해주자는 생각에 집과 나무를 사다 꾸며주었습니다.

미미가 넓은 집을 확보한 뒤부터는 놀라움의 연속이었습니다. 산처럼 느끼라고 한쪽 톱밥은 아주 높게 다른 쪽 톱밥은 아주 낮게 깔아주었는데 모두 평평하게 만들어놓거나, 마음대로 나무 두 개를 이리저리 옮겨 배치를 바꿔놓거나, 먹이로 준 젤리를 교묘하게 숨겨놓거나 하는 일로 미미는 쉴 새 없이 움직였습니다. 미미를 지켜보노라면 작은 곤충도 대단한 일을 할 수 있는 존재들이구나, 다리 두세 개 잘렸다고 불쌍하다 했던 것이 사실은 인간의 오만이구나 하는 생각이 절로 듭니다. 어쩌면 이제 곧 미미에게 자유를 주어야 할지도 모르겠습니다.

모든 생명체가 다 그렇지만, 특히 곤충은 참 경이롭습니다. 지구에서 성공적으로 살아남으려고 몸을 줄이고 골격을 살 바깥쪽에 배치한 독특한 존재들입니다. 『전략의 귀재들, 곤충』을 번역하는 동안 곤충들의 다양한 모습을 보면서 더 자세히 알고 싶다는 생각이 들었습니다.

번역을 하는 동안 학명 처리 때문에 상당히 애를 먹었고 지금도 개운하지는 않습니다. 대부분이 플로리다에 서식하는 종이다 보니 도서관에 나가 도감을 뒤지고 인터넷을 뒤져도 간신히 영어명만 찾는 경우가 허다했습니다. 일단은 한글명이 있는 곤충은 한글명으로, 없을 경우 영어명이 있는 경우에는 영어명을, 그마저도 없는 경우에는 학명으로 처리했으니 양해 바랍니다. 물론 어딘가에 한글명이 숨어 있을지도 모르니, 시간이 나는 대로 찾아 출판사에 알리고 제 개인 블로그(http://blog.naver.com/tranlover)에도 올릴 생각입니다. 곤충의 한글명을 다 못 찾은 책임은 모두 저에게 있으니 모든 잘못은 저를 책하시고, 혹시라도 이 책에 없는 한글명을 아시는 분은 알려주시기 바랍니다.

벌써 여름이 끝나갑니다. 곤충들이 가장 활발하게 활동하는 시기가 끝나간다는 뜻이지요. 열심히 하루하루 최선을 다해 살아가는 곤충들은 삶의 진리를 알려줍니다. 누군가 그러더군요. 1년밖에 못 사는 곤충의 하루는 인간의 하루보다 70배나 더 소중하다고. 그 의미를 조금은 알게 해준 책입니다. 여러분에게도 그렇기를 빌어봅니다.

2006년 곤충들의 계절이 끝나가는 시기에
김소정

사진과 그림 출처

아래 도판들은 본래 『사이언스(Science)』지에 발표한 논문에 실렸던 것으로, 미국과학진흥협회(American Association for the Advancement of Science)의 허락을 얻어 재수록했습니다.

36쪽 | Eisner, T., *Science* 128, pp. 148~149, 1958.

217쪽(아래) | Eisner, T., H. E. Eisner, J. J. Hurst, F. C. Kafatos, and J. Meinwald, *Science* 139, pp. 1218~1220, 1963.

283(가운데 왼쪽), 285, 286쪽 | Eisner, T., R. Alsop, and G. Ettershank, *Science* 146, pp. 1058~1061, 1964.

121, 122(위), 124쪽 | Eisner, T., *Science* 148, pp. 966~968, 1965.

154쪽 | Eisner, T., and J. Shepherd, *Science* 150, pp. 1608~1609, 1965.

42, 101(아래 왼쪽과 오른쪽), 102(A), 122(아래), 337(왼쪽)쪽 | Eisner, T., and J. Meinwald, *Science* 153, pp. 1341~1350, 1966.

278쪽 | Eisner, T., and J. A. Davis, *Science* 155, pp. 577~579, 1967.

52, 58쪽 | Aneshansley, D. J., T. Eisner, J. M. Widom, and B. Widom, *Science* 165, pp. 61~63, 1969.

245, 246(오른쪽)쪽 | Eisner, T., A. F. Kluge, J. E. Carrel, and J. Meinwald, *Science* 173, pp. 650~652, 1971.

392(위 왼쪽, 아래 왼쪽과 오른쪽) | Eisner, T., J. S. Johnessee, J. Carrel, L. B. Hendry, and J. Meinwald, *Science* 184, pp. 996~999, 1974.

213, 214(아래 왼쪽), 216, 217쪽 | Eisner, T., K. Hicks, M. Eisner, and D. S. Robson, *Science* 199, pp. 790~794, 1978.

402(위 왼쪽)쪽 | Eisner, T., S. Nowicki, M. Goetz, and J. Meinwald, *Science* 208, pp. 1039~1042, 1980.

237(아래 왼쪽과 오른쪽), 238, 239쪽 | Eisner, T., and D. J. Aneshansley, *Science* 215, pp. 83~85, 1982.

288(아래 왼쪽, 가운데, 오른쪽), 291(왼쪽), 292쪽 | Eisner, T., and S. Nowicki, *Science* 219, pp. 185~187, 1983.

361(아래 왼쪽, 오른쪽), 362(아래 오른쪽), 364(위 왼쪽, 오른쪽, 아래 오른쪽), 365(오른쪽)쪽 | Dussourd, D. E., and T. Eisner, *Science* 237, pp. 898~901, 1987.

59, 60, 63쪽 | Dean, J., D. J. Aneshansley, H. E. Edgerton, and T. Eisner, *Science* 248, pp. 1219~1221, 1990.

492(위, 아래 오른쪽)쪽 | Smedley, S. R., and T. Eisner, *Science* 270, pp. 1816~1818, 1995.

아래 도판들은 본래 『미국과학아카데미회보(Proceedings of the National Academy of Sciences: PNAS)』에 실렸던 것입니다. 재사용을 허락해준 데 감사드립니다.

298(아래 왼쪽과 오른쪽), 299(아래 오른쪽)쪽 | Eisner, T., and J. Dean, *Proc. Nat. Acad. Sci. USA* 73, pp. 1365~1367, 1976.

320, 321, 322(위 오른쪽, 아래 왼쪽, 오른쪽)쪽 | Eisner, T., and S. Camazine, *Proc. Nat. Acad. Sci. USA* 80, pp. 3382~3385, 1983.

340(위 오른쪽), 345(오른쪽), 347, 348쪽 | Eisner, T., I. T. Baldwin, and J. Conner, *Proc. Nat. Acad. Sci. USA* 90, pp. 6716~6720, 1993.

271(아래 왼쪽)쪽 | Carrel, J. E., and T. Eisner, *Proc. Nat. Acad. Sci. USA* 81, pp.

806~810, 1984.

442(아래 왼쪽), 446(왼쪽), 449(위 왼쪽), 451(아래 왼쪽), 462(아래 왼쪽과 오른쪽), 471(위 왼쪽과 오른쪽)쪽 | Eisner, T., and J. Meinwald, *Proc. Nat. Acad. Sci. USA* 92, pp. 50~55, 1995.

395(위 왼쪽과 오른쪽)쪽 | Meinwald, J., and T. Eisner, *Proc. Nat. Acad. Sci. USA* 92, pp. 14~18, 1995.

426(위 오른쪽), 427, 430쪽 | Eisner, T., S. R. Smedley, D. K. Young, M. Eisner, B. Roach, and J. Meinwald, *Proc. Nat. Acad. Sci. USA* 93, pp. 6494~6498, 1996.

431, 433쪽 | Eisner, T., S. R. Smedley, D. K. Young, M. Eisner, B. Roach, and J. Meinwald, *Proc. Nat. Acad. Sci. USA* 93, pp. 6499~6503, 1996.

144(위), 146(아래), 147쪽 | Eisner, T., M. Eisner, and M. Deyrup, *Proc. Nat. Acad. Sci. USA* 93, pp. 10848~10851, 1996.

159, 161쪽 | Eisner, T., A. B. Attygalle, W. E. Conner, M. Eisner, E. MacLeod, and J. Meinwald, *Proc. Nat. Acad. Sci. USA* 93, pp. 3280~3283, 1996.

190, 199, 201(위와 아래 왼쪽)쪽 | Eisner, T., M. A. Goetz, D. E. Hill, S. R. Smedley, and J. Meinwald, *Proc. Nat. Acad. Sci. USA* 94, pp. 9723~9728, 1997.

380(위 왼쪽, 아래 왼쪽, 가운데, 오른쪽), 381(위 오른쪽, 아래 왼쪽), 382(위 왼쪽, 아래 왼쪽과 오른쪽)쪽 | Eisner, T., M. Eisner, and R. E. Hoebeke, *Proc. Nat. Acad. Sci. USA* 95, pp. 4410~4414, 1998.

350, 354, 355(오른쪽), 356쪽 | Eisner, T., M. Eisner, A. B. Attygalle, M. Deyrup, and J. Meinwald, *Proc. Nat. Acad. Sci. USA* 95, pp. 1108~1113, 1998.

502(왼쪽 줄, 아래 오른쪽) | Schroeder, F. C., S. R. Smedley, L. K. Gibbons, J. J. Farmer, A. B. Attygalle, T. Eisner, and J. Meinwald, *Proc. Nat. Acad. Sci. USA* 95, pp. 13387~13391, 1998.

55(B-E), 56쪽 | Eisner, T., and D. J. Aneshansley, *Proc. Nat. Acad. Sci. USA* 96, pp. 9705~9709, 1999.

173, 175, 176, 178(위 왼쪽), 181(위), 183, 184, 185쪽 | Eisner, T., and D. J. Aneshansley, *Proc. Nat. Acad. Sci. USA* 97, pp. 6568~6573, 2000.

496쪽 | Schroeder, F. C., A. González, T. Eisner, and J. Meinwald, *Proc. Nat. Acad. Sci. USA* 96, pp. 13620~13625, 1999.

247, 252, 253, 254(아래 왼쪽과 오른쪽)쪽 | Eisner, T., and D. J. Aneshansley, *Proc. Nat. Acad. Sci. USA* 97, pp. 11313~11318, 2000.

164(아래), 165(위), 166, 167, 168, 169, 170, 171쪽 | Eisner, T., and M. Eisner, *Proc. Nat. Acad. Sci. USA* 97, pp. 2632~2636, 2000.

483쪽 | Conner, W. E., R. Boada, F. C. Schroeder, A. González, J. Meinwald, and T. Eisner, *Proc. Nat. Acad. Sci. USA* 97, pp. 14406~14411, 2000.

그 밖에 재수록을 허락해준 아래 매체에도 감사드립니다.

The American Entomology Society

269(위)쪽 | Eisner, T., and M. Eisner, *Ent. News* 113, pp. 6~10, 2002.

Birkhäuser Verlag AG

487(위 오른쪽)쪽 | Dussourd, D. E., C. A. Harvis, J. Meinwald, and T. Eisner, *Experientia* 45, pp. 896~898, 1989.

459(가운데 오른쪽)쪽 | Bogner, F., and T. Eisner, *Experientia* 48, pp. 97~102, 1992.

409쪽 | Eisner, T., R. Ziegler, J. L. McCormick, M. Eisner, E. R. Hoebeke, and J. Meinwald, *Experientia* 50, pp. 610~615, 1994.

Elsevier Science

40쪽 | Eisner, T., *J. Ins. Physiol.* 2, pp. 215~220, 1958.

79쪽 | Eisner, T., J. Meinwald, A. Monro, and R. Ghent, *J. Ins. Physiol.* 6, pp. 272~298, 1961.

Entomological Society of America

242(아래)쪽 | Eisner, T., A. F. Kluge, J. C. Carrel, and J. Meinwald, *Ann. Ent. Soc. Amer.* 65, pp. 765~766, 1972.

John Wiley & Sons

101(아래 왼쪽), 102쪽 | Eisner, T., F. McHenry, and M. M. Salpeter, *J. Morph.* 115, pp. 355~400, 1964.

Kluwer Academic / Plenum Publishing

316, 317(아래 왼쪽), 318쪽 | Masters, W. M., and T. Eisner, *J. Ins. Behav.* 3, pp. 143~157, 1990.

98(아래 왼쪽)쪽 | Jones, T. H., W. E. Conner, J. Meinwald, H. E. Eisner, and T. Eisner, *J. Chem. Ecol.* 2, pp. 421~429, 1976.

398쪽 | Eisner, T., *J. Chem. Ecol.* 16, pp. 2489~2492, 1990.

459(가운데 왼쪽)쪽 | Bogner, F., and T. Eisner, *J. Chem. Ecol.* 17, pp. 2063~2075, 1991.

391(위 왼쪽과 오른쪽)쪽 | Eisner, T., *J. Chem. Ecol.* 20, pp. 2743~2749, 1994.

Springer Verlag

259, 261(위), 262, 263, 265쪽 | Eisner, T., I. Kriston, and D. J. Aneshansley, *Behav. Ecol. Sociobiol.* 1, pp. 83~125, 1976.

395(위 오른쪽, 아래)쪽 | Morrow, P. A., T. E. Bellas, and T. Eisner, *Oecologia* 24, pp. 193~206, 1976.

462(위 오른쪽, 아래 왼쪽과 오른쪽), 464, 466쪽 | Conner, W. E., T. Eisner, R. K. Vander Meer, A. Guerrero, D. Ghiringelli, and J. Meinwald, *Behav. Ecol. Sociobiol.* 7, pp. 55~63, 1980.

470(아래 두 줄), 471(위 왼쪽, 아래 왼쪽과 오른쪽)쪽 | Conner, W. E., T. Eisner, R. K. Vander Meer, A. Guerrero, and J. Meinwald, *Behav. Ecol. Sociobiol.* 9, pp. 227~235, 1981.

Urban & Fischer Verlag

181(아래)쪽 | Attygalle, A. B., D. J. Aneshansley, J. Meinwald, and T. Eisner, *Zoology* 103, pp. 1~6, 2001.

다른 출처들

45, 235쪽 | Frances Fawcett.

68쪽 | ⓒ 1999 by the U. S. Postal Service. All rights reserved.

111쪽 | the Archbold Biological Station. photo by John A. Wagner.

113(아래)쪽 | the Archbold Biological Station. photo by Reed Bowman.

124쪽 | Frances A. McKittrick.

137쪽 | Oeffentliche Kunstsammlung Basel, Kunstmuseum. photo by Martin Bühler.

138쪽 | *The Travels of Babar* by Jean de Brunhoff, copyright ⓒ 1934, renewed 1962 by Random House, Inc. Used by permission of Random House Children's Books, a division of Random House, Inc.

140쪽 | Ian Common, *Moths of Australia*, Melbourne University Press, 1990.

183쪽 | Susan Pulakis.

204쪽 | Frank DiMeo.

278쪽 | M. A. Menadue.

378(왼쪽)쪽 | Sandy Podulka, Cornell University.

483쪽 (위 왼쪽) | William E. Conner, (위 오른쪽) Nickolay Hristov.

491쪽 | Scott Smedley.

Margaret Nelson

46, 64, 83, 94, 95, 103, 175, 234, 285, 286, 292, 312(위)쪽의 그림.

Maria Eisner

119, 146, 147, 237(위), 318(위), 356, 380(아래)쪽의 전자 현미경 사진.

Frank Schroeder는 친절하게 화학식을 그려주었습니다.

2쪽 | 새끼를 낳고 있는 진디 암컷.

14쪽 | 폴릭센디아속 노래기의 방어용 강모에 엉켜 꼼짝도 못 하는 개미.

프롤로그 표제 | 밤나방과 스키니아 글로리오사.

1장 표제 | 브라키누스속 폭격수딱정벌레.

2장 표제 | 알랑나비속 나방.

3장 표제 | 잎벌레과 버들꼬마잎벌레 유충.

4장 표제 | 리쿠스속 딱정벌레인 리쿠스 페르난데지.

5장 표제 | 흰개미 나수티테르메스 엑시티오수스의 공격을 받는 아르헨티나개미.

6장 표제 | 거미줄 사이로 마주 보고 있는 아르기오페 플로리다 한 쌍. 큰 쪽이 암컷.

7장 표제 | 하늘소과 붉은밀크위드딱정벌레.

8장 표제 | 신클로라속 유충을 운반하는 나나니벌.

9장 표제 | 칸다리닌 결정을 먹고 있는 화색딱정벌레.

10장 표제 | 교미 중인 벨라나방 한 쌍.

에필로그 표제 | 유클립투스 잎에 앉아 있는, 종이 밝혀지지 않은 허리노린재과 노린재.

참고 문헌

기본도서

Ackerman, D., *A Natural History of the Senses*, New York: Random House, 1990.

Agosta, W. C., *Chemical Communication: The Language of Pheromones*, New York: Scientific American Library, 1992.

Angier, N., *The Beauty and the Beastly*, Boston: Houghton Mifflin, 1995.

Berenbaum, M. R., *Ninety-nine Gnats, Nits, and Nibblers*, Urbana: University of Illinois Press, 1989.

Berenbaum, M. R., *Ninety-Nine More Maggots, Mites, and Munchers*, Urbana: University of Illinois Press, 1993.

Berenbaum, M. R., *Bugs in the Systems*, Reading, Mass.: Perseus Books, 1995.

Bettini, S., *Arthropod Venoms*, Berlin: Springer-Verlag, 1978.

Borror, D. J., and R. E. White, *A Field Guide of the Insects of America North of Mexico*, Boston: Houghton Mifflin, 1970.

Blum, M. S., *Chemical Defenses of Arthropods*, New York: Academic Press, 1981.

Conniff, R., *Spineless Wonders*, New Yorks: Henry Holt, 1996.

Covell, C. V., Jr., *A Field Guide to the Moths*, Boston: Houghton Mifflin, 1984.

Cott, H. B., *Adaptive Coloration in Animals*, 2nd ed., London: Methuen, 1957.

Dawkins, R., *The Blind Watchmaker*, New York: Norton, 1986.

Dethier, V. G., *To Know a Fly*, San Francisco: Holden-Day, 1962.

Deyrup, M. D., *Florida's Fabulous Insects*, Tampa, Fla.: World Publications, 2000.

Edmunds, M., *Defence in Animals*, New York: Longman, 1974.

Eisner, T., and J. Meinwald, *Chemical Ecology: The Chemistry of Biotic Interaction*, Washington, D. C.: National Academy Press, 1995.

Evans, D. L., and J. O. Schmidt, ed., *Insect Defenses*, Albany: State University of New York Press, 1990.

Evans, H. E., *Life on a Little-Known Planet*, New York: E. P. Dutton, 1968.

Evans, H. E., *The Pleasures of Entomology*, Washington, D. C.: Smithsonian Institution Press, 1985.

Futuyma, D. J., *Evolutionary Biology*, 2nd ed., Sunderland, Mass.: Sinauer Associates, 1986.

Gullan, P. J., and P. S. Cranston, *The Insects*, 2nd ed., London: Blackwell Science, 2000.

Heinrich, B., *Bumblebee Economics*, Cambridge, Mass.: Harvard University Press, 1979.

H?lldobler, B., and E. O. Wilson, *Journey to the Ants*, Cambridge, Mass.: Harvard University Press, 1994.

Hoyt, E., and T. Schultz, *Insects Lives*, New York: John Wiley and Sons, 1999.

Leopold, A., *A Sand County Almanac*, New York: Oxford University Press, 2001.

Nijhout, H. F., *Insects Hormones*, Princeton: Princeton University Press, 1998.

Opler, P. A., and V. Malikul, *Field Guide to the Eastern Butterflies*, New York: Houghton Mifflin, 1992.

Rosenthal, G. A., and M. R. Berenbaum, *Herbivores: Their Interactions with Secondary Plant Metabolites*, vol. 1. 2nd ed., San Diego: Academic Press, 1991.

Rosenthal, G. A., and M. R. Berenbaum, *Herbivores: Their Interactions with Secondary Plant Metabolites*, vol. 2. 2nd ed., San Diego: Academic Press, 1992.

Sondheimer, E., and J. B. Simeone, *Chemical Ecology*, New York: Academic Press, 1970.

Tilden, J. W., and A. C. Smith, *A Field Guide to Western Butterflies*, Boston: Houghton Mifflin, 1986.

Von Frisch, K., *The Dance Language and Orientation of Bees*, Cambridge, Mass.:

The Belknap Press of Harvard University Press, 1967.

Waldbauer, G., *Millions of Monarchs, Bunches of Beetles: How Bugs Find Strength in Numbers*, Cambridge, Mass.: Harvard University Press, 2000.

Waldbauer, G., *What Good Are Bugs? Insects in the Web of Life*, Cambridge, Mass.: Harvard University Press, 2003.

White, R. E., *A Field Guide to the Beetles*, Boston:Houghton Mifflin, 1983.

Wickler, W., *Mimicry in Plants and Animals*, London: Weidenfeld and Nicolson, 1968.

Wigglesworth, V. B., *The Life of Insects*, Cleveland: World Publishing Co., 1964.

Wilson, E. O., *The Insect Societies*, Cambridge, Mass.: The Belknap Press of Harvard University Press, 1971.

Wilson, E. O., *Biophilia*, Cambridge, Mass.: Harvard University Press, 1984.

Wilson, E. O., *The Diversity of Life*, Cambridge, Mass.: The Belknap Press of Harvard University Press, 1992.

Wilson, E. O., *Naturalist*, Washington, D. C.: Island Press, 1994.

Wilson, E. O., *The Future of Life*, New York: Alfred A. Knopf, 2002.

1. 폭격수딱정벌레

Aneshansley, D. J., T. Eisner, J. M. Widom, and B. Widom, "Biochemistry at $100°$ C: explosive secretory discharge of bombardier beetles (*Brachinus*)", *Science* 165, pp. 61~63, 1969.

Barry, D., *Dave Barry Talks Back*, New York: Crown Trade Paperbacks, 1991.

Butenandt, A., and P. Karlson, "Über die Isolierung eines Metamorphosehormons der Insekten in Kristallisierter Form", *Zeitschrift für Naturforschung* 9b, pp. 389~391, 1954.

Butenandt, A., R. Beckmann, D. Stamm, and E. Hecker, "Über den Sexuallockstoff des Seidenspinners *Bombyx mori* Reindarstellung und Konstitution",

Zeitschrift für Naturwissenschaften B14, pp. 283~ 384, 1959.

Darwin, C., *The Autobiography of Charles Darwin and Selected Letters*, ed. F. Darwin, New York: Dover Publications, 1958.

Dean, J., "Effect of thermal and chemical components of bombardier beetle chemical defense: glossopharyngeal response in two species of toads (*Bufo americanus, Bufo marinus*)", *Journal of Comparative Physiology* 135, pp. 51~59, 1980.

Dean, J., "Encounters between bombardier beetles and two species of toads (*Bufo americanus, Bufo marinus*): speed of prey-capture does not determine success", *Journal of Comparative Physiology* 135, pp. 41~50, 1980.

Dean, J., D. J. Aneshansley, H. E. Edgerton, and T. Eisner, "Defensive spray of the bombardier beetle: a biological pulse jet", *Science* 248, pp. 1219~1221, 1990.

Dialogues of Entomology, London: R. Hunter, 1819.

Edwards, J. S., "The action and composition of the saliva of an assassin bug *Platymeris rhadamanthus* Gaerst (Hemiptera: Reduviidae)", *Journal of Experimental Biology* 38, pp. 61~77, 1961.

Eisner, T., "The protective role of the spray mechanism of the bombardier beetle, *Brachynus ballistarius* Lec.", *Journal of Insect Physiology* 2, pp. 215~220, 1958.

Eisner, T., "spray mechanism of the cockroach *Diploptera punctata*", *Science* 128, pp. 148~149, 1958.

Eisner, T., "Chemical defense against predation in arthropods", E. Sondheimer and J. B. Simeone, ed., *Chemical Ecology*, New York: Academic Press, 1970.

Eisner, T., "Chemical ecology: on arthropods and how they live as chemists", *Verhandlungsbericht der Deutschen Zoologischen Gesellschaft* 65, pp. 123~137, 1972.

Eisner, T., and D. J. Aneshansley, "Spray aiming in the bombardier beetle: photographic evidence", *Proceedings of the National Academy of Sciences USA* 96, pp. 9705~9709, 1999.

Eisner, T., and D. Blumberg, "Quinone secretion: a widespread defensive mechanism of arthropods", *The Anatomical Record* 134, pp. 558~559, 1959.

Eisner, T., and L. M. Dalton, "Emetic voidance of stomach lining induced by massive beetle ingestion in a beluga whale", *Journal of Chemical Ecology* 19, pp. 1833~1836, 1993.

Eisner, T., and J. Meinwald, "Defensive secretions of arthropods", *Science* 153, pp. 1341~1350, 1966.

Eisner, T., D. J. Aneshansley, J. Yack, A. B. Attygalle, and M. Eisner, "Spray mechanism of crepidogastrine bombardier beetles (Carabidae; Crepidogastrini)", *Chemoecology* II, pp. 209~219, 2001.

Fieser, L. F., and M. I. Ardao, "Investigation of the chemical nature of gonyleptidine", *Journal of the American Chemical Society* 78, pp. 774~781, 1956.

Karlson, P., and M. Lüscher, " 'Pheromones' : a new term for a class of biologically active substances", *Nature* 183, p. 55, 1956.

Pavan, M., "Biochemical aspects of insect poisons", *Proceedings of the Fourth International Congress of Biochemistry, Vienna* 12, pp. 15~36, 1959.

Rolander, D., "Die Schussfliege", *Der Königlichen Schwedischen Akademie der Wissenschaften Abhandlungen* 12, pp. 298~302, 1754.

Roth, L. M., and B. Stay, "The occurrence of *para*-quinones in some arthropods, with emphasis on the quinone-secreting tracheal glands of *Diploptera punctata* (Blattaria), *Journal of Insect Physiology* 1, pp. 305~318, 1958.

Rothschild, M., "Defensive odours and Müllerian mimicry among insects", *Transactions of the Royal Entomological Society of London* 113, pp. 101~121, 1961.

Schildknecht, H., "Zur Chemie des Bombardierkäfers", *Angewandte Chemie* 69, p. 62, 1957.

Schildknecht, H., and K. Holoubek, "Die Bombardierkäfer und ihre Explosionschemie", *Angewandte Chemie* 73, pp. 1~7, 1961.

Schildknecht, H., E. Maschwitz, and U. Maschwitz, "Die Explosionschemie der Bombardierkäfer (Coleoptera, Carabidae) III, Mitteilung: Isolierung and

Charakterisierung der Explosionskatalisatoren", *Zeitschrift für Naturforschung* 23b, pp. 1213~1218, 1968.

Stratton, J. A., "Harold Eugene Edgerton", *Proceedings of the American Philosophical Society* 135, pp. 443~450, 1991.

Thomson, R. H., *Naturally Occurring Quinones*, New York: Academic Press, 1971.

Williams, C. M., "Morphogenesis and the metamorphosis of insects", *Harvey Lectures* 47, pp. 126~155, 1952.

Wilson, E. O., "A chemical releaser of alarm and digging behavior in the ant *Pogonomyrmex badius* (Latreille)", *Psyche* 65, pp. 41~51, 1958.

Wilson, E. O., "Source and possible nature of the odor trail of fire ants", *Science* 129, pp. 643~644, 1959.

Wilson, E. O., N. I. Durlach, and L. M. Roth, "Chemical releasers of necrophoric behavior in ants", *Psyche* 65, pp. 108~114, 1958.

Zwingle, E., "The man who made time stand still", *National Geographic* 172, pp. 464~483, 1987.

2. 채찍전갈과 여러 마법사들

Chadha, M. S., T. Eisner, and J. Meinwald, "Defense mechanisms of arthropods IV, *Para*-benzoquinones in the secretion of *Eleodes longicollis*, Lec. (Coleoptera: Tenebrionidae)", *Journal of Insects Physiology* 7, pp. 46~50, 1961.

Eisner, H. E., D. W. Alsop, and T. Eisner, "Defense mechanisms of arthropods XX, Quantitative assessment of hydrogen cyanide production in two species of millipedes", *Psyche* 74, pp. 107~117, 1967.

Eisner, H. E., T. Eisner, and J. J. Hurst, "Hydrogen cyanide and benzaldehyde produced by millipedes", *Chemistry and Industry* 1963, pp. 124~125, 1963.

Eisner, T., "Demonstration of simple reflex behavior in decapitated cockroaches", *Turtox News* 39, pp. 196~197, 1961.

Eisner, T., "Survival by acid defense", *Natural History* 71, pp. 10~19, 1962.

Eisner, T., "Beetle's spray discourages predators", *Natural History* 75, pp. 42~47, 1966.

Eisner, T., F. McHenry, and M. M. Salpeter, "Defense mechanisms of arthropods XV, Morphology of the quinone-producing glands of a tenebrionid beetle (*Eleodes longicollis* Lec.)", *Journal of Morphology* 115, pp. 355~400, 1964.

Eisner, T., D. Alsop, K. Hicks, and J. Meinwald, "Defensive secretions of millipeds", S. Bettini, ed., *Handbook of Experimental Pharmacology*, vol. 48, *Arthropod Venoms*, Berlin: Springer-Verlag, 1978.

Eisner, T., J. Meinwald, A. Monro, and R. Ghent, "Defense mechanisms of arthropods I, The composition and function of the spray of the whipscorpion, *Mastigoproctus giganteus* (Lucas) (Archnida, Pedipalpida)", *Journal of Insect Physiology* 6, pp. 272~298, 1961.

Eisner, T., H. E. Eisner, J. J. Hurst, F. C. Kafatos, and J. Meinwald, "Cyanogenic glandular apparatus of a millipede", *Science* 139, pp. 1218~1220, 1963.

Guldensteeden-Egeling, C., "Über Bildung von Cyanwasserstoffsäure bei einem Myriapoden", *Pflüger's Archiv für die gesamte Physiologie* 28, pp. 576~579, 1882.

Happ, G. M., "Quinone and hydrocarbon production in the defensive glands of *Eleodes longicollis* and *Tribolium castaneum* (Coleoptera: Tenebrionidae)", *Journal of Insect Physiology* 14, pp. 1821~1837, 1968.

Hurst, J. J., J. Meinwald, and T. Eisner, "Defense mechanisms of arthropods XII, Glucose and hydrocarbons in the quinone-containing secretion of *Eleodes longicollis*", *Annals of the Entomological Society of America* 57, pp. 44~46, 1964.

Jones, T. H., W. E. Conner, J. Meinwald, H. E. Eisner, and T. Eisner, "Benzoyl cyanide and mandelonitrile in the cyanogenetric secretion of a centipede", *Journal of Chemical Ecology* 2, pp. 421~429, 1976.

Meinwald, J., K. F. Koch, J. E. Rogers, Jr., and T. Eisner, "Biosynthesis of arthropod secretions III, Synthesis of simple *p*-benzoquinones in a beetle (*Eleodes Longicollis*)", *Journal of the American Chemical Society* 88, pp. 1590~1592, 1966.

Meinwald, Y. C., and T. Eisner, "Defense mechanisms of arthropods XIV, Caprylic acid: an accessary component of the secretion of *Eleodes Longicollis*", *Annals of the Entomological Society of America* 57, pp. 513~514, 1964.

Noirot, C., and A. Quennedey, "Fine structure of insect epidermal glands", *Annals of the Entomological Society of America* 19, pp. 61~80, 1974.

Peschke, K., and T. Eisner, "Defensive secretion of a beetle (*Blaps mucronata*): Physical and chemical determinants of effectiveness", *Journal of Comparative Physiology* 161, pp. 377~388, 1987.

Rossini, C., A. B. Attygalle, A. González, S. R. Smedley, M. Eisner, J. Meinwald, and T. Eisner, "Defensive production of formic acid (80%) by a carabid beetle (*Galerita lecontei*)", *Proceedings of the National Academy of Sciences USA* 94, pp. 6792~6797, 1997.

Thiele, H. U., *Carabid Beetles in Their Environments*, Berlin: Springer-Verlag, 1977.

3. 신비한 나라에서 온 신비한 곤충들

Attygalle, A. B., D. J. Aneshansley, J. Meinwald, and T. Eisner, "Defense by foot adhesion in a chrysomelid beetle (*Hemisphaerota cyanea*): characterization of the adhesive oil", *Zoology* 103, pp. 1~6, 2001.

Blest, A. D., "The function of eyespot patterns in the Lepidoptera", *Behaviour* 11, pp. 209~256, 1957.

Common, I., *Moths of Australia*, Carlton, Victoria: Melbourne University Press, 1990.

Dani, F. R., S. Cannoni, S. Turillazi, and E. D. Morgan, "Ant repellent effect of the sternal gland secretion of *Polistes dominulus* (Christ) and *P. sulcifer* (Zimmerman) (Hymenoptera: Vespidae)", *Journal of Chemical Ecololgy* 22, pp.

37~48, 1996.

Darwin, C., *Insectivorous Plants*, New York: Appleton, 1898.

Davidson, B. S., T. Eisner, and J. Meinwald, "3,4-Didehydro-β-β-caroten-2-one, a new carotenoid from the eggs of the stick insect *Anisomorpha buprestoides*", *Tetrahedron Letters* 32, pp. 5651~5654, 1991.

De Brunhoff, L., *Babar's Anniversary Album*, New York: Random House, 1981.

Duelli, P., "Oviposition", In M. Canard, Y. Canard, Y. Séméria, and T. R. New, ed., *Biology of Chrysopidae*, The Hague: Dr. W. Junk, 1984.

Eisner, T., "Catnip: its raison d'être", *Science* 146, pp. 1318~1320, 1964.

Eisner, T., "Defensive spray of a phasmid insect", *Science* 148, pp. 966~968, 1965.

Eisner, T., "Still more on bird attacks", *New England Journal of Medicine* 313, pp. 1232~1233, 1985.

Eisner, T., and D. J. Aneshansley, "Defense by foot adhesion in a beetle (*Hemisphaerota cyanea*)", *Proceedings of the National Academy of Sciences USA* 97, pp. 6568~6573, 2000.

Eisner, T., and M. Eisner, "Defensive use of a fecal thatch by a beetle larva (*Hemisphaerota cyanea*)", *Proceedings of the National Academy of Sciences USA* 97, pp. 2632~2636, 2000.

Eisner, T., and Y. C. Meinwald, "Defensive secretion of a caterpillar (*Papilio*)", *Science* 150, pp. 1733~1735, 1965.

Eisner, T., and J. Shepherd, "Caterpillar feeding on a sundew plant", *Science* 150, pp. 1608~1609, 1965.

Eisner, T., and J. Shepherd, "Defense mechanisms of arthropods XIX, Inability of sundew plants to capture insects with detachable integumental outgrowths", *Annals of the Entomological Society of America* 59, pp. 868~870, 1966.

Eisner, T., M. Eisner, and M. Deyrup, "Millipede defense: use of detachable bristles to entangle ants", *Proceedings of the National Academy of Sciences USA* 93, pp. 10848~10851, 1996.

Eisner, T., E. van Tassell, and J. E. Carrel, "Defensive use of a 'fecal shield' by a beetle larva", *Science* 158, pp. 1471~1473, 1967.

Eisner, T., D. Alsop, K. Hicks, and J. Meinwald, "Defensive secretions of millipeds", In S. Bettini, ed., *Handbook of Experimental Pharmacology*, vol. 48 *Arthropod Venoms*, Berlin: Springer-Verlag, 1978.

Eisner, T., M. Eisner, D. J. Aneshansley, C.-L. Wu, and J. Meinwald, "Chemical defense of the mint plant, *Teucrium marum* (Labiatae)", *Chemoecology* 10, pp. 211~216, 2000.

Eisner, T., A. F. Kluge, M. I. Ikeda, Y. C. Meinwald, and J. Meinwald, "Sesquiterpenes in the osmeterial secretion of a papilionid butterfly, *Battus polydamas*", *Journal of Insect Physiology* 17, pp. 245~250, 1971.

Eisner, T., A. B. Attygalle, W. E. Conner, M. Eisner, E. MacLeod, and J. Meinwald, "Chemical egg defense in a green lacewing (*Ceraeochrysa smithi*)", *Proceedings of the National Academy of Sciences USA* 93, pp. 3280~3283, 1996.

Eisner, T., T. E. Pliske, M. Ikeda, D. F. Owen, L. Vázquez, H. Pérez, J. G. Franclemont, and J. Meinwald, "Defense mechanisms of arthropods XXVII, Osmeterial secretions of papilionid caterpillars (*Baronia, Papilio, Eurytides*), *Annals of the Entomological Society of America* 63, pp. 914~915, 1970.

Jolivet, P. H. and M. L. Cox, ed., *Chrysomelidae Biology*, vol. 2 *Ecological Studies*, Amsterdam: SPB Academic Publishing, 1996.

Jolivet, P. H., M. L. Cox, and E. Petitpierre, eds., *Novel Aspects of the Biology of Chrysomelidae*, Dordrecht, Netherlands: Kluwer, 1994.

Meinwald, J., M. S. Chadha, J. J. Hurst, and T. Eisner, "Defense Mechanisms of arthropods IX, Anisomorphal, the secretion of a phasmid insect", *Tetrahedron Letters* 1962, pp. 29~33, 1962.

Masters, W. M., "Insect disturbance stridulation: its defensive role", *Behavioral Ecology and Sociobiology* 5, pp. 187~200, 1979.

Masters, W. M., "Irradiance modulation used to examine sound-radiating motion in insects", *Science* 203, pp. 57~60, 1979.

Meinwald, J., G. M. Happ, J. Labows, and T. Eisner, "Cyclopentanoid terpene biosynthesis in a phasmid insect and in catmint", *Science* 151, pp. 79~80, 1966.

Meinwald, J., T. H. Jones, T. Eisner, and K. Hicks, "New methylcyclopentanoid terpenes from the larval defensive secretion secretion of a chrysomelid beetle (*Plagiodera versicolora*)", *Proceedings of the National Academy of Sciences USA* 74, pp. 2189~2193, 1977.

Pennisi, E., "Biology reveals new ways to hold on tight", *Science* 296, pp. 250~251, 2002.

Sax, K., *Standing Room Only*, Boston: Beacon Press, 1960.

Seifert, G., "Häutungverursachende Reize bei *Polyxenus*", *Zoologischer Anzeiger* 177, pp. 258~263, 1966.

Yarbus, A. L., *Eye Movements and Vision*, New York: Plenum, 1967.

4. 속임수의 대가들

Cott, H. B., *Adaptive Coloration in Animals*, 2nd ed. London: Methuen, 1957.

Darlington, P. J., "Experiments on mimicry in Cuba, With suggestions for future study", *Transactions of the Royal Entomological Society of London* 87, pp. 681~695, 1938.

Eisner, T., and F. C. Kafatos, "Defense mechanisms of arthropods X, A pheromone promoting aggregation in an aposematic distasteful insect", *Psyche* 69, pp. 53~61, 1962.

Eisner, T., F. C. Kafatos, and E. G. Linsley, "Lycid predation by mimetic adult Cerambycidae (Coleoptera)", *Evolution* 16, pp. 316~324, 1962.

Eisner, T., K. Hicks, M. Eisner, and D. S. Robson, " 'Wolf-in-sheep's-clothing' strategy of a predaceous insect larva", *Science* 199, pp. 790~794, 1978.

Eisner, T., D. F. Wiemer, L. W. Haynes, and J. Meinwald, "Lucibufagins: defensive steroids from the fireflies *Photinus ignitus and P. marginellus* (Coleoptera:

Lampyridae)", *Proceedings of the National Academy of Sciences USA* 75, pp. 905~908, 1978.

Eisner, T., M. A. Goetz, D. E. Hill, S. R. Smedley, and J. Meinwald, "Firefly 'femmes fatales' acquire defensive steroids (lucibufagins) from their firefly prey", *Proceedings of the National Academy of Sciences USA* 94, pp. 9723~9728, 1997.

Goetz, M., D. F. Wiemer, L. W. Haynes, J. Meinwald, and T. Eisner, "Lucib-ufagines, Partie III, Oxo-II-et oxo-12-bufalines, steroïdes défensifs des lampyres *Photinus ignitus et P. marginellus* (Coleoptera: Lampyridae)", *Helvetica Chimica Acta* 62, pp. 1396~1400, 1979.

Goetz, M. A., J. Meinwald, and T. Eisner, "Lucibufagins IV, New defensive steroids and a pterin from the firefly *Photinus pyralis* (Coleoptera: Lampyridae)", *Experientia* 37, pp. 679~680, 1981.

González, A., J. F. Hare, and T. Eisner, "Chemical egg defense in *Photuris* firefly 'femmes fatales' ", *Chemoecology* 9, pp. 177~185, 2000.

González, A., F. Schroeder, J. Meinwald, and T. Eisner, "*N*-Methylquinolinium 2-carboxylate, a defensive betaine from *Photuris versicolor* fireflies", *Journal of Natural Products* 62, pp. 378~380, 1999.

González, A., F. C. Schroeder, A. B. Attygalle, A. Svatos, J. Meinwald, and T. Eisner, "Metabolic transformation of acquired lucibufagins by firefly 'femmes fatales' ", *Chemoecology* 9, pp. 105~112, 1999.

Knight, M., R. Glor, S. R. Smedley, A. González, K. Adler, and T. Eisner, "Firefly toxicosis in lizards", *Journal of Chemical Ecology* 25, pp. 1981~1986, 1999.

Linsley, E. G., T. Eisner, and A. B. Klots, "Mimetic assemblages of sibling species of lycid beetles", *Evolution* 15, pp. 15~29, 1961.

Lloyd, J. E., "Aggressive mimicry in Photuris: firefly femmes fatales", *Science* 149, pp. 653~654, 1965.

Lloyd, J. E., "Aggressive mimicry in Photuris fireflies: signal repertoires by femmes fatales", *Science* 187, pp. 452~453, 1975.

Meinwald, J., D. F. Wiemer, and T. Eisner, "Lucibufagins, 2 esters of 12-Oxo-2β,5 β,11a-trihydroxybufalin, the major defensive steroids of the firefly *Photinus pyralis* (Coleoptera: Lampyridae)", *Journal of the American Chemical Society* 101, pp. 3055~3060, 1979.

Meinwald, J., J. Smolanoff, A. C. Chibnall, and T. Eisner, "Characterization and synthesis of waxes from homopterous insects", *Journal of Chemical Ecology* 1, pp. 269~274, 1975.

Moore, B. P., and W. V. Brown,, "Identification of warning odour components, bitter principles, and antifeedants in an aposematic beetle: *Metriorrhynchus rhipidius* (Coleoptera: Lycidae)", *Insect Biochemistry* 11, pp. 493~499, 1981.

5. 걸어다니는 저격수들

Benfield, E. F., "A defensive secretion of *Dineutes discolor* (Coleoptera: Gyrinidae)", *Annals of the Entomological Society of America* 65, pp. 1324~1327, 1972.

Carrel, J. E., "Defensive secretion of the pill millipede *Glomeris marginata*", *Journal of Chemical Ecology* 10, pp. 41~51, 1984.

Carrel, J. E., and T. Eisner, "Spider sedation induced by defensive chemicals of milliped prey", *Proceedings of the National Academy of Sciences USA* 81, pp. 806~810, 1984.

Carrel, J. E., J. P. Doom, and J. P. McCormick, "Arborine and methaqualone are not sedative in the wolf spider *Lycosa ceratiola* Gertsch and Wallace", *The Journal of Arachnology* 13, pp. 269~271, 1985.

Dethier, V. G., "Food aversion learning in two polyphagous caterpillars, *Diacrisia virginica* and *Estigmene congrua*", *Physiology and Entomology* 5, pp. 321~325, 1980.

Eisner, T., "Mongoose and millipedes", *Science* 160, p. 1367, 1968.

Eisner, T., and D. J. Aneshansley, "Spray aiming in bombardier beetles: jet deflection by the Coanda effect", *Science* 215, pp. 83~85, 1982.

Eisner, T., and D. J. Aneshansley, "Chemical defense: aquatic beetle (*Dineutes hornii*) vs. fish (*Micropterus salmoides*)", *Proceedings of the National Academy of Sciences USA* 97, pp. 11313~11318, 2000.

Eisner, T., and J. A. Davis, "Mongoose throwing and smashing millipedes", *Science* 155, pp. 577~579, 1967.

Eisner, T., I. Kriston, and D. J. Aneshansley, "Defensive behavior of a termite (*Nasutitermes exitiosus*)", *Behavioral Ecology and Sociobiology* 1, pp. 83~125, 1976.

Eisner, T., A. F. Kluge, J. E. Carrel, and J. Meinwald, "Defense of phalangid: liquid repellent administered by leg dabbing", *Science* 173, pp. 650~652, 1971.

Ernst, E., "Beobachtungen beim Spritzakt der Nasutitermes-Soldaten", *Revue Suisse Zoologie* 66, pp. 289~295, 1959.

Gelperin, A., "Complex associative learnings in small neural networks", *Trends in Neurosciences* 9, pp. 323~328, 1976.

Kerfoot, W. C., and A. Sih, *Predation*, Hanover, N. H.: University Press of New England, 1987.

Kriston, I., J. A. L. Watson, and T. Eisner, "Non-combative behaviour of large soldiers of *Nasutitermes exitiosus* (Hill): an analytical study", *Insectes Sociaux* 24, pp. 103~111, 1977.

Meinwald, J., K. Opheim, and T. Eisner, "Gyrinidal: a sesquiterpenoid aldehyde from the defensive glands of gyrinid beetles", *Proceedings of the National Academy of Sciences USA* 69, pp. 1208~1210, 1972.

Meinwald, Y. C., J. Meinwald, and T. Eisner. 1966. 1,2-Dialkyl-4(3H)-quinazolinones in the defensive secretion of a millipede (*Glomeris marginata*)", *Science* 154, pp. 390~391.

Miller, J., L. Hendry, and R. Mumma, "Norsesquiterpenes as defensive toxins of whirligig beetles (Coleoptera: Gyrinidae)", *Journal of Chemical Ecology* 1, pp.

59~82, 1975.

Prestwich, G. D., "Chemical defense by termite soldiers", *Journal of Chemical Ecology* 5, pp. 459~480, 1979.

Prestwich, G. D., "The chemical defenses of termites", *Scientific American* 249, pp. 78~87, 1983.

Reba, I., "Applications of the Coanda effect", *Scientific American* 214, pp. 84~92, 1966.

Schildknecht, H., and W. F. Wenneis, Über Arthropoden-(Insekten) Abwehrstoffe XX, Strukturaufklärung des Glomerins, *Zeitschrift für Naturforschung* 21b, p. 552, 1966.

Wagner, D., *Umhlanga: A Story of the Coastal Bush of South Africa*, Durban, South Africa: Knox,1946.

6. 거미줄 이야기

Blackledge, T. A., "Signal conflict in spider webs driven by predators and prey", *Proceedings of the Royal Society of London* 265, pp. 1991~1996, 1998.

Blackledge, T. A., and J. W. Wenzel, "Silk mediated defense by an orb web spider against predatory mud-dauber wasps", *Behaviour* 138, pp. 155~171, 2001.

Eisner, T., and S. Camazine, "Spider leg autotomy induced by prey venom injection: an adaptive response to 'Pain'?", *Proceedings of the National Academy of Sciences USA* 80, pp. 3382~3385, 1983.

Eisner, T., and J. Dean, "Ploy and counterploy in predator-prey interactions: orb-weaving spiders versus bombardier beetles", *Proceedings of the National Academy of Sciences USA* 73, pp. 1365~1367, 1976.

Eisner, T., and S. Nowicki, "Spider web protection through visual advertisement: role of the 'stabilimentum'", *Science* 219, pp. 185~187, 1983.

Eisner, T., and J. Shepherd, "Defense mechanisms of arthropods XIX, Inability of sundew plants to capture insects with detachable integumental outgrowths", *Annals of the Entomological Society of America* 59, pp. 868~870, 1966.

Eisner, T., R. Alsop, and G. Ettershank, "Adhesiveness of spider silk", *Science* 146, pp. 1058~1061, 1964.

Eisner, T., M. Eisner, M. Deyrup, "Chemical attraction of kleptoparasitic flies to heteropteran insects caught by orb-weaving spiders", *Proceedings of the National Academy of Sciences USA* 88, pp. 8194~8197, 1991.

Herberstein, M. E., C. L. Craig, J. A. Coddington, and M. A. Elgar, "The functional significance of silk decorations of orb-web spiders: a critical review of the empirical evidence", *Biological Review* 75, pp. 649~669, 2000.

Horton, C. C., "A defensive function for the stabilimenta of two orb weaving spiders (Araneae, Araneidae)", *Psyche* 87, pp. 13~20, 1980.

Kerr, A. M., "Low frequency of stabilimenta in orb webs of Argiope appensa (Araneae: Araneidae) from Guam: an indirect effect of an introduced avian predator?", *Pacific Science* 47, pp. 328~337, 1993.

Masters, W. M., and T. Eisner, "The escape strategy of green lacewings from orb webs", *Journal of Insect Behavior* 3, pp. 143~157, 1990.

Roeder, K. D., *Nerve Cells and Insect Behavior*, Cambridge, Mass: Harvard University Press, 1967.

Seah, W. K., and D. Li, "Stabilimenta attract unwelcome predators to orbwebs", *Proceedings of the Royal Society of London* 268, pp. 1553~1558, 2001.

Schoener, T. W., and D. A. Spiller, "Stabilimenta characteristics of the spider *Argiope argentata* on small islands: support of the predator-defense hypothesis", *Behavioral Ecology and Sociobiology* 31, pp. 309~318, 1992.

7. 책략가들

Berenbaum, M., "Coumarins and caterpillars: a case for coevolution", *Evolution*

37, pp. 163~179, 1983.

Brodie, E. D., and E. D. Brodie, Jr., "Tetrodotoxin resistance in garter snakes: an evolutionary response of predators to dangerous prey", *Evolution* 44, pp. 651~659, 1990.

Chadha, M. S., T. Eisner, and J. Meinwald, "Defense mechanisms of arthropods IV, Para-benzoquinones in the secretion of *Eleodes longicollis* Lec. (Coleoptera: Tenebrionidae)", *Journal of Insect Physiology* 7, pp. 46~50, 1961.

Dussourd, D. E., "Foraging with finesse: caterpillar adaptations for circumventing plant defenses", In N. E. Stamp and T. M. Casey, ed., *Ecological and Evolutionary Constraints on Foraging*, New York: Chapman and Hall, 1993.

Dussourd, D. E., "Behavioral sabotage of plant defense: do vein cuts and trenches reduce insect exposure to exudate?", *Journal of Insect Behavior* 12, pp. 501~515, 1999.

Dussourd, D. E., and T. Eisner, "Vein-cutting behavior: insect counterploy to the latex defense of plants", *Science* 237, pp. 898~901, 1987.

Dussourd, D. E., and A. M. Hoyle, "Poisoned plusiines: toxicity of milkweed latex and cardenolides to some generalist caterpillars", *Chemoecology* 10, pp. 11~16, 2000.

Eisner, T, "Beetle's spray discourages predators", *Natural History* 75, pp. 43~47, 1966.

Eisner, T, "Chemical defense against predation in arthropods", In E. Sondheimer and J. B. Simeone, ed., *Chemical Ecology*, New York: Academic Press, 1970.

Eisner, T., I. T. Baldwin, and J. Conner, "Circumvention of prey defense by a predator: ant lion vs. ant", *Proceedings of the National Academy of Sciences USA* 90, pp. 6716~6720, 1993.

Eisner, T., M. Eisner, and E. R. Hoebeke, "When defense backfires: detrimental effect of a plant's protective trichomes on an insect beneficial to the plant", *Proceedings of the National Academy of Sciences USA* 95, pp. 4410~4414, 1998.

Eisner, T., D. Alsop, K. Hicks, and J. Meinwald, "Defensive secretions of millipeds", In S. Bettini, ed., *Handbook of Experimental Pharmacology*, vol. 48 *Arthropod Venoms*, Berlin: Springer-Verlag, 1978.

Eisner, T., M. Eisner, A. B. Attygalle, M. Deyrup, and J. Meinwald, "Rendering the inedible edible: circumvention of a millipede's chemical defense by a predaceous beetle larva (Phengodidae)", *Proceedings of the National Academy of Sciences USA* 95, pp. 1108~1113, 1998.

Hölldobler, B., and E. O. Wilson, *The Ants*, Cambridge, Mass.: The Belknap Press of Harvard University Press, 1990.

Hulley, P. E., "Caterpillar attacks plant mechanical defence by mowing trichomes before feeding", *Ecological Entomology* 13, pp. 239~241, 1988.

Hurst, J. J., J. Meinwald, and T. Eisner, "Defense mechanism of arthropods XII, Glucose and hydrocarbons in the quinone-containing secretion of *Eleodes longicollis*", *Annals of the Entomological Society of America* 57, pp. 44~46, 1964.

Kim, S., "Food poisoning: fish and shellfish", In K. R. Olson, ed., *Poisoning and Drug Overdose*, vol. 1., Norwalk, Conn.: Appleton and Lange, 1994.

Mosher, H. S., "The chemistry of tetrodotoxin", *Annals of the New York Academy of Sciences* 479, pp. 32~43, 1986.

Mosher, H. S., and F. A. Fuhrman, "Occurrence and origin of tetrodotoxin", In E. P. Ragelis, ed., *Seafood Toxins*, Washington, D. C.: American Chemical Society, 1984.

Nishida, R., "Sequestration of defensive substances from plants by Lepidoptera", *Annual Review of Entomology* 47, pp. 57~92, 2002.

Roesel von Rosenhof, A. J., *Insekten Belustigung*, vol. 3., Nuremberg: J. J. Fleischmann, 1755.

Roy, J., and JM. Bergeron, "Branch-cutting behavior by the vole (*Microtus pennsylvanicus*)", *Journal of Chemical Ecology* 16, pp. 735~741, 1990.

Shure, D. J., L. A. Wilson, and C. Hochwender, "Predation on aposematic efts of

Notophthalmus viridescens", *Journal of Herpetology* 23, pp. 437~439, 1989.

Tiemann, D. L., "Observations on the natural history of the western banded glow-worm *Zarhipis integripennis* (Le Conte) (Coleoptera: Phengodidae)", *Proceedings of the California Academy of Sciences* 35, pp. 235~264, 1967.

Tune, R., and D. E. Dussourd, "Specialized generalists: constraints on host range in some plusiine caterpillars", *Oecologia* 123, pp. 543~549, 2000.

Vietmeyer, N. D., "The preposterous puffer", *National Geographic* 166, pp. 260~270, 1984.

Von Frisch, K., *Animal Architecture*, New York: Harcourt Brace Jovanovich, 1974.

Zalucki, M. P., L. P. Brower, and A. Alonso, "Detrimental effects of latex and cardiac glycosides on survival and growth of first-instar monarch butterfly larvae *Danaus plexippus* feeding on the sandhill millkweed *Asclepius humistrata*", *Ecological Entomology* 26, pp. 212~224, 2001.

8. 기회 포착의 대가들

Daly, J. W., H. M. Garraffo, T. F. Spande, C. Jaramillo, and A. S. Rand, "Dietary source for skin alkaloids of poison frogs (Dendrobatidae)?", *Journal of Chemical Ecology* 20, pp. 943~955, 1994.

Daly, J. W., S. I., Secunda, H. M. Garraffo, T. F. Spande, A. Wisnieski, and J. F. Cover, Jr., "An uptake system for dietary alkaloids in poison frogs (Dendrobatidae)", *Toxicon* 32, pp. 657~663, 1994.

De Geer, K., *Abhandlungen zur Geschichte der Insekten*, Leipzig: Müllers Buch- und Kunsthandlung, 1776.

DeVol, J. E., and R. D. Goeden, "Biology of *Chelinidea vittiger* with notes on its host-plant relationship and value in biological weed control", *Entomologist* 2, pp. 231~240, 1973.

Donkin, R. A., "spanish red: an ethnological study of cochineal and the Opuntia cactus", *Transactions of the American Philosophical Society* 67, pp. 4~84, 1977.

Eisner, T., "De Geer's pioneering phytochemical observation", *Journal of Chemical Ecology* 16, pp. 2489~2492, 1990.

Eisner, T., "Integumental slime and wax secretion: defensive adaptations of sawfly larvae", *Journal of Chemical Ecology* 20, pp. :2743~2749, 1994.

Eisner, T., and D. J. Aneshansley, "Adhesive strength of the insect-trapping glue of a plant (*Befaria racemosa*)", *Annals of the Entomological Society of America* 76, pp. 295~298, 1983.

Eisner, T., M. Eisner, and E. R. Hoebeke, "When defense backfires: detrimental effect of a plant's protective trichomes on an insect beneficial to the plant", *Proceedings of the National Academy of Sciences USA* 95, pp. 4410~4414, 1998.

Eisner, T., S. Nowicki, M. Goetz, and J. Meinwald, "Red cochineal dye (carminic acid): its role in nature", *Science* 208, pp. 1039~1042, 1980.

Eisner, T., J. E. Carrel, E. van Tassell, E. R. Hoebeke, and M. Eisner, "Construction of a defensive trash packet from sycamore leaf trichomes by a chrysopid larva (Neuroptera: Chrysopidae)", *Proceedings of the Entomological Society of Washington* 104, pp. 437~446, 2001.

Eisner, T., J. S. Johnessee, J. Carrel, L. B. Hendry, and J. Meinwald, "Defensive use by an insect of a plant resin", *Science* 184, pp. 996~999, 1974.

Eisner, T., R. Ziegler, J. L. McCormick, M. Eisner, E. R. Hoebeke, and J. Meinwald, "Defensive use of an acquired substance (carminic acid) by predaceous insect larvae", *Experientia* 50, pp. 610~615, 1994.

Fleming, S., "The tale of the cochineal: insect farming in the New World", *Archaeology* September/October, pp. 68~69, 79, 1983.

Greene, E., "A diet-induced developmental polymorphism in a caterpillar", *Science* 243, pp. 643~646, 1989.

Leonard, M. D., *A List of the Insects of New York, with a List of the Spiders and Cer-*

tain Allied Groups, Ithaca: Cornell University Press, 1928.

Morrow, P.A., T. E. Bellas, T. Eisner, "*Eucalyptus* oils in the defensive oral discharge of Australian sawfly larvae (Hymenoptera: Pergidae)", *Oecologia* 24, pp. 193~206, 1976.

Sickerman, S. L., and J. K. Wangberg, "Behavioral responses of the cactus bug, *Chelinidea vittiger* Uhler, to fire damaged host plants", *The Southwestern Entomologist* 8, pp. 263~267, 1983.

Treiber, M., "Composites as host plants and crypts for *Synchlora aerata* (Geometridae)", *Journal of the Lepidopterists 'Society* 33, pp. 239~244, 1979.

9. 사랑의 묘약

Blodgett, S. L., J. E. Carrel, and R. A. Higgins, "Cantharidin content of blister beetles (Coleoptera: Meloidae) collected from Kansas alfalfa and implications for inducing cantharidiasis", *Environmental Entomology* 20, pp. 776~780, 1991.

Carrel, J. E., and T. Eisner, "Cantharidin: potent feeding deterrent to insects", *Science* 183, pp. 755~757, 1974.

Eisner, T., M. Goetz, D. Aneshansley, G. Ferstandig-Arnold, and J. Meinwald, "Defensive alkaloid in blood of Mexican bean beetle (*Epilachna varivestis*)", *Experientia* 42, pp. 204~207, 1986.

Eisner, T., S. R. Smedley, D. K. Young, M. Eisner, B. Roach, and J. Meinwald, "Chemical basis of courtship in a beetle (*Neopyrochroa flabellata*): cantharidin as 'nuptial gift'", *Proceedings of the National Academy of Sciences USA* 93, pp. 6499~6503, 1996.

Eisner, T., S. R. Smedley, D. K. Young, M. Eisner, B. Roach, and J. Meinwald, "Chemical basis of courtship in a beetle (*Neopyrochroa flabellata*): cantharidin as precopulatory 'enticing' agent", *Proceedings of the National Academy of Sciences USA* 93, pp. 6494~6498, 1996.

Eisner, T., J. Conner, J. E. Carrel, J. P. McCormick, A. J. Slagle, C. Gans, and J. C. O' Reilly, "Systemic retention of ingested cantharidin by frogs", *Chemoecology* 1, pp. 57~62, 1990.

Fey, F., "Beiträge zur Biologie der canthariphilen Insekten", *Beiträge zur Entomologie* 4, pp. 180~187, 1954.

Görnitz, K., "Cantharidin als Gift und Anlockungsmittel für Insekten", *Arbeiten für physikalische angewandte Entomologie* 4, pp. 116~159, 1937.

Happ, G., and T. Eisner, "Hemorrhage in a coccinellid beetle and its repellent effect on ants", *Science* 134, pp. 329~331, 1961.

Holz, C., G. Streil, K. Dettner, J. Dütemeyer, and W. Boland, "Intersexual transfer of a toxic terpenoid during copulation and its paternal allocation to developmental stages: quantification of cantharidin in cantharidin-producing oedemerids (Coleoptera: Oedemeridae) and canthariphilous pyrochroids (Coleoptera: Pyrochroidae)", *Zeitschrift für Naturforschung* 49c, pp. 856~864, 1994.

Leonard, M. D., *A List of the Insects of New York, with a List of the Spiders and Certain Allied Groups*, Ithaca: Cornell University Press, 1928.

McCormick, J. P., and J. E. Carrel, "Cantharidin biosynthesis and function in meloid beetles", In G. D. Prestwich and G. J. Blomquist, ed., *Pheromone Biochemistry*, New York: Academic Press, 1987.

Meynier, J., "Empoisonnement par la chair de grenouilles infestées par des insectes du genre *Mylabris* de la famille des Meloides", *Archives de Medicine et de Pharmacie Militaires* 22, pp. 53~56, 1893.

Prischam, D. A., and C. A. Sheppard, "A world view of insects as aphrodisiacs, with special reference to Spanish fly", *American Entomologist* 48, pp. 208~220, 2002.

Say, T., "Descriptions of new species of coleopterous insects, inhabiting the United States", *Journal of the Academy of Natural Sciences of Philadelphia* 5, pp. 237~284, 1826.

Schütz, C., and K. Dettner, "Cantharidin-secretion by elytral notches of male anthicid species (Coleoptera: Anthicidae)", *Zeitschrift für Naturforschung* 47c, pp. 290~299, 1992.

Sierra, J. R., W.-D. Woggon, and H. Schmid, "Transfer of cantharidin (1) during copulation from the adult male to the female *Lytta vesicatoria* (Spanish flies)", *Experientia* 32, pp. 142~144, 1976.

Smedley, S. R., C. L. Blankespoor, Y. Yang, J. E. Carrel, and T. Eisner, "Predatory response of spiders to blister beetles (family Meloidae)", *Zoology* 99, pp. 211~217, 1996.

Yosef, R., J. E. Carrel, and T. Eisner, "Contrasting reactions of loggerhead shrikes to two types of chemically defended insect prey", *Journal of Chemical Ecology* 22, pp. 173~181, 1996.

Young, D. K, "A revision of the family Pyrochroidae (Coleoptera: Heteromera) for North America based on the larvae, pupae, and adults", *Contributions of the American Entomological Institute* 11, pp. 1~39, 1975.

Young, D. K, "Field records and observations of insects associated with cantharidin", *The Great Lakes Entomologist* 17, pp. 195~199, 1984.

Young, D. K, "Field studies of cantharidin orientation by *Neopyrochroa flabellata* (Coleoptera: Pyrochroidae)", *The Great Lakes Entomologist* 17, pp. 133~135, 1984.

10. 성공의 달콤한 향기

Bogner, F., and T. Eisner, "Chemical basis of egg cannibalism in a caterpillar (*Utetheisa ornatrix*)", *Journal of Chemical Ecology* 17, pp. 2063~2075, 1991.

Bogner, F., and T. Eisner, "Chemical basis of pupal cannibalism in a caterpillar (*Utetheisa ornatrix*)", *Experientia* 48, pp. 97~102, 1992.

Boppré, M., "Lepidoptera and pyrrolizidine alkaloids: exemplification of complexity in chemical ecology", *Journal of Chemical Ecology* 16, pp. 165~185, 1990.

Brower, L. P., "Ecological chemistry", *Scientific American* 1969, pp. 28~29, 1969.

Brower, L. P., J. V. Z. Brower, and F. P. Cranston, "Courtship behavior of the queen butterfly, *Danaus gilippus berenice*", *Zoologica* 50, pp. 1~39, 1965.

Bull, L. B., C. C. J. Culvenor, and A. T. Cick, *The Pyrrolizidine Alkaloids: Their Chemistry, Pathogenicity and Other Biological Properties*, Amsterdam: North-Holland Publishing Co., 1968.

Conner, W. E., B. Roach, E. Benedict, J. Meinwald, and T. Eisner, "Courtship pheromone production and body size as correlates of larval diet in males of the arctiid moth, *Utetheisa ornatrix*", *Journal of Chemical Ecology* 16, pp. 543~552, 1990.

Conner, W. E., T. Eisner, R. K. Vander Meer, A. Guerrero, and J. Meinwald, "Precopulatory sexual interaction in an arctiid moth (*Utetheisa ornatrix*): role of a pheromone derived from dietary alkaloids", *Behavioral Ecology and. Sociobiology* 9, pp. 227~235, 1981.

Conner, W. E., R. Boada. F. C. Schroeder, A. González, J. Meinwald, and T. Eisner, "Chemical defense: bestowal of a nuptial alkaloidal garment by a male moth upon its mate", *Proceedings of the National Academy of Sciences USA* 97, pp. 14406~14411, 2000.

Conner, W. E., T. Eisner, R. K. Vander Meer, A. Guerrero, D. Ghiringelli, and J. Meinwald, "Sex attractant of an arctiid moth (*Utetheisa ornatrix*): a pulsed chemical signal", *Behavioral Ecology and Sociobiology* 7, pp. 55~63, 1980.

Dusenbery, D. B., "Calculated effect of pulsed pheromone release on range of attraction", *Journal of Chemical Ecology* 15, pp. 971~977, 1989.

Dussourd, D. E., C. A. Harvis, J. Meinwald, and T. Eisner, "Paternal allocation of sequestered plant pyrrolizidine alkaloid to eggs in danaine butterfly, *Danaus gilippus*", *Experientia* 45, pp. 896~898, 1989.

Dussourd, D. E., C. A. Harvis, J. Meinwald, and T. Eisner, "Pheromonal advertise-ment of a nuptial gift by a male moth *Utetheisa ornatrix*", *Proceedings of the*

National Academy of Sciences USA 88, pp. 9224~9227, 1991.

Dussourd, D. E., K. Ubik, C. Harvis, J. Resch, J. Meinwald, and T. Eisner, "Biparental defensive endowment of eggs with acquired plant alkaloid in the moth *Utetheisa ornatrix*", *Proceedings of the National Academy of Sciences USA* 85, pp. 5992~5996, 1988.

Edgar, J. A., C. C. Culvenor, and G. S. Robinson, "Hairpencil dihydrophrrolizidines of Danainae from the New Hebridwes", *Journal of the Australian Entomological Society* 12, pp. 144~150, 1973.

Edgar, J. A., C. C. Culvenor, and L. W. Smith, "Dihydropyrrolizidine derivatives in hairpencil secretion of danaid butterflies", *Experientia* 27, pp. 761~762, 1971.

Eisner, T., "For love of nature: exploration and discovery at biological field stations", *BioScience* 32, pp. 321~326, 1982.

Eisner, T., and M. Eisner, "Unpalatability of the pyrrolizidine alkaloid containing moth, *Utetheisa ornatrix*, and its larva, to wolf spiders", *Psyche* 98, pp. 111~118, 1991.

Eisner, T., and J. Meinwald, "Alkaloid-derived pheromones and sexual selection in Lepidoptera", In G. D. Prestwich and G. J. Blomquist, ed., *Pheromone Biochemistry*, Orlando: Academic Press, 1987.

Eisner, T., and J. Meinwald, "The chemistry of sexual selection", *Proceedings of the National Academy of Sciences USA* 92, pp. 50~55, 1995.

Eisner, T. C. Rossini, A. González, V. K. Iyengar, M. V. S. Siegler, and S. Smedley, "Paternal investment in egg defense", In M. Hilker and T. Meiners, ed., *Chemoecology of Insect Eggs and Egg Deposition*, Oxford: Blackwell Publishing, 2002.

Eisner, T., M. Eisner, C. Rossini, V. K. Iyengar, B. L. Roach, E. Benedikt, and J. Meinwald, "Chemical defense against predation in an insect egg", *Proceedings of the National Academy of Sciences USA* 97, pp. 1634~1639, 2000.

González, A., C. Rossini, M. Eisner, and T. Eisner, "Sexually transmitted chemical defense in a moth (*Utetheisa ornatrix*)", *Proceedings of the National Academy of Sciences USA* 96, pp. 5570~5574, 1999.

Grant, A. J., R. J. O'Connell, and T. Eisner, "Pheromone-mediated sexual selection in the moth *Utetheisa ornatrix*: olfactory receptor neurons responsive to a male-produced pheromone", *Journal of Insect Behavior* 2, pp. 371~385, 1989.

Hare, J. F., and T. Eisner, "Pyrrolizidine alkaloid deters ant predators of *Utetheisa ornatrix* eggs: effects of alkaloid concentration, oxidation state, and prior exposure of ants to alkaloid-laden prey", *Oecologia* 96, pp. 9~18, 1993.

Hare, J. F., and T. Eisner, "Cannibalistic caterpillars (*Utetheisa ornatrix*) fail to differentiate between eggs on the basis of kinship", *Psyche* 102, pp. 27~33, 1995.

Hartmann, T., and L. Witte, "Chemistry, biology and chemoecology of the pyrrolizidine alkaloids", In S. W. Pelletier, ed., *Alkaloids: Chemical and Biological Properties*, Oxford: Pergamon Press, 1995.

Iyengar, V. K. , and T. Eisner, "Female choice increases offspring fitness in an arctiid moth (Utetheisa ornatrix)", *Proceedings of the National Academy of Sciences USA* 96, pp. 15013~15016, 1999.

Iyengar, V. K., and T. Eisner, "Heritability of body mass, a sexually selected trait, in an arctiid moth (*Utetheisa ornatrix*)", *Proceedings of the National Academy of Sciences USA* 96, pp. 9169~9171, 1999.

Iyengar, V. K., and T. Eisner, "Parental body mass as a determinant of egg size and egg output in an arctiid moth (*Utetheisa ornatrix*)", *Journal of Insect Behavior* 15, pp. 309~318, 2002.

Iyengar, V. K., H. K. Reeve, and T. Eisner, "Paternal inheritance of female moths' mating preference", *Nature* 419, pp. 830~832, 2002.

Iyengar, V. K., C. Rossini, and T. Eisner, "Precopulatory assessment of male quality in an arctiid moth (*Utetheisa ornatrix*): hydroxydanaidal is the only criterion of choice", *Behavioral Ecology and Sociobiology* 49, pp. 283~288, 2001.

Iyenbar, V. K., C. Roossini, E. R. Hoebeke, W. E. Conner, and T. Eisner, "First record of the parasitoid *Archytas aterrimus* (Diptera: Tachinidae) from *Utetheisa ornatrix* (Lepidoptera: Arctiidae)", *Entomological News* 110, pp. 144~146, 1999.

Jain, S. C., D. E. Dussourd, W. E. Conner, T. Eisner, A. Guerrero, and J. Meinwald, "Polyene pheromone components from an arctiid moth (*Utetheisa ornatrix*): characterization and synthesis", *Journal of Organic Chemistry* 48, pp. 2266~2270, 1983.

LaMunyon, C. W., "Increased fecundity, as a function of multiple mating, in an arctiid moth, *Utetheisa ornatrix*", *Ecological Entomology* 22, pp. 69~73, 1997.

LaMunyon, C. W., and T. Eisner, "Post copulatory sexual selection in an arctiid moth (*Utetheisa ornatrix*)", *Proceedings of the National Academy of Sciences USA* 90, pp. 4689~4692, 1993.

LaMunyon, C. W., and T. Eisner, "Spermatophore size as determinant of paternity in an arctiid moth (*Utetheisa ornatrix*)", *Proceedings of the National Academy of Sciences USA* 91, pp. 7081~7084, 1994.

Mattocks, A. R., *Chemistry and Toxicology of Pyrrolizidine Alkaloids*, London: Academic Press, 1986.

Meinwald, J., Y. C. Meinwald, and P. H. Mazzocchi, "Sex pheromone of the queen butterfly: chemistry", *Science* 164, pp. 1174~1175, 1969.

Nishida, R., "Sequestration of defensive substances from plants by Lepidoptera", *Annual Review of Entomology* 47, pp. 57~92, 2002.

Pliske, T. E., and T. Eisner, "Sex pheromone of the queen butterfly: biology", *Science* 164, pp. 1170~1172, 1969.

Rossini, C., A. González, and T. Eisner, "Fate of an alkaloidal nuptial gift in the moth *Utetheisa ornatrix*: systemic allocation for defense of self by the receiving female", *Journal of Insect Physiology* 47, pp. 639~647, 2001.

Rossini, C., E. R. Hoebeke, V. K. Iyengar, W. E. Conner, M. Eisner, and T. Eisner, "Alkaloid content of parasitoids reared from pupae of an alkaloid-sequestering arctiid moth (*Utetheisa ornatrix*)", *Entomological News* 111, pp. 287~290, 2000.

Schulz, S., W. Francke, M. Boppré, T. Eisner, and J. Meinwald, "Insect pheromone biosynthesis: stereochemical pathway of hydroxydanaidal production from alkaloidal precursors in *Creatonotos transiens* (Lepidoptera, Arctiidae)", *Proceedings of the National Academy of Sciences USA* 90, pp. 6834~6838, 1993.

Smedley, S. R., and T. Eisner, "Sodium uptake by 'puddling' in a moth", *Science* 270, pp. 1816~1818, 1995.

Smedley, S. R., and T. Eisner, "Sodium: a male moth's gift to its offspring", *Proceedings of the National Academy of Sciences USA* 93, pp. 809~813, 1996.

Storey, G. K., D. J. Aneshansley, and T. Eisner, "Parentally provided alkaloid does not protect eggs of *Utetheisa ornatrix* (Lepidoptera, Arctiidae) against entomopathogenic fungi", *Journal of Chemical Ecology* 17, pp. 687~693, 1991.

Stowe, M. K., "Chemical mimicry", In K. C. Spencer, ed., *Chemical Mediation of Coevolution*, San Diego: Academic Press, 1988.

Stowe, M. K., J. H. Tumlinson, and R. R. Heath, "Chemical mimicry: bolas spiders emit components of moth prey species sex pheromones", *Science* 236, pp. 1635~1637, 1987.

Trigo, J. R., K. S. Brown, L. Witte, T. Hartmann, L. Ernst, and L. E. S. Barata, "Pyrrolizidine alkaloids: different acquisition and use patterns in Apocynaceae and Solanaceae feeding ithomiine butterflies (Lepidoptera: Nymphalidae)", *Biological Journal of the Linnean Society* 58, pp. 99~123, 1996.

에필로그

Attygalle, A. B., K. D. McCormick, C. L. Blankespoor, T. Eisner, and J. Meinwald, "Azamacrolides: a family of alkaloids from the pupal defensive secretion of a ladybird beetle (*Epilachna varivestis*)", *Proceedings of the National Academy of Sciences USA* 90, pp. 5204~5208, 1993.

Eisner, T., "For love of nature: exploration and discovery at biological field stations", *BioScience* 32, pp. 321~326, 1982.

Eisner, T., "Chemical prospecting: the new natural history", In M. J. Novacek, ed., *The Biodiversity Crisis: Losing What Counts*, New York: The New Press, 2001.

Eisner, T., and M. Eisner, "Operation and defensive role of 'gin traps' in a coccinellid pupa (*Cycloneda sanguinea*)", *Psyche* 99, pp. 265~273, 1992.

Rossini, C., A. González, J. Farmer, J. Meinwald, and T. Eisner, "Anti-insectan activity of epilachnene, a defensive alkaloid from the pupae of Mexican bean beetles (*Epilachna varivestis*)", *Journal of Chemical Ecology* 26, pp. 391~397, 2000.

Schroeder, F. C., A. González, T. Eisner, and J. Meinwald, "Miriamin, a defensive diterpene from the eggs of a land slug (Arion sp.)", *Proceedings of the National Academy of Sciences USA* 96, pp. 13620~13625, 1999.

Schröder, F. C., J. J. Farmer, S. R. Smedley, T. Eisner, and J. Meinwald, "Absolute configuration of the polyazamacrolides, macrocyclic polyamines produced by a ladybird beetle", *Tetrahedron Letters* 39, pp. 6625~6628, 1998.

Schroeder, F. C., J. J. Farmer, S. R. Smedley, A. B. Attygalle, T. Eisner, and J. Meinwald, "A combinatorial library of macrocyclic polyamines produced by a ladybird beetle", *Journal of the American Chemical Society* 122, pp. 3628~3634, 2000.

Schröder, F., J. J. Farmer, A. B. Attygalle, J. Meinwald, S. R. Smedley, and T. Eisner, "Combinational chemistry in insects: a library of defensive macrocyclic polyamines", *Science* 281, pp. 428~431, 1998.

Schroeder, F. C., S. R. Smedley, L. K. Gibbons, J. J. Farmer, A. B. Attygalle, T. Eisner, and J. Meinwald, "Polyazamacrolides from ladybird beetles: ring-size selective oligomerization", *Proceedings of the National Academy of Sciences USA* 95, pp. 13387~13391, 1998.

Wilcove, D. S., and T. Eisner, "The impending extinction of natural history", *Chronicle of Higher Education* September 15, p. B24, 2000.

찾아보기

곤충명